AF545823

HANS-JOACHIM BORNGRÄBER
INGEBORG LACKINGER KARGER

Die Schweiß — arbeit

MIT FÄHRTENSCHUH-
EINARBEITUNG UND
FÜHRUNGSTECHNIKEN

KOSMOS

Inhalt

ZUM GELEIT

„Wenn man eine Sache anfasst, sollte man das ganz tun, ganz oder gar nicht!" So schrieb Dr. Carl Tabel in „13 meiner besten Hunde". Ist diese Aussage noch zeitgemäß?
In welchem Umfang tatsächlich Nachsuchen auf Schalenwild mit der Entwicklung der Schalenwildstrecke zunehmen, ist wohl nur zu vermuten – nachzuweisen ist hingegen das zunehmende Interesse an der Arbeit auf der roten Fährte, auch bei den Hundeführerinnen und Hundeführern, die keine „klassischen" Schweißhunde führen. Und ebenso steigt die Besorgnis, dass mit der Zunahme des Interesses auch die Zahl derer wächst, für welche die Nachsuche fraglos zwar eine Herzensangelegenheit ist, die es bei der Ausbildung und Führung ihrer Hunde aber nicht ganz so konsequent sehen, dass auch für sie gilt: „Ganz oder gar nicht!". „Eine kurze Totsuche schafft der Hund doch immer!", heißt es zuweilen. Nur: Woran erkenne ich, dass es nur eine kurze Suche werden wird? Und wie sicher kann ich mir mit meinem Hund überhaupt sein?
Die Besorgnis und das schlechte Gewissen des Schützen – wer hat beides nicht selbst schon erfahren, als Schütze oder eben als Hundeführer, der nicht nur dem getroffenen Stück, sondern auch dem geplagten Schützen weiteres Leid ersparen möchte. Erfolgreiche Nachsuchen sind eben nicht nur Dienst am Wild, sondern auch an unserem Jagdkameraden, wohl wissend: Ein schlechter Schuss kann jedem widerfahren. Ist eine Nachsuche erfolgreich, gewinnt auch der Schütze wieder an Sicherheit zurück.
„Ganz oder gar nicht!" – Was bedeutet diese tatsächlich noch heute zeitgemäße Konsequenz für uns im alltäglichen Jagdbetrieb? Insbesondere der Vorstoß unseres als „schusshart" geltenden Schwarzwildes in bislang von ihm eher gemiedene Lebensräume und der sprunghafte Anstieg seiner Populationsgröße, aber auch die aktuell entbrannte Diskussion über die Bekämpfung der Afrikanischen Schweinepest und die hierbei angedachten Lösungsansätze fordern ein Umdenken. Es reicht eben nicht, sich allein darauf zu verlassen, dass die älteren Schweißhundeführer das überkommene Wissen an die Jüngeren weitergeben und damit den Bedarf an gut ausgebildeten Nachsuchengespannen schon flächendeckend sichern werden. Die Einbindung von Anfängern wie von Quereinsteigern aus anderen Bereichen der jagdlichen Hundearbeit durch Einführungs- und Fortbildungsveranstaltungen ist tatsächlich alternativlos – und tierschutzrechtlich absolut vertretbar, wenn sie vorbereitet und begleitet wird von einem Standardwerk, das alle Facetten der Nachsuche abdeckt und zur Nacharbeit dessen einlädt, was Einführung, Fortbildung und Praxiserfahrungen an neuen Fragen aufwirft. „Ganz oder gar nicht!" gilt vor allem den Fleißigen. Und genau deren Wissensdurst stillt die nun in Zusammenarbeit mit Ingeborg

Lackinger Karger komplett überarbeitete und umfangreich jagdpraktisch ergänzte Ausgabe von Wildmeister Borngräbers Werk in einer bislang nicht gekannten Tiefe und Breite. Selbst Jagdkritikern dürfte nach der Lektüre dieses Buches klar sein: Jägerinnen und Jäger meinen es ernst mit dem Tierschutz!
Ich hoffe daher sehr, dass diese Ausgabe in jedem jagdlichen Haushalt ihren Platz findet – stets griffbereit als anschauliche Einführung und praktisches Fortbildungs- und Nachschlagewerk danach.

Peter Wingerath
Vorsitzender der jagdkynologischen Landesvereinigung Nordrhein-Westfalen im JGHV e. V. und Datenschutzbeauftragter des JGHV e. V.

MIT ERPROBTEN MITTELN ZUM ZIEL

Die Nachsuchenarbeit auf krankes Wild ist und bleibt die Krone der Jagd. Gilt das auch heute noch? Ja, uneingeschränkt, wenn sie mit Sachverstand ausgeführt wird!

In der Neuherausgabe dieses Buches wird auf die Nachsuche auf Schalenwild mit all ihren Aspekten, Techniken und Ausbildungswegen eingegangen. Denn wer heute noch Hundeausbildung – und vor allem die der Hundeführer und -führerinnen – betreibt, bei denen die Grundpfeiler „Ausschuss auf dem Boden" und „Anschuss und dort beginnende Fährte" fehlen, vergeht sich letztlich am kranken Wild.

Gebrauchshundeverbände, die eine Prüfungsordnung „Schweiß", in der die Fährte nicht der natürlichen entspricht, bis 2026 festschreiben und diese bundesweit durchsetzen, führen in der Praxis unerfahrene Hundeführer – und das sind viele – in die Irre!

Die Nachsuchenarbeit verlangt vollen Einsatz der geistigen und körperlichen Kräfte, eine hohe Belastbarbeit und viel Zeit. Nur so gewinnt man die notwendige Erfahrung in der Praxis: die Basis für das erfolgreiche Auffinden und Erlösen der leidenden Kreatur. Es ist eben nicht damit getan, mit einer App an einen Ausschuss auf den Boden heranzugehen, zu vergleichen und daraus dann irgendwelche Schlüsse zu ziehen. So kann keine Nachsuche beginnen. Denn diesem technischen „Hilfsmittel" fehlen die elementaren Anteile „riechen – schmecken – fühlen – sehen", wie sich der Befund verändert. Eine vernünftige Beurteilung funktioniert nicht digital, nahezu zwangsläufig kommt es dabei zu Falschansprachen und entsprechenden Fehlsuchen. Schon ein einfaches Schnitthaarbuch selbst zu erstellen, führt wesentlich weiter und hilft handfest und sinnlich bei der Beurteilung des Treffersitzes.

So sind auch Prüfungen, bei denen einzig das Ankommen am Stück beurteilt wird, für die Brauchbarkeit in der Praxis nur begrenzt aussagekräftig.

In diesem Buch wird einfach und verständlich beschrieben, wie man mittels seriöser Ausbildung sowie in der Praxis und langjährigen Feldversuchen erprobten Mitteln und Techniken dem Ziel nahekommt. Dazu gehört z.B. der Einsatz eines brauchbaren Fährtenschuhs. Voraussetzung ist jedoch die Ausbildung der Hundeführer – nur wer seine Stärken und Schwächen genau erkennt, kann sich verbessern und im entscheidenden Moment weiterarbeiten oder sich Hilfe holen.

So soll dieses Buch jeden dabei unterstützen, sein Fachwissen gründlich aufzubauen, zu erweitern und vor allem mit seinem Hund in der Praxis umzusetzen. Auch bei der Nachbereitung gelungener Arbeiten und gleichermaßen Fehlsuchen möge es zu tieferem Verstehen verhelfen und Hinweise zur Ver-

besserung in der Aus- und Weiterbildung geben. Keine Nachsuche gleicht exakt der anderen und immer gibt es etwas Neues zu lernen! Dabei wird auch nachvollziehbar, wo mitunter reines Profitstreben herrscht, das der Sache nicht dienlich ist.

Ich wünsche Ihnen als Leser, Leserin, Hundeführer und Hundeführerin einen klaren und offenen Blick, Sach- und Fachverstand beim Umsetzen des hier Beschriebenen in Ihre Jagd- und Nachsuchenpraxis. Lassen Sie sich nicht von der Fährte bringen: „Schalenwild kann nicht fliegen!"

Als Mitautorin dieses Buches habe ich Dr. Ingeborg Lackinger Karger begeistern können. Sie ist eine hochpassionierte und nachdenkliche Hundeführerin, Verbands- und Schweißrichterin im JGHV, Ausbilderin in Hundekursen im heimischen Verein sowie Leiterin einer Schweißhundestation. Die Erste Hilfe, Telemetrie, Junghundausbildung, wissenschaftliche Ergebnisse sowie die praxisgerechte Arbeit im Bereich der Nachsuche sind nur Teile ihres Beitrags zu diesem Buch. Als Psychoanalytikerin überwachte sie mit (freundlicher) Strenge meine Wortwahl – nicht immer einfach für mich als Mann der Praxis.

Wir haben es aber gemeinsam geschafft und wünschen Ihnen viel Waidmannsheil und Suchenglück!

Der leichteren Lesbarkeit wegen wird in diesem Buch vielfach nur die männliche Form verwendet, selbstverständlich sind immer alle Geschlechter gemeint. Das gilt auch für unsere Jagdkameraden – Hunde und Hündinnen.

Ho-Rüd-Ho
Hans-Joachim Borngräber
Wildmeister

TEIL 1
— *Rund um den Hundeführer*

GRUNDAUSBILDUNG DES HUNDEFÜHRERS

Wir Jäger schreiben uns die Verpflichtung zu, das Wild pfleglich und respektvoll zu behandeln. Diese Grundhaltung bedeutet konsequenterweise auch, dass wir Fehler, die wir z. B. durch versehentliche Fehlschüsse oder falsche, unzureichende Ausbildung am Wild begehen, wieder zu korrigieren versuchen. Im Laufe von Jahrzehnten stellte und stelle ich jedoch gerade im Nachsuchenbereich große Fehler fest – und es wird nicht besser. Deshalb ist mir seit Langem und nach wie vor klar: Gerade für Hundeführer, die krankes Wild nachsuchen sollen, muss eine solide Ausbildung die Grundlage ihrer Arbeit an krankem Wild sein. Die Ausbildung eines guten Nachsuchengespanns verlangt zunächst also eine solide Schulung des Hundeführers, damit er seine Kenntnisse in die Ausbildung des Hundes einbringen kann. So wachsen die Beteiligten zu einem stabilen Team zusammen.

ETAPPENZIELE DES AUSBILDUNGSWEGS

1. Die Ausbildung der Führer in der Technik der Nachsuche auf Schalenwild ist zentral. Hierzu müssen die Führer körperlich in der Lage sein: Sie müssen ein hohes Maß an Kondition mitbringen und konsequent erhalten. Damit haben sie die Basis für ausreichenden „Biss“, also den unbedingten Willen, das kranke Wild zur Strecke zu bringen. Wer seine Partnerschaft und Familie nicht in die schwere Aufgabe der Nachsuche einzubinden versteht, bekommt langfristig Probleme. Denn Nachsuchen kosten Zeit – und Geld. Das muss die Familie überzeugt mittragen können.
2. Man hört öfter selbst von Fachleuten, dass der Gehorsam beim Nachsuchenhund nicht so bedeutsam sei – genau das Gegenteil ist der Fall! Ein auf Nachsuchen geführter Hund – gleichgültig welcher Rasse – muss nicht nur führig, also bindungsfähig sein, sondern muss absoluten Appell haben – sonst arbeitet das Gespann nicht wirklich miteinander.
3. In der heutigen Ausbildung der Hundeführer, die mit ihren Hunden auf der Roten Fährte arbeiten wollen, werden allzu oft die Grundkenntnisse nicht oder falsch vermittelt, z. B. hört und liest man kaum einmal vom „Ausschuss auf dem Boden“. Diesen Punkt nicht zu berücksichtigen, ist ein fataler Fehler, denn dort finden wir zwar Pirschzeichen – eben den Ausschuss –, nicht aber den Beginn der Fährte – den tatsächlichen Anschuss! Und eines ist klar: Nur wer mit gründlichen Kenntnissen der Anatomie die Nachsuchenarbeit betreibt, weiß, wonach er überhaupt suchen, worauf sich einstellen muss und letztlich, ob er die Arbeit überhaupt leisten kann.
4. Der Anschuss ist die Stelle, an der jede Nachsuche beginnt, denn dort beginnt die Wundfährte. Die der jeweiligen Situation angemessene Technik, ihn zu finden, ihn richtig zu bestimmen und den Hund darauf einzuarbeiten, ist eine der Hauptaufgaben des Hundeführers.

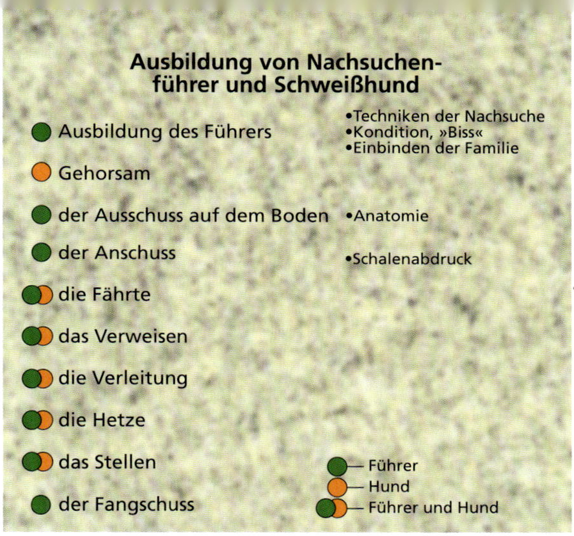

Ausbildung von Nachsuchenführer und Schweißhund

- Ausbildung des Führers — •Techniken der Nachsuche •Kondition, »Biss« •Einbinden der Familie
- Gehorsam
- der Ausschuss auf dem Boden — •Anatomie
- der Anschuss — •Schalenabdruck
- die Fährte
- das Verweisen
- die Verleitung
- die Hetze
- das Stellen
- der Fangschuss

Führer / Hund / Führer und Hund

Die Lernetappen für Nachsuchenführer und/oder Hund

5. Jede noch so kleine Suche beginnt am Anschuss – die dort beginnende Fährte ist der wichtigste Punkt der Hundeausbildung für die Nachsuche. Die Techniken auf der Fährte zu kennen, sie in der Praxis umzusetzen und das alles auch noch dem Gespanngefährten Hund nahebringen zu können, erfordert zuallererst die gründliche Ausbildung des Hundeführers!
6. Der Hund muss das Verweisen als Basis einer sauberen Arbeit erlernen.
7. Der Hund muss den Umgang mit Verleitungen erlernen, denn das gehört zu den Grundpfeilern jeder Nachsuchenarbeit.
8. Die Hetze und
9. das Stellen entscheiden zu 50 % darüber, ob eine Nachsuche sauber zu Ende gebracht oder ob sie stümperhaft abgebrochen wird, „weil das Stück nichts hat“. Viele Methoden bieten sich an, dem Hund Hetze und Stellen beizubringen. Gute Hetzen mit wildscharfen Hunden sind meist kurz, mit zwei Hunden zudem absolut tierschutzgerecht. Das „Hüten“ von Wild durch schlecht durchgearbeitete Hunde, die nicht stellen, ist dagegen Tierquälerei.
10. Der Fangschuss beendet diejenigen Nachsuchen, in deren Verlauf sich verletzte Stücke dem nachsuchenden Hund stellen, doch ist jede Situation immer wieder anders. Hier zeigen sich Erfahrung des Hundeführers und des stellenden Hundes. Fangschüsse müssen geübt werden! Das verwendete Kaliber muss einen großen Einschuss und einen großen Ausschuss garantieren. Insbesondere darf sich das verwendete Geschoss nicht zerlegen, um den stellenden Hund nicht zu gefährden.

Dieser Zehn-Punkte-Ausbildungsplan in Verbindung mit praxisgerechten Prüfungen könnte ein Fundament für tierschutzgerechte Nachsuchen sein. Die Verbände und jeder einzelne Kynologe vergeben sich nichts, davon etwas zu übernehmen.

☞ ZEHN-PUNKTE-AUSBILDUNGSPLAN

WORUM ES GEHT	ZIELE	„AZUBI“
Ausbildung des Führers	Techniken der Nachsuche	Führer
	Kondition, „Biss“	Führer
	Familie „einbinden“	Führer
Gehorsam des Hundes		Hund
Der Ausschuss auf dem Boden	Anatomie	Führer
Der Anschuss	Schalenabdruck	Führer
Die Fährte		Gespann
Das Verweisen		Gespann
Die Verleitung		Gespann
Die Hetze		Gespann
Das Stellen		Gespann
Der Fangschuss		Führer

WILDTIERANATOMIE

Die Kenntnisse vieler Jäger und Hundeführer über die Anatomie der Wildtiere beschränken sich offenbar darauf, die Filets an der richtigen Stelle herauszuschneiden. Für den Normaljäger reicht das im Alltag vielleicht aus, der Nachsuchenführer muss allerdings weit mehr über Organe, deren Lage und Funktion wissen: Kann, ja muss er doch daraus Schlüsse über die Arbeit nach dem Schuss und die Verfassung des verletzten Stückes ziehen.

AUSBILDUNGSDEFIZITE

Ein großes Manko der Jägerausbildung ist, dass die Anatomie des Wildes nicht ausreichend und in der richtigen Weise unterrichtet wird: Entweder beschränkt sich die Wissensvermittlung auf die Präsentation einer Zeichnung des stehenden Wildes in Seitenansicht oder sie geschieht nebenbei beim Aufbrechen. Bei erstgenannten bildlichen Darstellungen fehlt aber der dreidimensionale Eindruck, und beim Aufbrechen liegen die Organe in einer anderen Position als im lebenden, auf vier Läufen stehenden Stück.

SPITZ VON VORN UND SCHRÄG

Noch weniger weiß der Großteil der Jäger über die Position der Organe beim Schuss spitz von vorn oder auf ein schräg stehendes Stück. Die in nordischen Ländern als „Elch-Uhr“ bezeichnete Skizze ist hier für heimisches Rotwild verändert worden.
Ein Schuss spitz von vorn ist weniger deshalb unwaidmännisch, weil er jede Menge Wildbret entwerten kann. Vielmehr ist dieser Schuss viel zu unsicher. Wenn das Stück auch nur leicht schräg steht, dringt das Geschoss nicht mehr in die Brusthöhle ein, sondern durchschlägt das Blatt und produziert keine tödliche Wirkung.
Genau das Gleiche gilt bei dem Schuss auf ein schräg stehendes Stück. Beim Schuss auf das Blatt – die Zehn der DJV-Scheibe – durchschlägt das Geschoss nicht unbedingt die Brusthöhle, sondern tritt oft am Stich wieder aus. Das Stück wird dann nur angeschweißt und muss nachgesucht werden.

DER SITZ DES HERZENS

Eine immer wieder falsch beantwortete Frage ist die nach dem genauen Sitz des Herzens. Das Herz ist bei allen Säugetieren im Herz-

VERWEISERPUNKT

Nun ist es sicher nicht so, dass der Schuss auf ein Stück, der einem Zehner auf der Scheibe entspricht, nicht tödlich wäre. Im Gegenteil, das Geschoss wird mit Sicherheit die großen Arterien und Venen am Herzen treffen. Nur: Ein richtiger Herzschuss ist es eben nicht. Bei wehrhaftem afrikanischem Großwild wird in den verschiedenen Reiseführern daher immer wieder dazu aufgefordert, den Schuss relativ tief am Wildkörper zu platzieren, gerade weil Antilopen sehr hoch überbaut sind.

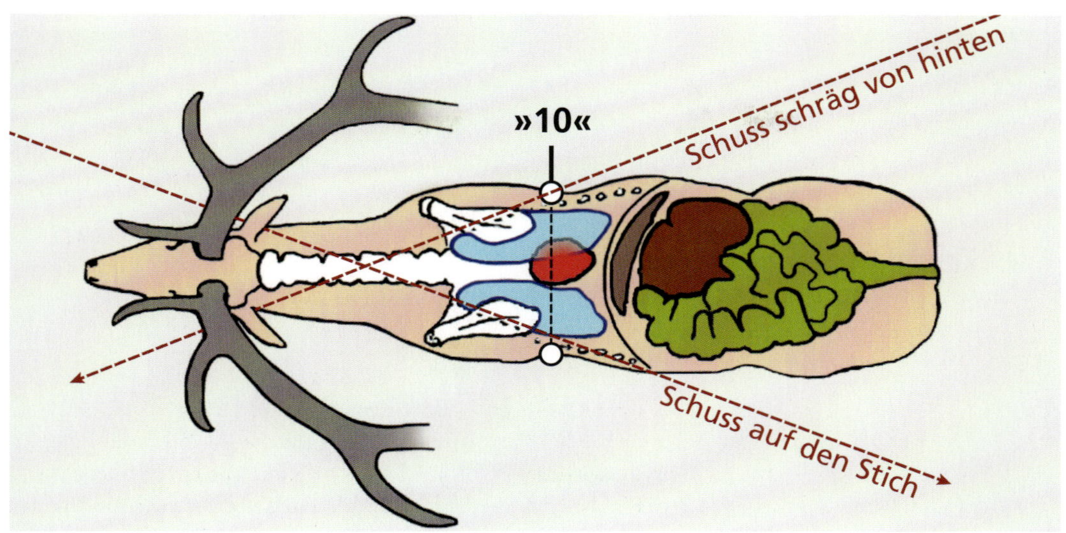

Die „Elchuhr“

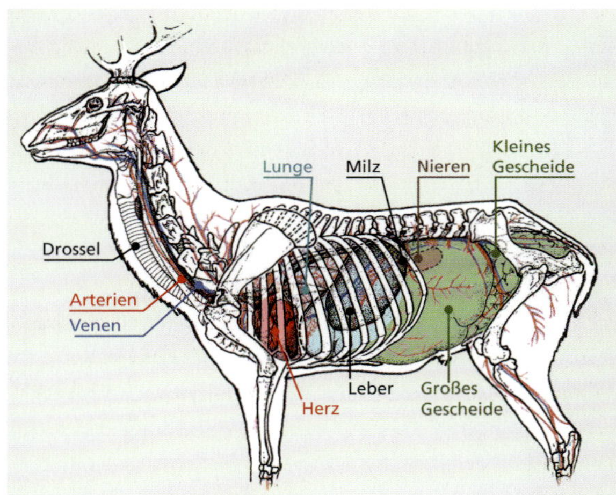

Rothirsch in Seitenansicht

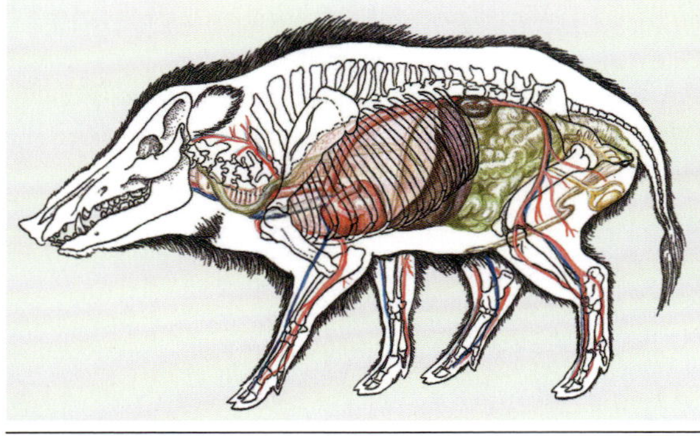

Sau in Seitenansicht

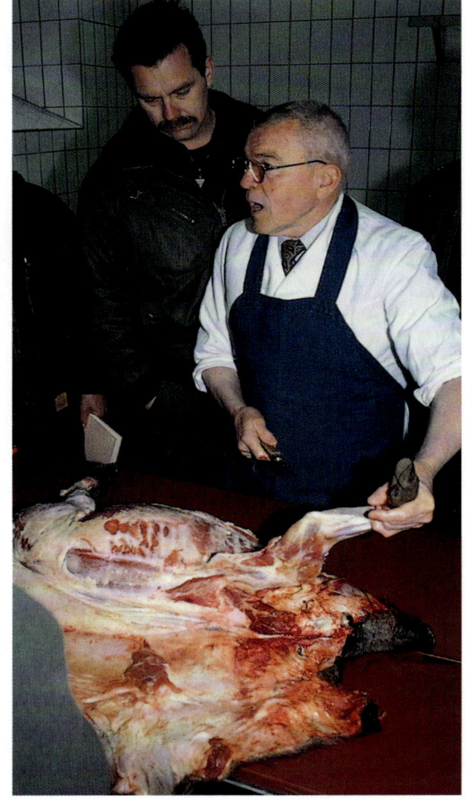

Nur die Präparation unter fachkundiger Anleitung schafft den notwendigen Überblick. Besser noch, wenn das Stück dabei „natürlich“ in einem Gestell hängt.

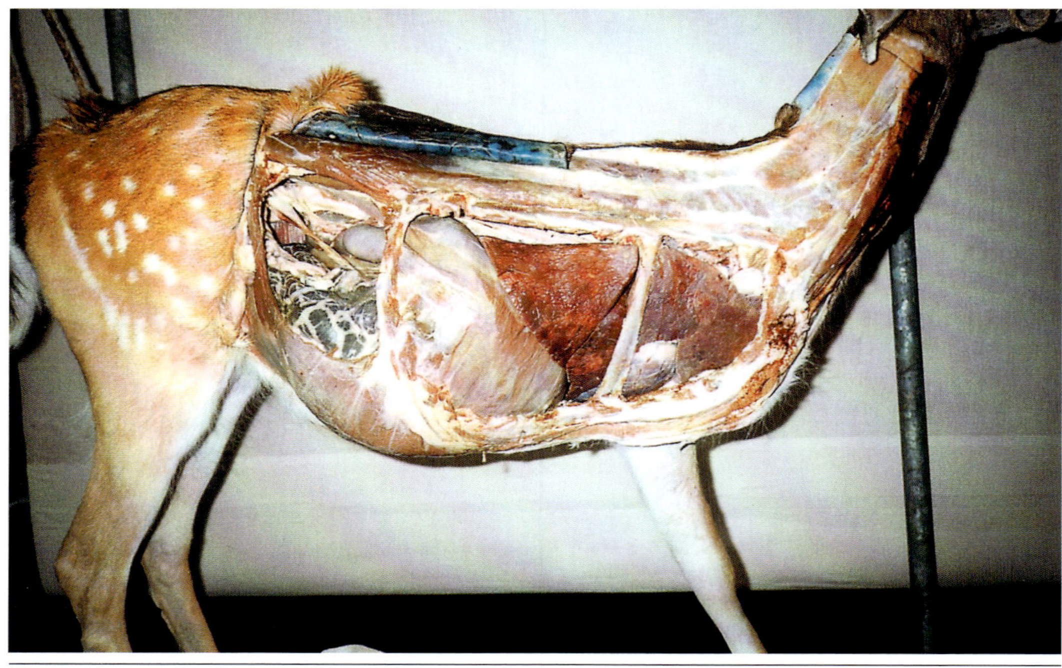

Präparation eines Stückes Damwild im Rahmen eines Seminars am Jägerlehrhof

Deutlich besser als eine Zeichnung verdeutlicht ein Skelett, hier das eines starken Keilers, die Lage der Knochen.

beutel direkt am Brustbein angewachsen. Mit anderen Worten: Die Herzspitze liegt an dem tiefsten Punkt des Wildkörpers im Bereich der Rippen bzw. des Brustbeins. Auch hier gaukelt die DJV-Scheibe etwas anderes vor. Um einen Einblick in die Anatomie der verschiedenen Wildarten zu bekommen, muss man sich schon der Mühe unterziehen, diese Stücke unter Anleitung eines erfahrenen Anatomen zu präparieren. Dieses Präparationsverfahren dient der Ausbildung und nicht der Fleischgewinnung, die Schnitte werden daher ganz anders geführt als vom Aufbrechen her gewohnt. Man geht dabei von einer Seite bis zu den Organe vor, und das Stück wird idealerweise so in einem Gestell aufgehängt, als ob es stünde.

Eine solche fachkundige Präparation ist nicht nur auf Anschussseminaren, sondern auch für „normale“ Jäger lehrreich.

BESTANDTEILE DER ROTEN FÄHRTE

ANSCHUSS UND AUSSCHUSS

Eine zentrale Definition muss jeder Hundeführer und Jäger kennen: Der *Anschuss* ist die Stelle, an der das Stück Wild gestanden hat, als es vom Geschoss getroffen wurde – nichts anderes!

Den Anschuss erkennt man daran, dass das Stück durch das Zusammenrucken im Schuss mit den Schalen Eingriffe und Ausrisse produziert hat. Es ist wichtig, den Anschuss genau zu erkennen und zu untersuchen, denn an dieser Stelle, dem charakteristischen Schalenabdruck, wird der Hund angesetzt. Durch die eindeutige Zuordnung des Anschusses wird der Hund auf die richtige Fährte eingestellt. Er kann die individuelle Witterung und die Bodenverwundung zusammen aufnehmen und arbeitet in der Folge nur die Fährte dieses einen kranken Stückes.

Der Schweißfleck, der immer noch häufig als „Anschuss" bezeichnet wird, ist eigentlich Teil des Ausschusses, zusammen mit dem vom Geschoss mitgerissenen Gewebe. Als Anschuss verstehen wir in der Folge hier im Buch ausschließlich den individuellen Schalenabdruck, der durch das Zusammenrucken des Wildes im Schuss produziert wird.

SCHUSS UND WILD

Ein Stück steht ruhig z. B. auf einer Lichtung im Wald. Der Jäger zielt und löst den Schuss aus. Das Geschoss ist zwei- bis dreimal schneller als der Mündungsknall, es erreicht somit das Wild vor dem Knall. Das Projektil trifft das Wild auf der Einschussseite und schneidet dort die Haare bzw. Borsten um den Einschuss ab. Durch einen Scharfrand am Geschoss wird das noch gefördert. Diese *Schnitthaare* fallen zu Boden und zeigen, dass das Stück einen *Einschuss* hat. Durch den Einschuss und den damit verbundenen Reiz ruckt das Stück zusammen und greift mit den Schalen in den Boden: So entstehen die *Eingriffe*. Reißt das Stück mit den Schalen die Erde nach hinten aus den Trittsiegeln, entstehen *Ausrisse*.

Das Geschoss bewegt sich weiter durch den Wildkörper und verformt sich dabei mehr oder weniger stark. Auf der Seite des *Ausschusses* reißt es ein größeres Loch, weil es Gewebeteile vor sich herschiebt. Flüssigkeiten

Wird dieser Rehbock beschossen, erreicht ihn das Projektil deutlich schneller als der Geschossknall.

lassen sich nicht zusammendrücken, so wird das wasserhaltige Gewebe eben weggeschoben. Je platter der Geschosskopf ist, desto mehr Gewebe wird bewegt.

Tritt das Geschoss auf der Ausschussseite aus dem Stück aus, schiebt es das Gewebe und den darin enthaltenen Schweiß weit in das Hintergelände. An der Decke der Ausschussseite werden ganze Stücke abgerissen oder ganze Teile so zerstört, dass die losen Haare – dann allerdings mit den Haarwurzeln – zu Boden fallen. Diese *Risshaare* liegen meist in einiger Entfernung hinter dem Wildkörper, je nach Flugbahnwinkel des Geschosses auf dem Wildkörper. Darin unterscheiden sie sich von den Haaren, die ein Tier verliert, welches sich gerade im Haarwechsel befindet und vom Schützen gefehlt wurde. Auch so ein Stück kann „vor Schreck" zusammenrucken und Haare verlieren.

Das Geschoss kann sich bei seinem Weg durch den Wildkörper zerlegen und nicht mehr als ein kompaktes Teil den Wildkörper durchschlagen, sondern in mehreren Teilen, sodass auch mehrere Ausschüsse entstehen. Das ist aber die Ausnahme. Nach dem Durchtritt durch das Stück hat das Projektil immer noch reichlich Energie, mit der es die Gewebeteile weit in das Hinterland befördert – wie weit, hängt von vielen Faktoren ab. Es kann noch einige hundert Meter weit fliegen, wenn die Umstände günstig dafür sind. Hat der Jäger von einem Hochsitz sehr steil auf das Stück geschossen, wird das Geschoss schon wenige Meter hinter dem Stück in den Boden einschlagen. In solchen Situationen – aus Sicherheitsgründen in besiedelten Gebieten gewollt und gefordert – liegen Anschuss und Schweiß sowie der Geschosseinschlag nicht weit auseinander.

Bei einem flachen Schuss, womöglich auch noch hangaufwärts, fliegt das Geschoss nach Durchschlagen des Wildkörpers noch ein ganzes Stück weiter. Hier finden sich Gewebeteile, Schweiß und Geschossteile etliche Meter hinter dem Stück.

Der Scharfrand dieses TIG-Geschosses sorgt für Schnitthaar am Anschuss, der austretende Geschossrest schleudert Schweiß und Gewebeteile weit hinter das Stück.

SCHWEISS IST KEIN MUSS

Wenn das getroffene Stück z. B. das Haupt im Schuss gesenkt hatte, dann kann sich bei der Flucht mit etwas erhobenem Haupt die Decke oder Schwarte vor den Ein- und Ausschuss schieben. Das Stück blutet dann entweder nach innen in den Bauchraum oder die Brusthöhle oder zwischen Wildbret und Decke. Die verletzten Blutgefäße der Decke bluten zwar nach außen in die Haare, dieser Schweiß benötigt aber geraume Zeit, um von der Decke bis auf den Boden zu tropfen. Der erste Schweißtropfen in der Fluchtfährte kann somit unter Umständen einige Zeit auf sich warten lassen. Ein Hund, der nur von Schweißtropfen zu Schweißtropfen suchen kann, wird eine solche Fährte nicht voranbringen können. Ebenso kann Feist, Weißes oder eine Darmschlinge den Ein- oder Ausschuss verschließen, sodass kaum Schweiß nach außen dringt.

SCHWEISS HEISST NICHT FÄHRTENBEGINN

Nähme man die Hundeprüfungen als Maßstab, und zwar alle, dann ist der Ort mit dem meisten Schweiß auch der Anschuss. Das aber ist fast immer falsch: Der Anschuss ist nichts weiter als die Stelle, an der das Wild bei der Schussabgabe steht.

VERWEISERPUNKT

Nur ständiges Arbeiten mit unseren Hunden ermöglicht außergewöhnliche Leistungen auf der Roten Fährte, wie alle Erfahrungen zeigen. Monatlich nur ein- bis zweimaliges Arbeiten wird nie zu wirklich exzellenten Leistungen führen, selbst wenn der Hund noch so gut veranlagt ist.

Es gibt in der Praxis nur einen einzigen Fall, in dem Anschuss, also Schalenabdrücke, und Schweiß an derselben Stelle auf dem Boden liegen: dann nämlich, wenn dem Stück senkrecht von oben durch den Rücken geschossen wird, was hoffentlich jeder Jäger unterlässt. Bei jeder anderen Flugbahn des Geschosses – natürlich nur bei Durchschuss mit Ausschuss – verändert sich die Schweißposition auf dem Boden relativ zum Standort des Wildes.

DIE FÄHRTE ZÄHLT!

Wir brauchen also die Fährte, und nur mit der Fährtenwitterung durch die Bodenverwundung dieses einen Stückes ist es unserem Hund möglich, die Fährte durch viele andere Verleitungen sogar der eigenen Wildart auszuarbeiten. Diese Nasenleistung ist für Hundeführer immer wieder faszinierend. Steht man nach vielen Stunden Fährtenstehzeit und kilometerlanger Suche ohne einen Tropfen Schweiß, zumal bei schlechtem Wetter, am Stück, lässt das auch den versiertesten Praktiker staunen.
Um Anschüsse richtig ansprechen zu können, bedarf es einer genauen Kenntnis der Anatomie des jeweils beschossenen Stückes. Jedes Stück Wild hat einen anderen Knochenbau, speziell der Verlauf der Wirbelsäule und die Form und Länge der Dornfortsätze unterscheiden sich voneinander. Der Anatomie des Wildes ist daher ein eigenes Kapitel in diesem Buch gewidmet.

AUSSCHUSS AUF DEM BODEN

Alles Material, das beim Schuss auf das Stück Wild aus dessen Körper geschleudert wird, z. B. Schweiß, Organteile, Risshaare, Geschossreste, liegen hinter dem Wildkörper in teils beträchtlicher Distanz. Dieses Material bildet den *„Ausschuss auf dem Boden“*. Wenn also nach dem Schuss nach Schweiß gesucht und dieser gefunden wird, steht man am Ausschuss, das kann nicht oft genug betont werden! Dort gibt es keine Fährte, denn die kann nur am Anschuss sein, dort, wo das Wild stand. Vom Ausschuss auf dem Boden aus muss also erst sorgfältig der Anschuss-Punkt ermittelt werden.

MARKIEREN DES „ANSCHUSSES“

Ein Kuriosum ist immer noch das Verbrechen des „Anschusses“ mit den brauchtumsgerechten Holzarten. Dem Schweißhundeführer ist

Checkliste

AM AUSSCHUSS AUF DEM BODEN FINDEN WIR JE NACH TREFFERLAGE FOLGENDE PIRSCHZEICHEN:

- ☐ Schweiß
- ☐ Leber (nach Gattung verschiedene Formen)
- ☐ Milz (Schweißspeicher)
- ☐ Knochensplitter, Knochenmark (bei Hitze flüssig, bei Kälte fest)
- ☐ Wildbretteile
- ☐ Risshaare
- ☐ Teile des Gescheides, Tracht
- ☐ Zahnteile, Teile von Ober- oder Unterkiefer, Knochen, Siebbein
- ☐ Trophäenteile (Schleudertrauma!)
- ☐ Ein- und Durchschüsse des Geschosses an Bäumen und Ästen
- ☐ Geschossbahn im Boden gefehlt oder getroffen

Traditionelle Anschussbrüche. Hilfreicher sind weithin sichtbare Markierungen.

PIRSCHZEICHEN
Die Deutung gefundener Pirschzeichen erfordert eine Menge Übung und Erfahrung. Bei Anschuss-Seminaren, wie sie von Schweißhundestationen und Hegeringen angeboten werden, wird diesem Thema besondere Aufmerksamkeit gewidmet. Von einem frisch erlegten Stück Wild werden Gewebeteile entnommen und den Lehrgangsteilnehmern präsentiert. Nur so kann man in aller Ruhe lernen. Neben den frischen Pirschzeichen stehen oft auch präparierte Modelle zur Verfügung.

So werden die frischen Gewebeteile, hier ein Teil einer Drossel, als Pirschzeichen zu Übungszwecken aufbereitet.

es herzlich egal, was am Anschuss steckt, entscheidend ist, dass der Schütze dem Hundeführer möglichst genau die Stelle zeigen kann, an der das Stück gestanden hat, als es die Kugel bekam. Ein von Weitem sichtbares, farbiges Forstband erfüllt diesen Zweck meist besser als ein eher unscheinbarer Zweig – auch weil es nicht auf dem Boden befestigt wird. Ohnehin wird beim Markieren oft genug eben nicht der Anschuss markiert, sondern die Stelle, an der Pirschzeichen gefunden werden, z. B. Schweiß. Die meisten Pirschzeichen liegen aber, wie gesagt, nicht im Anschuss, sondern weit hinter der Stelle, an der das Wild beim Schuss stand. Den dort gefundenen Schweiß oder die Gewebeteile bezeichnen wir „Profis" – wie beschrieben – eben als „Ausschuss auf dem Boden".

PIRSCHZEICHEN AM ANSCHUSS

Am und in der näheren Umgebung des *Anschusses* sind in der Regel folgende Pirschzeichen zu finden:

Eingriffe Diese Pirschzeichen entstehen, wenn sich das getroffene Stück Schalenwild

Ein Praxisfall: Am Ausschuss auf dem Boden lagen einzelne dunkle Schweißtropfen sowie Riss- und Schnitthaar – an einer(!) Stelle.

Das Rotkalb war nur am Unterbauch gestreift worden, die Bauchdecke riss jedoch bei der Flucht auf – aus der Kontrolle am nächsten Morgen wurde eine Totsuche von ca. 1 000 m.

vom Boden abdrückt. Je nach Bodenbeschaffenheit – trocken oder nass – sind die Eingriffe flach oder tief.

Ausrisse Wenn die Schalen des Wildes nach dem Abdrücken vom Boden Teile weicher Erde, zusammengedrücktes Gras oder Moos mitnehmen und sofort wieder verlieren, entstehen Ausrisse. Die genannten Bodenbestandteile werden auch von den Schalen nach hinten geschleudert und liegen dann neben oder in der Fährte.

Schnitthaare Beim Eintreten in den Wildkörper schneidet das Geschoss Haare ab. Diese Schnitthaare haben deshalb keine Haarwurzeln. Sie liegen meist genau am Anschuss oder im Verlauf der Fährte – vermehrt bei Winterhaar, Sommerhaar ist weniger ergiebig. Manchmal sehr schwer zu finden, werden Schnitthaare oft erst durch das saubere Verweisen des Hundes erkannt.

Risshaare Durchschlägt das Geschoss den Wildkörper, reißt es auf der Ausschussseite Haare/Borsten heraus. Diese Haare können vom Anschuss weg trichterförmig bis zu 30 m hinter dem beschossenen Wild liegen. Im Gegensatz zu Schnitthaaren finden sich an Risshaaren meistens noch Haarwurzeln. Außerdem haften an den Haaren immer Wurzelteile, Wildbret oder Deckenfetzen. Risshaare zeigen, dass das Wild einen Ausschuss hat.

WICHTIGES RUND UM DEN ANSCHUSS

Einige wesentliche Punkte, die der Schütze im Zusammenhang mit dem Anschuss zu berücksichtigen hat, sollen hier schlaglichtartig genannt werden. Begonnen wird mit der Arbeit nach Möglichkeit nicht eher als sechs Stunden nach dem Schuss: Die Individualwitterung muss verfliegen können. Besser ist es, noch länger zu warten.

Damit die Nachsuche möglichst komplikationsfrei vonstattengehen kann, muss der Schütze den Hundeführer kurz und genau einweisen:

— Wie ist geschossen worden: aufgelegt, freihändig, angestrichen?
— Um welche Zeit wurde das Stück beschossen (Tag oder Nacht)?
— Welches Geschoss und welches Kaliber wurden verwendet: Das gibt Aufschluss über die Verletzungsstärke, „Ein- und Ausschuss".
— Informationen über das Wild: Wildart, männlich oder weiblich, war es beim

Schuss in Bewegung oder stand es, war das Haupt erhoben oder gesenkt?

- Wie hat das Stück Wild gezeichnet? (Beachten Sie die Dunkelheit!)
- Wo stand der Schütze beim Schuss? Kanzel oder Standort bei der Pirsch dem Hundeführer genau anzeigen.
- Wie und von wem wurde der Anschuss verbrochen, wie viele Personen standen schon auf dem Anschuss oder haben „geholfen"?
- Wurde schon mit einem anderen Hund gearbeitet?

Gerade der letzte Punkt wird immer wieder gern von Schützen verheimlicht. Für den Suchenführer, der vielleicht einen ausgeprägten Kopfhund führt, ist die Information aber ausgesprochen wichtig. Fehlt sie, kann das zu falschen Schlüssen bis hin zum Scheitern der Nachsuche führen!

PIRSCHZEICHEN AM AUSSCHUSS

Je nach Sitz der Kugel können unterschiedliche Körperteile und Organe des Wildes getroffen sein. Die Pirschzeichen, die sich am Ausschuss auf dem Boden finden, sind meist recht charakteristisch und lassen bei richtiger Interpretation Rückschlüsse auf die Art der Verletzung des beschossenen Stücks zu.

SCHWEISS UND BLUTKREISLÄUFE

Zu den Pirschzeichen am Ausschuss auf dem Boden zählt der Schweiß, sofern vorhanden. Schweiß zeigt dem Hundeführer, dass das Stück getroffen ist. Dabei muss man wissen, dass es im Körper des Wildes drei Blutkreisläufe gibt:

- **Großer Kreislauf**
- **Herz-Lungen-Kreislauf**
- **Pfortader-Kreislauf**

Für den Nachsuchenführer sind der erste und der zweite Kreislauf von Bedeutung, weil sie viel Blut unter hohem Druck führen und in der Körperregion liegen, auf die beim Wild gezielt und geschossen wird.

Großer Blutkreislauf Der große Kreislauf (vom Herzen in den Körper und zum Kopf) beinhaltet zwei Teile. Der eine transportiert mit Sauerstoff angereichertes arterielles Blut von hellroter Farbe unter hohem Druck zu den Organen. Der andere Teil transportiert venöses, sauerstoffarmes dunkles Blut aus dem Körper zurück zum Herzen. Arterielles und venöses Blut sind außerhalb des Körpers – wir nennen es dann Schweiß – nach einer gewissen Zeit nicht mehr genau voneinander zu unterscheiden. Die hellrote Farbe des arteriellen Blutes beruht auf dessen Sauerstoffgehalt. Liegt sauerstoffarmes, venöses Blut an der Luft, vor allem bei hoher Luftfeuchtigkeit, nimmt es den Sauerstoff der Kluft auf und wird ebenfalls hell. Anders ist es beim hellroten Lungenschweiß nach dem Schuss: Beim Zerreiben zwischen den Fingerkuppen spürt man in ihm Substanz (Lungenbläschen).

Herz-Lungen-Kreislauf Der zweite Kreislauf ist der Herz-Lungen-Kreislauf. Sauerstoffar-

VERWEISERPUNKT

Vor voreiligen Schlüssen ist zu warnen: Viel Schweiß bedeutet noch lange nicht, dass ein Stück leicht zu bekommen ist. Meistens ist dann eine Schlagader, ein arterielles Blutgefäß, z. B. am Lauf verletzt. Diese schließt sich aber nach kurzer Zeit, und dann liegt kein Schweiß mehr in der Fährte. Hunde, die nur auf einer gespritzten oder getupften Schweißfährte gearbeitet wurden, bekommen in diesem Fall Schwierigkeiten und finden nicht zum Stück.

mes Blut muss nicht immer aus den Venen stammen, denn auch die Arterien, die innerhalb dieses Kreislaufs aus dem Herzen in die Lungen gehen, führen sauerstoffarmes Blut. Werden sie allerdings beim Schuss getroffen, liegt das Stück unmittelbar im Feuer oder kurz darauf.

PANSEN

Wir unterscheiden den Verdauungstrakt des Wiederkäuers, auch Pansen genannt, und den Verdauungstrakt des Allesfressers, beim Schwarzwild Weidsack genannt.
Der Wiederkäuerpansen, den wir bei Rot-, Reh-, Dam- und Gamswild finden, gliedert sich in folgende Segmente:

- **Schlund-, Vorhof- oder Schleudermagen**
- **Dorsaler (rückenseitiger) Pansensack und ventraler (bauchseitiger) Pansensack**
- **Netzmagen**
- **Blättermagen**
- **Labmagen**

Bei Durchschüssen des Pansens oder einzelner Teile davon wird jeweils Panseninhalt durch das Geschoss mit aus dem Ausschuss gerissen. Auch kann Substanz durch die vom Geschoss verursachte „pulsierende Kaverne" aus Einschuss und Ausschuss herausgepumpt werden.
Der Hundeführer muss erkennen können, aus welchem Teilbereich des Pansentraktes breiige oder feste Substanz (Pflanzenteile) stammen. Falsche Schlüsse hierbei können für eine erfolgreiche Nachsuche oft schwere Folgen haben: Entweder wird das Stück nicht gefunden, oder die Hetze wird für den Hund unnötig schwer.
Bei Pansen- sowie Weidsacktreffern wird mit der Arbeit besser etwas länger gewartet. Das Stück wird dann kränker und bleibt gleich im Wundbett oder ist sehr steif in seinen Fluchten. Bei zu frühem Ansuchen dagegen

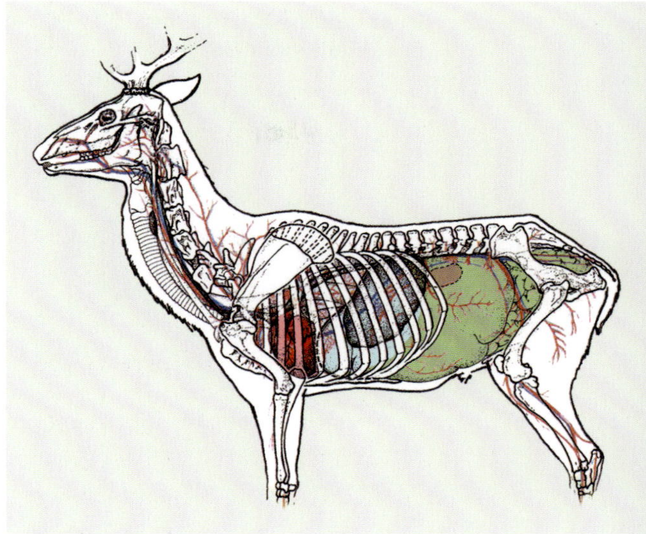

Der Blutkreislauf am Beispiel Rothirsch

wird das Stück meist noch einmal flüchtig und geht große Strecken, bis es sich wieder niedertut. Rehwild flüchtet über lange Strecken, so lange es kann – bis zum totalen Zusammenbruch.

MILZ

Milztreffer produzieren eine dunkelbraune, bläulich schimmernde, körnige Substanz. Die Milz – sie liegt dem Weidsack auf – ist ein Blutspeicher und demzufolge produziert ein Milzschuss eine große Menge Schweiß. Solche Stücke sind nicht leicht zu bekommen, auch wenn der viele Schweiß dem Unerfahrenen das vorgaukelt. Der Schweiß stammt nicht aus dem lebenswichtigen Blutkreislauf, das Stück wird nicht sehr schnell verbluten.
Besonders schwer werden diese Suchen, wenn das Wild aus dem Wundbett geworfen wird. Solche Stücke sind nur über sehr lange Suchen und von absolut schnellen und scharfen Hunden zu bekommen.

WILDBRET

Wildbretteile finden sich, wenn stark bemuskelte Partien des Wildkörpers getroffen werden – Keulen, Blätter, Bug, Nacken. Hierbei

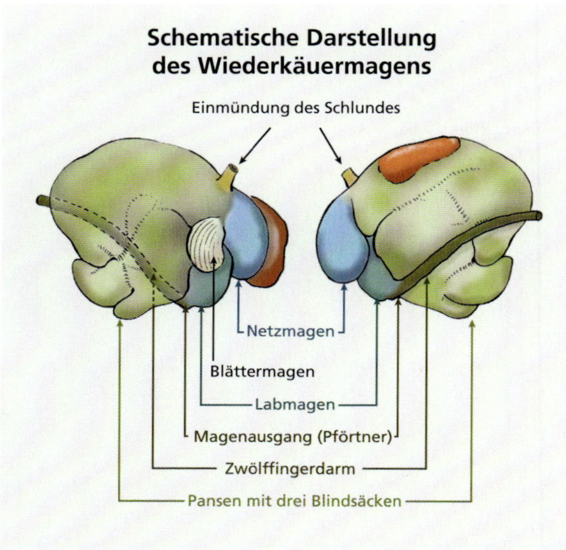

Der Wiederkäuermagen am Beispiel Rotwild

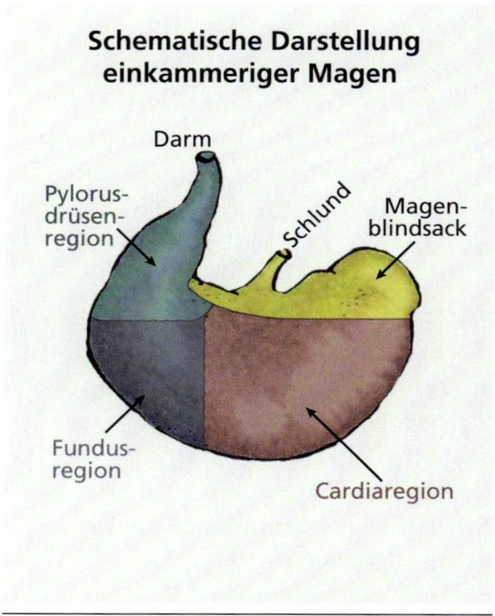

Einkammeriger Magen wie z.B. der Weidsack des Schwarzwildes

handelt es sich oft um Streifschüsse, bei denen sich dann zusätzlich große Mengen Riss- und Schnitthaar finden. Auch diese Stücke sind zu bekommen – unter der Voraussetzung, dass die eingesetzten Hunde eine Fährte ohne Schweiß arbeiten können und sehr schnell und wildscharf sind. Besser sind hier allemal zwei Hunde, um beim Stellen das Stück besser zu binden.

GESCHEIDE

Gescheidestücke am Ausschuss auf dem Boden und in der Fährte verleiten Unerfahrene oft zu voreiligen Schlüssen. Gerade diese Suchen zählen zu den schwersten, insbesondere dann, wenn sich das Stück in einem Familienverband oder der Schwarzwild-Rotte befindet. Das kranke Stück zieht kilometerweit mit der Rotte/dem Rudel mit. Mit etwas Glück sondert es sich ab und ist dann leichter zu bekommen. In den meisten Fällen jedoch liegt das kranke Stück mit im Tageseinstand oder im Kessel.

Wer einmal miterlebt hat, wie ein Kessel auseinanderfliegt, wenn Hund und Führer erscheinen, wird verstehen, wie schwer es der Hund hat, hier schnell das kranke Stück zu erkennen und zu stellen. Sehr oft kommt man beim Schwarzwild nach langer und schwerer Suche an das von Artgenossen schon angeschnittene Stück.

Stücke mit einem Schuss durch das Gescheide können noch tagelang leben. Ein besonderer Faktor dabei ist die herrschende Witterung. Im Winter und bei Frost leben die Stücke länger als bei großer Hitze. Nur erfahrene Hunde und Führer dürfen zu solch einer Arbeit eingesetzt werden.

TRACHT

Wo gebietsweise Schwarzwild auf Drückjagden mit Flintenlaufgeschossen beschossen wird, kommt es immer wieder vor, dass weibliche Stücke im Bereich des kleinen Gescheides und somit durch die Tracht getroffen werden. Infolge der stumpfen Spitze von Flintenlaufgeschossen können die Embryonen durch den Ausschuss gedrückt oder im Verlauf der Flucht verloren werden. Diese Suchen sind immer dadurch gekennzeichnet, dass sich die Fährte durch viele Dickungen mit schwersten Widergängen zieht, bis man

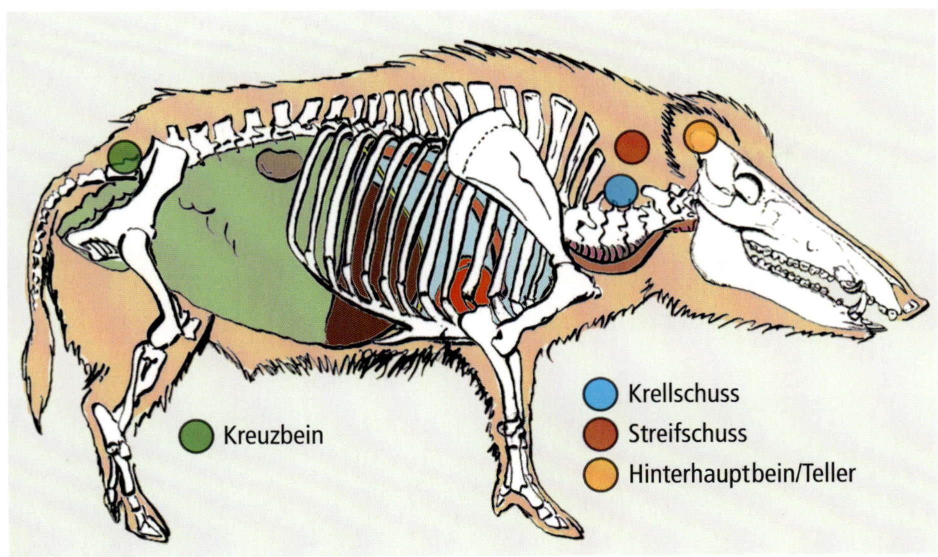

Treffer beim Schwarzwild

erlösend für Wild und Gespann den Fangschuss anbringen kann. In den meisten Fällen sind die Stücke nicht mehr in der Lage, lange Strecken zu flüchten.

ÄSER- UND GEBRECHTREFFER

Zahnteile der Prämolaren, der Molaren, der Ober- wie Unterkieferäste links und rechts sowie Leckerteile und Siebbeinstücke, bei Schwarzwild auch Teile der Waffen des Keilers oder Haken der Bachen, lassen immer eine sehr schwere Nachsuche folgen.
Infolge der typischen Jagdarten auf Schwarzwild (Drückjagden) und der damit verbundenen Schussabgabe auf flüchtiges Wild kommen bei diesem Wild Schüsse durch das Gebrech häufiger vor als bei anderen Wildarten. Die Schützen verschätzen sich beim Vorhalten und wählen mit einer Büchse, deren Geschossgeschwindigkeit vielleicht 800 m/s beträgt, das gleiche Vorhaltemaß wie mit einer Flinte, deren Schrote vielleicht 400 m/s zurücklegen. Bei anderem Schalenwild rühren Äserschüsse meist daher, dass „Kunstschützen“ versuchen, den Kahlwildabschuss mit Kopfschüssen zu erfüllen, um kein Wildbret zu entwerten.

Stücke mit Äser- bzw. Gebrechschuss ziehen in der ersten Zeit ruhelos umher und legen beachtliche Strecken zurück. Gleichzeitig halten sie sich fern von dichtem Unterholz. Gerade Schwarzwild meidet den sonst sicheren Unterschlupf immer wieder und weicht in offenes Gelände aus. Kommt man in die Nähe des Wundbettes, greifen solche Stücke sehr schnell an.

TRÄGER- UND KOPFSCHÜSSE – UNWAIDMÄNNISCH!

Immer wieder meinen „Kunstschützen“, sie müssten „Wildbret schonen“ und auf den Träger oder das Haupt schießen. Jeder tierschutzbewusste Jäger sollte aber am glücklichsten mit einem sicheren Schuss und möglichst großen Ausschuss sein, die das Wild so schnell wie möglich zu Boden bringen. Was zählen da drei für das Grillen verlorene Rippchen? Darüber hinaus ist das Wildbret nachgewiesenermaßen qualitativ hochwertiger, wenn es möglichst ausgeschweißt ist – das ist mit einem Träger- oder Kopfschuss unmöglich!

01

02

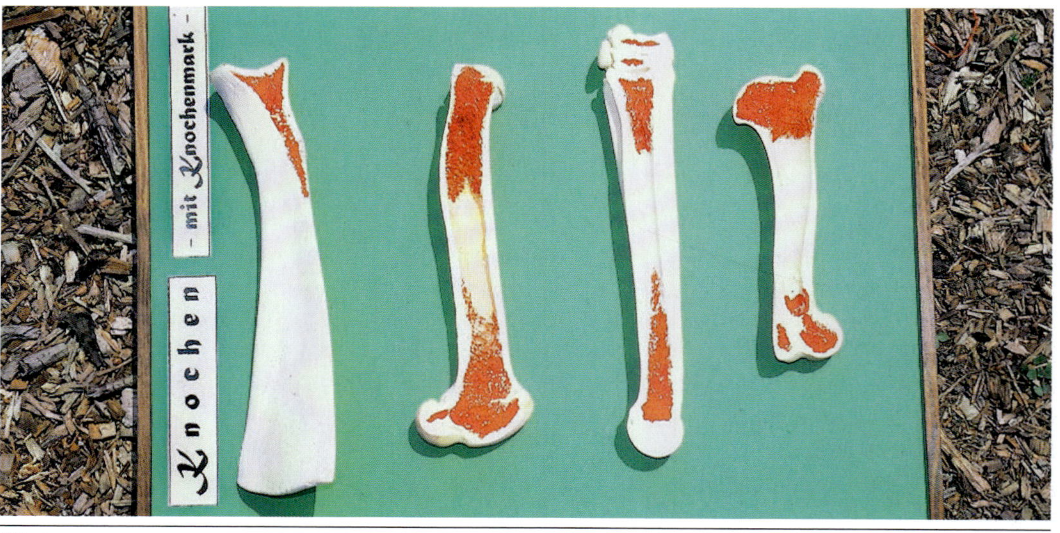

03

04

01 *Zahnteile und Geschossmantel eines steil von oben beschossenen Keilers: nach ca. 8 km Riemenarbeit mit Hetze Fangschuss in einem Maisschlag*

02 *Knochen, Schnitthaar und Schwartenfetzen: Der von vorn beschossene Keilers konnte erst nach 11 km Suche mit schwerer Hetze und Dazuschnallen eines zweiten Hundes durch einen Fangschuss erlöst werden.*

03 *Markhaltige Röhrenknochen im Querschnitt*

04 *Siebbeinteile eines Überläuferkeilers mit Durchschuss im Siebbeinbereich: Nachsuche über zwölf Reviere hinweg, im Tageseinstand gestellt und erlöst*

Gebrech- und Äserschüsse gehören zu den schwersten Arbeiten eines Nachsuchenführers. Je nach Trefferlage auf dem Haupt des Stückes fallen die Verletzungen unterschiedlich schwer aus und haben auch unterschiedliche Konsequenzen für die Suche. Damit befasst sich ausführlich ein eigenes Kapitel. Die Fotos links oben und unten sowie zum Teil auf Seite 327 bilden die Pirschzeichen solcher schweren, von uns gearbeiteten Nachsuchen ab. Aus Mangel an Erfahrung können sich viele Führer nicht vorstellen, wie sich ein Geschoss im Wildkörper zerlegt, und welche verheerende Zerstörungskraft es hat. Im Serviceteil des Buches sind weitere Fotos zu Treffern und ihren Auswirkungen abgebildet.

LEBER

Die Leber der Wiederkäuer ist von der mehrlappigen Leber des Schwarzwildes zu unterscheiden. Teile der Leber in der Umgebung des Anschusses sind dunkelbraun und körnig. Es macht einen Unterschied, ob eine Leber am Rand getroffen ist oder, z. B. bei Schwarzwild, in der Mitte des Pfortaderkreislaufes. Randtreffer können ausgeheilt werden, wogegen Treffer ins Zentrum meist zum – allerdings nicht schlagartigen – Verenden führen. Bei unsachgemäßer Annäherung an das Wundbett können so getroffene Stücke noch weite Strecken zurücklegen und schwere Nachsuchen verursachen, gerade dann, wenn kein Ausschuss vorhanden ist. Leberschweiß und Leberstücke kann man auch an dem typischen Geruch bzw. Geschmack erkennen.

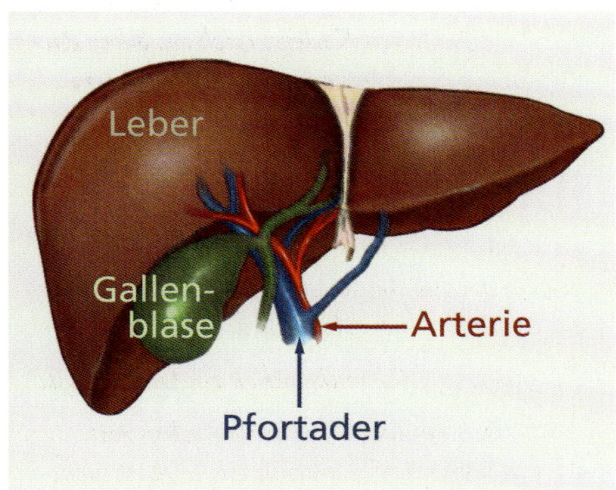

Der Pfortaderkreislauf – der venöse Blutkreislauf von Magen, Darm, Milz und Bauchspeicheldrüse – ist für Nachsuchenführer wichtig.

KNOCHENMARK

Zu den Pirschzeichen, die der Hundeführer am Ausschuss auf dem Boden auch sehr häufig findet, zählen Knochensplitter. Anhand dieser Knochenbruchstücke und ihrer charakteristischen Form – flach, rund, eckig, dünn oder dick – kann er deren Herkunft sehr genau bestimmen.

Knochenmark findet sich bei Treffern von hohlen Knochen. Es verändert sich im Aussehen: Bei Wärme sieht Knochenmark auf Blättern aus wie farbloses Maschinenöl, bei Kälte ist es weiß und fest. Das Mark kann auch von poröser, immer etwas schweißig aussehender Knochensubstanz durchsetzt sein. Immer aber finden wir neben dem Knochenmark als eindeutiges Indiz auch die starkwandigen Knochensplitter der markhaltigen Röhrenknochen.

Knochensplitter wirklich richtig zuzuordnen, erfordert schon ein gehöriges Maß an Erfahrung und Talent. Richtig angesprochen, helfen diese Pirschzeichen aber, den Sitz der Kugel eng einzugrenzen und das weitere Vorgehen und die Nachsuche selbst entsprechend darauf abzustellen.

VERWEISERPUNKT

Deuten die Pirschzeichen auf einen Gebrechschusses im Bereich der Schneidezähne und/oder der Prämolaren hin, sind nur die besten Gespanne und das sofort anzufordern. Eine Suche mit einem nicht firmen Hund wird nie zum Erfolg führen!

GEWEIH- UND SCHLAUCHTREFFER

Ausnahmsweise werden nach Schüssen auf Trophäenträger auch Teile des Geweihs oder der Schläuche gefunden. Meist kommen diese Treffer durch widrige Umstände bei der Schussabgabe zustande. Auch solche Stücke müssen nachgesucht und zur Strecke gebracht werden. Die massive Krafteinwirkung auf das Geweih entspricht dem von Auffahrunfällen bekannten Peitscheneffekt bzw. dem Schleudertrauma. Hierbei wird die Wirbelsäule stark gestaucht, gedreht oder verrissen. Gleichzeitig werden die Knochen und die Nervenstränge in Mitleidenschaft gezogen. Das Gehirn ist im Schädel wie in einem Wasserkissen von einer dünnen Schicht Nervenwasser umgeben und der sehr derben Hirnhaut umhüllt. Der Schlag wird dadurch zwar gedämpft, trotzdem kommt es zu reißenden Scherbewegungen des Hirngewebes und zum dumpfen Aufprall an die Innenseite des Schädelknochens. Dabei erleidet das Gehirn Schaden und wird gequetscht oder Blutgefäße zerreißen.
Man sollte grundsätzlich die Fährte so getroffener Stücke länger arbeiten, um festzustellen, ob sie sich niedergetan haben oder gesund weitergezogen sind bzw. einen benommenen Eindruck machen. Eine Kontrollsuche muss über eine Strecke von 1 000 m erfolgen.

SCHALENRANDSPLITTER

Auf hartem Untergrund kann es zu Absplitterungen im Bereich des Schalenrandes kommen, wenn das Stück im Schuss zusammenruckt und Eingriffe und Ausrisse erzeugt. Um diese Zeichen zu finden, müssen Hund und Führer im Verweisen gut ausgebildet sein. Neben solchen Schalensplittern müssen für eine Beurteilung des Treffersitzes immer noch andere Pirschzeichen das Bild ergänzen. Nur alle Details im Ganzen ergeben die richtige Diagnose. Wild kann z. B. auch bei einem sehr knappen Unter- oder Überschießen – also einem Fehlschuss – heftig reagieren und sich auf hartem Untergrund so stark abdrücken, dass Schalenverletzungen vorkommen.

GESCHOSSRESTE UND -MALE

Bei richtigem Absuchen der An-/Ausschussumgebung werden wir auf oder im Boden auch Geschossteile finden können. Mit einem Vergrößerungsglas lässt sich feststellen, ob diese Geschossteile durch den Wildkörper gegangen sind. Beim Durchschlagen des Wildkörpers deformiert sich das Geschoss – zumal, wenn es auch Knochen gefasst hat – und schließt Wildbret und Deckenfetzen mit Haaren und Borstenteilen in sich ein. Diese Einschlüsse sind ein sicheres Zeichen dafür, dass das Stück einen Ausschuss hat. Das Geschoss hat nur mit seinem vorderen Teil Kontakt mit dem Wild, am Heckteil wird man daher kaum Schweiß oder Deckenfetzen finden können.
Gut eingearbeitete Nachsuchenhunde sowie der Führer selbst können immer wieder auch Durchschüsse von Ästen oder kleineren Stämmen oder Treffer auf starken Bäumen feststellen. Hier lässt sich mit der Lupe ebenfalls anhand der Einschlüsse im Geschossmaterial feststellen, ob das Stück getroffen wurde oder nicht. Hunde verweisen derartige Durchschüsse gern und bewinden sie lange und ausgiebig.

VERWEISERPUNKT

Alle Pirschzeichen müssen am Anschuss und Ausschuss auf dem Boden bleiben! Immer wieder erlebt man, dass Knochensplitter, Borsten oder Deckenfetzen aus der Hosentasche oder dem Anorak gezogen werden, um sie dem Nachsuchenführer zu zeigen. Den Schützen dann zurechtzuweisen, muss aber nicht sein. Besser ist es, ihm später seinen Fehler zu erklären und darauf hinzuweisen, dass beim nächsten Mal Pirschzeichen nur verbrochen, nicht aber angefasst oder gar einsammelt werden sollen: das erschwert dem Hund die Arbeit unnötig.

Geschossverhalten

EIN GESCHOSS KANN JE NACH FLUGBAHN BEIM AUFTREFFEN AUF DEN BODEN

- ☐ direkt in den Boden einschlagen und dort steckenbleiben, sodass ein Einschusskrater entsteht
- ☐ auf dem Boden abgellen (abgelenkt werden und in eine andere Richtung weiterfliegen), was auf dem Boden einen kurzen Aufriss hinterlässt
- ☐ sehr flach auf dem Boden aufkommen, wodurch ein langer Aufriss des Bodens durch das Geschoss entsteht.

Natürlich kann das Geschoss auch in einen Baum o. Ä. einschlagen und dort stecken bleiben.

Das Geschoss hat eine Kiefer gestreift. Das heißt nicht automatisch, dass das beschossene Stück nichts abbekommen hat.

Hin und wieder durchschlägt das Geschoss schon auf dem Weg zum Wild Bäume oder Äste oder streift sie. Stand das Wild dicht hinter einem vom Geschoss getroffenen Stamm, muss das Projektil nicht unbedingt so weit aus der Bahn geraten sein, dass das Stück unverletzt geblieben ist. Ich habe selbst einige Suchen gemacht, bei denen die Stücke von Holzsplittern oder Geschossteilen getroffen wurden. Nach langer und schwieriger Suche – die Stücke hatten keinen Ausschuss – gelangten wir ans verendete oder noch lebende Stück. Im gesamten Fährtenverlauf solcher Nachsuchen zeigt sich sehr wenig Schweiß. Um die Kontrollsuche nicht fälschlicherweise zu früh abzubrechen, muss der Hundeführer seinen Hund sehr gut kennen und ihm vertrauen – auch über Kilometer hinweg.

ANSCHUSS FINDEN MIT DEM BERGSTOCK

Um den Anschuss, ausgehend vom Ausschuss auf dem Boden, zu finden, ist das Wissen um die Geschossbahn für den Nachsuchenführer wichtig. Damit kann er die Situation bei der Schussabgabe rekonstruieren.

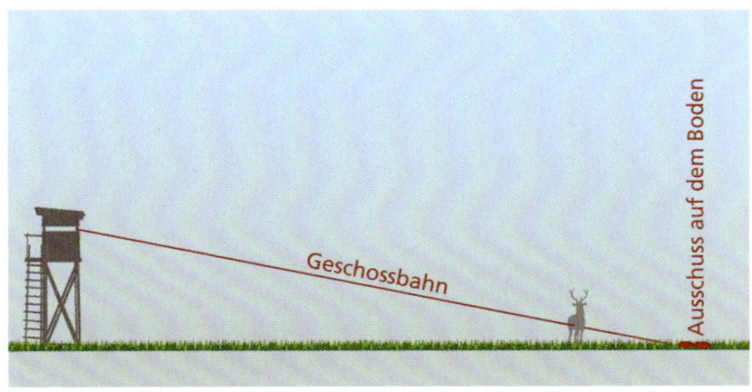

Ermitteln des genauen Anschusses nach Beschuss eines einzelnen Stücks. In diesem Beispiel sei der Hirsch mit Ausschuss tiefblatt getroffen geflüchtet.

FINDEN DES ANSCHUSSES ÜBER GESCHOSSBAHN-REKONSTRUKTION

Die Geschossbahn durchläuft drei wichtige Punkte: den Anfang (Standort des Schützen), den Platz, an dem das Geschoss das Stück getroffen hat, und das Ende der Flugbahn (Einschlag im Boden, Baum etc.). Mit zwei Punkten kann man den fehlenden dritten Punkt relativ genau ermitteln, wenn man sich

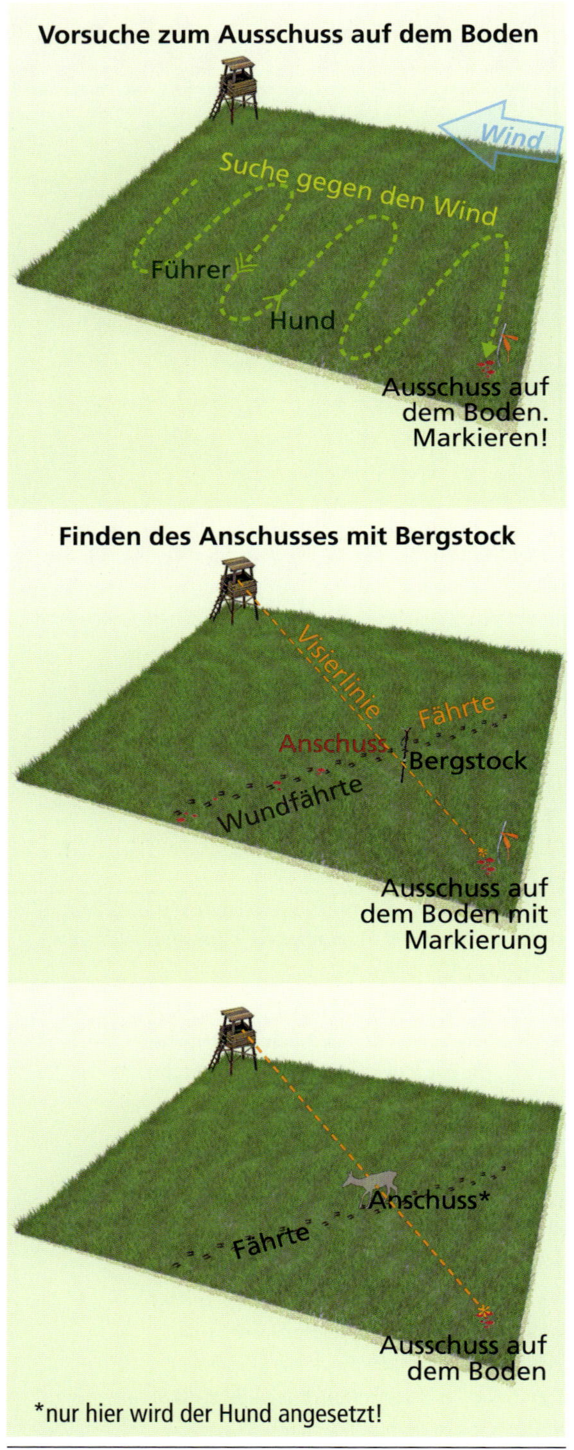

Ablauf der Anschusssuche mit dem Bergstock

die Flugbahn bei den relativ kurzen jagdlichen Schussentfernungen als Gerade und nicht als ballistische Kurve denkt. Dazu gibt es unterschiedliche Techniken.

Wenn der Hund bei der Vorsuche den Geschosseinschlag im Boden findet, reagiert er zumeist auf zwei Arten: Bei einem Nicht-Treffer nimmt er den Einschlag aufgrund der Bodenverwundung zwar zur Kenntnis, wendet sich aber nach kurzer Zeit wieder von der Geschossbahn ab.

Bei einem Treffer des Wildkörpers hingegen bewindet der Hund dieses Pirschzeichen viel interessierter und länger als im ersten Fall, weil zusätzlich zur Bodenverwundung noch die Witterung der Wildbretteile am Geschoss haftet. Ein genaues Untersuchen der Geschossbahn mit der Lupe wird uns dann immer Haar, Wildbretteilchen, Feist bzw. Weißes, Talg, Pansen, Weidsackinhalt oder Borsten und Unterwolle finden lassen.

Mit dieser Information kann der Nachsuchenführer die Standorte des Wildes und des Schützen sowie die Geschossflugbahn rekonstruieren.

Der Standort des Schützen ist in aller Regel bekannt, zumindest dann, wenn von einem Hochsitz aus geschossen wurde. Von dort aus wird mit der entladenen Waffe zum Einschlag des Geschosses gefluchtet und mithilfe eines Bergstocks, an dem je eine Markierung für die Bodenfreiheit und die Widerristhöhe des Wildes angebracht sind, der Anschuss gesucht: Dabei fluchtet man die Gerade, die einem knappen Unterschießen des Wildes entspräche, und dann diejenige, die zu einem knappen Überschießen passen würde, bis zum Boden. Zwischen diesen beiden Stellen muss der Anschuss liegen – vorausgesetzt, dass Stück hat keinen Laufschuss.

FINDEN DES ANSCHUSSES VOM AUSSCHUSS AUF DEM BODEN AUS

Bei diesem Verfahren wird der Hundeführer vom Schützen auf dem Schützenstand in die Stelle eingewiesen, an der das Stück (ein

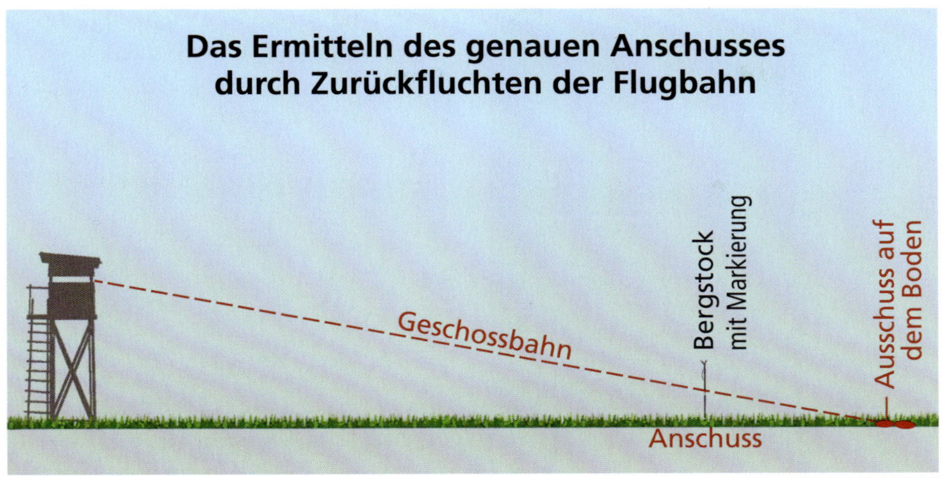

Zurückfluchten der Flugbahn vom Ausschuss auf dem Boden

Hirsch) gestanden haben soll. Der Hundeführer arbeitet gegen den Wind auf die benannte Stelle zu und wird den Ausschuss auf dem Boden finden. Die Stelle wird dann für den Schützen sichtbar gekennzeichnet.
Der Hundeführer stellt nun die Markierung seines Bergstocks auf die Höhe des vermuteten Einschusses ein. Während der Schütze auf den gekennzeichneten Ausschuss zielt, bewegt der Hundeführer den Bergstock in der Ziellinie auf den Schützen zu. Decken sich irgendwann Ziellinie, Markierung und Ausschuss auf dem Boden, so muss der Anschuss unter der Spitze des Bergstocks sein. Ist das nicht der Fall, liegt der Punkt des Abkommens anderswo am Körper des Stückes. In dem in der Illustration oben dargestellten Beispiel wurde Schweiß gefunden. Der Schütze zielt mit der ungeladenen Büchse von der Kanzel aus auf den kenntlich gemachten Schweiß. Dem Hundeführer ist die Widerristhöhe eines starken Hirsches (110–120 cm) bekannt. Er geht mit einem ca. 150 cm langen Stock in die Zielbahn des Schützen, der Stock ist bei 90 cm (Tiefblatt) markiert.
Am Schnittpunkt der Zielbahn und der Markierung muss der Anschuss, also Eingriffe und Ausrisse, zu finden sein.

Da alle Techniken, mit dem Bergstock den Anschuss zu finden, nur mit ruhig arbeitenden Hunden möglich sind, ist es von entscheidender Bedeutung, die Techniken der Vorsuche (s. S. 239) und des Verweisens (s. S. 187) gründlich zu üben.
Nach Bewegungsjagden ist es meist nicht möglich, mit dem Bergstock den Anschuss zu finden, denn die Angaben der Schützen zu der Stelle, an der das – meist auch noch flüchtig – beschossene Wild bei Schussabgabe stand, sind häufig zu ungenau. Hier greifen andere Techniken: Vorsuche und Umschlagen bringen den Hund auf die Fährte, oder er wird ggf. Schweiß verweisen.

HILFSMITTEL BERGSTOCK

Die vorstehend beschriebenen Techniken, den Ausschuss und über ihn den Anschuss und damit den Fährtenbeginn oder auch den Geschosseinschlag zu finden, erfolgen mithilfe eines markierten Bergstocks. Dieses vielfach nutzbare Ausstattungsrequisit gehört zur Jagdausrüstung auf Schalenwild. Der erfahrene Nachsuchenführer setzt ihn je nach Gelegenheit ein.
Ich habe mir dazu einen geraden Haselnussstock ausgesucht. Als Spitze setze ich am unteren Ende eine leichte Metallspitze ein,

Pirschstöcke mit Markierungen

DER NACHSUCHENFÜHRER ALS „LEBENDER ZOLLSTOCK"

Kennt der Nachsuchenführer seine Körpermaße, ersetzt das den Zollstock. So könnten die Maße sein:
Handspanne: 17 cm
Unterarm: 40 cm
Boden bis Knie: 50 cm
Boden bis Hüftknochen: 95 cm
Mittelfingerlänge: 9 cm
Strecke zwischen ausgestreckten Daumen- und Kleinfingerspitzen: 23 cm

☞ WICHTIGE MASSE DES WILDES

	WIDERRISTHÖHE	BODENFREIHEIT
REHWILD	ca. 65 cm	35 cm
ROTHIRSCH	120 cm	65–70 cm
KEILER	bis 110 cm	35 cm
DAMSCHAUFLER	bis 110 cm	50 cm
MUFFELWIDDER	bis 70 cm	35 cm
GAMSWILD	ca. 70–80 cm	35–40 cm

auf das obere Ende des Stocks wird eine Gummikappe für ein Schäleisen aufgesetzt. Am Stock selbst markiere ich mit einer kleinen Fräse die Widerrist- und Brustkernhöhe für alle Schalenwildarten, die nachgesucht werden.

WO SITZT DER SCHUSS?

Bei Körpertreffern muss der Nachsuchenführer einschätzen, wo in etwa der Schuss getroffen hat. Dazu wird ein bewegliches, farbiges Bändchen auf die entsprechende Markierung der beschossenen Wildart geschoben. Dann wird nach dem in der Skizze dargestellten Muster der Anschuss gesucht. Dort wird ein bedächtig arbeitender Hund den Anschuss sauber verweisen.

BEHELFSSTÖCKE

In den Bergen ist der Bergstock vermutlich immer dabei – in anderen Fällen kann sich der Nachsuchenführer recht einfach selbst behelfen, wenn er einige seiner eigenen Maße kennt. Dazu vermisst er sich selbst und braucht dann kein Zentimetermaß mitzuführen.
Eine andere Möglichkeit ist ein Teleskop-Zeigestock, der sich auf Kugelschreiber-Größe zusammenschieben lässt und so leicht transportabel ist.

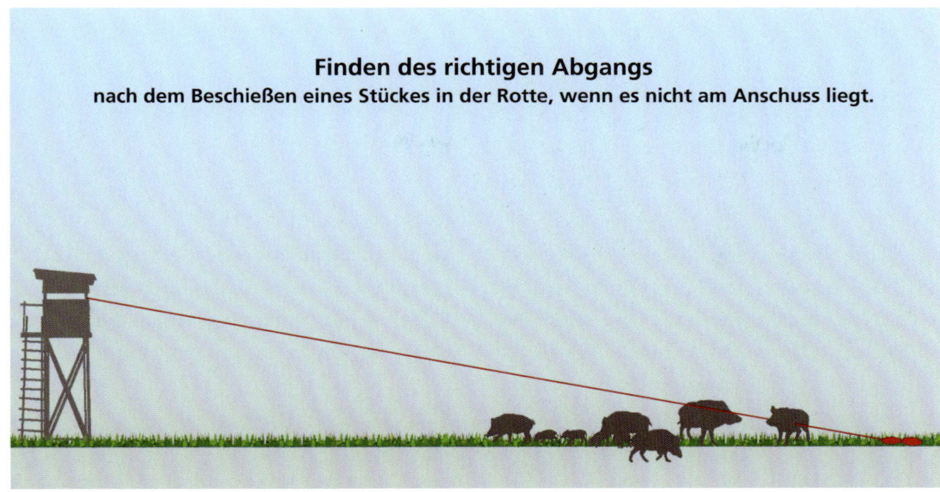

Schuss auf ein Stück in der Rotte: Meist wird der Fährtenabdruck durch überwechselndes Wild zertreten. Mittels Vorsuche und Umschlagen verweist der durchgeführte Hund die Fährte oder Schweiß.

FINDEN MITTELS FLUCHTSTABTECHNIK

Bei Schüssen von Bodensitzen oder angestrichen am Bergstock oder Baum können der Ausschuss, Teile des Wildkörpers wie z. B. Risshaar weit hinter dem beschossenen Stück liegen. Bei Testschüssen im Schnee, auf dem die Pirschzeichen gut zu erkennen waren, wurde bis zu 60 m hinter dem Stück noch Schweiß gefunden! Hier wird, um den Anschuss zu finden, mit dem Fluchtstab gearbeitet.

1. Ein farbiger Stab wird je nach Richtung des Schusses auf ca. 150 m in den Boden gesteckt. Von hier aus wird mit dem Hund auf den zielenden Schützen zu gearbeitet. Früher oder später wird der Hund den Anschuss verweisen.
2. Eine andere Variante besteht darin, vom Schützen weg in Vorsuche auf den Fluchtstab zu arbeiten. Die Mühe wird sich auch hier bezahlt machen und der Hund – je nach Bodenbedeckung – den Anschuss anhand der Eingriffe und Ausrisse verweisen. Bei der Suche des Hundes ist darauf zu achten, dass er höchstens drei Schritte auf der Ziellinie des Schützen und Lauflinie des Hundeführers arbeitet – sonst wird die Arbeit ungenau.

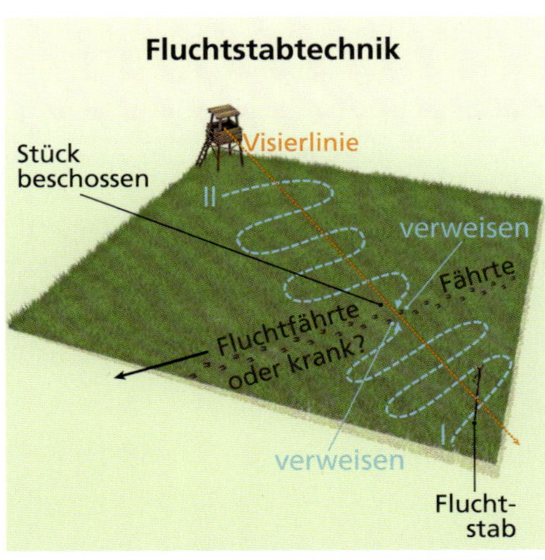

Anschusssuche mit der Fluchtstabtechnik

DIE WUNDFÄHRTE

Die Fährte beginnt am Anschuss, denn dort hat das Wild gestanden, als es beschossen wurde. Nur zur Erinnerung: Diese Stelle ist nicht identisch mit dem Ausschuss auf dem Boden und die Fährte beginnt nicht dort, wo sich die meisten Pirschzeichen befinden. Am Fährtenbeginn, dem Anschuss, sind meist nur Schalenabdrücke.

GRUNDSÄTZLICHES ZUR FÄHRTE

Bei der Einarbeitung Ihres Hundes ist die Fährte die wichtigste Station seiner Ausbildung. Bei jungen Hunden ist es ganz wichtig, dass sie die Fährten besonders von Schwarz- und Rotwild erfassen und beurteilen können. Sie müssen dem Hund schrittweise nahebringen, der Fährte zu folgen, um zur Beute zu gelangen. Ein zu forsches Vorgehen bei diesem Teil der Ausbildung wird immer damit enden, dass der Hund zu schnell, mit hoher Nase oder lustlos arbeitet.

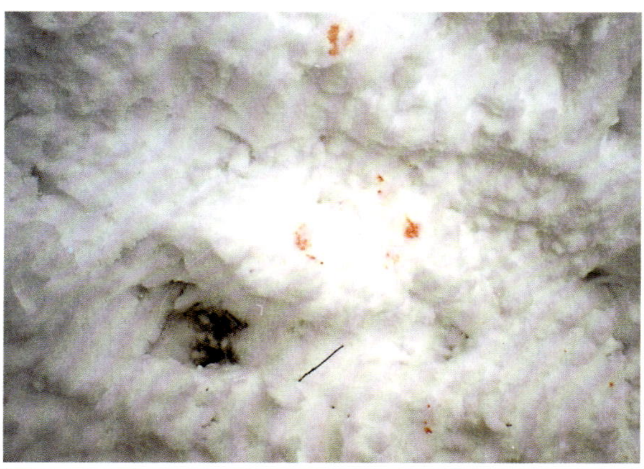

Starke Keilerfährte mit Schweiß im Schnee

All diese Fehler können Sie weitestgehend vermeiden, wenn zunächst Ihnen selbst die Natur der Fährte klar ist. Nur was man selbst verstanden hat, kann man richtig weitergeben.

REHWILDFÄHRTEN SIND BESONDERS SCHWER!

Heutzutage lehrt man in Jungjägerkursen beispielsweise immer noch, dass eine Rehwildfährte von Schweißhunden nicht gearbeitet wird. Sie sei angeblich durch die Zwischenklauensäckchen zu leicht für den Hund und verderbe ihn für Hochwild. Das ist Unfug: Rehwildfährten sind im Gegenteil das Schwierigste, was an Fährtenarbeit zu leisten ist, von der Hetze kranker Rehe ganz zu schweigen. Grund dafür ist die Tatsache, dass der Schweißhund nach der Bodenverwundung arbeitet und ein 20 kg schweres Reh mit seinen zierlichen Schalen weniger Bodenverwundung hinterlässt als ein Stück Rotwild mit teilweise deutlich über 100 kg. Außerdem flüchtet das Rehwild mit vielen Widergängen, die grundsätzlich sehr schwer zu arbeiten sind.

Um die Sache mit den Duftdrüsen an den Schalen des Wildes ein für alle Mal aus der Welt zu schaffen, sei an dieser Stelle auch erwähnt, dass gerade Schwarzwild an der Hinterseite der Vorderläufe mehr Drüsen besitzt als das Rehwild. Durch dieses wesentlich größere sogenannte Carpalorgan müsste Schwarzwild für den Hund noch leichter zu arbeiten sein.

FÄHRTEN, SPUREN UND GELÄUFE

Wenn wir uns über Fährtenarbeit unterhalten, müssen wir zuerst einmal definieren, welches Wild eigentlich Fährten und welches

Spuren hinterlässt. Dabei sind vier Gruppen zu unterscheiden:

1. *Sohlengänger* (Waschbär, Braunbär, auch der Mensch gehört dazu) hinterlassen *Spuren*
2. *Spitzengänger* (Schalenwild) hinterlassen *Fährten*
3. *Zehengänger* (Fuchs, Hund usw.) hinterlassen *Spuren*
4. *Vögel* (Fasan, Rebhuhn usw.) hinterlassen *Geläufe*

KANN SCHALENWILD DENN FLIEGEN?

Wir arbeiten unseren jungen Hund also auf die zweite Gruppe ein, das Schalenwild. Glauben wir den Hundevereinen, gibt es überhaupt keine Fährte, denn bei vielen Prüfungen wird ja nach wie vor nur Schweiß gespritzt oder getupft. Man könnte fast glauben, dass Schalenwild fliegen kann. In langjähriger Praxis stellte sich das Verhalten eines Stück Schalenwildes nach dem Schuss immer so dar: Entweder es ist richtig getroffen, dann fällt es um, oder es ist schlecht getroffen, dann läuft es davon und hinterlässt eine Fährte.

Betrachten wir Verkehrsunfälle mit Wild, dann haben wir vielleicht überhaupt keinen Schweiß, sondern nur den Schalenabdruck, auf den wir später den ausgebildeten Hund ansetzen, um an das Wild heranzukommen und es zu erlegen.

Und es liegt auch längst nicht immer in der Fährte so viel Schweiß, wie auf Prüfungen vorgeführt wird. Das Geschoss kann beispielsweise im Wildkörper steckenbleiben oder Gescheide bzw. Schwarte/Decke Ein- und Ausschuss verschließen. Dann liegt gar kein Schweiß mehr in der Fährte, und es wird schwierig für Hunde, die nur auf Schweiß und nicht auf den Schalenabdruck gearbeitet wurden.

Für uns als Schweißhundeführer gibt es nur eine Möglichkeit, um an das kranke Wild

Die drei Komponenten der Wundfährte

heranzukommen, und das ist die Fährte, der unser Hund in schwierigem Gelände und nach langer Stehzeit nachhängen muss.

SCHWEISS

Die Wundfährte besteht immer aus drei Elementen:

1. Individualwitterung
2. Schweiß
3. Bodenverwundung durch die Trittsiegel

DIE INDIVIDUALWITTERUNG

Die Individualwitterung eines jeden Stückes hängt von verschiedenen Komponenten ab: von der Atmung, den bakterienbeladenen Schuppen des Körpers (beim Mensch etwa 500 bis 1 000 pro Schritt), der Witterung des Verdauungstrakts und von Duftdrüsen. Ebenso verstärkt der Haarwechsel des Wildes im Sommer und Winter dessen Individualwitterung. Die Witterung ist spezifisch, jedes Stück Wild hat seine eigene, eben individuelle Individual-

VERWEISERPUNKT

Damit der Hund nicht mit hoher Nase der Individualwitterung eines Stückes Wild nachhängt, sollte die Stehzeit einer Fährte vier bis sechs Stunden betragen: Mehr ist hier besser als weniger!

witterung, und der Hund kann die einzelnen Tiere daran unterscheiden. Steht die Individualwitterung noch in der Luft, dann arbeiten die Hunde mit hoher Nase. Je länger die Fährte steht, desto besser ist die Individualwitterung verflogen!

BESTÄTIGUNG FÜR DEN NACHSUCHENFÜHRER

In der Jägersprache wird das aus dem Körper ausgetretene Blut jagdbarer Tiere als Schweiß bezeichnet. Er spielt für die Hundeausbildung eine untergeordnete Rolle. Er zeigt, dass das beschossene Stück zumindest einen Einschuss aufweist. Des Weiteren lässt er darauf schließen, an welcher Stelle das Stück getroffen ist und welche Organe zerstört sind. Anhand der Schweißmenge, der Tropfenform, der Häufigkeit des Austritts auf den Boden sowie des Abstreifens an Gras oder Astwerk kann der Hundeführer eine Frühdiagnose bezüglich der Länge und Schwere der zu erwartenden Arbeit stellen. Voraussetzung ist allerdings, das größte Problem gelöst zu haben: eine gute Ausbildung der Hundeführer. Denn es ist ein Unterschied, ob man ein schweißendes Stück Rehwild nachsucht oder einen starken, schweißenden Keiler.
Ein richtig ausgebildeter Hund braucht den Schweiß nicht, um der Fährte zu folgen.
Er wird aber dennoch ausgebildet, Schweiß zu verweisen, damit der Führer einen gut erkennbaren Anhaltspunkt hat, ob er auf der Fährte ist oder nicht. Der verwiesene Schweißtropfen in der Fährte dient der Verständigung zwischen Hund und Führer. Der Hund signalisiert: „Schau her, hier ist Schweiß, ich bin noch richtig!“ So wird dem Führer bestätigt, dass der Hund die Fährte hält, denn er selbst kann sie nicht riechen. Er kann nur den Schweiß – oder andere Pirschzeichen – sehen, den ihm der Hund zeigt.

DER SCHWEISS GIBT ANTWORTEN

Für uns Nachsuchenführer hat der Schweiß dagegen mannigfache Bedeutung, denn er kann uns Antworten auf eine ganze Reihe von Fragen geben:
Ist das Stück getroffen? Hat es einen Einschuss? Hat es einen Ausschuss? Welche Körperteile wurden getroffen? Welche Organe sind in Mitleidenschaft gezogen worden? Wie stark tritt der Schweiß aus der Schussverletzung aus? Welche Formen hat er auf dem Boden? Wie alt ist er (Stehzeit)?
Dabei ist immer auch zu berücksichtigen, welche klimatischen Faktoren auf den Schweiß einwirken.
All dies zeigt dem erfahrenen und verantwortungsvollen Schweißhundeführer, ob er mit seinem Hund die anstehende Nachsuche durchführen kann oder ob gleich ein besser ausgebildeter Hund bereitgestellt werden sollte. Will der Hundeführer seiner Verantwortung gegenüber dem Wild gerecht werden, muss er eventuelle Wissenslücken hinsichtlich des Ansprechens von Schweiß durch Lehrgänge, Seminare und viel Praxis schließen.

Schweiß

WAS IST WICHTIG?

- ☐ Stehzeit
- ☐ Abbau (innen oder außen)
- ☐ Form des Schweißes auf dem Boden (getropft oder abgestreift)
- ☐ Menge des Schweißes
- ☐ Herkunft aus welchem Kreislauf (arteriell = hell, venös = dunkel)
- ☐ Organ-Schweiß
  1. Lungenschweiß
  2. Leberschweiß
  3. Milzschweiß
  4. Pansen-, Weidsackschweiß
  5. Herzschweiß
  6. Nierenschweiß
- ☐ Wildbretschweiß
- ☐ Schweiß vom großen und kleinen Gescheide

WEITERE INFORMATIONEN

Ist dem Hundeführer bekannt, von welcher Seite der Schütze das Wild beschossen hat, kann er feststellen, ob das Stück getroffen oder gefehlt wurde. Durch eine Vorsuche seines Hundes, der ihm den Schweiß verweist, wird klar, dass das Stück den Schuss auf dem Körper hat. Auf der beschossenen Seite wird sich in den meisten Fällen erst nach einigen Fluchten Schweiß finden. Auf der Seite des Einschusses finden sich auch die Schnitthaare.

Auf der Ausschussseite wird, je nach Auftreffwinkel auf den Wildkörper und Größe des Geschosses, der Schweiß näher oder weiter am beschossenen Stück liegen. Außerdem finden sich hier die Risshaare.

Anhand der Menge des auf dem Boden liegenden Schweißes lässt sich diagnostizieren, ob das Stück ausschweißt und kränker wird oder ob sich der Einschuss oder der Ausschuss durch Decke, Schwarte oder Gescheide verschlossen hat. Dann läuft der Schweiß nur noch in den Wildkörper, und das Stück zieht weiter als bei offenem Ein- und Ausschuss.

Es gibt im Wildkörper den großen Kreislauf und den kleinen Herz-Lungen-Kreislauf.

Die Gefäße teilen sich zum einen in arterielle Bahnen (Schlagadern) und zum anderen in venöse Bahnen (s. S. 20). Bei einem Geschosstreffer auf eine Schlagader wird immer hellroter Schweiß austreten und – verspritzt und in großen Mengen– zu finden sein. Bei einem Venentreffer ist die Farbe des Schweißes dunkelrot und wirkt auf den Betrachter wie hingegossen.

Fällt flüssiger Schweiß in Tropfen auf den Boden, kann man an deren Form erkennen, in welche Richtung das Stück geflüchtet ist. Fällt ein Tropfen senkrecht, z. B. auf einen Stein, spritzt der er in alle Richtungen auseinander. Flüchtet das Tier aber, trifft der Tropfen nicht senkrecht, sondern schräg auf den Boden und ist dann nicht rund. Sein strichförmig ausgezogener Rand zeigt in die Fluchtrichtung des Wildes.

Die Schweißspritzer zeigen die Fluchtrichtung (Pfeil).

Verhofft das schweißende Stück über längere Zeit, bildet sich ein Tropfbett.

TROPFBETTEN

Wild, das beschossen ist, bleibt früher oder später, je nach Bejagungsart (Einzelabschuss, Drückjagd, Hetze durch Hunde) irgendwann einmal stehen. Hier läuft oder tropft dann der Schweiß in großen oder kleinen Mengen, je nach Verletzung, auf den Boden: Es entsteht ein Tropfbett. Auch können in einem Tropfbett Knochensplitter sowie Organ- und Wildbretteile liegen.

LAGE DES SCHWEISSES ZUR FÄHRTE

Stücke, die im unteren Bereich des Wildkörpers getroffen sind, verlieren den Schweiß in die Fährte. Stücke, die aber im Bereich der Wirbelsäule getroffen wurden, verlieren ihren Schweiß meistens in die Bauchhöhle, sodass nun ganz wenig Schweiß draußen am Wildkörper abläuft. Dieser liegt dann zwangsläufig neben der Fährte.

Findet sich auf beiden Seiten der Fluchtfährte Schweiß, zeigt das dem Hundeführer, dass beim Stück Ein- und Ausschuss offen sind. An der Menge des austretenden Schweißes kann man erkennen, in welchem Bereich die Verletzungen liegen. Bei Verletzungen im unteren Bereich liegt Schweiß schon gleich von Anfang an in der Fährte. Bei Treffern im oberen Bereich des Körpers findet man erst später Schweiß in der Fährte. Das ist der Badewannen-Effekt: Erst wenn sie voll ist, läuft sie über. Das Gleiche gilt für den Wildkörper: Er muss erst einmal voll Schweiß laufen, bis etwas davon aus dem Ein- oder Ausschuss heraustritt.

Liegt Schweiß verspritzt in und neben der Fährte, haben wir es meist mit einem Laufschuss zu tun. Befindet sich aber der Schweiß mit Speichel vermischt weit neben die Fährte gespritzt oder geschleudert, handelt es sich um einen Gebrech- oder Äserschuss.

Schweiß kann auch bei einem einwandfreien Kammerschuss (Lunge) weit auf der Seite des Ausschusses liegen: Das sieht man manchmal bei Stücken, die in der Brunft –sie sind dann härter – oder in voller Flucht beschossen wurden.

Bei der Flucht streift das Wild den aus dem Wildkörper tretenden Schweiß oft an Gras, Ästen, Bäumen, Gestein usw. ab. An der Höhe des z. B. an Gras abgestreiften Schweißes, kann man die Höhe der Verletzung am Wildkörper erkennen. Ebenso erkennt man an beidseitig abgestreiftem Schweiß, dass das Stück sowohl Ein- als auch Ausschuss hat.

SCHWEISS, HAAR UND WILDART

Unterschiede beim Ablaufen des Schweißes am Wildkörper ergeben sich auch aus der jeweils aktuellen Behaarung oder aus der beschossenen Wildart (Rotwild–Schwarzwild). Vom Sommerhaar läuft der Schweiß schneller ab als vom Winterhaar. Im Letzteren versickert er manchmal und fällt, wenn er sich gesammelt hat, in mehreren großen Tropfen herunter. Beim Schwarzwild im Winterhaar bleibt Schweiß oft längere Zeit in der Unterwolle hängen.

VERWEISERPUNKT

In Versuchen stellte sich heraus: Schweiß vermag ein Hund nach einer Stehzeit von fünf Tagen nicht mehr aufzunehmen, die Fährte kann er aber immer noch arbeiten. Ein weiterer Beleg dafür, dass Schweiß für die Nasenarbeit des Hundes eher unbedeutend ist.

SCHWEISS UND EINFLUSSFAKTOREN

Stehzeit Unter Stehzeit verstehen wir die Zeit, die der Schweiß außerhalb des Wildkörpers auf dem Boden lag, bevor wir mit der Schweißarbeit beginnen konnten. In dieser Zeit verändert sich der Schweiß in mannigfacher Form. Diese Veränderung kann so weit gehen, dass auch der erfahrenste Hund den Schweiß nicht mehr aufnehmen kann, obwohl wir ihn noch sehen.

Ist der Schweiß auf den Boden getropft, beginnt gleich ein Zersetzungsprozess (innen und außen am Tropfen). Der Schweiß besteht aus Blutwasser, roten und weißen Blutkörperchen sowie Blutplättchen. Das Blutwasser verdunstet oder versickert im Untergrund (Holz, Sand), die anderen Teile zersetzen sich langsam, da ihnen die Flüssigkeit entzogen wurde.

Gleichzeitig geschieht aber der Abbau des Schweißes auch von außen her, und zwar durch Schnecken, Fliegen, Ameisen, Beutegreifer wie z. B. Füchse und durch Vögel, sodass nach geraumer Zeit streckenweise kein Schweiß mehr vorhanden ist, obwohl das Stück geschweißt hat.

Hitze Die Einwirkung der Sonnenstrahlung (Hitze) entzieht dem Schweiß Wasser und lässt ihn dadurch austrocknen. Dies erschwert die Arbeit für den Hund.

Regen Der Regen hat zwei Seiten, die auf den Schweiß einwirken. Die erfreuliche ist, dass Regen in geringen Mengen den Schweiß verflüssigt und dadurch aufschließt, man sagt: „Der Regen macht den Schweiß jungfräulich". So ist er für die Hundenase leichter aufzunehmen. Die negative Seite ist, dass Regen in großen Mengen Schweiß vollständig wegspülen kann, und es auch sehr guten Hunden nicht mehr möglich ist, Schweiß oder wenigstens die Stelle, an der er abgetropft oder abgestreift war, zu verweisen. Vielfältige Versuche bei uns am Jägerlehrhof haben gezeigt, was für die Hundenase noch machbar ist und was nicht mehr geht. Äußerungen von Führern, dass sie auch bei strömendem Regen oder danach gearbeitet hätten, zeigen nur, dass die Führer die Fährte vergessen, an der sich die Hundenase orientiert.

Tau Dieser feuchte Niederschlag legt sich gewöhnlich bei niedrigen Temperaturen –nicht mit Raureif zu verwechseln, der bei Minusgraden entsteht – und meist im Herbst an Gräsern, Ästen, Blättern usw. fest. Weshalb wirkt er nun auf den Schweiß ein? Nehmen wir an, wir haben ein Stück Wild im Herbst auf einer Wildwiese mit halblangem Gras beschossen, und das Stück ist flüchtig abgegangen. Nach geraumer Zeit untersuchen wir den Anschuss, finden am Gras Schweiß und verbrechen ihn für die Nachsuche am nächsten Morgen. Tags darauf kann es passieren,

Auf trockener Nadelstreu ist Schweiß oft kaum zu erkennen. Hier muss sich der Hund besonders konzentrieren.

dass Sie den am Abend zuvor noch selbst gesehenen Schweiß nicht mehr finden oder nur noch sehr verflüssigt am unteren Ende des Grasstängels, also am Boden. Was ist passiert? In der Nacht hat sich der Tau auf den Schweiß gelegt, ihn aufgeweicht, verflüssigt und abtropfen lassen, sodass er nicht mehr an der Stelle ist, an der Sie ihn gesehen haben. Hunde, die gut verweisen, zeigen oft an Stängeln noch die Ränder des Schweißtropfens, der hier schon eingetrocknet war.

Wind und Schnee Viele Hundeführer unterschätzen die Wirkungen des Windes auf den Schweiß. Der Wind kann z. B. nicht nur den Tropfen Schweiß austrocknen, er kann ihn auch von einem glatten Untergrund wie z. B. einem harzigen Ast abtragen. Ebenso verweht er im Herbst eine nur getropfte oder gespritzte Fährte völlig – sehr interessant bei Buchenlaub. Wehe dem Hund, der es nicht gelernt hat, der Fährte zu folgen: Er gelangt nie zum Stück! Auch gefrorenen Schweiß auf Blättern, Grashalmen und Steinen kann der Wind abreiben und „verlasten", d. h. verwehen.
Für uns Menschen ist Schnee weiß und der Schweiß daher leicht zu sehen, nach unserem Dafürhalten also für den Hund gut zu arbeiten (s. S. 250). Doch gerade das Gegenteil ist

Mit dem Auge leicht zu erkennen, für die Hundenase je nach Temperatur aber kaum wahrzunehmen: Schweiß im Schnee

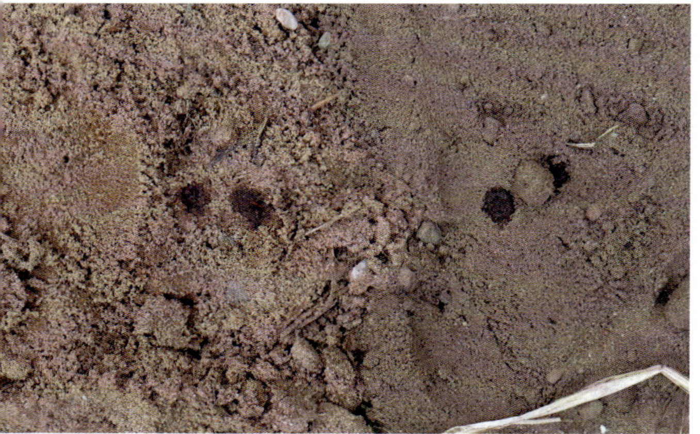

Auf Sandboden versickert Schweiß sehr schnell.

Auf frischem Gras ist selbst eingetrockneter Schweiß meist gut zu sehen.

meist der Fall! Schnee ist immer kalt, der Schneeflockenstern mit seinem inneren Schneekristall hat eine große Eigenkälte und kann Schweiß sofort gefrieren lassen. Das hat zur Folge, dass die Hundenase diesen Schweiß nicht mehr wahrnehmen kann. Dies geschieht umso schneller, je kälter die Außentemperatur ist.
Bei warmem Föhnwetter kann der auf Schnee abgetropfte Schweiß jungfräulicher werden, gerade so wie bei leichtem Regen, weil das Schneekorn schmilzt und damit den Schweiß verflüssigt. So verflüssigter Schweiß versickert im Schnee, hinterlässt aber einen gelben Fleck, den der Hund verweist.

Bodenbeschaffenheit Bodenarten können sich unterschiedlich auf den Schweiß auswirken, entscheidend sind deren Körnung und Bindemittel.
Nehmen wir den Sand. Sand ist immer grob- oder feinkörnig, Schweiß versickert auf ihm sehr schnell. Lehm dagegen ist feinstkörnig und hat fettiges Gesteinsmaterial zum Binden, auf ihm bleibt Schweiß sehr gut sichtbar. Auch auf Steinen ist Schweiß sehr lange sichtbar, selbst wenn er schon ausgetrocknet ist. Humusreiche Böden, mit denen wir es bei einer Fährte über einen Sturzacker zu tun haben, lassen den Schweiß nicht ideal erkennen, allerdings ist dort der Schalenabdruck besser zu sehen.
Von Moorflächen wird Schweiß sehr schnell aufgesogen, sodass er fast nicht mehr zu erkennen ist. Nur mit Hilfe eines feuchten Papiertaschentuches, mit dem man über eine schweißbenetzte Stelle streicht, macht man den eingesaugten Schweiß wieder sichtbar.

Bodendeckung Auf Laub ist Schweiß, gerade im Herbst mit den dann gelb gefärbten Blättern, sehr leicht zu erkennen und lange zu bestätigen. Auf den Blättern der Eichenarten z. B. sieht man Schweiß sehr deutlich. Eine Ausnahme bilden allerdings das Laub der Buche und das der Lärche (s. Kasten).

01

02

03

04

01 Auf dunklem Ackerboden Schweiß zu erkennen, ist eine Herausforderung!

02 Schweiß auf vertrocknetem Farn

03 Meist lange gut zu sehen: Schweiß auf Stein

04 Auf gelbem Herbstlaub ist Schweiß in der Regel gut zu erkennen. Auf dunklem Buchenlaub kann es aber anders sein.

Eines gilt aber auch für alle Blätter, auf denen Schweiß sichtbar liegt: Fährt der Wind dazwischen und verlastet er das Laub, wird es schwierig, Schweiß zu bestätigen.
Auf Gras ist Schweiß sehr leicht zu erkennen, ob in abgestreifter oder verspritzter Form. Einige Besonderheiten aber hat Gras doch, und diese können zu Irritationen führen, wenn man nicht um sie weiß: Auf langem, stehendem Gras kann ein Schweißtropfen sehr gut zu erkennen sein, gerade dann, wenn er am Stängel herabläuft. Auch bei liegendem, ausgewachsenem Gras ist Schweiß leicht zu sehen. Schwieriger ist es da schon bei kurzem, nicht zu eng stehenden Grashalmen (Magerrasen): Hier fällt der Schweißtropfen oder -spritzer schnell auf den Boden durch und ist dann für das Auge nicht mehr sichtbar.
Heu, also getrocknetes Gras, ist meistens warm, sodass abgetropfter Schweiß sehr schnell eintrocknet und dann auf den dunkelbraunen Stängeln mitunter nicht zu erkennen ist.

DIE AUSNAHMEN: BUCHE UND LÄRCHE

Auf dem Laub der Buche ist Schweiß, z. B. dunkler Leberschweiß – zumal in kleinen Tröpfchen – oft sehr schwer oder gar nicht für das menschliche Auge zu sehen – v. a. dann, wenn das Buchenlaub dunkel ist. Zwischen Lärchenblättern (Nadeln) versickert Schweiß schnell, sodass er trotz gelb bedeckten Bodens ebenfalls nur sehr schwer zu erkennen sein kann.

Auf dem Boden liegende Nadeln sind meistens dunkelbraun. Auf so einen Untergrund tropfender Schweiß ist schon nach kurzer Zeit nicht mehr zu sehen. Hier hilft ebenfalls das weiße Papiertaschentuch, beispielsweise in einem alten Wundbett auf Nadelstreu. Tupft man eine solche Stelle mit einem feuchten Taschentuch ab, wird der Schweiß sichtbar.

SCHWEISSARTEN

Um richtig zu diagnostizieren, aus welchem Körperteil der Schweiß austritt und welche Organe zerstört sind, sollte man einige Grundkenntnisse besitzen. Dabei wird gefundener Schweiß immer durch „sehen – riechen – fühlen – schmecken“ beurteilt.

Lungenschweiß enthält immer auch Lungengewebe.

Lungenschweiß Dieser Schweiß wird sehr oft mit arteriellem Schweiß verwechselt. Letzterer beim Durchtrennen einer Arterie infolge des Schusses entstehender Schweiß ist zwar genauso hellrot wie Lungenschweiß und schäumt durch den hohen Sauerstoffgehalt auch so auf, beinhaltet aber keinerlei Substanzen. Hellroter Lungenschweiß enthält dagegen immer auch Organanteile, weil das Geschoss Lungenbläschen mit aus dem Ausschuss herausreißt. Diese liegen dann in Verbindung mit dem Schweiß auf z. B. dem Boden. Zu erkennen ist Lungenschweiß daher ganz leicht, wenn man ihn zwischen Daumen und Zeigefinger reibt. Dann fühlt und sieht man die Lungenbläschen.

Leberschweiß Die Leber ist ein sehr gut durchblutetes Organ. Ihre Zerstörung durch ein Geschoss ergibt dunkelroten, breiigen Schweiß. Der Schweiß enthält außerdem körnig-breiige Lebersubstanz. Leberschweiß von Schwarzwild kann bitter schmecken, vor allem, wenn auch die Gallenblase getroffen wurde. Leberschweiß wird immer nur in Verbindung mit anderem Schweiß zu sehen sein.

Milzschweiß Die Milz ist ein „Blutspeicher“ im Wildkörper, das Organ enthält sehr viel Blut. Milzschweiß ist immer dunkelbraun, hat aber im Gegensatz zum Leberschweiß eine grobkörnige Struktur und bläuliche Farbe. Aus diesem Grund ist er leicht zu erkennen und zu fühlen. Auch Milzschweiß kommt nur zusammen mit anderem Schweiß vor.

Pansen-/Weidsacktreffer und Schweiß
Da Pansen wie Weidsack teilweise von anderen Organen eingeschlossen sind, zieht eine Zerstörung dieser Organe immer weitere Organe, also Leber, Milz oder Gescheide, aber natürlich auch Decke oder Schwarte in

Mitleidenschaft. Der Schweiß enthält immer Pansen- oder Weidsackinhalt und kann auch stark danach riechen. Auch Teile der aufgenommenen Äsung bzw. des Fraßes können im Schweiß vorhanden sein.

Herzschweiß Ein Herzschuss muss nicht immer sofort tödlich sein. Wird das Herz im unteren Bereich, an der dicke Spitze des Herzmuskels, zerschossen, kann dieses Stück z. B. in der Brunft weiterziehen, selbst wenn am Ausschuss auf dem Boden die gesamte Herzspitze im dunkelroten Schweiß liegt.

Nierenschweiß Bei einem Nierentreffer werden neben dem dunkelroten Schweiß immer – gerade am Anfang der Fährte – Nierenmark oder Teile des Nierenkörpers zu finden sein. In reiner Form riecht dieser Schweiß zudem etwas säuerlich. Er erscheint immer unterschiedlich, je nach der Stelle, aus der er ausgetreten ist. Der Schweiß kommt immer in Verbindung mit anderen Einlagerungen vor, z. B. breiiger oder fester Losung sowie Darmschlingen oder Fetzen davon. Ganz klar wird man sich erst nach einigem Nachhängen auf der Fährte.

Wildbretschweiß Dieser Schweiß wird meistens als dunkler Schweiß beschrieben – das ist aber nicht immer so. Wurde eine Arterie mitbeschädigt, kann auch ein starker Keulenschuss helleren Schweiß produzieren. Wildbretschweiß hat aber eine unverwechselbare Eigenschaft: Er enthält Wildbretstücke – auch in Form von Fasern oder kleinster Fetzen – und Sehnenteile. Diese können gleich am Anfang einer Fährte liegen oder erst im Verlauf der Fluchtfährte mit dem Schweiß aus dem Wildkörper herausgespült werden.

Gebrech- und Äserschüsse Sind Äser oder Gebrech getroffen worden, führt das immer zu dunkelrotem Schweiß, der aber grundsätzlich mit Speichel, Siebbeinteilen, Zahnfragmenten sowie mit Zungen- oder Leckerteilen durchsetzt ist. Er kann in oder, durch Schütteln des Hauptes, weit neben die Fährte getropft oder gespritzt sein. Am Anfang der Fährte fast wie mit der Gießkanne gegossen, wird der Schweiß je nach Länge der Fährte immer spärlicher, bis nur noch einige dunkelrote Speichelfäden am Boden oder an Ästen und Gräsern hängen.

SCHWEISSMENGE

Für jeden Schweißhundeführer ist es wichtig zu wissen, wie viel Schweiß, d. h. Blut das Stück Wild, das er nachsucht, in etwa im Körper hat. Aus der Menge des auf den Boden getropften oder verspritzten Schweißes kann sich dann der versierte Hundeführer ein detailliertes Bild vom Zustand des gesuchten Stückes machen. Die altüberlieferte Weisheit „...viel Schweiß in der Fährte ... wie mit der Gießkanne gegossen ... wir haben das Stück gleich..." entpuppt sich in vielen Fällen als Wunschdenken. Gerade auf Schnee und feuchtem Untergrund wird dem unerfahrenen Schützen und Führer eine Menge vorgegaukelt, die zwangsläufig zu einer falschen Diagnose führen muss.
Die Tabelle gibt Anhaltspunkte zur Blut- bzw. Schweißkapazität der einzelnen Wildarten. Zu beachten ist, dass es sich bei den Gewichtsangaben um Lebendgewichte handelt und nicht um die üblicherweise genannten Gewichte aufgebrochener Stücke.
Die in der Tabelle genannten Schweißmengen verliert ein krankgeschossenes und nachgesuchtes Stück Wild nie vollständig, sondern nur zum Teil. Zum einen schließt sich die Wunde im Laufe der Zeit und zum anderen wird das Stück bereits nach einem bestimmten Blutverlust bewusstlos werden. Einen Verlust von 50 % der vorhandenen Blutmenge überstehen Tiere noch, aber ab zwei Dritteln bricht das Stück zusammen.

SCHWEISSVERLUST UND WILDZUSTAND

Um ein Bild davon zu bekommen, welche Schweißmenge auf dem Boden liegt, nehmen

☞ SCHWEISSMENGE EINZELNER WILDARTEN

WILDART	LEBENDGEWICHT	BLUT-/SCHWEISSMENGE
REHWILD	z. B. 16 kg	1,136 l
ROTWILD	100 kg	7,1 l
SCHWARZWILD	z. B. 80 kg	5,68 l
DAMWILD	z. B. 70 kg	4,97 l
MUFFELWILD	z. B. 50 kg	3,55 l

Zugrunde gelegt ist eine Schweißmenge von 71 ml pro kg Lebendgewicht.

Sie versuchshalber einen Viertelliter Rinderblut und verspritzen Sie ihn mit einem Spritzstock auf einer Strecke von 1 000 m bei jedem zweiten Schritt. Sie werden staunen, wie viel von dem Viertelliter Blut am Ende der Strecke noch übrig ist. Die Fährte hingegen erweckt den Anschein, als ob das Stück ausgeschweißt wäre.

Mit diesem Bild im Kopf und dem Wissen um die Schweißmenge im Körper des nachzusuchenden Stückes können Sie sich im Verlauf der Suche über dessen Zustand ein Bild machen. Handelt es sich um ein schwer krankes Stück, das langsam ausschweißt und sich bald ins Wundbett begeben wird? Wird die Schweißmenge weniger, haben sich vermutlich Ein- und Ausschuss verschlossen, sodass eine längere Nachsuche bevorsteht. Von einem Hund, der nicht auf der Fährte gearbeitet ist, kann letztere Nachsuche nicht mehr erwartet werden. Er hat keinen Schweiß mehr, entlang dessen er sich nach vorne buchstabieren kann.

Je nach Verletzung schweißt es mehr oder weniger. Hier lieferte ein Keulenschuss nur wenig Schweiß.

Viel Schweiß nach einem Weichschuss. Trotzdem ging dieses Stück deutlich weiter als das vom linken Foto.

TRITTSIEGEL UND BODENVERWUNDUNG

Die Bodenverwundung kommt durch das Eintreten der Schalen in den Boden zustande. Die Schalen verändern dessen Gefüge: Boden und Bewuchs werden gequetscht, zerstört. Dadurch verändern sie ihren Duft. Auch können von den Schalen kleinste Stücke abgerieben werden, wie es besonders auf Asphaltstraßen der Fall ist. An den Schalen des Wildes bleiben aber auch Teile aus dem Erdreich zurück, die beim nächsten Schritt wieder in das neue Trittsiegel befördert werden – das Stück nimmt also immer etwas Witterung aus einem Schalenabdruck mit in den nächsten. Deswegen können Hunde die Richtung der Fährte bestimmen und ihr in beide Richtungen folgen. Allerdings brauchen sie dazu einige Meter Arbeit auf der Fährte, um sich einzufinden. So erkennen sie auch genau, ob ein Widergang von der Fährte weg oder zu ihr hin führt.

WISSENSCHAFTLICHE ERKENNTNISSE

Anders als in der jagdlichen Arbeit, in der hauptsächlich die praktischen Erfahrungen, genaue Beobachtung und bewährte Tradition eine Rolle spielen, wurden in der Veterinärwissenschaft, bei Militär- und Diensthundeführung für Polizei- und Katastropheneinsätze auch gezielte Untersuchungen zur Nasenarbeit von Hunden durchgeführt, die strengen wissenschaftlichen Kriterien standhalten. Diese Studien ergänzen unseren jagdlichen, aus Beobachtung und Erfahrung gewonnenen Kenntnisstand und unterstreichen unwiderlegbar: Jedes Lebewesen – ob Tier oder Mensch – hinterlässt eine chemische Duftspur in der Umgebungsluft (Individualwitterung). Je nach Untergrund hinterlässt das Lebewesen außerdem eine mehr oder weniger ausgeprägte Bodenverwundung, in der sich auch Anteile der individuumstypischen Witterung in Form der hinterlassenen organischen Bestandteile (Schalenabrieb, Hautschuppen, Haare) finden.
Um ein einzelnes Stück Wild finden zu können, muss der Hund ein komplexes Geruchsmuster erkennen können – das kann er zwar prinzipiell, verlässlich jedoch nur, wenn er gezielt, gründlich und systematisch darauf trainiert wird. Das gilt insbesondere für die Fähigkeit, spezifische, individuelle Geruchsmuster herauszuarbeiten und sie zu verfolgen. Studien zeigen, dass selbst erfahrene Polizei-Spürhunde wegen der geruchlichen Komplexität dieser Aufgabe „nur“ 60 % der Fährten erfolgreich zu Ende bringen. Das deckt sich in etwa mit der Erfolgsquote von rund Zweidritteln selbst bei sehr guten Fährtengespannen. Erschwerend auf die Fährtenarbeit

FÄHRTENARBEIT IST NICHT GLEICH FÄHRTENARBEIT

Für unterschiedliche Zwecke werden Hunde auf unterschiedliche Spezialfächer eingearbeitet. Ein Vermischen dieser Einarbeitungsmethoden würde unweigerlich zu unsauberem Arbeiten führen.

Tracking
Die jagdliche Fährte (Schweißfährte) ist Arbeit mit der tiefen Nase („tracking“) auf einer Geruchsmischung von Bodenverwundung und individueller Witterung.

Trailing
Die Fährtensuche beim Schutzhund (Zielobjektsuche ZOS) ist Arbeit auf individueller Witterung (Individualwitterung) in einer Mischung von Arbeit mit tiefer Nase und hoher Nase („trailing“).

Mantrailing
Die Fährte des Rettungshunds („man trailing“) ist die Arbeit mit hoher Nase auf der Individualwitterung

wirken die weiter oben genannten Umgebungsfaktoren wie Windstärke, Temperaturextreme etc.
Für den jagdlichen Gebrauch müssen wir unseren jungen Hund an der Bodenverwundung („tracking“, s. Kasten) ausbilden. Feldversuche haben gezeigt, dass die Hundenase sogar kleinste Unterschiede bei der Bodenverwundung wahrnehmen kann. Ein aussagekräftiges Beispiel liefert Versuch 4 der nachfolgend dargestellten Feldversuche.
Ein Beispiel: Eine 90 kg schwere Person tritt auf einer offenen, kurzgemähten Wiese mit dem Fährtenschuh eine gerade Fährte. Nach etwa 50 m bleibt die Person in der Fährte stehen, zieht die Fährtenschuhe aus und entfernt sich. Eine Person von 60 kg Gewicht zieht die Fährtenschuhe an und setzt die Fährte ebenfalls 50 m fort, zieht die Fährtenschuhe aus und begibt sich zur ersten Person. Nach acht Stunden wird ein erfahrener Schweißhund zur Fährte gelegt. Zügig arbeitet der Hund die 50 m bis zum Personenwechsel. Hier bleibt er kurz stehen und versucht nun, über Bögeln die 90 kg Fährte wieder aufzunehmen. Obwohl mit den gleichen Schalen weitergearbeitet wurde, weigert sich der Hund, die getretene Fährte fortzusetzen. Dies zeigt: Ein Hund hängt – sofern er richtig und schrittweise auf der Fährte eingearbeitet wurde – nur der Ansatzfährte nach, um zum Erfolg zu kommen.

FELDVERSUCHE ZUR FÄHRTENARBEIT

Während rund 15 Jahren meiner Ausbildungstätigkeit im Nachsuchenwesen habe ich viele Feldversuche unternommen, um festzustellen, anhand wessen die Hunde eigentlich arbeiten.
Die Grundbedingungen waren immer gleich: Alle Feldversuche wurden auf offenen Wiesen und im lichten Bestand durch verschiedene ausgebildete „Schweiß“-Hunde gearbeitet. Die Fährten standen mindestens vier Stunden und über Nacht.

Die wichtigsten Ergebnisse waren:

— Bis vier Stunden alte Fährten waren für die Hunde schwerer zu arbeiten als die Übernachtfährten, denn erst bei Letzteren ist die Individualwitterung verflogen.
— Reine Schweißspuren ohne nennenswerte Bodenverwundung führten nicht zum Erfolg.

Daraus lässt sich mindestens eine Tatsache eindeutig ableiten: Schalenwild kann nicht fliegen!

Nachfolgend werden die in den Zeichnungen auf der folgenden Doppelseite dargestellten Feldversuche beschrieben:

Versuch 1 Vom Anschuss-Bruch aus wurde die Fährte mit Schwarzwildschalen im Fährtenschuh getreten. Am Anschuss sowie alle zehn Schritt wurden einige Tropfen Schweiß ausgebracht und markiert. Nach Ende der Stehzeit ruhig durch den Führer angesetzt, arbeitete der Hund bis ans Stück ohne Abweichungen von der Fährte.

Versuch 2 Vom Anschussbruch aus wurden alle zehn Schritte ein paar Schweißtropfen ausgebracht. Dies geschah mit Hilfe des Bergstocks durch Tropfen von der Seite her. Die Stellen, an der der Fährtenleger beim Ausbringen des Schweißes jeweils stand, wurden sichtbar zur Kontrolle markiert. Nach Ablauf der Stehzeit am „Anschuss“ angelegt, verwies der Hund den Schweiß und versuchte, auf Kommando des Führers voranzukommen ... Keinem der Hunde war es möglich, die Arbeit zu Ende zu bringen! Meist gaben bereits die Führer entnervt auf. Einzelne Hunde versuchten, auf der Bodenverwundung des Fährtenlegers zu arbeiten – was letztlich der Situation bei den Fährten der Verbandsschweißprüfung (VSwP) entspricht!
Fazit: Ohne Fährte kann keine Arbeit zu Ende gebracht werden. Der Schweiß dient als Verweiser, zeigt aber dem Hund keine Fährte an!

Versuch 3 Die Fährte wurde im ersten Abschnitt mit Fährtenschuh und Schweiß gelegt. Nach ca. 50 m zog der Fährtenleger die Fährtenschuhe aus, und der Schweiß wurde weiter von außen mit dem Bergstock gelegt: alle zehn Schritte ein paar Tropfen bis zum Stück. Nach der Stehzeit zur Fährte gelegt, arbeitete der Hund zügig an. An der Stelle, an der der Fährtenschuh ausgezogen wurde, zeigte er, dass die Fährte für ihn zu Ende war. Er kam nicht weiter.
Fazit auch hier: Der Hund kann nur die Fährte arbeiten, nicht aber eine gespritzte oder getropfte Schweißfolge. Ohne Fährte kommt er nicht zum Stück.

Versuch 4 Eine 95 kg schwere Person legte auf einer offenen, kurzgemähten Wiese mit dem Fährtenschuh eine gerade Fährte ohne Schweiß als sogenannte Kaltfährte. Nach etwa 50 m zog sie den Fährtenschuh aus und ein leichterer Fährtenleger von 65 kg trat die Fährte zu Ende. Nach der Stehzeit wurde der Hund angesetzt. Er arbeitete zügig bis zu dem Punkt, an dem die Fährtenleger wechselten. Dort wurde er unruhig, kreiste und war nicht gewillt, die Fährte weiter zu arbeiten, obwohl die identischen Schalen verwendet worden waren. Allein das Gewicht der Fährtenleger hatte sich geändert und damit der Druck auf den Boden, d. h. die Bodenverwundung.
Fazit: Ein Hund hängt – sofern er richtig und schrittweise auf Fährte eingearbeitet wurde – nur der Ansatzfährte nach und wechselt nicht auf eine andere Fährte. Das ist das Ziel unseres systematischen Einarbeitens.

Versuch 5 Hier sollte aufgezeigt werden, wie weit und nach einer wie langen Stehzeit Hunde Schleppen ausarbeiten können. Das Schleppstück wurde mit einem Stock ca. zwei Meter von der Fußspur des Fährtenlegers entfernt gezogen, damit seine Bodenverwundung die Schleppe nicht überlagert. Bei 20 Stunden Stehzeit hatten die meisten Hunde, die in der der Fährtenarbeit konsequent durchgearbeitet waren, keine großen Probleme. Bei der 40 Stunden alten Schleppe bestand die Arbeit meist mehr in Bögeln als in der sauberen Gerade der Schleppenspur, wie man es von der Fährtenarbeit kennt. Deutlich wurde außerdem, dass bei trockenem Untergrund und Bestockung, auf Wiesen und im Bestand die Arbeit der Hunde besonders konzentriert erfolgte, bei feuchtem Untergrund arbeiteten die Hunde dagegen zügiger zum Stück. Wurde dem Hund die Schleppspur mit dem Finger auf dem Boden exakt angezeigt, konnte er sie besser aufnehmen. Für unsere Fährtenarbeit ergab sich daraus, dass der Untergrund dem Führer eine wichtige Information liefert.

Versuch 6 Bei dieser Station legte der Fährtenleger auf einer Fläche von etwa 40 mal 40 Gängen einen üblichen „Anschuss“ mit einigen Schnitthaaren sowie eine mittels Bergstock getropfte Schweißspur seitlich seiner eigenen Spur, da Schweißspur und Spur des Fährtenlegers nicht übereinander verlaufen sollten. Ziel war, dass der Hund durch Vorsuche den „Anschuss“ findet und dann die Tropfspur arbeitet. Mit korrekter Vorsuche konnten die Hunde den „Anschuss“ finden. Danach aber bögelten und suchten sie, und die Arbeit musste abgebrochen werden.
Es war nicht möglich, die Hunde zum korrekten Folgen der Tropfspur mit Schweiß zu bringen.
Fazit: Der Hund kann der Tropfspur nicht folgen, wenn die Bodenverwundung der Trittfährte fehlt, eine Arbeit bis zum Stück ist nicht möglich. Speziell diese Station wurde mit verschiedenen Hunden versucht, aber das Ergebnis war immer das gleiche.

Versuch 7 In einem Bereich von 40 × 40 Gängen wurde ein praxisnaher Anschuss mit Schnitthaar und Schweiß und, davon ausgehend, die Fährte ohne weiteren Schweiß gelegt. So ein Anschuss kann natürlich nur entstehen, wenn der Ausschuss auf dem Boden mit dem Anschuss übereinstimmt,

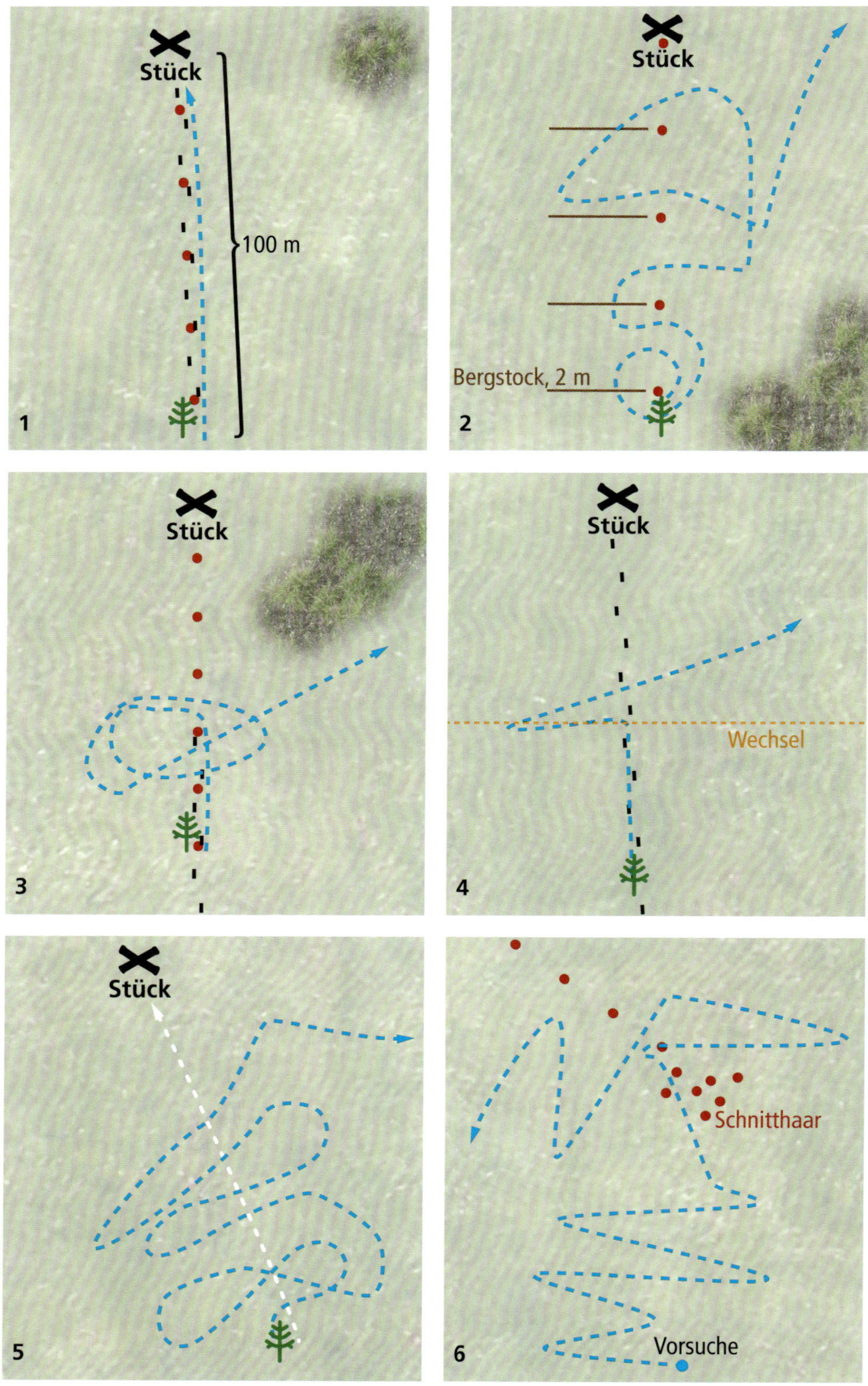
Stück
100 m
1
Stück
Bergstock, 2 m
2
Stück
3
Stück
Wechsel
4
Stück
5
Schnitthaar
Vorsuche
6

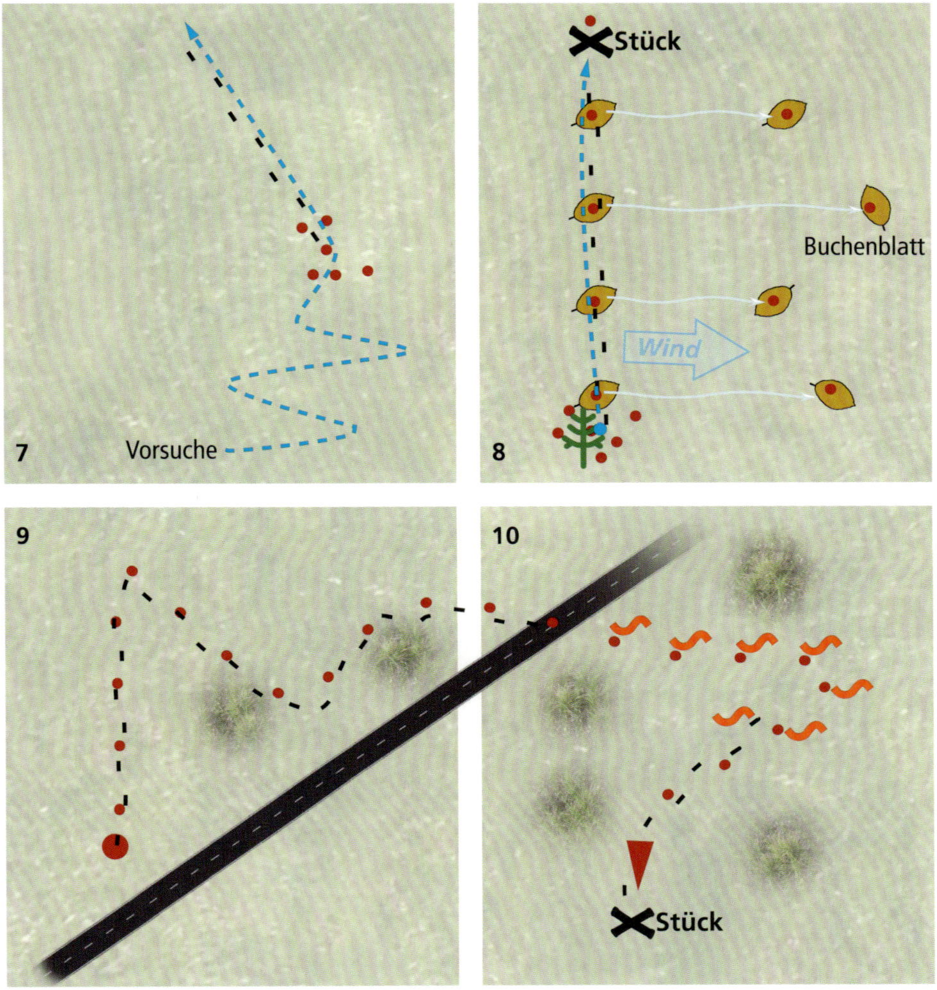

7

Vorsuche

8

Stück

Buchenblatt

Wind

9

10

Stück

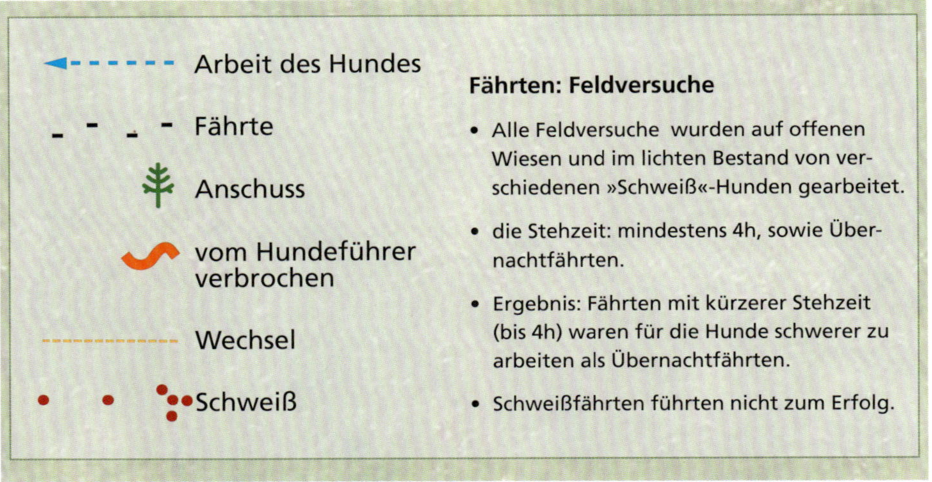

Fährten: Feldversuche

- Alle Feldversuche wurden auf offenen Wiesen und im lichten Bestand von verschiedenen »Schweiß«-Hunden gearbeitet.
- die Stehzeit: mindestens 4h, sowie Übernachtfährten.
- Ergebnis: Fährten mit kürzerer Stehzeit (bis 4h) waren für die Hunde schwerer zu arbeiten als Übernachtfährten.
- Schweißfährten führten nicht zum Erfolg.

also senkrecht von oben geschossen wird (s. S. 17)! Nach korrekter Vorsuche verwies der Hund den Ausschuss auf dem Boden und die anschließende Fährte. Nach einem Anrüden „Such verwund't" nahm der Hund die Fährte auf und arbeitete bis zum Stück. Fazit erneut in Verbindung mit Versuch Nr. 6: Nur mit der Fährte kann tierschutzgerecht gearbeitet werden – und dann auch mit wenig Schweiß, wie es in der Praxis öfter der Fall ist.

Versuch 8 An dieser Station ging es um die Frage, ob der Hund eine getropfte sowie gespritzte Fährte arbeiten kann und ob dies wetterabhängig ist. Die Arbeit wurde im Herbst bei Laubfall und starkem Seitenwind in einem Buchenaltholz gelegt. Der Fährtenleger markierte alle fünf Schritte Buchenblätter und legte sie in die Legerspur. Schon beim Legen war festzustellen, dass das markierte Laub seitlich verlastet wurde. Bei der Kontrolle am nächsten Tag waren die Blätter in dem abgestellten Bereich bis zu sechs Meter verweht und zudem Verleitungen durch brechendes Schwarzwild vorhanden. Der Hund wurde korrekt am Schweiß angesetzt. Ruhig arbeitete er die Legerspur bis zum Stück.
Er verwies einzelne Schweißtropfen, die sich noch in der Legerspur befanden, jedoch nur schlecht, da die Tropfen komplett abgetrocknet waren.
Fazit dieses Versuches ist, dass der Hund nicht den austretenden Schweiß kranken Wildes arbeitet, sondern die Bodenverwundung des Legers.

Versuch 9 und 10 An dieser Station sollte auch im Rahmen einer Lehrvorführung für den Jagdgebrauchshundverband (JGHV) in drei Abschnitten aufgezeigt werden, dass ohne Fährte eine tierschutzgerechte Nachsuche nicht durchgeführt werden kann. Das Ziel der Fährte und die Art, wie sie gelegt wurde, waren in diesem Fall nur mir bekannt. Der erste Abschnitt wurde mit Fährtenschuh praxisnah wie bei einem weidwunden Schuss gelegt. In der Fährte fand sich wenig abgestreifter Schweiß an liegendem Altholz sowie an Brombeeren, Gras und Altlaub. Die Fährte führte zu einem befahrenen Forstweg. Hier begann der zweite Abschnitt: Der Fährtenschuh wurde ausgezogen und mit Gummistiefeln weitergearbeitet. Es ging auf eine große Wiese im Saupark. Der Fährtenleger hatte eine rund 30 m lange Schweißspur mit dem Bergstock etwa zwei Meter neben seiner Trittspur gelegt und diese genau, aber nicht offenkundig sichtbar markiert. Danach begann der dritte Abschnitt: Die Fährtenschuhe wurden wieder angezogen und weitere 30 m der Rest der Fährte mit „abgestreiftem" Schweiß alle zehn Schritte bis zum Stück, einem Überläufer, gelegt.
Am 16.9.1995 wurde dann der Deutsch-Kurzhaar eines Lehrgangsteilnehmers zur Fährte gelegt. Dieser prämierte Hund hatte nach Angabe seines Führers noch nie eine Fährtenschuhfährte gearbeitet. Nach kurzem Verweisen des Schweißes nahm der Hund die Fährte intensiv an. Der Schweiß selbst interessierte ihn bemerkenswerterweise nur wenig. Zügig und fast ohne Verlassen der Fährte arbeitete der Hund die aufgrund zahlreicher Schwarzwildverleitungen nicht leichte Fährte ohne eine einzige Korrektur des Führers.
Die Korona staunte nicht schlecht, und war voll des Lobes. Auch der Führer war überrascht und stolz auf seinen Hund – auch angesichts der „erlauchten" Zuschauer.
Nun gelangte der Rüde an den befahrenen Forstweg – und brach abrupt die Arbeit ab. Allerdings fehlte auch dem Führer die Technik, den Anschluss über den Weg korrekt zu arbeiten. Der Hund bögelte, kam dadurch auf die offene Wiese, auf der kein einziges Hindernis stand außer handlangem Gras.
Der Hund zog große Bögen, der Führer versuchte, ihn mit dem Kommando „zur Fährte" zu einer Arbeit zu bewegen, wie er sie vorher – in weit schwierigerem Gelände – gezeigt hatte. Es gelang nicht: Hund und Führer wurden immer faseliger. Die Korona wunder-

te sich und fand keine Erklärung. Ich folgte dem Führer seitlich versetzt und fragte ich ihn, was er denn jetzt zu tun gedenke. Er griff zunächst zurück, setzte den Hund neu an, aber ohne Erfolg.
Nun schlug ich vor, einen zweiten Hund einzusetzen – in der Praxis ja für jeden erfahrenen Führer mit Sachverstand normal, wenn es nicht vorangeht. Die – inzwischen etwas misstrauische – Korona lehnte jedoch einen meiner erfahrenen BGS ab, woraufhin ich einen kleinen Gebrauchshund, nämlich meinen immer wieder unterschätzten Zwergteckel Himpelchen vom Saupark, vorschlug. Die Korona war verblüfft und zeigte sich durchaus herablassend dem „Kleinen" gegenüber. Nachdem auch der enttäuschte DK-Führer eingewilligt hatte, ließ ich mir den kleinen Rauhaar bringen und setzte ihn in der Mitte der Wiese wieder an. Nur ich wusste allerdings, dass hier die Fährtenschuhfährte erneut begann! Zügig arbeitete der kleine Hund die nun wieder vorhandene Fährte, verwies ab und zu Schweiß und lag stramm im Riemen. Da der Teckel ein Totverbeller war, schnallte ich ihn nach etwa 150 m nach vorheriger Rücksprache mit der Korona.
In seiner typischen Weise stürmte der kleine Hund, genau der Fährte folgend, bis zum Stück, nahm es durch Rupfen in Besitz, setzte

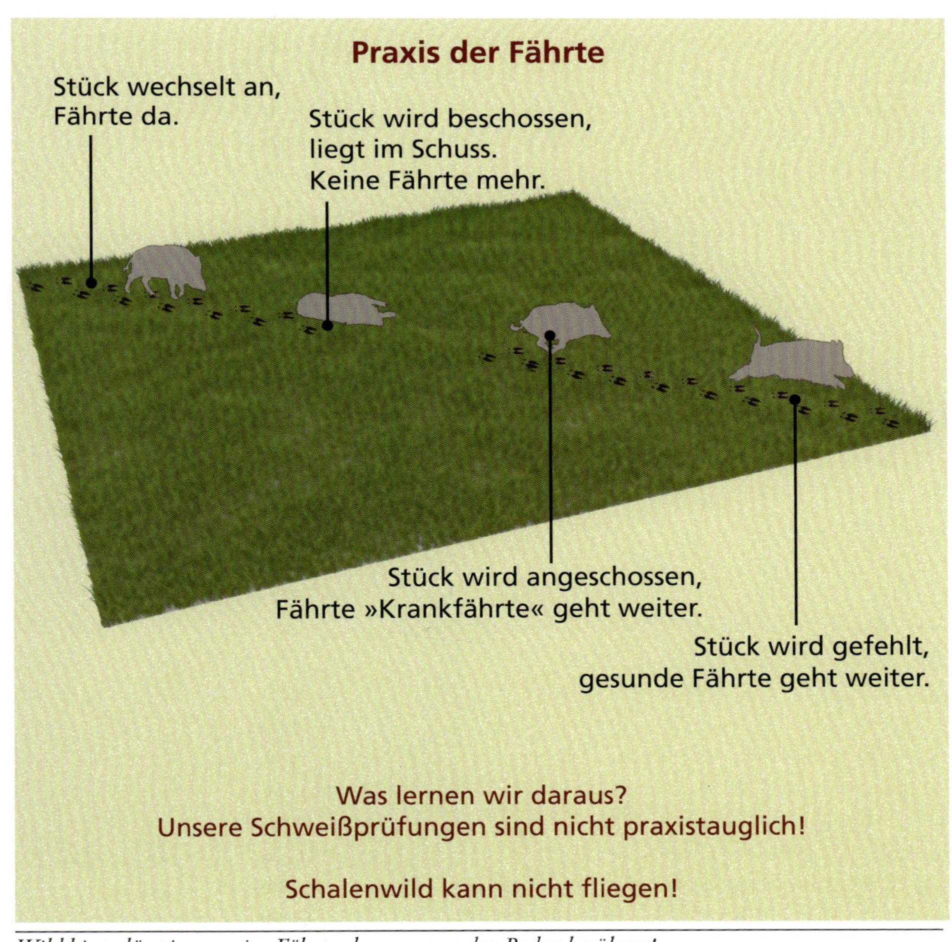

Wild hinterlässt immer eine Fährte, denn es muss den Boden berühren!

FÄHRTE UND PRÜFUNGSFÄHRTE

In der Praxis hinterlässt Wild immer eine Fährte. Das Stück wechselt an und hinterlässt eine Gesundfährte. Wird das Stück beschossen und liegt im Schuss, endet die Fährte. Wird es angeschossen, zieht es im weiteren Verlauf eine Krankfährte. Wird es komplett gefehlt, setzt sich die Gesundfährte fort. Was bedeutet das für unsere Prüfungsfährten? Sie sind unrealistisch. Denn Schalenwild kann nicht fliegen!

sich – wie es seine Art war – auch darauf und verbellte es. Die Korona verstummte und verstand die Welt nicht mehr – das hatte ich schon geahnt.

Bei der Abschlussbesprechung meldeten sie einige, die vielleicht besser geschwiegen hätten: Es wurde überdeutlich, dass die meisten so ein Ergebnis nicht verstehen konnten. Vor allem, weil es sie verstörte, dass der kleine Hund die Arbeit gemeistert hatte und der große nicht. Dabei ist es ganz einfach, und *das* war der Sinn dieser Demonstration: Wo keine Fährte ist, kann kein Hund auf der Welt eine Folge zum Wild zeigen! Rasse, Größe und vorherige Suchensiege spielen überhaupt keine Rolle. Es kommt allein auf das Einarbeiten und das Vorhandensein einer Bodenverwundung an.

GESCHICHTLICHES

Schon früher machten sich Berufsjäger und Forstleute Gedanken, wie eine naturnahe Fährte zu gestalten ist. Man legte Fährten beispielsweise mit Fährtenrädern. Zum Fährtenrad der Heereshundeanstalt Kummersdorf hielt Walter Stiehr, der Fotograf der historischen Aufnahme rechts fest: „Die Hunde verfolgen diese künstlichen Fährten genauso wie die menschlichen." Und weiter: „Die Versuche, wobei Menschen dicht über dem Erdboden ohne dessen Berührung entlanggezogen wurden, verneinen diese für das Spüren der Hunde wichtige Frage."

Um die menschliche Witterung zu vermeiden, stieg man sogar auf hohe Stelzen, um nur eine Wildfährte oder Krankfährte zu legen (Oberforstmeister Merren 1896). Heute nehmen wir als Ersatzmittel den Fährtenschuh. Um Fährten richtig legen zu können, muss man sich mit den Lebensgewohnheiten einer Wildart vertraut machen, und zwar im Ruhezustand und in Stresssituationen (gehetzt, krankgeschossen oder verunfallt). Jede Wildart reagiert anders auf diese Situationen. Eine Pauschalisierung, wie wir sie auf Prüfungsfährten finden, gibt es nicht. Eine Fährte 30 m geradeaus, ein rechter Haken, wieder 100 m geradeaus, ein zweiter Haken, ein Wundbett und dann wieder geradeaus bis an das Stück: Das ist in der Praxis die absolute Ausnahme. Eine Fluchtfährte passt sich meis-

Das Fährtenrad der Heereshundeanstalt zum „Erstellen unsichtbarer menschenähnlicher, aber von Menschengeruch freier Fährten".

tens dem Gelände an oder ist stark verschachtelt. Denken Sie nur an aufgemüdetes Wild mit starken Schmerzen, beispielsweise Nierentreffer. Man braucht einige Zeit, um die Fährte zu entwirren, besonders dann, wenn noch anderes Wild darübergewechselt ist und Verleitungen gelegt hat.

Nicht zu vernachlässigen sind in der Nachsuchenpraxis die Besonderheiten verschiedener Wildarten. Nehmen wir beispielsweise unsere kleinste Schalenwildart, das Rehwild. Dieses territoriale Wild, besonders die Böcke, bleibt auch bei schwersten Verletzungen in seinem erkämpften Einstandsgebiet. Wird ein verletztes Stück hingegen aufgemüdet, geht es in panischer Flucht über die selbst auferlegten Grenzen heraus aus seinem Territorium. Bei einer Laufverletzung, bei der das kranke Stück ins Wundbett zieht, hoch aufmerksam seine Umgebung beobachtet, um bei der kleinsten Gefahr das Wundbett zu verlassen, kann das Stück eine Kranzfährte ziehen,
die auch dem besten Nachsuchenhund und seinem Führer alles abverlangt. Hier sind Widergänge, Bogen, Haken oder weite Sprünge ohne Schweiß in der Fährte vorhanden.

DAS SCHNITT-HAARBUCH

PIRSCHZEICHEN SIND ANSPRECHHILFEN

Sogenannte „Anschuss-Seminare“, die genau genommen besser „Pirschzeichen-Seminare“ heißen müssten, erfreuen sich großer Beliebtheit. Tatsächlich sind sie durchaus sinnvoll, denn sie dienen den Jägern dazu, den Ausschuss auf dem Boden richtig ansprechen zu lernen. Anhand der gefundenen Pirschzeichen kann der Kundige schließlich erkennen:

- **Wo sitzt das Geschoss?**
- **Wie schwer ist das Stück getroffen?**
- **Welche Organe sind verletzt und zerstört?**
- **Kann ich die Arbeit mit meinem Hund bis zum Ende durchführen?**

Der neueste Trend ist, sich mit Hilfe von Pirschzeichen-Apps auf dem Smartphone einen Überblick zu verschaffen – mehr als eine Ahnung von der Materie kann man damit jedoch nicht gewinnen. Das bestätigt sich immer wieder! Denn um einen Ausschuss auf dem Boden genau zu diagnostizieren, brauchen wir keine Fotos – kein technisches Gerät. Zum Ansprechen setzen wir unsere Sinne ein: also das Sehen, Hören, Riechen, Schmecken und Fühlen.

SCHNITTHAARBUCH FÜR JEDE WILDART

Jeder Nachsuchenführer sollte sich eine Schnitthaarsammlung zur Orientierung anlegen, um das am Ausschuss auf dem Boden und in der Fährte gefundene Schnitt- oder Risshaar eindeutig zuordnen zu können. Diese Sammlung wird in einem Schnitthaarbuch geordnet. Es besteht aus wasserabweisendem Material in Größe eines Oktavheftes zum Mitnehmen und ist ggf. größer für das Studium zu Hause. Statt Papierseiten sind Plastiktaschen vorhanden, in die man die Haare und Borsten legen kann. Hierzu bieten sich auch Foto- oder Münzsammelalben im Postkartenformat an. Für jede Wildart wird ein eigenes Büchlein angelegt, in dem auch zwischen Winter- und Sommerhaar, Alter und Geschlecht des Wildes unterschieden wird.

ZWECKMÄSSIGE ANLAGE

Auf der ersten Seite wird übersichtshalber das zu beurteilende Stück Wild dargestellt. Mit Rotstift markiert man die typischen Trefferpunkte und versieht sie mit Nummern. In die folgenden Seitentaschen wird jeweils die Abbildung mit nur einem Treffer eingelegt und das an dieser Körperstelle zu findende Haar oder die Borsten hinzugefügt. Damit sie nicht

01

02

03

verrutschen, kann man sie auf der Abbildung selbst mit Papierkleber befestigen oder sie in ein separates, transparentes Beutelchen legen, das sich herausnehmen und vor Ort mit dem aufgefundenen Haar vergleichen lässt. In die letzte Tasche legt man sich noch eine Übersicht der Altersansprache des jeweiligen Wildes, die Zahnformel und Haar- und Borstenbeschreibungen ein. Das Schnitthaarbuch wird mit einer Lupe, einer Pinzette, einem Päckchen Papiertaschentücher und verschließbaren Plastiktütchen ergänzt und kommt in die Nachsuchentasche fertig zum Einsatz in der Praxis.
Grundlage dieser selbst angelegten Schnitthaarsammlung ist eine Decke oder Schwarte eines Tieres mit bekanntem Alter, Gewicht und Geschlecht. Aus der frischen Decke werden an den wichtigen Stellen die Haare büschelweise mit Wurzel gerupft oder mit dem Messer so aus der Oberhaut geschnitten, dass die Wurzeln der Haare unbeschädigt bleiben. Die Wurzeln sind wichtig, um bei den Haaren die Spitze und die Basis unterscheiden zu können.

DIE MÜHE LOHNT

Ein solches Schnitthaarbuch akribisch anzulegen, sieht zunächst mühsam aus. Der große Vorteil dieser Praxisarbeit ist aber, dass man sich dazu intensiv mit der Materie befassen muss und sie – um sie mental zu erfassen – eben auch in Händen halten und anfassen muss. Schnell hat man dann begriffen, von welcher Körperregion die Haare oder Borsten stammen.
Bei jeder anfallenden Nachsuche sollte das Schnitthaarbuch Anwendung finden. Nur so bekommt man ausreichend Erfahrung und erspart sich viel Ärger infolge falscher Ansprache des Treffersitzes und der daraus folgenden Fehleinschätzungen.
Technische Fortschritte sind gut und hilfreich, aber nur, um die handfeste Praxis zu unterstützen. Die eigenen Sinne und Beobachtungsgabe lassen sich niemals mit einer Abbildung oder einer App auf dem Smartphone ersetzen!

01 *In jeder Tasche des Schnitthaarbuchs liegt die Borstenprobe aus der entsprechenden Körperregion.*

02 *Haare und Borsten werden nach Winter- und Sommerhaar differenziert.*

03 *Dieses Schnitthaarbuch in Taschenformat ist aus einem Münzsammelalbum hergestellt. Die Einlagetäschchen nehmen sechs Proben auf.*

AUSBILDUNG DES HUNDES

VORBEMERKUNGEN

Im Grunde beginnt die Ausbildung des jungen Hundes schon vor dem ersten Tag, an dem er ins neue Zuhause einzieht. Anfangs nur spielerisch, nutzen wir vor allem die Neugierde des Kleinen, um seine jagdlichen Fähigkeiten zu fördern und zu prägen.
Jede Hundeführerin und jeder Hundeführer muss sich bewusst sein, was und wie sie später mit dem Hund arbeiten wollen, und entsprechend werden die Weichen gestellt. So muss man den Hund später nicht mit völlig Unbekanntem konfrontieren oder ihm plötzlich als „Unarten" erkannte Verhaltensweisen wieder abgewöhnen, die man ihm aus Nachlässigkeit oder Unwissenheit zunächst erlaubt hat.

LEHRGANG – ABER RICHTIG!

Die meisten Hundeführer schließen sich Lehrgängen an, die von den Zuchtvereinen und Kreisjägerschaften organisiert werden.

Intensive Lehrgangsvorbereitung: Bei Spezialisten ist der Schweißhundeausbilder am besten aufgehoben.

Niemand wird es Ihnen verübeln, wenn Sie sich für die Grundausbildung zunächst einen Einblick verschaffen und an einer „Schnupperstunde" teilnehmen. Für die Ausbildung des Hundes auf Schweiß sind Sie jedoch sicher am besten bei Spezialisten aufgehoben, die Sie dabei anleiten, Ihren Vierläufer auf die Komplexität der Roten Arbeit einzustellen. Dazu gibt es Lehrgänge, die versierte Nachsuchenführer und -führerinnen anbieten. Diese sollten Sie dem oft wenig praxisnahen und mehr der Bespaßung unausgelasteter Hunde dienenden Angebot der unzähligen Hundeschulen vorziehen. Denken Sie auch daran, nicht das Mantrailing, also die Arbeit mit der hohen Nase auf der Geruchsfährte, mit der Schweißarbeit, also der Arbeit mit der tiefen Nase, zu vermischen. Für die jagdliche Fährtenarbeit brauchen wir Hunde, die mit tiefer Nase arbeiten.

IN FÄHRTENABSCHNITTEN ARBEITEN

Um einen jungen Hund schrittweise auf und in die Fährte einzuarbeiten, wird sich der Führer zuerst die Teilabschnitte einer Fährte vornehmen. Fährten gliedern sich je nach Wildart in viele Einzelteile und bestimmte Schwerpunkte, diese erarbeiten wir mit unserem jungen Hund, er muss sie begreifen – „erriechen". Dann erst können wir den nächsten Schritt gehen. Dazu muss der Hundeführer aber erst einmal selbst ein durchdachtes Konzept besitzen und verstanden haben, worum es geht.
Immer wieder sieht man auf Führerlehrgängen, dass junge Hunde sowie Führer total überfordert werden. Schon mit der Länge einer Fährte und deren Verlauf fällt oder steht

das Interesse des Hundes. Wir arbeiten Hund und Führer ein nach dem Motto: „Vom Leichten zum Schweren, vom Bekannten zum Unbekannten".

Hund und Führer lernen bei der Ausbildung immer nur einen Teil einer Fährte neu dazu. Dieser Teil wird so lange wiederholt, bis Hund und Führer ihn perfekt beherrschen. Dann baut man einen neuen Teil in das Bekannte ein. So hat der Hund immer ein Erfolgserlebnis und der Hundeführer einen Punkt, an dem er anknüpfen kann, wenn etwas noch nicht so geklappt hat.

AUSBILDUNGSBEGINN

In den ersten sechs Monaten werden mit dem Junghund zunächst der Gehorsam eingearbeitet und erste kleine Schleppen gelegt. Erst danach geht es an den vertieften „Ernst" des Unterrichts.

Dabei gibt es natürlich Unterschiede zwischen den Schweißhunderassen und den Stöber- und Vorstehhunden. Letztere erhalten schon viel früher die erste Einarbeitung auf die zahlreichen anderen Fächer, die sie zu absolvieren haben, z. B. Apport und Suche. Mit allen Hunderassen lässt sich Fährtenarbeit einarbeiten – letztlich steht und fällt alles mit einer konsequenten, sauberen Einarbeitung, der praktischen Erfahrung und damit, ob ein Hund auf Grund seiner Konstitution und Anlagen zur Roten Arbeit fähig ist.

AUSRÜSTUNG FÜR DAS FÄHRTENLEGEN

Art und Umfang der für die Ausbildung des Schweißhundes benötigten Ausrüstung liegt letztlich im Ermessen des Hundeführers und seiner Erfahrung und Zielsetzung. Wir haben im Laufe der Jahre immer wieder neue Ausrüstungsgegenstände dazubeschafft und dafür uns nicht zusagende Geräte verbannt. Die Grundausstattung sollte in etwa so wie nachfolgend beschrieben aussehen, um den Hund optimal für die Fährtenarbeit vorzubereiten und auszubilden. Ziel ist der fertige, auf Schweiß arbeitende Hund, der jede Arbeit, die ihm angeboten wird, arbeiten und meistern kann und auch sollte.

RUCKSACK UND UMHANG

Schon der junge Hund sieht mich immer wieder, wenn wir ins Revier gehen, mit Rucksack und Lodenumhang. Für ihn wird es zum Ritual, dass diese Gegenstände mit dabei sind, wenn wir ausrücken. Da ich bei der Ausbildung gern einen älteren Hund dabeihabe, der mit der Führerleine oder dem aufgedockten Schweißriemen am Rucksack befestigt ist, lernt der junge Hund schnell, sich beim Ablegen des Rucksackes und des Umhangs zu setzen oder ins Platz zu gehen. Erstaunlich ist, wie schnell junge Hunde dies ohne große Mühe begreifen.

Schon der Welpe wird am Hundeplatz mit dem Rucksack vertraut gemacht, indem das Utensil einfach auf seinen Platz gelegt wird.

Checkliste

FÄHRTENLEGEN – WAS WIRD GEBRAUCHT?

- ☐ Rucksack oder Tasche
- ☐ Schweißriemen, Halsung und Warnhalsung
- ☐ Feldleine
- ☐ Bergstock
- ☐ Fährtenschuh
- ☐ Schweiß
- ☐ Schweißbehälter
- ☐ Tupf- und Spritzstock, Schweißeimerchen
- ☐ Decken, Schwarten und Wildkörper
- ☐ Schalen
- ☐ Knochensplitter sowie Deckenfetzen
- ☐ Bänder zum Markieren
- ☐ Material zum Legen von Schleppen
- ☐ Bewegungsangel
- ☐ Wurfkette

Die Basisausrüstung für das Fährtenlegen

Ab dem ersten Tag bei der Führerin lernt der Welpe das Abliegen am Rucksack.

Da schon einige Hunde ihre Witterung und Beißstellen in dem Rucksack verewigt haben, wird der für den jungen Hund schnell zu etwas Gewohntem, Vertrautem, und das ist gerade das, was wir später brauchen.
Für den Hund sind also bald Rucksack mit Umhang gleich Führer: Hier muss er Sitz oder Platz machen, bis der Führer ihn abholt. Besonders kann sich diese Lektion bei überjagenden Hunden auszahlen, indem man einfach Rucksack und Umhang am Ausgangspunkt ablegt. Schaut man nach Stunden dort wieder nach, findet man meistens den Hund wieder – allerdings nur, wenn er es so gelernt hat.

SCHWEISSRIEMEN, HALSUNG UND WARNHALSUNG

Diese Utensilien sind bei der Ausrüstung des Schweißhundeführers bereits beschrieben, denn sie werden sowohl bei der Führung als auch bei der Ausbildung eingesetzt und unterscheiden sich daher nicht.
Bei der Ausbildung ist aber immer das Alter des Hundes zu beachten. Nehmen Sie nicht zu schwere Halsungen oder Schweißriemen, denn die können den jungen Hund irritieren oder verunsichern. Dann kann er seine Arbeit nicht perfekt ausführen, selbst wenn er es will. Halten Sie also verschiedene Schweißriemen sowie Halsungen bereit, die – angepasst an das Wachstum des jungen Hundes – gewechselt werden. Verfahren Sie nicht nach dem Motto „Der wächst schon rein". Das wäre ein methodischer Fehler, der sich gerade bei sensiblen Hunden negativ auswirken kann.

FELDLEINE

Die Feldleine ist eine Rund- oder Flachleine aus Perlon, die es in verschiedenen Stärken und Farben gibt. Sie wird mit einem Karabi-

nerhaken an der Halsung befestigt. Diese Leine wählt man je nach Hundegröße, Temperament und Kraft aus. Bei kleinen, jungen Hunden fünf Millimeter, bei kräftigeren Hunden bis zehn Millimeter stark.
Auch die Länge der Feldleine wird unterschiedlich gewählt: Zum Gewöhnen des Hundes an die Leine – Stichwort Leinenführigkeit – binden Sie dem Welpen an die ihm schon bekannte Halsung eine fünf Meter lange Feldleine und machen mit ihm Reviergänge. Der Hund gewöhnt sich sehr schnell an die nachschleppende Leine. Nach einer gewissen Zeit nehmen Sie die Leine auf und verkürzen sie mit der Hand. Meistens reagiert der Hund gar nicht mehr darauf. In dieser spielerischen Art bringen Sie Ihrem Hund die Leinenführigkeit bei.
Die Feldleinen von 10, 20 und 30 m Länge verwendet man auch für das Ablegen oder Suchen auf freiem Feld oder auf der Wiese. Hierdurch hat man den Hund immer unter Kontrolle und kann bei Nichtgefallen einer Übung sofort eingreifen, denn es gibt nichts Schlimmeres, als dass einem der Hund aus der Hand gerät.

Schweißriemen und Halsung mit Wirbel

BERGSTOCK

Die Gehhilfe der Bergjäger findet bei der Junghundeausbildung ihre Verwendung, weil man mit ihr etwas weiter reichen kann als mit der bloßen Hand. Sie glauben gar nicht, wie schnell gerade junge Hunde lernen, dass Ihre „Hand" lang sein kann. Sie sind geradezu erstaunt und überrascht, wenn der leichte „Jagdhieb" mit dem Bergstock, der letztlich nicht mehr als ein Antippen ist, plötzlich zwei Meter weiter ebenfalls funktioniert. Auch zum Training bei Fuß ist der Bergstock eine Hilfe und bremst den nach vorn ziehenden Hund. Prescht der Hund zu weit nach vorn, lässt man den Bergstock vor sich selbst hin- und herpendeln, genau vor dem Nasenschwamm des Hundes entlang. Das zwingt ihn freundlich, aber nachdrücklich wieder in die richtige Laufposition.

Unterschiedliche Bergstöcke für den Nachsuchenführer

SCHWEISS

Für unsere praxisnahe Arbeit auf der Fährte brauchen wir Schweiß und zwar von allen Wildarten, die wir mit unseren Hunden später arbeiten werden. Der Schweiß spielt allerdings bei unserer Fährtenausbildung eine untergeordnete Rolle, und wir brauchen immer nur ganz geringe Mengen. Reiner Wildschweiß wird den Hund reizen, der Fährte passionierter zu folgen. Auf den Schweiß eines Stückes, das frisch beschossen wurde, reagieren Hunde anfangs stark bei der Arbeit, diese Heftigkeit lässt nach kurzer Zeit aber nach, und der Hund arbeitet sich ruhig in die Fährte ein. Wissenschaftlich ist nicht genau geklärt, warum das so ist – die Praxis legt die Vermutung nahe, dass der Hund am Anschuss und Ausschuss auf dem Boden nicht nur viel mehr Geruchspartikel als in der Fährte selbst findet, sondern auch die Angstwitterung des kranken Wildes, die anfangs in der Fährte liegt.

In den vielen Jahren, in denen ich Hunde auf Schweiß ausbilde, habe ich mit dem Sammeln von Schweiß keinerlei Probleme gehabt. Die schaurigen Empfehlungen über Zusätze, die den Schweiß verflüssigen sollen oder länger haltbar machen, kann ich nur mit Schmunzeln quittieren. Wenn man selbst genug Wild jeder Art zu jagen hat, wird es keine großen Umstände machen, Schweiß zu sammeln und einzufrieren. Auch über die Lagerzeit kann ich nur sagen, dass ich Schweiß schon über Jahre eingefroren gelagert habe, und er war immer noch zu verwenden.

KEIN PANSEN- ODER GESCHEIDEINHALT!

Warum in manchen Büchern empfohlen wird, dem Schweiß Panseninhalt oder Darminhalt beizumischen, ist nicht nachzuvollziehen. Im Gegenteil ist es eher sinnvoll, den Schweiß nicht mit anderen Körpersubstanzen zu vermengen, damit der Hund die einzelnen Organbestandteile zu differenzieren vermag und nicht nur Mischgerüche kennenlernt! Ich gebe immer separat einige Deckenfetzen, Knochensplitter, Borsten oder eine Handvoll Haare vom selben Stück in die Fährte, damit der Hund gezielt etwas verweisen kann. Die Knochensplitter produziert man selbst, indem man einen Knochen aus dem Wildkörper mit dem Hammer zerschlägt.

SCHWEISS SAMMELN UND VERARBEITEN

Zur Gewinnung von Schweiß wird wie folgt verfahren: Man füllt den Schweiß aus dem Wildkörper in kleine Plastikschalen – ein Achtelliter reicht reichlich für 1 000 m. Sollte der Schweiß schon geronnen sein, wird er mit der Hand zerdrückt, abgefüllt und eingefroren. Bei der späteren Verarbeitung kann man einfach etwas Wasser hinzugeben und das Gemisch zum Legen der Fährte benutzen.

Hat aber ein Führer nicht die Möglichkeit, genügend Schweiß zu sammeln, so genügt es, sich selbst eine Schweißmischung herzustellen, die dem Wildschweiß nahekommt. Fünf Liter Rinderblut als neutrales Produkt, vermischt mit einem Liter Wildschweiß, ergeben sechs Liter praxistauglichen Wildschweißersatz. In kleinen Portionen eingefroren, hat man Schweiß, den – wenn er richtig eingesetzt wird – jeder Hund arbeitet und verweist.

SCHWEISSBEHÄLTER

Zwei bis drei kleine Schweißbehälter aus Plastik, z. B. Gefrierdosen mit einem Fassungsvermögen von einem Viertelliter sollte man auf der Jagd immer im Rucksack haben, um Schweiß aufzufangen. Ist der Schweiß in der Dose, wird die mit dem Klemmdeckel verschlossen und etwa eine Minute geschüttelt: Das verhindert ein Gerinnen des Schweißes. Wichtig ist, die Plastikbehälter eindeutig zu beschriften: mit Datum und Wildart.

Ideal wäre es, den Schweiß zusammen mit den Läufen des Stücks abzupacken, von dem er stammt. Wenn der Hund auf hohem Niveau eingearbeitet werden soll, muss er lernen, die Fährte des individuellen Stücks zu arbeiten. Die Hundenase kann dies bis auf die Ebene der Erbinformation (DNA)! Da hilft es, wenn Schweiß und Läufe von Anfang an immer zusammengehören.

SCHWEISSEIMER, TUPF- ODER SPRITZSTOCK

Zum Ausbringen des Schweißes gibt es verschiedenste Möglichkeiten, z. B. Spritz- und Tropfflaschen aus dem Laborbedarf, Spritzen mit starken Kanülen, selbstgebastelte Limo-Flaschen mit durchgebohrten Deckeln bis zum Ketchup-Fläschchen. Um den aufgetauten Schweiß besser tragen zu können, bietet sich ein kleiner Senfeimer mit einem Henkel an, der dazugehörige Deckel verschließt das Gefäß während des Transportes im Fahrzeug. Der Tupf- oder Spritzstock ist nichts Hochtechnisches, sondern ein einfacher, fingerdicker Haselnussstock. An dessen einem Ende wird ein etwa fünf Zentimeter langer Streifen Schaumstoff oder ein Stück Schwamm befestigt – ich selbst spalte ein Ende etwas mit dem Messer und klemme Schaumstoff oder ein Schwamm da hinein. Die so präparierte Stockspitze wird in den Behälter mit Schweiß getaucht und schon lässt sich eine Fährte tupfen oder spritzen – in großen oder kleinen Abständen, je nach Ausbildungsstand des Hundes.

Alle Situationen von Schweiß in der Fährte lassen sich so nachstellen: Tupfen, Abstreifen hoch und tief an Ästen, Bäumen, Gräsern, Altholz. Auch lassen sich Schleifstellen über liegende Bäume hinweg anbringen oder Wundbetten mit mehr oder weniger Schweiß. Ebenso kann das Abtropfen auf Blätter sehr praxisecht kopiert werden, damit der Hund diese Stellen später verweist.

Beim Ausbringen von Schweiß gilt jedoch: weniger ist mehr – niemals den Schweiß wie mit der Kanne hingegossen verteilen! Die Hunde sind immer viel interessierter an dem,

In das gespaltene Ende des Tupfstocks wird ein pflaumengroßes Stück Schaumstoff hineingeklemmt und mit Draht gesichert.

was sie selten finden. Sie habituieren schnell, überlaufen „Schweiß-Autobahnen“ und verweisen am Ende nicht mehr. Letztlich ist das Ziel der Ausbildung, fast ohne Schweiß auszukommen – so wie es in der Praxis auch ist, wenn der Schweiß immer weniger wird und das Stück noch sehr weit zieht. Es dürfte natürlich klar sein, dass wir beim Legen einer Fährte die Fährtenschuhe tragen.

Meine Erfahrung mit Trockenschweiß, den man zusammenrühren muss wie Kaffeepulver, ist, dass die Hunde sich nicht von Ersatzstoffen täuschen lassen. Bei verschiedenen ausgebildeten Hunden stellte ich als Reaktion vor allem vollkommene Demotivierung bis hin zur Arbeitsverweigerung fest!

DECKEN, SCHWARTEN UND GANZES WILD

Um am Ende der Fährte immer etwas Interessantes liegen zu haben, das zur Fährte gehört, hat sich in der Praxis Folgendes als sehr nützlich erwiesen:

Nicht jeder Hundeführer hat immer ein frisches Stück Wild zur Hand, wenn er mit seinem Hund üben will oder muss. Die alte gegerbte Sauschwarte oder eine getrocknete Rehdecke, unter der das Hundefutter aus der

Schalen und Schwartenstück von ein und derselben Sau

Dose versteckt wird, gehörten aber noch nie zur Ausbildung, um einen Hund sauber auf Schweiß einzuarbeiten! Die Schwarte oder Decke am Ende der Fährte muss frisch sein und zu dem Schweiß und den Schalen passen, also vom selben Stück stammen!

Wer die Möglichkeit hat, Wild im Ganzen einzufrieren, kann sich glücklich schätzen; wer aber diese Gefriertruhenkapazität nicht hat, braucht auch nicht zu verzweifeln. Wir nehmen die frische Schwarte eines Stückes Schwarzwild und zerschneiden sie in Streifen von 10 bis 15 cm Breite – nur ein Vorschlag – und ca. 50 bis 60 cm Länge. Diese Streifen rollt man auf, umwickelt die Rolle mit einer etwa zwei Meter langen Schnur und friert das Ganze ein. Am Tage der Übung werden Schweiß, Schalen und Schwartenrolle aufgetaut und die Fährte gelegt. Ihr Hund wird sicher freudig und passioniert arbeiten, wenn Sie ihm so das Ende einer Fährte interessanter machen.

SCHALEN EINZELNER WILDARTEN

Bekanntlich hat jedes Stück Wild vier Schalen, die wir hinter dem Oberrücken (Geäfter) absägen und paarweise einfrieren. Die Erfahrung zeigt, dass Schalen austrocknen, wenn sie zu lange eingefroren sind. Deshalb legt man die abgesägten Schalen erst einmal für eine Stunde in Wasser, damit sie sich vollsaugen können. Danach steckt man sie paarweise in kleine Gefrierbeutel und friert sie ein. Vor dem Einlegen in den Fährtenschuh werden sie wieder aufgetaut, weil sie sich dann besser dem Fährtenschuh anpassen.

KNOCHENSPLITTER UND DECKENFETZEN

Ein Hundeführer, der seinen Hund für die Schweißarbeit vorbereitet und ausbildet, kann gar nicht genug Knochensplitter und Deckenfetzen haben. Diese werden ebenfalls in kleinen Gefrierbeuteln der jeweiligen Wildart zugeordnet. Bei Bedarf taut man sie auf und bringt sie als Verweiserpunkte in der Fährte aus, denn ein mit Schweiß betropfter Bierdeckel(!) – den wahrscheinlich der Führer besser wiederfindet – wird lange nicht so gut verwiesen wie ein Stück Decke auf einem Ast oder ein Knochensplitter.

MARKIERUNGSBÄNDER

Wer heute noch seine Fährten mit gerechten Brüchen markiert, ehrt vielleicht zwar das Brauchtum, hat aber wahrscheinlich noch nie eine Suche über mehrere Kilometer durchgeführt. Etwa den letzten Schweißtropfen mit einem Tannenbruch zu verbrechen, ist in einem Tannenwald geradezu ein Verbrechen. Muss er zurückgreifen, wird der Schweißhundeführer diesen Bruch in den seltensten Fällen auf Anhieb wiederfinden. Da ist mir ein von einem Ast flatterndes farbiges Papierbändchen allemal lieber, zumal es auch nach einer gewissen Zeit verrottet.

Auch für die Übungsfährten verwenden wir farbige Bänder, eben weil man sie leicht wiederfindet. Es gibt nichts Schlimmeres für einen Führer, als seine eigene Fährte nicht mehr richtig wiederzufinden. Wenn ein junger Hund richtig liegt und dann falsch korrigiert und sogar noch gestraft wird, weil der Führer

die Fährte nicht ausgezeichnet hat, kann dies für den Hund böse Folgen haben.
Für Markierungsbändchen nimmt man eine Rolle Krepp-Papier und schneidet von der Rolle Streifen ab wie von einer Salami. Die kleinen Rollen sind ideal für die Jackentasche. Es gibt natürlich auch farbiges Forstband, das sich beim Arbeiten der Fährte einsammeln und gut wiederverwenden lässt.

MATERIAL ZUM SCHLEPPELEGEN

Die meisten Führer kennen das Legen von Schleppen so, dass sie einen Wildkörper an einer Schnur hinter sich herziehen und den Hund diese Schleppe mit der Bodenverwundung vom Schuh des Legers und der Wildwitterung arbeiten lassen. Ich lege meine Schleppen so, dass überhaupt keine Witterung von mir in der Schleppspur ist. Das Schleppstück – z. B. Pansen für die Futterschleppe – wird an einer ein bis zwei Meter langen Stange befestigt und so seitlich über den Boden geschleppt. Dann hat der Hund garantiert nur die Witterung des Schleppstückes. Auch hier muss die Schleppspur genau gekennzeichnet werden, um den jungen Hund ggf. korrigieren zu können.
Um den älteren Schweißhund zu üben, hänge ich das Haupt eines Stück Wildes oder den Streifen einer Decke oder Schwarte mit einer festen Schnur an den Abschleppbügel meines Fahrzeuges und ziehe den Schleppgegenstand kilometerweit über nicht befestigte Wege. Nach einer Stehzeit von rund sechs Stunden lasse ich die Schleppe von den schon fertigen Hunden arbeiten. Dies kann bei jedem Wetter geschehen und schnell oder langsam gehen. Es ist eine hervorragende Methode, um Hund und Führer zu trainieren, und für den Hund eine Abwechslung.

Buntes Forstband – hier an praktischen Klammern, sodass es sich beim Arbeiten der Übungsfährte leicht wieder einsammeln lässt.

Die Reizangel ist ein ideales Ausbildungsmittel für Hunde.

BEWEGUNGSANGEL ODER REIZANGEL

Die Bewegungsangel besteht aus einem Stock, einer daran befestigten, etwa 250 cm langen Schnur und einem Deckenfetzen. Ihre Verwendung wird später noch genauer beschrieben. Alle meine Hunde haben bis ins hohe Alter gerne an der Bewegungsangel gearbeitet. Voraussetzung ist, dass man frühzeitig mit dem jungen Hund übt und dass er Freude

DER PRAXISGERECHTE FÄHRTENSCHUH

Ein Fährtenschuh muss so gearbeitet sein, dass die Schalen mittig liegen, um einen klaren Schalenabdruck von allen Wildarten zu produzieren. Das erleichtert die Kontrolle bei den Übungsarbeiten, z. B. „starke Keilerschalen in einer Überläuferrotte". Die Schalen müssen auch für Ungeübte leicht am Schuh fixiert werden können. Anschließend müssen sie fest sitzen, ohne beim Legen der Fährte verlorenzugehen.
Der Fährtenschuh selbst sollte leicht an- und auszuziehen sein, und zwar, ohne die Schuhe oder Stiefel wechseln zu müssen. Weniger Umstände erleichtern die Arbeit – gerade für ältere Fährtenleger ist das angenehm.
Die Fixierung des Fährtenschuhs am Schuhwerk muss stabil sein, er darf nicht locker sitzen, denn besonders in schwierigem Gelände wirken große (Scher-)Kräfte auf den Fährtenschuh ein.

daran findet. Sehr schnell können Sie einem Hund die Lust auf Bewegung vermiesen, und dann wird es schwer für den Führer, diesen Fehler wieder zu korrigieren.

WURFKETTE ODER SCHLÜSSELBUND

Von Hundeführern aus dem Gebrauchshundelager habe ich den Trick übernommen, einen Hund, der nicht gleich hört, mit einer Kette oder einem Schlüsselbund zu bewerfen. Eine etwa 20 cm lange Kette mittlerer Stärke lässt sich in jeder Jackentasche unterbringen und ist im gegebenen Augenblick schnell zur Hand und geworfen. Dabei soll der Hund nicht getroffen werden, denn schon das scheppernde Geräusch der auf den Boden schlagenden Kette macht den Hund schnell wieder aufmerksam für ein Kommando. Der Autoschlüssel tut's auch, aber Vorsicht beim Werfen, schnell ist ein Schlüssel verbogen. Zum Klappern ist er aber allemal gut, und das genügt meistens, wenn der Hund die Bedeutung der Geräusche kennt. Auch beim Ablegen unter der Kanzel kann so ein klappernder Himmelsregen tiefen Eindruck beim Hund hinterlassen.

FÄHRTENSCHUH

Einer der wichtigsten Ausbildungsgegenstände überhaupt für die Ausbildung unserer jungen sowie alten Hunde ist der Fährtenschuh. Er sollte einfach und praktisch sein (der Arbeit mit dem Fährtenschuh wird im Buch ein besonderes Kapitel gewidmet). Entscheidend ist, dass jede Schale des später zu suchenden Wildes problemlos eingespannt werden kann und auch bei schwerem Gelände nicht verloren geht und dass der Fährtenleger damit weitgehend bequem und sicher laufen kann. Was heute auf dem Markt ist, taugt – offen gesagt – teilweise zur Ausstattung einer Geisterbahn, aber nicht für die Hundeausbildung. Oft genug kommt man ins Staunen: Gerade die unerfahrensten Führer haben die abstrusesten, im wahrsten Sinne halsbrecherischen Modelle. Ich habe fast alles getestet und komme zu dem Ergebnis, dass mit solchem Material keine praxisnahen Fährten zu legen sind – außer „eindrucksvolle" Wundbetten des Fährtenlegers.
Der von mir entwickelte Fährtenschuh „Wildmeister" erfüllt in hohem Maße die Anforderungen, die ich an einen Fährtenschuh stelle. Besonders die Trittsicherheit ist dank für jedes Gelände einschraubbarer Stollen optimal. Für die Arbeit in schwerem Gelände, auf Fels, abschüssigen Wiesenteilen oder Schneisen können zudem seitliche Metallteile angeschraubt werden. Dies ermöglicht ein einwandfreies Gehen und somit Legen der Fährte bei hoher Trittsicherheit.
Ein Tipp: In steilem oder schwerem Gelände verhilft der Bergstock zu Sicherheit beim Gehen und damit optimalem Fährtenlegen. Wer nicht um seine Trittsicherheit bangen

01

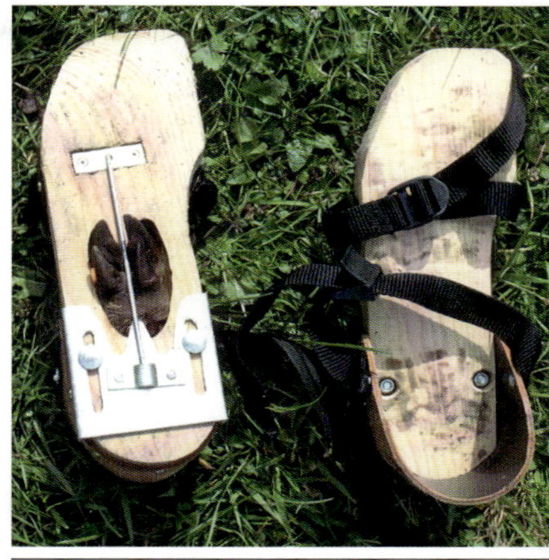

02

03

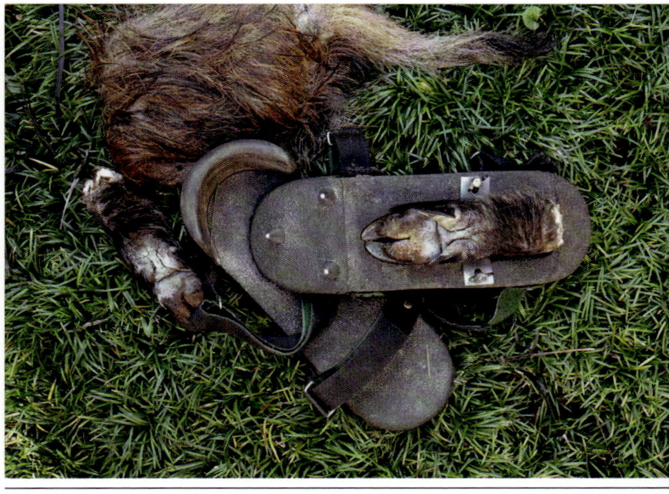

04

01 Angebrachte Skepsis bei diesem „brandneuen" Modell eines Kursteilnehmers: Beim ersten Einsatz zerbrach es.

02 Mittig müssen die Schalen sitzen. Mangels Stollen rutscht dieser Schuh jedoch, vor allem auf feuchtem Boden

03 Ein kurzes Kettenstück oder auch ein Schlüsselbund wirken mitunter Wunder!

04 Das vom Verfasser entwickelte Fährtenschuhmodell „Wildmeister"

muss, tut sich auch mit dem Ausbringen von Schweiß oder Verweiserstücken, dem Anlegen von Fährtenskizzen sowie dem Markieren des Fährtenverlaufs leicht. Fährtenlegen sollte kein Kunstturnen sein, sondern den Hundeführern Freude bereiten und vor allem keine Belastung für sie sein – das gilt gerade für ältere Ausbilder.

SCHWARZWILD ZUERST

Hunde zeigen dem aufmerksamen Führer in ihrer Ausbildung schnell, auf welcher Wildart sie gern und auf welcher sie ungern arbeiten. Aus dieser Beobachtung wurde traditionell der Schluss gezogen, zunächst auf „freundliches", annehmliches Wild zu arbeiten und erst dann auf das schwierigere Schwarzwild überzugehen. Auch ich habe jahrelang so gearbeitet, bis ich Beobachtungen bei der Suche machte, die mich stutzen ließen und nachdenklich machten.

PRAXISBEISPIEL 1

Immer wieder wurde ich von Hundeführern gefragt, ob ich wohl einmal ihren vor der Prüfung stehenden Hund beobachten könne. In einem solchen Fall wurde eine Fährte in einen reichlich mit Schwarzwild besetzten Revierteil gelegt. Beim Legen der Fährte wechselte ein starker Keiler über die Fährte – was ich registrierte, aber als nichts Besonderes ansah. Der Hund wurde anderentags zur Fährte gelegt und arbeitete diese recht verhalten, fast ängstlich. Da ich jede Arbeit schriftlich in Skizzen festhalte, fiel mir dieses Verhalten gleich auf. Als wir auf den Wildacker kamen, auf dem der starke Keiler die Fährte gekreuzt hatte, blieb der arbeitende Hund ruckartig stehen. Er stellte die Rückenhaare auf, knurrte und war nur mit Anrüden zu bewegen, weiter bis zum Stück zu arbeiten.
Weitere Fälle beobachtete ich bei einem Lehrgang zur Einarbeitung von Gebrauchshunden mit dem Fährtenschuh unter der Überschrift „Schalenwild kann nicht fliegen": Ein acht Monate alter Deutsch Langhaar, der laut Aussage des Führers keine Erfahrung auf der Fährte hatte, sollte eine 100-m-Fährte arbeiten. Diese war mit Überläuferschalen im Fährtenschuh getreten und enthielt alle 200 Schritte ein paar Tropfen Schweiß. Am Ende lag eine schwache Überläuferschwarte mit Kopf.
Die zweite Arbeit machte ein – nach Aussage des Führers – sehr erfahrener Hund mit Nachsuchenpraxis. Hier hatte ich eine sehr starke Keilerschwarte ausstopfen lassen. Die war so gut gelungen, dass man meinte, es stünde ein lebendiges starkes Stück Schwarzwild in der Dickung. Die Fährte wurde nur mit den Schalen des Keilers getreten, ab und zu wurden an ein paar markierten Stellen Borsten ausgebracht. Ziel war, anhand dieser Fährte zu zeigen, dass der Hund auch ohne Schweiß arbeiten kann. Das Gelände bildete eine offene Wiese bis zum Waldrand, von da an ging es durch starkes Kraut, und kurz hinter dem Trauf stand das Stück.
Was nun passierte, war hochinteressant: Der junge Hund arbeitete ohne große Probleme zum Stück. Die Arbeit des erfahrenen Hundes jedoch gestaltete sich schon am Anschuss und Aufnehmen des Schalenabdrucks des Keilers problematisch. Der Hund wollte die Fährte nicht wirklich anfallen, und es lief nicht so, wie sich der Führer das vorgestellt hatte. Recht verhalten folgte der Hund schließlich der Fährte, was dem Führer deutlich missfiel, denn er war schnelleres Arbeiten gewöhnt. Bei jeder markierten Borste verwies der Hund zwar, verweilte aber nicht lang an der Witterung. Die ganze Arbeitsweise zeigte einen unlustigen und gebremsten Hund – aber weswegen?
Das Verhalten änderte sich schlagartig, als der Hund etwa zehn Gänge vor dem Waldrand anlangte. Die Witterung des Keilers konnte man schon von draußen wahrnehmen, weil der Wind entsprechend stand. Der Hund brach die Arbeit komplett ab und wollte nach rechts oder links am Stück vorbei ausbre-

chen – und das, obwohl er das Stück noch gar nicht eräugen konnte. Die Arbeit wurde abgebrochen – der Führer wusste dazu nur zu sagen, dass der Hund „so großes Wild“ noch nie gearbeitet hätte. Natürlich: Ein Reh ist etwas anderes als ein Keiler!
Mir wurde dadurch klar, dass man Hunde an Schwarzwild gewöhnen muss – sonst lehnen sie dieses wehrhafte Wild instinktiv erst einmal ab. In der Folge machte ich viele Feldversuche mit ausgebildeten Hunden nur noch auf Schwarzwild.

PRAXISBEISPIEL 2

Bei einem der nächsten Lehrgänge besprachen wir die Beobachtungen mit dem Schwarzwild bei Hunden mit und ohne Erfahrungen damit. Es waren zufällig zwei acht Monate alte Kleine Münsterländer aus demselben Wurf anwesend. Sie hatten beide keine Erfahrung mit Schwarzwild. Unterschiedlicher als die beiden kann man sich kaum Junghunde vorstellen: ein dominanter Typ der Rüde und die Hündin von leichtem Körperbau und leichtführigem Wesen.
Auf einer kurzgehaltenen großen Wiese wurden zwei Schleppen in der weiter oben beschriebenen Weise gelegt, die eine mit einem Streifen aus einer Frischlingsschwarte und die zweite mit einem Streifen von einer sehr starken Keilerschwarte. Nach drei Stunden Stehzeit ging die Arbeit los: Die leichte Hündin arbeitete die erste Schleppe freudig bis zum Stück und wurde belohnt. Der an sich robust erscheinende Rüde bewindete die Keilerschleppe ausgesprochen vorsichtig und war nur mit viel Unterstützung zum Stück zu bringen – natürlich wurde auch er gelobt für seine Selbstüberwindung.
Zusammenfassend kann man hier deutlich sehen, dass Hunde, die es nicht geübt haben und gewohnt sind, mit Schwarzwildwitterung zu arbeiten, in der Praxis Schwierigkeiten bekommen – vielfach, ohne dass der Führer weiß, woher die Unlust und Unsicherheit des Hundes kommt. Dabei war es ganz deutlich: Die Hunde unterscheiden geringere von höherer Gefahr und arbeiten anfangs entsprechend vorsichtig bis hin zu Ängstlichkeit und Meidungsverhalten.

In diesem Alter gelingt die spielerische Gewöhnung an alles Wild problemlos.

FRÜH AUF SCHWARZWILD EINGEWÖHNEN!

Ich habe für mein weiteres Arbeiten und Ausbilden der Hunde daraus den Schluss gezogen, alle Übungen nur noch mit Schwarzwild zu machen. Auch bei meinen Hunden waren einzelne dabei, die lieber mit ihrem Lieblingswild gearbeitet hätten, doch fachlich richtig eingewiesen, taten sie das später auf Schwarzwild genauso freudig. Wenn am Ende eine aufregende und attraktive Beute wartet, ist die Arbeit für die Hunde immer ein Vergnügen! Immer habe ich darauf geachtet, dass die Hunde im Wechsel starke und schwache Stücke arbeiteten und sie bei der Witterung starken Wildes sehr intensiv lobend unterstützt. Junghunde sind anfangs sehr abhängig von solch einer Zuwendung – wenn sie sie bekommen, wächst ihr Vertrauen in den Führer, weil sie sich geschützt und unterstützt fühlen: Das Gespann wächst zusammen.
Allerdings muss man oft mit seinem Hund arbeiten, um zu erkennen, wo und wann der Hund diese Unterstützung braucht, damit er

Respekt, aber keine Angst vor Schwarzwild zeigt dieser junge Weimaraner. Dank früher Einarbeitung tat „Friedrich" schon mit neun Monaten seinen ersten kranken Frischling ab.

seine Schwierigkeiten zu meistern lernt. Interessanterweise war das Einarbeiten der Hunde auf andere Wildarten am Ende dann viel einfacher, weil sie gelernt hatten, „schwieriges" Wild mit Freude zu finden. Bei dieser Technik wird einmal der herkömmliche Lehrsatz auf den Kopf gestellt. Hier heißt es „vom Schweren zum Leichten" – und nur das führt zum Erfolg. Nicht jedem ist das von Anfang an einsichtig – wenn man sich aber Zeit nimmt, seine Hunde genau und oft genug zu beobachten, wird man den Sinn dieser Technik leicht nachvollziehen können.

GRUNDLAGEN DES FÄHRTENLEGENS

Übungsfährten können beispielsweise durch ihre Form, Länge, Verleitungen, Stehzeiten, Wasserwitterungen, Bodenbedeckungen, Bodenarten oder Widergänge erschwert werden. Der Fantasie sind in dieser Hinsicht keine Grenzen gesetzt, man muss sich nur mit der Materie beschäftigen, denn in der rauen Nachsuchenpraxis wird es meistens noch härter kommen. Was ein junger Hund nicht gelernt hat, wird er im fortgeschrittenen Alter nur noch schwer begreifen. Und auch nur das, was er gelernt hat, wird er auf einer echten Nachsuche zeigen können.

VON LEICHT ZU SCHWER

Didaktisch richtig ist es, wenn Sie die einzelnen Stationen der Fährte mit dem jungen Hund auf freiem flachen Gelände, beispielsweise einer Wiese oder einem lichten Bestand mit wenig Unterbau, üben. Erst wenn die Unterabschnitte perfekt sitzen, setzen Sie diese zusammen und üben in schwererem Gelände oder steigern die Schwierigkeiten auf andere Weise.

Für die Ausbildung an den Einzelabschnitten sollte der Hund das „Platz!" oder „Sitz!" am Schweißriemen bereits beherrschen, denn ständiges Kommandieren vor den Übungen macht den Hund nicht gerade freudig und aufnahmefähig. Für jede Stationsausbildung sollte man sich einen kleinen Plan entwerfen und diesen auch in einem Notizbuch festhalten. Die meisten Führer wissen schon nach kurzer Zeit nicht mehr, was sie mit dem Hund

Erster zu trainierender Fährtenabschnitt: die Gerade

bisher geübt haben. In dieser Phase lässt man sich Zeit bei den Übungen und arbeitet mit dem Hund nie unter Druck und Stress.

EINFACHE GERADE UND BOGEN

Diese einfach aussehende Stationsausbildung auf einem geraden Fährtenverlauf kann so schwer gestaltet werden – durch Variation der Schweißmenge, Stehzeit oder durch noch nicht geübte Arbeiten –, dass sogar erfahrene Hunde Schwierigkeiten bekommen können. Der Bogen dient der Vorbereitung für den scharfen Haken.

HAKEN

Diese Fährtenform finden wir bei fast allen Wildarten. In der Ausbildung kann man den Hund so fährtensauber arbeiten lassen, dass er keinen Schritt über die Hakenecken hinausarbeitet. Ich habe in den Lehrveranstaltungen immer wieder auf diese konsequente Einarbeitung hingewiesen. Hat ein Hund den Haken bei einer Nachsuche im Mais, Raps oder in der Fichtendickung überschossen, hilft ihm Bögeln nicht zur Fährte zurück, viele Nachsuchen waren hier schon zu Ende. Gerade in solchen Situationen zeigt sich der gut eingearbeitete Hund, und alle Mühen der Einarbeitung haben sich gelohnt. Der Unterschied zwischen einem mannshohen Rapsschlag und einem lichten Altholzbestand mit wenig Unterwuchs ist offensichtlich. In einem lichten Altholz wird der Schweißriemen beim Bögeln des Hundes nicht permanent durch den Bewuchs gebremst und damit der Hund nicht ermüdet.

AUS DREI MACH EINS

Haben Sie diese drei Grundformen mit allen sich bietenden Erschwernissen durchgearbeitet, dann setzen Sie die Einzelteile zu einem Ganzen zusammen, und Sie haben eine gute und fordernde Fährte für Ihren Hund. Besondere Stationen sollten Sie immer wieder üben, beispielsweise das Überqueren von Wegen und Straßen, das streckenweise Arbeiten auf einem Weg oder den Abgang von Wegen. Sie glauben gar nicht, wie schnell sich ein Hund an das Geradeauslaufen auf einem ebenen Weg gewöhnen kann und er den Abgang der Fährte zurück in den Bestand überläuft. Hier müssen Sie sauber und konsequent arbeiten. Geübt werden müssen mit dem Hund außerdem:

- **das streckenweise Arbeiten in Bachläufen oder Suhlen,**
- **der Wechsel von Einständen,**
- **das Arbeiten an Waldrändern und besonders**
- **Verleitungen.**

Schritt 2: der Bogen

Schritt 3: der rechtwinkelige Haken

Sauberes Ausarbeiten eines Hakens: Der Hund liegt fest im Riemen und arbeitet auf den Haken zu.

VERLEITUNGEN

Eine der größten Schwierigkeiten bei der Nachsuche stellen Verleitungen dar. Sie sind mannigfaltig und können z. B. in anderen Wildfährten, Hundespuren, Hasenpässen, Rindertritten, Menschenspuren oder den Geläufen von Federwild bestehen. Auch Raubwild und Raubzeug sind starke Verleitungen für die Hundenase. Viele Prüfungen und Nachsuchen werden nicht zu Ende gebracht, weil der Hundeführer nicht erkennt, ob sein Hund auf der Fährte ist oder ob er einer Verleitung folgt. Solange es nur eine Prüfung ist, mag das noch egal sein, bei einer Nachsuche wird immer das kranke Stück Wild die Rechnung zahlen müssen.

Das Verhalten jedes einzelnen Hundes auf Verleitungen ist unterschiedlich und lässt sich leider nicht generalisieren. Jeder Führer muss daher mit seinem Hund die verschiedenen Verleitungen durchspielen und sich das von seinem Hund gezeigte Bewegungsmuster ein-

BEISPIELE FÜR HIRSCHGERECHTE ZEICHEN BEIM ROTHIRSCH

— Die *Stümpfe* sind bei jüngeren Hirschen spitzer als bei alten Stücken.
— Der *Zwang* oder das *Fädlein*, d. h. das stehengebliebene Erdreich zwischen den Schalen, zeigt sich bei älteren Hirschen stärker als bei jungen.
— Die *Schalenbreite* kann hilfreich sein für das Unterscheiden, wenn sich die Fährten mehrerer Stücke kreuzen. Zu sehen ist es aber nur auf geeignetem Boden mit der richtigen Feuchtigkeit.
— Die *Schalenlänge* und das *Ballenzeichen* geben Hinweise darauf, ob man immer noch demselben Hirsch nachhängt. Anhand des Ballenzeichens lässt sich auch die Stärke des Hirsches abschätzen.
— Die Abstand zwischen *Ballen* und *Geäfter* bzw. *Oberrücken*, den beiden Hornzapfen an der Laufhinterseite also, zeichnet sich bei weichem, tiefem Boden klar ab und bestätigt dem Führer, dass er der Ansatzfährte folgt.
— Das *Geäfter* drückt sich gerade in der Fluchtfährte stark in den Boden ein.

Der Hund erreicht den Haken …

… und wendet sich – der Fährte folgend – nach links.

prägen. Wenn der eine Hund bei einer Verleitung heftig mit der Rute wedelt, sträubt ein anderer dabei vielleicht das Nackenhaar. Wie der eigene Hund reagiert, muss jeder Führer selbst herausfinden. Dies kann man auf einfache – leider arbeitsintensive – Art lösen: indem man seinen Hund durch ständiges Üben kennenlernt.

EIGENARTEN DER INDIVIDUELLEN FÄHRTE

Wenn wir uns mit der Fährte beschäftigen, müssen wir auch die Eigenarten des Abdruckes kennen, die jedes Stück Wild hat. Beispielhaft sei die Darstellung der Rotwildfährte auf Seite 33 genannt. Gerade dem jungen Hund muss bei der Fährtenarbeit unsere Aufmerksamkeit gelten: Schnell kann der Hund von einer schwachen Hirschfährte auf eine starke Alttierfährte überwechseln. Hat sich der Führer die Ansatzfährte nicht genau eingeprägt, kann er den Hund nicht kontrollieren und der Erfolg bleibt aus.

Beim Rotwild kennen wir etwa 106 hirschgerechte Zeichen, allein die Hälfte davon stammt von der Fährte (s. Kasten). Für einen Schweißhundeführer sollten diese Fährtenzeichen ein Teil seiner Ausbildung sein, denn nur mit diesem Wissen können wir später unserem Hund helfen und ihn korrigieren.

Weiter geht es dann geradeaus auf der Fährte.

DEN EIGENEN HUND „LESEN" LERNEN

Bei der Fährtenarbeit müssen Sie Ihren Hund „lesen" können: Sie müssen erkennen, wie sich der Hund auf der Fährte verhält. Jeder Hund reagiert anders und zeigt eine andere Körpersprache. Ebenso wichtig ist zu wissen, wie sich der Hund benimmt, wenn er von der Fährte abgekommen ist und faselt oder einer Verlei-

Waagerechte, gespannte Rute und tiefe Nase: Die Hunde arbeiten auf der Spur. Der Welpe muss noch lernen.

tung nachgeht. Auch hier zeigt der Hund ein individuell spezielles Benehmen. Nur wenn der Hundeführer das situationsabhängige Verhalten seines Hundes genau kennt, kann er ihn korrigieren.

Diese sehr feinen und nicht sofort zu verstehenden Verhaltensmuster erkennt man allerdings nicht bei nur ein- oder zweimaligem Arbeiten pro Woche oder gar Monat mit dem Hund. Nur ständiges Üben wird dazu führen, dass der Führer die Körpersprache des Hundes richtig zu deuten und ihn zu unterstützen vermag. Es reicht eben nicht, dass nur der Hund die Arbeit kann: Auf der Nachsuche arbeitet ein Gespann, ein Team aus Hund und Führer, das miteinander kommuniziert. Da der Hund nun einmal nicht sprechen kann, muss der Führer dessen Körpersprache durch ständiges Üben verstehen lernen. Arbeiten, arbeiten, üben, üben gilt auch beim Führen eines Vollgebrauchshundes. Da diese Hunde viel mehr „Fächer" zu erlernen haben, ist ihre Abrichtung zumindest in zeitlicher Hinsicht ungleich anspruchsvoller.

Korrigiert sich Ihr junger Hund, von der Fährte abgekommen, nach kurzer Zeit und nach etwa fünf Metern selbst und findet er zu seiner Arbeit zurück, dann haben Sie ein Juwel am Schweißriemen, das Sie nur noch richtig einfassen müssen. Hunde sind unterschiedlich, und einige Hunde korrigieren sich selbst, wenn sie eine Verleitung angenommen haben. Andere Hunde dagegen müssen durch den Führer unterstützt werden und zeigen dies glücklicherweise meist durch ihr Verhalten.

KORREKTUR DES HUNDES

Schwierig wird es, wenn der Hund einer Verleitung bis ins Unendliche folgen will, hier müssen Sie die Übungsfährte und die selbst gelegten Verleitungen genau kennen und behutsam, aber mit Konsequenz, arbeiten. Dazu gibt es verschiedene Hilfen: Stehenbleiben und dem Hund nicht auf die Verleitung folgen, Zurücknehmen zur Fährte, frisch Ansetzen oder das scharfe Kommando „Zur Fährte!". Hat der Hund dann richtig gearbeitet, wird er ausgiebig gelobt.

Grundfalsch wäre es, den Hund am Riemen bzw. der Halsung scharf zurückzuziehen. Der Hund darf auf keinen Fall einen Ruck im Schweißriemen als Strafe empfinden. Er würde dann bei der Arbeit irritiert, wenn der Schweißriemen hängenbleibt und der Hund in den straffen Riemen läuft. Er glaubt dann, er sei falsch und fängt an zu faseln. In dieser Situation kann die saubere Arbeit des Hundes schon zu Ende sein.

Die Gebrauchshunde kennen meist den Leinenruck als Korrektiv – bei ihnen braucht man in diesem Punkt bei der Fährtenausbildung besonderes Fingerspitzengefühl.

STEHZEIT

Unter Stehzeit einer Fährte versteht man, eine gewisse Zeit vergehen zu lassen – Stunden oder Tage –, bevor man sie arbeitet. Dadurch wirkt die nachgesuchte Witterung für die Hundenase nicht mehr so verlockend, dass er verleitet würde, mit hoher statt mit tiefer Nase zu arbeiten.

Die Stehzeit wirkt sich auf die drei Fährtenanteile, Individualwitterung, Schweißwitterung und Bodenverwundung in unterschiedlichem Maße aus.

Ein häufiger Irrglaube vieler Hundeführer ist, dass mit langer Stehzeit die Fährte schwieriger für den Hund zu arbeiten wäre. Genau das Gegenteil ist der Fall: Eine wenige Stunden alte Fährte ist gerade für den Junghund in der Ausbildung viel schwerer zu arbeiten als eine Übernachtfährte. Doch warum ist das so?

Die Individualwitterung, die ja aus abgeschilferten Hautzellen, Haaren und Körperflüssigkeit besteht, wird vor allem bei Wind schnell von der Fährte weggetragen. Wird der Hund hier zu früh angesetzt, wird er auf der frischen Fährte mit hoher Nase die Individualwitterung suchen und arbeiten. Das ist beim einzuarbeitenden Junghund ganz unerwünscht, da er von der Bodenverwundung abgelenkt wird. Bei durchgearbeiteten Hunden sieht es anders aus. Gerade in den Wintermonaten können sie schon nach kurzer Stehzeit angesetzt werden, da hier der Erfolg, Beute zu machen, über das saubere Arbeiten mit tiefer Nase erzielt wird.

Die Stehzeit kann auf die Schweißwitterung negative Auswirkungen haben. Wirkt z. B. warme Witterung stark auf den Schweiß ein, kann er so weit abtrocknen, dass keine Witterung mehr vorhanden ist. Wie wir gesehen haben, spielt dabei auch der Untergrund eine Rolle: Witterung auf Sand oder Nadeln ist schwerer für die Hundenase aufzunehmen als auf taunassem Gras. Auf Letzterem bleibt die Witterung länger bestehen, weil auch der Schweiß feucht bleibt und Geruch abgibt. Feldversuche haben gezeigt, dass selbst „beste“ Hunde bei großer Hitze schon nach 30 Minuten die Witterung des Schweißes nicht mehr aufnehmen konnten. Bei feuchter Witterung, Schatten unter Bäumen oder Gräsern hingegen konnten Hunde den Schweiß noch nach Tagen verweisen. Nicht vergessen sollte man die Auswirkungen, die Tierfraß auf die Fährte hat: Ameisen, Fliegen, Schnecken, sogar Vögel verändern die Witterung der Fährte, weil diese ihre organischen Bestandteile entfernen.

Die Bodenverwundung entsteht bekanntlich durch das Auftreten des Wildes auf den Boden. Dabei werden der Bodenbewuchs zertreten und vielfältige Geruchsstoffe freigesetzt, die sich auf der frischen Fährte mit kurzer Stehzeit während des Abtrocknens noch verändern und in der Luft schweben. Der dauerhafte Geruch der Bodenverwundung tief im Humus ist jedoch gleichbleibend und wird durch Verdunstung und Bodendurchlüftung gehalten. Dieser Geruch ist für die Hundenase lange Zeit – bis zu Tagen und Wochen – aufzunehmen. In Feldversuchen in Afrika konnten die Hunde Fährten mit sehr langen

Das ist eine Folge, wenn der Hund zu früh angesetzt wird: stürmisches und unkonzentriertes Vorwärtspreschen.

Stehzeiten ohne einen Tropfen Schweiß selbst in der Kalahari und Namibwüste arbeiten! Insgesamt spielt die Stehzeit bei der Ausbildung der Hundenase eine untergeordnete Rolle. Entscheidend ist, dass sie so lang ist, dass die Individualwitterung und die Witterung des Schweißes die Bodenverwundung nicht mehr so stark überlagern. Das ist nach rund vier Stunden der Fall.

Je nach Ausbildungsstand und dem Ziel der Ausbildungsschritte sollte die Stehzeit variiert, auch verkürzt oder verlängert werden. Dabei sind bis zu fünf Tage Stehzeit für die Hundenase jederzeit möglich. Der Schwachpunkt bei Übungsfährten mit langer Stehzeit ist einzig und allein der Hundeführer. Entweder er glaubt von vornherein nicht, dass ein Hund solche Arbeiten leisten könnte, oder sie widerstrebt ihm aus irgendeinem anderen Grund. Hunde, die eine Fährte mit sehr langer Stehzeit arbeiten sollen, fallen die Fährte meist sehr konzentriert an und arbeiten sie auch eine Strecke lang. Wenn sie dann schlagartig den Kopf heben und versuchen, mit den Augen die Beute zu erspähen, weiß der Hundeführer, dass die Konzentrationsfähigkeit seines Hundes nicht trainiert ist. Lange Stehzeiten in der Fährte müssen langsam geübt werden.

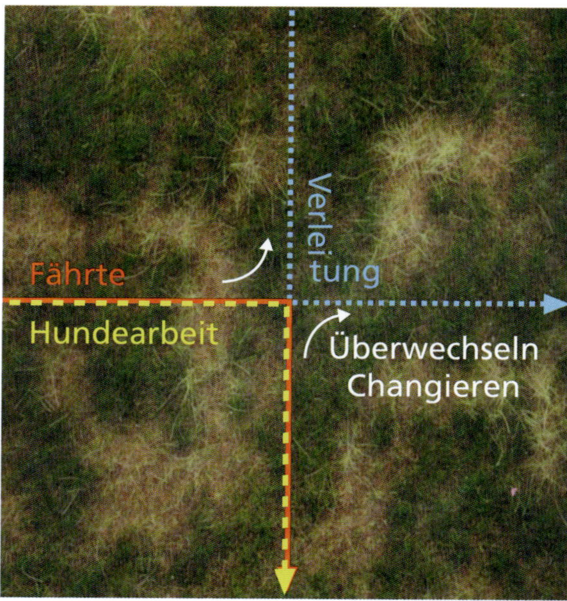

Das Most'sche Fährtenkreuz

BODENBESCHAFFENHEIT

Die Erfahrungen aus der Praxis werden von den Ergebnissen wissenschaftlicher Studien in diesem Punkt ergänzt: Die Beschaffenheit des Untergrunds spielt eine wesentliche Rolle, damit der Hund seine Riechfähigkeiten optimal entfalten kann. Alle Extreme hinsichtlich Feuchtigkeit, Vielfalt des Bewuchses, Intensität von Verleitungen oder Störgerüchen erschweren dem Hund die Arbeit.

MOST'SCHES FÄHRTENKREUZ UND MERREN-SCHLEIFE

Bei der Ausbildung der Hundenase, Spuren oder Fährten zu arbeiten, machten sich schon vor 100 Jahren weitsichtige Hundeführer sehr viele Gedanken und brachten sie in die Ausbildung ein. Das Most'sche Fährtenkreuz, das wir heute noch nutzen, ist ein Ergebnis dieser Überlegungen. Das Ziel dieser Stationsausbildung ist das korrekte Ausarbeiten der Ansatzspur, ohne auf eine Verleitspur überzuwechseln.

Für diese Übung werden auf einer offenen Wiese zwei Spuren gelegt. Alle Übungen werden auf Wiesen gemacht, denn hier kann sich der Hund ohne Ablenkung auf die Arbeit konzentrieren. Beide Spuren werden rechtwinklig so gegeneinander gelegt, dass sie sich an den Winkelpunkten fast berühren. Die Aufgabe des Hundes ist es, die Ansatzspur zu arbeiten, ohne auf die Verleitspur überzuwechseln.

Sollte der Hund versuchen, auf die Verleitspur zu changieren, kommt ein scharfes Kommando „Zur Fährte!". Der durchgearbeitete Hund folgt nach diesem Training schließlich der Ansatzspur bis zum Ziel ohne jede Ablenkung.

Eine weitere Fährtenform ist die Merren-Schleife, bei der die Fährte sich selbst kreuzt.

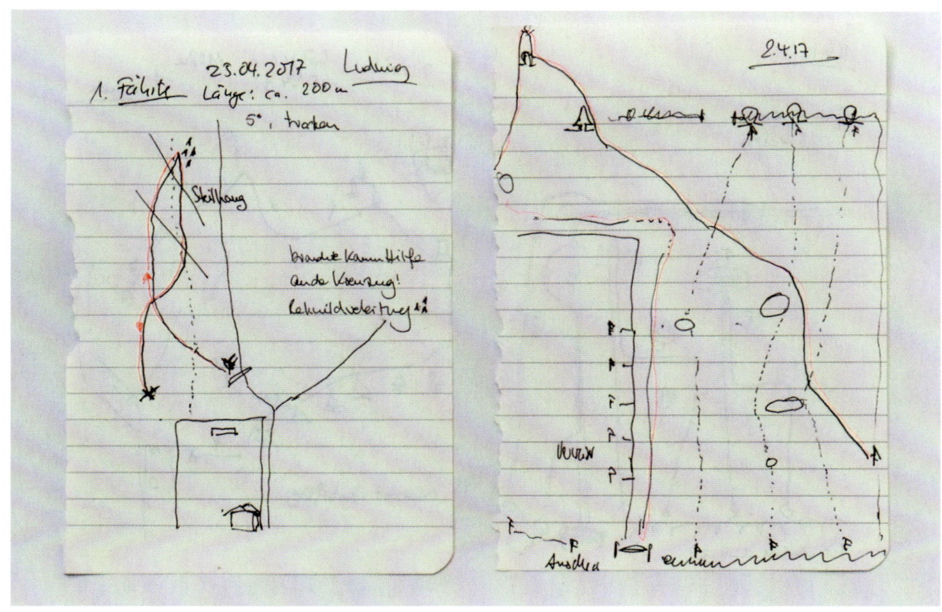

Handschriftliche Fährtenskizzen sind auch heute noch sinnvoll!

Solche Schleifen sind bei Rehwild-Fluchtfährten nicht selten. Der Hund muss lernen, der Fährte genau zu folgen – falls er auf die Verleitung gehen sollte, erfolgt die Korrektur.

FÄHRTENSKIZZE

Selbst in Zeiten allgegenwärtiger elektronischer Medien hat die altbewährte Fährtenskizze mit Stift und Papier durchaus ihren Sinn! Nur wenn wir genau wissen, wo die Fährte verläuft, können wir dem Hund helfen – das gilt in der frühen Einarbeitung ganz besonders! Es bietet sich an, dabei immer die gleichen Zeichen zu verwenden.

SCHLEPPEN

Immer wieder reagierten Teilnehmer meiner Ausbildungs-Lehrgänge auf der Ankündigung, dass wir mit der Schleppe anfangen, mit Unverständnis: „Schleppe? So etwas Einfaches?" Dabei können auch Schleppen so schwer für den Hund und auch den Führer gelegt werden, dass selbst erfahrene Schweißhunde nicht ans Schleppenende kommen. Schleppen sind der erste Schritt, den Hund dazu zu erziehen, einer gelegten Spur mit der tiefen Nase zu folgen. Das Arbeiten von Schleppen ist darüber hinaus eine Möglichkeit, den Hunden Arbeit zu verschaffen und so ihre Konzentrationsfähigkeit und Nase zu trainieren. Ich arbeite mit jedem Hund Schleppen – vom Junghund bis zum alten, sehr erfahrenen Hund. Man sollte die Schleppenarbeit keineswegs belächeln, denn es ist eine gute Möglichkeit, die Arbeit für unsere Hunde abwechslungsreich zu gestalten.

FÄHRTENARTEN

Fährten sollen bei der Ausbildung des Hundes auf variable Art und Weise gelegt werden. So bequem es für den Führer sein mag, immer dieselben Pfade durchs Gelände abzulaufen, so schädlich ist es für den Hund, denn der kennt die Fährte auswendig, sobald er sie einmal gearbeitet hat! Es darf sich keine Routine einschleifen: Idealerweise werden Fährten bei jedem Wetter, kurz und lang, in Steigungen, Gefällen, im Wasser und es querend, durch Suhlen, auf Asphalt und mit immer wechselnden Schwierigkeiten gelegt und gearbeitet.

Einmal richtig angepasst, wird die Schweißhalsung dem Hund nur noch übergestreift.

Der Hund wird am Anschuss angesetzt.

Die Führerin untersucht den Anschuss, der angelegte Hund wartet etwas abseits.

PAUSEN IN DER FÄHRTE

Unabhängig vom Arbeitstempo des Hundes und den Schwierigkeiten einer Fährte muss der Hund auch lernen, Pausen bei der Arbeit einzulegen. Ein hochmotivierter Hund wird das nicht immer gern tolerieren – umso wichtiger ist es, dass er das übt, v. a. auch übt, nach der Pause wieder unvermindert weiterzuarbeiten.

Ruhepausen erfrischen den Hundeführer ebenso wie den Hund. Sie müssen nicht lang sein, denn die Arbeitsspannung soll erhalten bleiben. Vor allem bei Hitze beginnen viele Hunde zu hecheln – spätestens dann ist eine Pause angesagt. Hecheln vermindert die Riechfähigkeit, weil der Hund die Luft mit den Geruchspartikeln nicht mehr ausschließlich über die Nase aufnimmt. Trotz Hecheln

bleibt die Riechfähigkeit grundsätzlich jedoch erhalten und kann auf die Umstände hin trainiert werden – das weiß man z. B. von Minensuchhunden in extrem heißen Wüstengebieten.
Füttern und Tränken kann bei anstrengenden Suchen hilfreich sein. Meist wollen die Hunde jedoch nicht fressen: Sie sind auf die Beute ausgerichtet. Der Hund sollte aber lernen, aus der Hand oder einer Flasche zu schöpfen, wenn kein natürliches Wasser in der Nähe ist.

TECHNIKEN UND FACHAUSDRÜCKE

Es gibt eine ganze Reihe von speziellen Handlungsabläufen und Techniken, in denen Hund und Führer für eine saubere Fährtenarbeit geschult werden müssen.

„Anhalsen!" Auf dieses Kommando hin steckt der Hund seinen Kopf in die Halsung, die der Führer hält. Die Halsung muss dazu weit genug sein und wird entsprechend einmal angepasst. Dann wird die Schnalle nicht mehr benutzt, um den Hund anzuhalsen.

Anlegen Der Hund wird neben dem Anschuss abgelegt und wartet auf den Beginn der Arbeit.

Anschuss untersuchen Der Führer kontrolliert die Eingriffe, Ausrisse und Pirschzeichen in der Umgebung des Anschusses, die Hunde sehen ihm dabei interessiert zu.

Ansetzen Der Hund wird am Anschuss angesetzt und erhält Zeit, die Witterung in sich aufzunehmen.

Kreisen Vom Anschuss an: Ist der Anschuss zwar bekannt, die Fährte aber z. B. durch Wetter, in Suhlen oder durch durchziehende Rotten völlig zerstört, kann es hilfreich sein, von innen nach außen in Kreisen den Anschluss an die Fährte in weniger umgearbeitetem Gelände zu finden.
Zum Anschuss hin: Wird in einer wie oben beschriebenen Situation der Anschuss nicht gefunden, kann es helfen, in großen Kreisen von außen nach innen den Anschluss an die Fährte zu finden.

Vorsuchen Der Hund wird am kurzen Schweißriemen mit dem Kommando „Such vorhin!" und „Zeige mir!" an eine Stelle gebracht, an der man z. B. die Fährte vermutet. Zeigt der Hund das Gewünschte, wird diese Stelle markiert. Diese Technik findet in vielen Situationen Anwendung, z. B. bei Verkehrsunfällen, Vorsuchen an Wegrändern, Straßen, Bachläufen, Waldrändern, Hecken, an Kirrungen und Suhlen.

Vorgreifen Der Führer arbeitet einen Teil der Fährte nicht, weil deren Verlauf offensichtlich ist. Er setzt den Hund gleich an einer Stelle an, die weit vor dem eigenen Standort liegt: „Er greift vor".

Zurückgreifen Der Führer kommt mit seinem Hund an irgendeiner Stelle nicht mehr weiter. Er trägt den Hund ab und greift zurück, indem er den Hund an einer von ihm markierten Stelle in der Fährte, z. B. Schweiß oder Fährtenabdruck, wieder ansetzt.

Umschlagen Der Führer kommt mit seinem Hund an eine schwere Dickung, trägt den Hund ab und umschlägt mittels Vorsuche die Dickung, um den Auswechsel zu finden. Hat er die Dickung umschlagen und findet keinen Auswechsel, steckt das gesuchte Stück vermutlich in der Dickung.

Zustandegehen des Wildes Das Wild zustande zu gehen bedeutet, ihm so lange – oft über Tage – zu folgen, bis man es erreicht hat.

Verleitungen Mit Verleitungen umgehen zu können, gehört zum „täglich Brot" des Nach-

Bei der Vorsuche am langen Riemen verweist der junge Hund auf Sand.

suchengespanns. Deshalb gehört die Einarbeitung des Hundes in einen souveränen Umgang damit zu den wichtigsten Grundlagen der Ausbildung. Zur Verleitung wird alles, was dem Hund interessanter erscheinen könnte als die gesuchte Fährte: vor allem Geläufe, Spuren und Fährten von gesundem Wild, aber auch läufige Hündinnen.

Abstellen Der Schweißhundeführer – und nur er – lässt einige ausgesuchte Schützen um eine Dickung abstellen, bevor er selbst darin weitersucht. Die Schützen sollen das auswechselnde Stück erlegen, wenn kein Hund dicht dahinter ist.

Abstellschützen Diese Schützen werden nur vom Schweißhundeführer angefordert. Er lässt die Schützen durch einen Ortskundigen anstellen, und nur er lässt sie auch wieder abholen. Der Hundeführer ist bei der Suche der Jagdleiter und muss über alles, was mit der Suche zusammenhängt, informiert sein. Die Abstellschützen sollten möglichst ausnahmslos erfahrene Jäger sein, die sicher ansprechen können und beherzt schießen, wenn das richtige Stück ohne Hund im Gefolge in Anblick kommt.

Verbrechen Markieren mit einem Bruch: Der Anschuss wird verbrochen, also die Stelle, an der das Stück Wild stand, als es die Kugel bekam. Der Führer verbricht mittels eines farbigen Bändchens einen Schalenabdruck, Schweiß, Deckenfetzen, Knochensplitter, Schleifspuren sowie Riss- und Schnitthaare. Auch zertretene und ab- oder durchgebrochene Äste werden verbrochen. Kommt man im Verlauf der Fährtenarbeit nicht mehr weiter, kann man auf solche deutlich markierten Stellen zurückgreifen und noch einmal dort anfangen, wo man sicher noch richtig war.

„Zur Fährte!" Dieses Kommando gibt der Führer, wenn er erkennt, dass sich der Hund auf einer Verleitung befindet. Der Hund sollte sofort reagieren und die Krankfährte wieder annehmen.

Am langen Riemen Der Hundeführer gibt dem Hund den ganz langen Riemen, wenn er über freies Gelände – Wiese, lichtes Stangenholz, Wege – geht. Am langen Riemen kann der Hund freier suchen. Es beruhigt den Hund, wenn der Führer nicht so dicht hinter ihm läuft und dadurch Druck macht.

Arbeiten gegen den Wind In Situationen, in denen auf Grund von Geländebesonderheiten, Bewuchs oder zerstörter Fährte eine Arbeit auf der Bodenverwundung nicht gelingt, kann es hilfreich sein, den Hund gegen den Wind arbeiten zu lassen. Hierbei arbeitet er mit hoher oder halbhoher Nase mit oder ohne Riemen. Diese Technik erfordert sehr viel Erfahrung von Hund und gleichermaßen vom Hundeführer. Es kommt darauf an, minimale Zeichen des Hundes lesen zu können. Das Gleiche gilt für die freie Suche gegen den Wind. Zu oft wird aus reiner Verlegenheit und Unwissenheit der Hund zur freien Suche geschickt – in der Regel erfolglos. Die freie Suche ist nur unter kontrollierten Bedingungen sinnvoll, z. B. mit zuverlässigen Abstellschützen.

„Halt!" in der Fährte Dieses Kommando gibt der Hundeführer dem Hund, wenn er z. B. Schweiß in der Fährte verbrechen will. Der Hund muss auf dieses Kommando in der Fährte stehen bleiben. Ein erfahrener Hund wird dabei nur den Kopf zum Führer drehen, den Körper aber in Fährtenrichtung halten. Damit zeigt er an, dass er „richtig" ist. Wichtig ist, dass der Hund dieses Kommando nicht als Strafe empfindet. Entsprechend ist der Tonfall. Das Kommando darf den Hund nicht frustrieren, es kann auch gegeben werden, wenn Hund oder Führer verschnaufen müssen.

Ablegen Den Hund ablegen bedeutet, ihm das Kommando zum entspannten Niederlegen zu geben, wenn der Hundeführer die Riemenarbeit aus irgendeinem Grund unterbricht. Der Hund muss gelernt haben, dass er an der Stelle liegenbleibt.

Einwechsel prüfen Der Hundeführer prüft selbst am vom Hund gezeigten Wechsel, ob an Gras oder Astwerk Schweiß abgestreift ist oder ob Schalenabdrücke vorhanden sind.

Auswechsel prüfen Der Führer kommt beim Umschlagen einer Dickung an einen Wechsel, den ihm sein Hund verweist. Er versucht selbst, mit den Augen Schweiß oder Fährtenabdrücke zu finden, um den Hund zu bestätigen.

Fluchtrichtung und -verhalten bestimmen Aus Form und Lage der Schweißtropfen kann der kundige Hundeführer die Fluchtrichtung des Wildes bestimmen. Die Tropfen zeigen ihm auch, ob das Wild gestanden hat (Tropfbett) oder es gezogen ist.

Tropfbett Tropfbetten sind Stellen in der Fluchtfährte, an denen verwundetes Wild stehengeblieben ist und Schweiß auf den Boden getropft ist. Die Schweißtropfen sind typischerweise deshalb rund und liegen oft in den Eingriffen des Wildes.

Widergang arbeiten Wir kennen zwei Arten von Widergängen. Im ersten Fall wechselt das Wild auf der eigenen Fährte zurück, um sich dann unter Wind ins Wundbett zu begeben. Sinn des Widerganges ist, dass die Witterung des Verfolgers am Wundbett

„Halt!" in der Fährte: Erfahrene Hunde wenden nur den Kopf zum Führer.

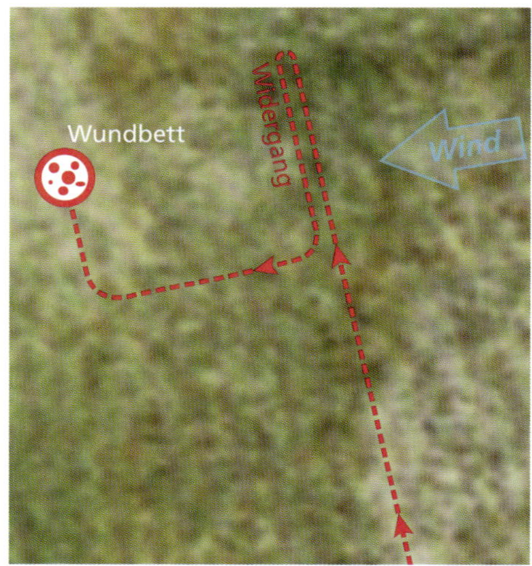

Eine Art des Widergangs ist das Zurückwechseln auf der eigenen Fährte

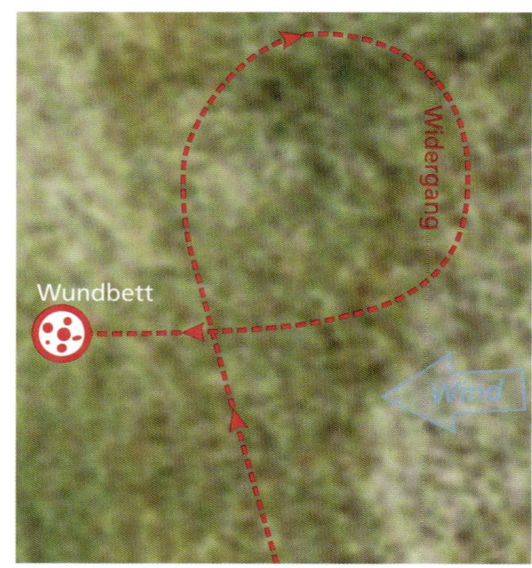

Widergang mit Bogenschlagen und Kreuzen der eigenen Fährte

vorbeistreichen kann und das Wild warnt.
Im zweiten Fall macht das Stück einen Bogen, kreuzt die Fährte und zieht unter Wind weiter.
Für beide Arten des Widergangs muss der Hund sauber durchgearbeitet sein, sonst wird er hier immer mit starkem Bögeln reagieren, um die Fährte wiederaufzunehmen. Dies ist aber gerade in dichtem Gehölz, Raps, Mais oder Schlehen fast nicht möglich: Der lange Schweißriemen stört. Nur Hunde mit absoluter Fährtensicherheit werden diese Stellen meistern können.
Im Serviceteil des Buches wird eine schwere Nachsuche auf eine Sau mit Verleitungen, falschen Auskünften des Schützen und allerlei anderen Hindernissen geschildert (s. S. 320) – eine „ganz normale Nachsuche" also. Dieser Bericht soll eine Bitte an alle Schweißhundeführer sein: Vertrauen Sie Ihrem Meutegenossen – wenn Sie ihn richtig ausgebildet haben – voll! Ein Vertrauensbruch kann Sie ein Hundeleben lang begleiten!

Pausen während der Arbeit Der Hundeführer muss Pausen einlegen, gerade bei langen Arbeiten, die erschwert werden durch Hitze, Regen, Schneetreiben, starken Wind, Frost, Schnee, steiles Gelände, Windbrüche, Raps-, Maisschläge oder fast undurchdringliche Dickungen. Der Hund kann dann mit Wasser versorgt werden und darf sich ausruhen. Ebenso sind Pausen für den Führer eine Erholung. Bei der Schweißarbeit ist die Riemenarbeit nur der erste und einfache Teil. Der Hund braucht seine Kraft bei der Hetze und beim Stellen. Dafür müssen wir den Hund vorbereiten und dürfen ihn nicht schon vorher verausgaben.

Verweisen in der Fährte Wenn der Hund im Verlauf der Wundfährte Pirschzeichen findet, z. B. Schweiß, Weiß, Gescheidestückchen oder Knochensplitter, sollte er anhalten und mit tiefer Nase auf das Gefundene zeigen. Dabei ändern die meisten Hunde auch ihre Rutenstellung: Sie bleibt stehen und wird aufmerksam etwas gehoben. Hier greift der Führer ein: „Halt! Lass' sehen!". Er tritt hinzu und lässt sich vom Hund das Pirschzeichen erneut zeigen: „Zeige mir!" Ein perfekt durchgearbeiteter Hund zeigt bei ruhiger Arbeit alle Pirschzeichen und ermöglicht damit dem Hundeführer, ein genaues Bild vom Zustand des verwundeten Wildes zu bekommen (wo verwundet, wie schwer, welches Flucht-

Rehwild ist ein Spezialist im Anlegen von Widergängen.

Pausen müssen auf einer Nachsuche sein.

verhalten ist zu erwarten). Es ist sinnvoll, die verwiesenen Stellen zu markieren, um ggf. darauf zurückgreifen zu können.

Kaltes Wundbett Lagerstelle eines kranken Stück Wildes, die es schon geraume Zeit verlassen hat. Hunde verweisen diese aufmerksam, zeigen aber bei Weitem nicht die Passion wie bei warmen Wundbetten. Der erfahrene Führer wird am Benehmen seines Hundes die Unterschiede warmes/kaltes Wundbett eindeutig feststellen können. Ein kaltes Wundbett wird in der Regel verbrochen.

Der Hund verweist ein kaltes Wundbett.

Warmes Wundbett Ein Wundbett, welches das kranke, nachgesuchte Stück gerade verlassen hat. Hier wird der Hund meistens sehr heftig und zeigt damit an, dass er geschnallt werden will. Manchmal kann man die Körperwärme des Wildes am Boden mit der Hand fühlen.

Schnallen des Hundes Der Hund kommt mit seinem Führer an das warme Wundbett. Durch sein Benehmen zeigt er an, dass er dem Wild folgen will. Nur wenn einwandfrei feststeht, dass es sich um das beschossene Stück Wild handelt, wird der Hund geschnallt, indem man ihm die lockere Halsung über den Kopf streift und ihn zusätzlich anrüdet.

Hetze Die Hetze ist ein Teil der Nachsuche. Der Hund muss allein der Wundfährte folgen. Besonders wünschenswert ist es, fährtenlaute Hunde zu haben, um die Folge des Hundes akustisch verfolgen zu können. Stumme Hunde sind sehr schwer zu lokalisieren, die meisten Hunde geben aber wieder Laut, wenn sie das kranke Stück sehen.

Laut Das Bellen des Schweiß- und Vollgebrauchshundes wird Laut genannt, bei der Bracke heißt es Geläut. Für die Schweißarbeit ist der Laut an sichtigem Wild (Sichtlaut) und idealerweise bei der Hetze auch auf der Wundspur (Fährtenlaut) gewünscht. Nachgewiesener Laut am Haarwild ist Voraussetzung, um auf Verbandsschweißprüfungen führen zu dürfen. Stumme Hunde, die also selbst bei Blickkontakt zum Wild während der Hetze nicht Laut geben, sind für unsere Arbeit unerwünscht. Manche Gebrauchshunderassen, z. B. der Weimaraner, zeigten früher trotz angewölfter Neigung zur Arbeit mit tiefer Nase nur selten Laut – allenfalls beim Hetzen. Heute geben sie infolge züchterischer Verbesserung vielfach Laut.

Stellen Stellen hat zwei unterschiedliche Bedeutungen im Zusammenhang mit der Nachsuche. Besitzt das kranke Stück nicht mehr genügend Kraft zur Flucht, bleibt es stehen und versucht, den Hund anzugreifen, zu verletzen oder zu vertreiben: Es *stellt sich*. Der Hund bleibt in dieser Situation am Stück, um es an einer weiteren Flucht zu hindern, und umspringt es in sicherer Entfernung Laut gebend so lange, bis der Führer hinzukommt: Er *stellt* das Wild. Zwei Hunde *stellen* das Stück instinktiv vorn und hinten. Das erhöht die Chance, das Stück zu binden, und gibt dem Hundeführer die Möglichkeit, das Stück tierschutzgerecht zu erlegen.

Angehen der Bail Stellt der Hund das kranke Stück, kann der Führer am Laut seines

Totverbellender Teckel – in der Praxis ist Totverbellen nur bedingt hilfreich, da der Laut oft nicht weit trägt.

Hundes erkennen, ob das Stück steht oder ob es noch in Bewegung ist. Erst bei absolutem Stillstand der Hetze wird die Bail – auch Ball genannt – grundsätzlich unter Wind angegangen.

Fangschuss Den Fangschuss gibt bei einer Nachsuche grundsätzlich nur der Hundeführer, denn nur er kennt seinen stellenden Hund und dessen Bewegungen am Stück ganz genau.

Totverbellen Kommt ein Hund durch freie Suche an ein verendetes Stück Wild, sollte er totverbellen. In der Praxis sind solche Hunde nur bedingt einzusetzen, da man bei Wind, bergigem Gelände oder großen Entfernungen den Laut nicht hören kann. Außerdem kommen wir grundsätzlich mit dem Hund am langen Riemen an das verendete Stück – natürliche Totverbeller mit angewölfter Neigung zum Verbellen geben auch dann Laut am Wild.

Bringselverweisen Ein verendetes Stück Wild zeigt der Hund dem Führer an, indem er ein ihm umgeschnalltes Bringsel in den Fang nimmt und so zum Führer zurückgekehrt. In der Praxis nur bedingt tauglich, da Hunde nach schweren Belastungen das Bringsel nicht in den Fang nehmen, weil sie durch ihn atmen müssen.

Totverweisen stumm oder mit Laut Gerade bei schwerem Gelände sowie in absolut dichten Verhauen kann der Hund nur allein an das Stück gelangen. Hier soll er dem Führer, der ihm nicht so schnell folgen kann, zeigen, dass er gefunden hat. Dies zeigen Hunde stumm an, indem sie freudig zum Führer kommen und auf das Anrufen „Wo ist verwund't?“ sofort kehrtmachen und wieder zum gefundenen Stück eilen. Dies wiederholt sich so lange, bis der folgende Führer am Stück ist. Das Gleiche geschieht beim Lautverweiser. Dieser Hund zeigt in gleicher Manier an, dass er gefunden hat, jedoch gibt er zusätzlich Laut.

Ist dieser junge Hund erst ausgewachsen, wird das klassische Abtragen zu einer echten Kraftprobe!

Abliebeln des Hundes Hat der Hund das Stück gefunden, wird er ordentlich abgeliebelt. Man sollte sich nicht scheuen, den Hund in die Arme zu nehmen, zu drücken und zu knuddeln. Dieses Abliebeln entspannt Hund und Führer nach der anstrengenden Suche und verbindet das Gespann noch intensiver.

Ablegen am Stück Das Ablegen des Hundes am Stück diente früher vor allem der Bewachung gegenüber Wilderern. Noch heute kann es sinnvoll sein, einen sicher abliegenden Hund am Stück zu lassen, wenn man sich entfernen möchte. Der Hund darf in dieser Zeit das Wild nicht anschneiden.

Abtragen Traditionell trägt der gerechte Schweißhundeführer seinen Hund ab, indem er ihn mit einem Arm von vorn unter die Brust und dem anderen Arm hinter den Hinterläufen hochhebt und von der Fährte wegträgt. Rückenschonender ist es allerdings, den Hund nur vorne mit der Hand hochzunehmen, ihn dabei am Brustkern zu fassen und nach links oder rechts aus der Fährtenrichtung zu drehen. Beide Hinterläufe bleiben dabei am Boden. Der Hund, der es so gelernt hat, weiß, dass die Arbeit für ihn jetzt zu Ende ist und etwas Neues kommt.

VERWEISERPUNKT
Machen Sie Ihren Hund nach Abschluss einer Nachsuche auf Rehwild mit dem ungereinigten Pansen des Stücks genossen, dürfen Sie ihm nur kleine Stücke geben. Bei einem Zuviel erbricht der Hund sonst wegen der eiweißreichen Äsung des Rehwildes.

Genossenmachen des Hundes Nach vollbrachter Arbeit reicht man dem Hund ein Stück von der gefundenen Beute und *macht* ihn so *genossen*. Dabei spielt es keine Rolle, was man dem Hund gibt. Der erfahrene Hundeführer weiß genau, was sein Hund nach einer schweren Arbeit braucht: z. B. eine Handvoll Schweiß, ein Stück Herz oder Pansen. Wichtig ist, dass der Hund etwas von der miteinander gefundenen Beute bekommt.

Arbeit mit mehreren Hunden Wie schwer eine Nachsuche werden wird, lässt sich am Anfang niemals sicher sagen, sondern nur vermuten. Wenn aber alles auf eine lange Suche hindeutet, ist es sinnvoll, mit zwei Hunden zu arbeiten. Der eine arbeitet, und der zweite wird nachgeführt. Nach einiger Zeit werden die Hunde gewechselt. Damit der nachgeführte Hund nicht mit dem arbeitenden Hund konkurriert und sich dabei verausgabt, müssen die Hunde in diese Technik auch eingearbeitet werden.

Genossenmachen des Hundes nach erfolgreicher Suche

Wechseln der Hunde in der Fährte Wenn bei einer anstrengenden Suche der arbeitende Hund sich nur noch schlecht konzentrieren kann, wird er durch den nachgeführten Hund ersetzt. Dazu wird die Suche mit „Halt!" unterbrochen, der Hund abgetragen und der zweite Hund mit „Verwundt!" geschickt.

Arbeit in Dickungen mit mehreren Hunden
Manche Dickungen sind so dicht, dass es für das Gespann zu gefährlich oder mühsam wäre, sich mit dem Riemen dort hinein zu begeben. Wenn durch Umschlagen und Vorsuche sicher ist, dass das gesuchte Stück in der Dickung steckt, können mehrere, aufeinander eingespielte Hunde mit bestimmten Techniken die Nachsuche des Stücks frei arbeitend beenden.

Fährtenprotokoll Über jede Nachsuchenarbeit sollte ein Protokoll geführt und darin natürlich auch festgehalten werden, ob die Arbeit erfolgreich oder als Fehlsuche endete. Das Gleiche gilt für Übungsfährten: Zu schnell ist vergessen, was auf der Fährte genau passierte und woran noch zu arbeiten ist.

DER HUNDEFÜHRER IN DER PRAXIS

Als Berufsjäger, langjähriger Leiter großer Reviere sowie Leiter des Jägerlehrhofs in Springe habe ich in ungezählten Nachsuchen-Lehrgängen eine sehr große Zahl an Hundeführern kennengelernt. Zwangsläufig stellt sich da die Frage, was eigentlich einen Hundeführer oder eine -führerin ausmacht und was darüber hinaus – gerade in der heutigen Zeit – wohl einen *guten* Hundeführer auszeichnet.

PERSONELLE ANFORDERUNGEN

Die Nachsuchenarbeit stellt einige besondere Anforderungen an den Hundeführer im Umgang mit sich selbst und dem Hund.

SACHLICHE VORAUSSETZUNGEN

Vom gesamten Berufsbild her ist sicher der Berufsjäger geradezu prädestiniert, als Nachsuchenführer eingesetzt zu werden. Insbesondere am Jägerlehrhof in Springe haben wir immer einen der Schwerpunkte in der Ausbildung auf das Führen von Hunden auf der Fährte gelegt. Leider werden diese Kenntnisse, Erfahrungen und das spezielle Wissen später in Privatrevieren nicht mehr intensiv genutzt, da nicht selten andere Aufgaben Vorrang haben. Sachverstand speist sich jedoch allein aus aktiver Praxis. Hundeführer aus anderen Berufssparten sind nicht generell ungeeigneter für die Nachsuchenarbeit, haben aber oft deutlich weniger Zeit dafür.

Die jagdlichen Kenntnisse jedes Nachsuchenführers müssen umfassend sein – und das am besten auf allen Gebieten der Jagd, z. B. der Hochgebirgsjagd, der Jagd im Mittelgebirge und in Hochwildrevieren im Flachland. Überall dort sollte er idealerweise auch mit Hunden Erfahrungen gemacht haben. Überdies sollten er oder sie eigene Hunde auf Prüfungen unterschiedlicher Art geführt haben. Ergänzend zu den eigenen Erfahrungen sollte sich jeder Hundeführer und jede -führerin bei guten Ausbildern, in Lehrgängen und im Jagdbetrieb ausbilden lassen und dort die Rote Arbeit erlernen und praktisch ausführen. Die spezifischen Techniken der Nachsuchenarbeit mit dem Hund können bei Lehrgängen und in der Praxis sowie in Selbstarbeit im Revier erworben werden.

Ein geeigneter Nachsuchenführer muss eine Reihe von Voraussetzungen mitbringen.

Frauen stehen ihren männlichen Kollegen hinsichtlich Ausbildung, Biss und Motivation in nichts nach!

Den Bereich der Gesetzeskunde sollte man im Selbststudium festigen. Dieser Bereich wird oft geradezu sträflich vernachlässigt!

PERSÖNLICHE VORAUSSETZUNGEN

Eine der wichtigsten Eigenschaften für beide Teile des Gespanns ist der „Biss". Dieser sollte angewölft sein, denn man kann ihn nur schwer erlernen. „Biss haben" heißt, nicht aufzugeben und bereit zu sein, einer Fährte auch bei schwerster Belastung zu folgen, z. B. sie am Abend abzubrechen und ihr auch am nächsten Tag noch weiter nachzuhängen. Motivation und „detektivischer Spürsinn" sind unerlässlich – damit kann man sich selbst immer wieder „auf die Läufe bringen" und sich fordern, auch schwere Arbeiten zu leisten. Ohne Nervenstärke geht bei der Roten Arbeit gar nichts. Ruhe und einen „kühlen Kopf" bewahren, auch die Aufgabe als Jagdleiter kompetent übernehmen und Misserfolge konstruktiv verkraften zu können, gehört dazu. Gerade wenn Nachsuchen mit der Waffe beendet werden müssen, treten unerwartete Situationen oft sehr plötzlich auf, die starke Nerven fordern. Eine solide Grundausbildung an der Waffe ist hier Voraussetzung. Die persönliche Tagesform kann über den Erfolg einer Arbeit entscheiden! Sie sollte ausgeglichen sein, damit noch Reserven für evtl. Notsituationen zur Verfügung stehen.

PHYSISCHE VORAUSSETZUNGEN

Körperliche Kondition, Stärke und Ausdauer lassen sich mit sportlichem Training aufbauen und erhalten – das geht auch bis in höhere Alter. Allerdings sollte jeder Nachsuchenführer so ehrlich zu sich selbst sein, dass er bei deutlich nachlassender körperlicher Fitness und Durchhaltevermögen kürzertritt – es darf nicht vorkommen, dass das Gespann sich mangels Trainingsstand bei zu schweren Aufgaben in Gefahr bringt oder die erforderlichen Leistungen nicht bewältigt.
Interessierte Frauen haben sich dank ihres Engagements in der jagdlichen Hundearbeit und als Berufsjägerinnen in den letzten Jahren auch im Nachsuchenbereich vielfach etabliert. Sie stehen ihren männlichen Kollegen hinsichtlich Ausbildung, Biss und Motivation sicher in nichts nach. Allerdings haben leichter gebaute Frauen naturgemäß nicht die körperlichen Kräfte eines Mannes, was sich nur zum Teil mit Durchhaltewillen kompensieren lässt. Auch bringen nicht alle Frauen von sich aus die notwendige „Kaltblütigkeit" und Reaktionsbereitschaft gerade in gefährlichen Situationen mit starkem Wild mit. Wichtig hier wie überall: Wer seine Grenzen kennt, kann innerhalb dieser optimale Leistungen bringen – das gilt für beide Geschlechter.

BERUF UND PRIVATLEBEN

Ganz klar muss man trennen zwischen der Jagd als Beruf und der Jagd als (Neben)Berufung. Für den Berufsjäger wird sich „alles“ seinem Beruf unterordnen. Solcherart passionierte Hundeführer sind selten und überdies schwer zu halten. Der Jäger und die Jägerin aus Berufung stehen immer wieder vor der schwierigen Entscheidung, Verzicht zu üben: entweder auf der beruflichen Seite oder auf der Seite der Hundearbeit. Je nach Arbeitgeber kann das durchaus zu Problemen führen. Der Freiberufler kann sich zwar seine Zeit leichter einteilen, verzichtet dann aber ggf. auf Einnahmen.

Das Privatleben ist für jeden Hundeführer schwierig im Gleichgewicht zu halten – erst recht, wenn er so unvorhersehbar zu Nachsuchen gerufen wird. Dabei spielt die Familie für jedes Gespann eine enorm wichtige Rolle! Dort findet der Hundeführer Geborgenheit und Ruhe und der Hund das Umfeld, das er zur Entspannung und zum Aufbau neuer Kräfte für den nächsten Einsatz braucht. Jagdbegeisterte Familien sind da klar im Vorteil – wenn Partnerin oder Partner die Passion nicht teilen oder zumindest verstehen und mittragen, wird es Probleme geben.

SELBSTEINSCHÄTZUNGS-VERMÖGEN

Immer wieder habe ich festgestellt, dass besonders junge und hochmotivierte Führer mit großer Passion tief frustriert und geradezu zu Tode betrübt waren, wenn sie eine Arbeit trotz aller Mühen nicht zu Ende bringen konnten.

Wenn man sich näher mit den vermutlichen Ursachen beschäftigt, kommt man meist darauf, dass nicht der Hund an allem schuld ist, sondern es am Führer lag, wenn eine Suche nicht erfolgreich war. Meist sind es kleine Fehler, die man nicht erkannt hat und die durchaus im „Ego“ begründet sein können – und schon ist der „rote Faden“ unterbrochen. Um diese Problematik zu veranschaulichen und gegen sie angehen zu können, macht es Sinn, jede Arbeit gewissenhaft nachzubereiten. Wo hat der Fehler gelegen, wenn man nicht ans Stück gelangt ist? Was hätte besser laufen können? Fehler sollte man möglichst nicht zweimal machen!

Das unten abgebildete Gewissensregal ist als Gedankenstütze gedacht: Man sucht sich das Fach, in das die jeweilige Arbeit hineinpasst. Von links nach rechts läuft der gedachte Verlauf einer Suche: vom Anschuss am An-

☞ GEWISSENSREGAL

NACH WILDMEISTER H.J. BORNGRÄBER

						Ziel: Krankes Wild zur Strecke zu bekommen
					Profi? Berufsjäger?	
	Schwierigkeiten im Beruf und in der Ehe		Gesundheit und Alter des Führers	Vertrauen vom Revierinhaber und Jäger ist noch nicht da		
	Anfänger, jeder einmal					Junger Führer, alter Hund
Anfang der Suche						

fang (auf der untersten Ebene), der Strecke auf der Fährte bis um Ziel, dem Stück (auf der obersten Ebene). Dazwischen liegen drei Ebenen: Auf der einen geht es um die praktische Arbeit und die – hoffentlich richtigen – Kenntnisse; die zweite beschäftigt sich mit den fast nie in Betracht gezogenen Problemen im Zusammenhang mit sich selbst, und die letzte betrifft den Grad der Professionalisierung des Hundeführers.

In der Darstellung sind nur einige Faktoren aufgezählt, die den Verlauf einer Suche stark beeinflussen können. Einige seien hier beispielhaft:

— Ein Anfänger ist falsch in die Schweißarbeit eingeführt mit „Tupfen und Spritzen" und der Hund kennt echte Fährten nicht: Damit weiß der Führer dann nichts anzufangen und kommt kaum über den Anfang der Fährte hinaus.

— Es gibt Probleme in der Familie: Sensible Führer können damit schwer belastet und deshalb unkonzentriert sein – schon wird etwas übersehen oder falsch eingeschätzt, der Faden ist gerissen, und es geht nicht weiter auf der Fährte.

— Gesundheit und Alter spielen eine Rolle und können dazu führen, dass eine Suche zu früh beendet wird mit dem frommen Wunsch, das Stück habe „nichts" – tatsächlich sind die eigenen Muskelschmerzen und Atemnot das Problem.

— Eine Belastung besonderer Art stellt es dar, wenn man merkt, dass der begleitende Schütze oder Jagdherr kein Vertrauen in das Gespann hat. Das verunsichert, und Fehler sind dann zwangsläufig. Meist führen sie zum Abbruch der Arbeit.

— Ein Problem beim Berufsjäger kann entstehen, wenn der Dienstherr den Hund stellt, der junge Führer den Vierläufer aber nicht lesen kann, weil er ihn kaum kennt. Das Gleiche kann mit ausgebildet gekauften oder unzureichend ausgebildeten Hunden passieren – und ein wirklich ernsthaftes Problem sein.

— Auch Profis können an ihre Grenzen kommen. Durch falsche Ausbildung wird manche Arbeit in den Sand gesetzt – das müsste nicht sein!

Dies sind nur einige Punkte, die dazu führen können, dass eine Arbeit nicht zum erfolgreichen Ende kommt. Wesentlich ist es, sich und den eigenen Hund realitätsgerecht für die Rote Arbeit einzuschätzen! Fast jedes Stück Wild wäre zu bekommen, wenn die Hundeführer ihr Handwerk bis in die Tiefen verstünden und umsetzten, und wenn sie sich durch gründliche Nacharbeitung einer Fährte selbst besser einzuschätzen lernten.

Für uns persönlich zählt es darüber hinaus zu den wertvollen Eigenschaften eines Hundeführers, wenn er oder sie bereit ist, ihr Wissen und ihre Fähigkeiten in Lehrgängen oder Vorträgen weiterzugeben.

AUSRÜSTUNG DES HUNDEFÜHRERS

GRUNDSÄTZLICHES ZUR BEKLEIDUNG

Ausrüstung inklusive Bekleidung des Nachsuchenführers und der -führerin bestehen aus einem Grundausstattungsteil, das immer dabei ist (Hund, Leine, Waffen, Schnitthaarbuch etc.), und einem Teil, der variabel dem Gelände und der herrschenden Witterung angepasst wird. Sucht man viel im Hochgebirge nach, werden die Kleidung und Ausrüstung neben den normalen Anforderungen auch noch dem Gebirge gerecht werden müssen. Im Sommer wird man unter dem dornenfesten Anzug weniger wärmende Funktions-Kleidung tragen als im Winter. Wichtig bei der Ausrüstung ist, dass sie einem ermöglicht, ohne Angst vor Verletzungen durch Dornen dem Hund durch Schlehen, Brombeeren, Brennnesseln und andere Widernisse zu folgen, in denen sich bekanntlich das Wild gerne versteckt. Andernfalls ist man zu früh versucht, den Hund zu schnallen, um die Di-

Checkliste

AUSRÜSTUNG DES HUNDEFÜHRERS

- ☐ Hund
- ☐ Schweißriemen (10 m lang), Schweißhalsung
- ☐ Warnhalsung, Schutzweste
- ☐ Bewaffnung (Gewehr, Kurzwaffe, Kalte Waffe, Munition)
- ☐ Nachsuchen-Anzug
- ☐ Brille und Mütze
- ☐ Feste Handschuhe
- ☐ Richtiges Schuhwerk
- ☐ Lupe, Pinzette, kleines Messer, Papiertaschentücher
- ☐ Schnitthaarbuch für die zu suchende Wildart
- ☐ Jagdhorn
- ☐ ggf. Telemetriesysteme
- ☐ Getränke für Hund und Führer, Traubenzucker-Gel

ckung nicht durchkriechen zu müssen. Der Hund ist aber nicht dazu da, Ausrüstungsmängel des Führers auszugleichen.

NACHSUCHEN-ANZUG

Der Nachsuchen-Anzug muss nicht der letzte modische Schrei sein. Er sollte funktionell beschaffen sein, robust sowie lange wasserabweisend. Vorteilhaft sind viele Taschen, die man mittels kräftiger Reißverschlüsse oder großer Knöpfe verschließen kann. Weite Hosenbeine geben Bewegungsfreiheit an den Knien. Im Schritt sowie am Gesäß hat sich bei traditioneller Bekleidung aufgenähtes Leder bestens bewährt. Wer viel hinter Sauen nachsucht, mag schwere Wachsjacken aus England schätzen. Bei richtiger Pflege – einölen mit Wachs oder Spray – sind sie zwar schwer, aber in Dornenverhauen unschlagbar, weil dornendicht und wasserabweisend. Nach einigen unerfreulichen Erlebnissen mit Abstellschützen, die mich als anwechselndes Stück Schwarzwild ansprachen, ließ ich mir schon weit vor Einführung der heute üblichen Sicherheitskleidung auf die Ärmel sowie

Moderner Nachsuchen-Anzug: bunt, aber unübersehbar und vor allem funktional

auf den Rücken meiner Nachsuchenjacke breite rote Leuchtstreifen nähen– mit bestem Erfolg.
Seit einigen Jahren gibt es Nachsuchenführer-Bekleidung, die durch Gewebe aus dem Fechtsport stichfest und besonders abriebstabil ist. Sie ist wesentlich leichter als die früheren Materialien, zwar nicht 100 %ig wasserdicht, aber dafür atmungsaktiv. Inzwischen ist die Auswahl – endlich auch in Damengrößen – relativ gut. Diese Anzüge sind alle per se in Leuchtfarben gehalten und von der Ausstattung den Bedürfnissen der Nachsuchenführer angepasst.

MÜTZE UND BRILLE

Eine Kopfbedeckung sollte man unbedingt tragen: Sie schützt vor Wetter sowie vor manchem Ast, dem man nicht ausweichen kann. Die Wahl des Fabrikates ist jedem selbst überlassen. Heutige Nachsuchenführer tragen vielfach einen Schutzhelm mit vor die Augen klappbarem Schutzgitter, ich selbst begnüge mich mit meiner Dienstmütze, um die ich noch eine Warnhalsung befestigt habe. Jeder hat andere Vorlieben.
Zur Ausrüstung gehört eine Schutzbrille mit Nackenband, wie sie in der Forstwirtschaft getragen wird. Brillengläser haben sich nicht bewährt. Sie beschlagen durch den schwitzenden Führer und beeinträchtigen sein Sehfeld. Ein feinmaschiges, stabiles Gitter, wie an Waldarbeiterhelmen üblich, ist da oft besser. Schutzbrillen aus dem Schießsport haben allerdings den Vorteil, die Augen auch seitlich vor gefährlichen Ästchen zu schützen. Schutzbrillen sollten leicht im Nachsuchenanzug zu verstauen sein.

HANDSCHUHE

Wer einmal ohne Handschuhe, vielleicht auch „nur hinter einem Rehbock“, in Brombeeren unterwegs war, weiß diese fortan zu schätzen. Auch für einen verletzungsfreien Griff am Riemen beim temperamentvollen oder heftig anziehenden Hund sind Handschuhe unentbehrlich – ein in hohem Tempo durchrutschender Riemen kann sehr schmerzhafte, regelrechte Verbrennungsschürfungen hinterlassen.
Hier hält der Markt genügend Modelle an mehr oder weniger dornenfesten Arbeitshandschuhen oder solchen aus dem Polizei- und Waldarbeiterbereich bereit. Auch Damengrößen sind inzwischen gut erhältlich. Die Handschuhe sollten fest und derb sein und nach dem Trocknen nicht so hart werden, dass man nicht mehr hineinkommt. Im Winter müssen sie wasserfester und wärmer sein als im Sommer. Nach vermutlich einigen negativen Erfahrungen wird sicher jeder den richtigen Handschuh finden.
Legen Sie sich dann gleich einen Vorrat an, denn vom freudigen Verbeißen durch den jungen Hund über das Liegenlassen auf dem Autodach bis zum allgemeinen Verschleiß wird es oft nötig, darauf zurückzugreifen. Ich selbst konnte anfangs nicht glauben, dass man im Jahr bis zu zehn Paar Handschuhe verbrauchen kann.

SCHUHWERK

Die Wahl des Schuhwerks hängt in den meisten Fällen vom Gelände oder von der Erfahrung des Führers ab. Bei festem, felsigem und steilem Untergrund haben sich nicht zu flache feste Berg- oder Waldarbeiterstiefel bewährt. Gerade bei Schwarzwild- und Rotwild-Nachsuchen, bei denen man fast immer in nasses, sumpfiges Gelände geraten kann, sind wasserfeste Materialien oder hohe Gummistiefel von Vorteil. Es ist nicht immer leicht zu entscheiden, welchen Schuh man wählt, und man muss mit beiden Schuharten arbeiten können.

KOMMUNIKATIONSMITTEL UND KARTEN

In Zeiten der Mobiltelefonie verlassen sich viele zu schnell auf die moderne Technik. Das kann fatale Folgen haben, denn man muss nur in einem tiefen Siefen stecken, um zu erkennen, dass der Empfang unmöglich ist.

Akkus sind schneller leer, als man denkt, und bei Regen ist schon manches Mobiltelefon ohne wasserdichte Hülle (aus dem Taucherbedarf) „abgesoffen".
Nachsuchen sollten natürlich grundsätzlich nicht allein gemacht werden, da die Gefahr von Verletzung und Überforderung viel zu groß ist. Wer keinen Revierkundigen mitnehmen kann, braucht eine zuverlässige Möglichkeit zur Orientierung im Gelände, am besten eine topografische Karte. Wer diese nicht lesen kann, muss es lernen, bevor er sich einem fremden Gelände aussetzt. Funkgeräte sind manchmal da hilfreich, wo der Mobilempfang nicht funktioniert. In den Bergen gehört ein Leuchtsignal in den Rucksack. In jedem Fall gilt: Auf technische Mittel ist erst in zweiter Linie Verlass!

TELEMETRIESYSTEME UND KAMERAS

Die moderne Technik hat längst bei uns in dem Bereich der Nachsuche Einzug gehalten. Jeder Sender, der am Hals eines Hundes befestigt ist, kann für den Hund allerdings genauso zur Gefahr werden wie eine festsitzende Warnhalsung. Wird die Halsung so gestaltet, dass der Hund sie abreißt, wenn er festhängt, muss der Führer die Halsung suchen. Unter Umständen geht der Nachsuchenführer während der Hetze den verlorenen Sender an, und der Hund steht weitab allein vor dem sich stellenden Stück.
Es ist immer eine gefährliche Sache, sich zu stark auf die Technik zu verlassen. Die Versuchung, sich mit diesen „Männerspielzeugen" zu stark zu befassen, ist groß, denn der Markt bietet tatsächlich interessante Systeme, die sich z. B. auch zu Dokumentationszwecken mit dem Computer verbinden lassen. Allerdings wird im Vertrauen darauf, den Hund mit dem Sender schon wiederzufinden, sehr leicht die Ausbildung der Hunde vernachlässigt. Auch vertrauen die Hundeführer schnell nur auf ihr Sendegerät und starren darauf, anstatt ihre Sinne zu schulen und auf die Umgebung zu achten. Am sichersten wären Systeme, die sich – einem Identifikations-Chip vergleichbar – dem Hund implantieren lassen, denn die kann er nicht verlieren. Doch das erlaubt bei uns der Tierschutz nicht.
Der Einsatz von Kameras am Hund oder am Helm des Nachsuchenführers dient oft genug allein der Neugierde und dem Darstellungsbedürfnis in den Medien, als in irgendeiner Weise eine echte Bereicherung bei der Nachsuchenarbeit zu sein. Die filmische Dokumentation von Übungsfährten durch Dritte zum Zweck der Lehrvorführung allerdings ist eine ganz andere Sache und enorm hilfreich.

ERSTE-HILFE-SET

Sinn der Erste-Hilfe-Tasche „am Mann" ist, die Versorgung bis zum Transport zum Fahrzeug für den verletzen Menschen oder Hund sicherzustellen. Im Fahrzeug sollte sich eine weitere Tasche mit mehr Materialien, z. B. Verbandsmaterial, Infusionen, Desinfektionsmittel, einem Klammergerät etc. befinden, die eine weitere Erstversorgung für den

---

Checkliste

INHALT ERSTE-HILFE-SET „AM MANN"

- ☐ Maulschlinge, Zucker-Gel in der Tube
- ☐ Rettungsdecke, Handschuhe, Lesebrille, Schere
- ☐ Arterienklemmen (mehrere!)
- ☐ Frischhaltefolie zum Umwickeln bei Brustkorb- oder offenen Bauchverletzungen
- ☐ Sterile und unsterile Kompressen, Verband, elastischer, selbsthaftender Wickel
- ☐ Ggf. Venenzugänge, sterile Injektionsnadeln
- ☐ Panzerband, Pflasterrolle, Einmalpflaster, Sicherheitsnadeln
- ☐ Telefonnummern von Arzt, Tierarzt und Jagdleitung
- ☐ Notizzettel, Stift, Plastikhülle

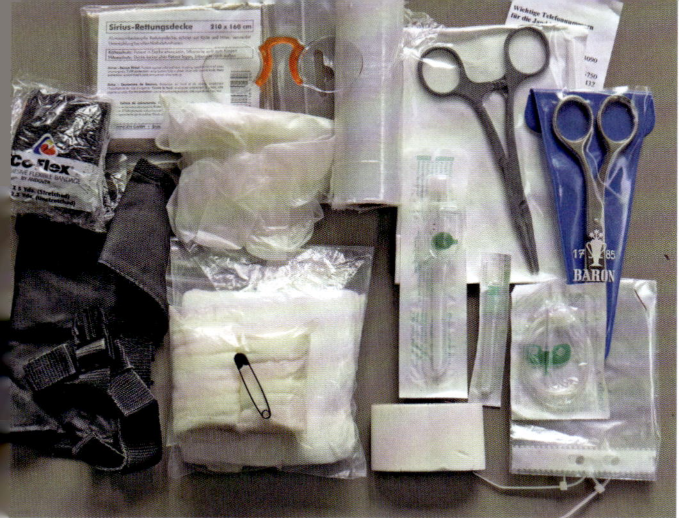

01

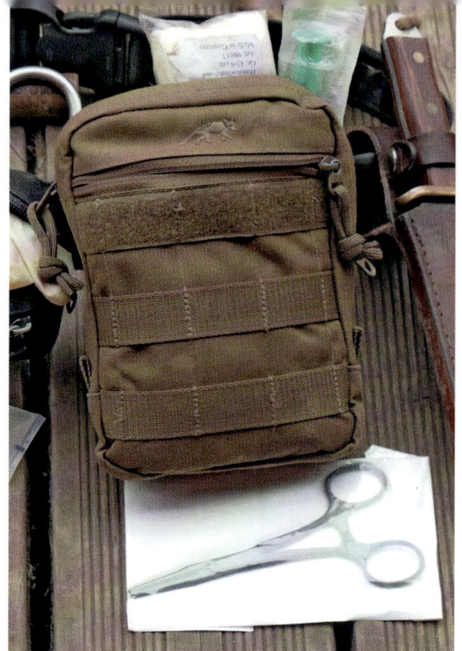

02

03

01 *Alles, was zur Akutversorgung von Hund und Mensch nötig werden kann …*

02 *… sollte auf der Nachsuche in einem kleinen Erste-Hilfe-Set mitgeführt werden.*

03 *Der Nachsuchengürtel entlastet Jacken- und Hosentaschen.*

Transport zum Arzt oder Tierarzt ermöglichen. Reduktion auf das Wesentliche ist also die Leitlinie.

Die größten akuten Gefahren entstehen durch Blutungen, offene Bauchverletzungen, Brustkorb- oder Knochen- und Gelenkverletzungen. Atmung und Herz-Kreislauf-System müssen stabil gehalten werden, evtl. austretendes Gedärm feucht mit Folie bedeckt, die Lunge bei Perforation gegen Zusammenbrechen geschützt und grobe Verschmutzung als Vorbeugung gegen Infektionen verhindert werden.

KLEINE HELFER

Der Nachsuchenführer braucht im Laufe einer Nachsuche immer wieder verschiedene kleine Utensilien: Lupe, Pinzette, ein kleines Messer und Papiertaschentücher, um nur einige zu nennen.

Lupe Mit einem solchen Vergrößerungsglas können Risshaare, Schnitthaare, Knochen-

VERWEISERPUNKT

Auch der Einsatz einer Lupe will gelernt sein! Um die optimale Leistung aus diesem Vergrößerungsglas herauszuholen, müssen die Lupe ganz dicht vor das Auge und das zu betrachtende Objekt wiederum ganz dicht vor die Lupe gehalten werden.

splitter und Unterwolle richtig eingeordnet werden. Hier genügt ein kleines Modell, das sich in eine Lederscheide einschieben lässt. Etwas aufwändigere Modelle bietet der Optiker für Botaniker zur Pflanzenbestimmung an. Gut geeignet für die Nachsuche sind auch die sogenannten Fadenzähler.

Pinzette Mit diesem Instrument kann man z. B Haarbüschel auf einem Papiertaschentuch zurechtrücken, aber auch den Hund oder sich selbst von einem Dorn befreien.

Papiertaschentuch Dieses Hilfsmittel lässt, wie weiter vorn erwähnt, Schweiß gerade auf Nadelstreu sichtbar werden. Einfach über den Boden getupft, färbt sich das weiße Taschentuch sofort rot. Ist der Schweiß schon angetrocknet, wird das Taschentuch angefeuchtet. Dann löst es den Schweiß erst an und färbt sich dann rot.

Kleines Messer Dieser Gegenstand gehört auch zum kleinen Besteck des Nachsuchenführers. Es sollte immer in einem Plastikbeutel in der Innentasche seines Anzuges getragen werden.

SCHNITTHAARBUCH

Ein Schnitthaarbuch ist gerade für den jungen Führer einer der wichtigsten Ausrüstungsgegenstände, die er dabei haben sollte. Daher ist der Anlage einer Schnitthaarsammlung in diesem Buch ein eigenes Kapitel (s. S. 51) gewidmet. Jeder Nachsuchenführer sollte sich Schnitthaarsammlungen von den verschiedensten Wildarten anlegen, auch wenn er meint, niemals auf diese Wildarten nachsuchen zu müssen. Wenn er es nicht benötigt, so hat es ihn zumindest weitergebildet.
In einer der vielen Taschen des Nachsuchen-Anzuges habe ich noch heute das kleine Schnitthaarbuch, und es hilft mir immer wieder zur schnelleren Diagnose am Anschuss. Schnitthaarbücher sollten klein, handlich, robust und klar in ihrem Aufbau sein. Am wichtigsten ist aber, dass sie der rauen Behandlung bei schlechtem Wetter standhalten.

DER NACHSUCHENGÜRTEL

Im Polizeibedarf gibt es robuste Kunststoffgürtel, die man mit variablen Täschchen, der Erste-Hilfe-Tasche und dem Abfangmesser, ausstatten kann. Er wird über der Jacke getragen. Die grobe Schließe und die Reißverschlüsse der Täschchen lassen sich auch mit Handschuhen leicht öffnen. So sind die Jackentaschen weitgehend leer und die Bewegungsfreiheit wird weniger eingeschränkt.

JAGDHORN

Immer wieder stelle ich mit Bestürzen fest, dass nur wenige Nachsuchenführer Jagdhorn blasen können. Bei der Nachsuche aber hat das Jagdhorn außer der Traditionspflege durchaus handfeste jagdpraktische Bedeutung. Es dient zur Verständigung zwischen Nachsuchenführer, Schützen und Hunden, wenn Funkgerät und/oder Mobiltelefon „im Funkloch“ stecken und nicht funktionieren. Der Nachsuchenführer kann mit dem Horn das Stück verblasen, somit wissen die Abstellschützen, dass das Stück zur Strecke gekommen ist. Der Nachsuchenführer kann mit dem Jägernotruf auch Hilfe herbeiholen. Dazu eignet sich auch das einfache französische Signalhorn. Sind die Hunde an das Jagdhorn gewöhnt, kommen sie – wenn geschnallt – beim Blasen zu ihrem Herrn zurück in der Hoffnung, er habe Beute gemacht. Als handliches Jagdhorn, das in jede Tasche passt, hat sich das Taschenhorn bewährt. Es ist zwar etwas schwerer zu blasen, aber mit etwas Übung klappt das allemal.

NOTRESERVEN FÜR HUND UND FÜHRER

Viele Führer staunen, wenn man sie auf dieses Thema anspricht. Es ist auch verständlich, denn auf einer prüfungsrelevanten Fährte von nur 1 000 Metern Länge wird man kaum durstig werden. Bei einer echten Nachsuche, die über viele Kilometer gehen kann, allerdings schon. Hier sollte immer Wasser mitgeführt werden (im Fahrzeug oder „am Mann"). Als Behälter haben sich Gummiwärmflaschen für Kinder bestens bewährt: Die Flasche wird, nicht ganz gefüllt, hinter das Koppel bzw. den Nachsuchengürtel mit dem Messer geschoben. Die kleine Wasserportion dient dazu, dem Hund bei trockener Witterung die Nase anzufeuchten, damit er die Nase wieder frei bekommt.

In Fünf-Liter-Kanistern kann Wasser leicht vom zweiten Mann oder auch im Fahrzeug nachgeführt werden. Gerade nach Hetzen bei hohen Temperaturen ist der Wasserverlust der Hunde enorm und kann bis zu ihrem Tode führen.

Mit etwas Wasser werden der größte Durst gelöscht und die Hundenase wieder angefeuchtet.

Für sich selbst sollten Nachsuchenführer etwas Traubenzucker mitführen. Mit einem Schluck Wasser eingenommen, bringt der schnell Energie zurück. Traubenzucker gibt es auch in kleinen Tuben als Gel, das dem Hund bei Schwächen in den Fang gegeben werden kann.

WAFFEN

Der Nachsuchenführer muss für seine Tätigkeit bewaffnet und sowohl für den Fangschuss als auch ein ggf. notwendiges Abfangen gerüstet sein.

Kalte Waffe Als „kalte" oder „blanke" Waffen gelten unter anderem Waidmesser, Hirschfänger, Waidblatt, Nicker und Saufeder. Der Nachsuchenführer braucht auf jeden Fall ein feststehendes Messer mit scharfer, robuster Klinge, das seine Schärfe einige Zeit hält und pflegeleicht ist. Es dient bei der Nachsuche in manchen Situationen dem Anzeichnen von Bäumen, Abschneiden von Ästen, Abfangen von Wild sowie dem Aufbrechen desselben – um nur einige Beispiele zu geben. Teure Messer sollten bei der Nachsuche zu Hause bleiben.

Das Messer wird außen am Anzug getragen, um es schnell zur Hand nehmen zu können.

Gewehr Je nach der Erfahrung des Führers und der nachgesuchten Wildart (Rehwild oder starker Keiler) wird man der einen oder der anderen Waffe den Vorzug geben. Wichtig ist, mit der Waffe vertraut zu sein und so den Schuss auch sicher ins Leben zu setzen. Die Langwaffe muss robust und von einem erprobten Fabrikat sein. Luxuswaffen haben bei einer Suche im Dickbusch nichts zu suchen. Die Praxis lehrt, dass ein verkürzter Karabiner Modell 98 im Kaliber 8 x 57 IS eine ideale Waffe für die Nachsuche ist. Ich habe in fast 30 Jahren Nachsuchenarbeit mit zwei Waffen eines Fabrikates alle Arbeiten – auch in schwerstem Gelände und bei schlechtem Wetter – meistern können. Das Kaliber sollte

Robuste kalte Waffen gehören mit auf die Nachsuche, denn nicht immer kann geschossen werden.

jeder Nachsuchenführer selbst bestimmen, er muss sich im Ernstfall auf das Geschoss verlassen können. Ein ideales Geschoss auf alle Wildarten wird es wahrscheinlich nicht geben – davon hat man mich bis heute noch nicht überzeugen können –, und deshalb bleibe ich bei dem Kaliber 8x57 IS mit einem Teilmantel-Rundkopf-Geschoss, solange bleihaltige Munition nicht verboten wird.

VERWEISERPUNKT

Schießen mit der Kurzwaffe ist ungleich schwieriger als mit der Langwaffe – das Geschoss auch ins Ziel zu bringen, muss daher ausreichend geübt werden. Eine 44 Magnum im Waldboden hält die Sau nicht ganz so gut auf wie eine 9 mm Luger in ihrem Hirn. Es kommt – wie immer bei der Jagd – weniger auf die Leistung der Patrone als auf die des Schützen an. Schießen Sie also mit der Munition und der Waffe, mit denen Sie sicher treffen – selbst wenn das Kaliber etwas schwächer als ideal ist.

Kurzwaffe Einen Revolver oder eine Pistole führe ich nur in wenigen Situationen, z. B. wenn eine Sau in einem Mais- oder Rapsschlag oder in Brombeeren, Schwarz- und Weißdorn steckt. Hier dient sie der Selbstverteidigung, wenn die Sau annimmt. Alle anderen Situationen kann man besser mit der Langwaffe erledigen oder beenden. Beim Kaliber der Kurzwaffe sollte man das stärkste Kaliber wählen, das man noch problemlos beherrschen kann. Die Erfahrung zeigt, dass das untere Ende der für die Nachsuche geeigneten Kurzwaffenkaliber die .357 Magnum darstellt.

AUSRÜSTUNG DES SCHWEISSHUNDES

Dass zu einer Nachsuche der Hund gehört, dürfte jedem klar sein. Ob er den Hund einer

Rasse führt, die die anfallende Arbeit auch leisten kann und ob der Hund richtig und ausreichend für die anstehende Arbeit ausgebildet oder vielleicht noch zu jung ist, kann nur der Führer entscheiden. Denken Sie aber bitte immer daran: Eine falsche Entscheidung kann den Hund das Leben kosten und dem Wild viel Leid bescheren.

SCHWEISSRIEMEN

Wichtig bei der Wahl des Riemens ist, die Konstitution des Hundes zu beachten. Der Riemen soll den Hund führen und ihm helfen. Er wird lang ausgeworfen und schleift die ganze Zeit hinter dem Hund her. Ist der Riemen zu leicht, dann zieht der Hund zu schnell, und das freie Ende des Riemens „hüpft" über die Erde. Dabei kann es sich leicht verheddern, sodass der Hund schlagartig angehalten wird, der Führer zurück und den Hund befreien muss. Noch schlimmer ist es, wenn der Schweißriemen dem Führer aus der Hand gleitet oder reißt – bei mehrteiligen Lederriemen geschieht das gar nicht selten. Der Hund läuft dann auf und davon, bis sich der Riemen irgendwo verfängt und der Hund festhängt. Da Sie ihm in mühevoller Arbeit hoffentlich beigebracht haben, dass er den Riemen nicht durchbeißen kann und darf, wird der Hund sitzenbleiben, bis er abgeholt wird – wenn Sie ihn denn finden. Ansonsten fressen ihn die Sauen ...

Früher führten alle den ledernen Schweißriemen oder im Gebirge das Hängeseil, und auch heute noch gibt es Führer sowie Richter auf Prüfungen, die dem Lederriemen aus Tradition den Vorzug geben. Die Erfahrung sowie die Erprobung von einigen Dutzend Fabrikaten und Eigenkonstruktionen haben mir gezeigt, dass eine rote Longe bzw. ein Jalousiegurt für diese Arbeit das Beste ist.

Kunststoffriemen Der Riemen aus Kunststoff ist pflegeleicht, handlich, reißfest, leicht zu sehen und lässt sich beim Üben mit dem Hund sowie beim harten Einsatz leicht führen. Für die Hündinnen passt der einfache rote Riemen mit zehn Metern Länge. Für die starken Rüden wird dieser einfache Riemen doppelt genäht, damit er besser auf dem Boden gleitet. Ein Meter vor Ende des Schweißriemens wird ein Knoten geschlagen. So bemerkt man, wenn man bei der Suche an das Ende des Riemens gelangt. Ein großer Vorteil der roten Kunststoffriemen ist, dass sie auf der Erde besser zu sehen sind als Lederriemen und schnell wieder gefasst werden können, sollten sie einmal aus der Hand gefallen sein.

In der Praxis haben sich rote Kunststoffriemen bestens bewährt. Sie werden nicht aufgedockt, sondern nur lose zusammengelegt.

VERWEISERPUNKT

Kunststoffschweißriemen lassen sich nicht „klassisch" aufdocken, dazu sind sie zu steif. Sie werden großzügig aufgeschossen und mit dem freien Ende verknotet. Im Einsatzfall wird dem Hund die fest mit dem Riemen verbundene Schweißhalsung über den Kopf gestreift. Wer sich der Tradition und dem „Aufdocken" eng verpflichtet fühlt, muss den Hund dagegen an einer Schweißleine aus Leder führen.

Lederriemen Schweißriemen aus Leder haben zwei Vorteile: Erstens lassen sie sich aufdocken, und zweitens laufen sie angenehmer durch die Hand – dafür rutschen sie allerdings, wenn sie nass sind. Schlechtreden muss man Lederschweißriemen nicht: Immerhin erfüllten sie über viele Jahrzehnte durchaus ihren Dienst, bevor sie in jüngerer Vergangenheit durch Kunststoffe verdrängt wurden. Die Nachteile von Lederriemen dürfen aber nicht verschwiegen werden: Fällt einem der Riemen aus der Hand, kann man ihn auf dem dunklen Waldboden kaum erkennen und ihn dementsprechend schlecht wieder aufnehmen. Leder ist ein natürliches Material und nimmt Feuchtigkeit auf: Das macht den Riemen schwerer, und nach dem Gebrauch benötigt er eine Menge Pflege und Lederfett, um wieder einsatzfähig zu werden.
Lederriemen werden entweder aus einem Stück geschnitten, wenn der Sattler weiß, wie das geht, und wenn er eine geeignete Haut dafür zur Verfügung hat. Diese Riemen aus einem Stück sind aber immer etwas gebogen, weil der Riemen als große Spirale von der Haut geschnitten wird. Außerdem ist der Zug im Leder einmal längs und einmal quer, weil „am Tier“ das Leder einmal längs zum Rücken und einmal quer geschnitten wird. Die andere Methode ist, den Riemen aus einigen Stücken zusammenzusetzen. Dabei kommt es auf die qualitativ hochwertige Ausführung der Naht an: Hat ein Fachmann daran gearbeitet, hält die Naht so lange wie das Leder. Sind Konfektionsnieten daran verarbeitet, hat der Hersteller keine Ahnung, denn Nieten halten nicht so gut wie eine anständige Naht, und sie reißen bei nassem Leder aus.

QUALITÄTSMERKMALE DES SCHWEISSRIEMENS

Vom Hängeseil des Bergjägers über den stückweise zusammengenähten Lederriemen, das Rolloband und die Longe bis hin zu manchem „Karnevals-Gerödel“ von heute war es ein langer Weg. Man kann nur staunen, mit welchen – „Schweißriemen“ genannten – Ausrüstungsgegenständen sowohl Jungführer als auch „alte Hasen“ zu den Lehrgängen erscheinen. Bei der Entwicklung eines wirklich praxistauglichen Riemens habe ich einige hundert Produkte in den Händen gehabt. Letztlich gibt es aber nur wenige Kriterien, denen ein guter Riemen genügen muss.

DER GUTE SCHWEISSRIEMEN

Ein praxistauglicher Schweißriemen muss

- 10 m Meter lang und für einen mittelgroßen Hund 2,5 cm breit sein,
- aus wasserabweisendem, griffigen, am besten hellroten Material bestehen,
- eine Lederschließe und keine Schlaufe am Ende tragen,
- schwer genug sein, um bei der Arbeit ruhig auf dem Boden liegen zu bleiben bzw. nachzuschleifen,
- so robust sein, dass man ihn bei Bedarf auch zum Transport und Bergen von Wild einsetzen kann.

DER RIEMEN ALS KOMMUNIKATIONSINSTRUMENT

Bei der Nachsuchenarbeit ist das Gespann in engem Zwiegespräch: der Hund mit seiner ganzen Körpersprache und der Führer mit Stimme und Körpersprache. Dabei dient der Riemen auch als Medium zwischen den beiden. Ein erfahrener Führer wird im Zuge der Einarbeitung seines Hundes und bei den Arbeiten in der Praxis wissen, was der Hund ihm sagt, wenn er z. B. fest im Riemen liegt und der Zug dabei stärker oder schwächer ist. Das in Kombination mit der „Sprache“ der Rute zeigt etwa, ob der Hund auf der Fährte ist oder einer Verleitung folgt. Umgekehrt kann man dem Hund über den Riemen auch eine Botschaft vermitteln. Dabei ist Einfühlungsvermögen verlangt: Am Schweißriemen wird nicht mit Leinenruck gearbeitet! Vor allem die Gebrauchshunde missverstehen dies als Korrektur oder „Halt"-Signal und kommen schnell aus dem Konzept.

EXKURS: FÜHREN DES SCHWEISSRIEMENS

Einen Schweißriemen richtig zu führen, verlangt Können, ist eine „Kunst". Bei den Berufsjägern war das gerechte Aufdocken des Schweißriemens, während der Hund an der Halsung ist, immer schon ein Prüfungsfach. Es ist und bleibt schlichtes Können, einen Hund am gerecht geführten Schweißriemen in jedem Gelände zu führen – bei jedem Wetter und ohne hängen zu bleiben – und den Hund bei seiner kraftzehrenden Arbeit nicht zu stören. Wer das beherrscht, hat in der Praxis viele Gelegenheiten, dieses Können sinnvoll einzusetzen.

Der sauber aufgedockte Lederschweißriemen (mit dazugehöriger Halsung) zeigt den Hunden, dass nicht gearbeitet wird.

Der Schweißriemen ist das Verbindungsstück zwischen Hund und Führer. Grundsätzlich wird er zur Arbeit der Länge nach ausgeworfen und so auch bei der Suche belassen. Der Riemen wird nicht in Schlaufen getragen oder während der Arbeit zu Schlaufen aufgenommen – außer bei der Vorsuche.
Zu Beginn einer Arbeit wird der Riemen voll ausgeworfen, und man steht, den Riemen haltend, kurz hinter dem Hund. Bei der Arbeit wird der Riemen niemals aus der Hand gelegt, auch nicht, um z. B. ein Hindernis zu umgehen. In dem Fall muss eine zweite Person den Hund ein Weilchen halten. Im unglücklichsten Fall ruckt nämlich der Hund genau dann an, weil er vielleicht das kranke Stück windet, und geht mitsamt Riemen ab! Das Beste, was einem dann noch passieren kann, wäre, dass er mit dem Riemen an einem Baum in nächster Nähe hängen bleibt.

Mitunter muss man bei der Nachsuche am langen Riemen zum Hund vorgreifen, wenn z. B. die Sichtverbindung zu ihm in höherem Bewuchs schlecht wird oder der Hund verweist. Dabei halten und greifen beide Hände im Wechsel am Riemen nach vorn, bis man nah genug am Hund ist. Kann der Führer in lockeren Bestand dem Hund wieder die gesamte Riemenlänge geben, lässt er den Riemen einfach durch die Hände gleiten. Damit der Riemen nicht vollständig aus der Hand gleitet, wird ca. einen Meter vor dem Ende ein Knoten geknüpft, an dem sich auch ein kräftig ziehender Hund gut halten lässt. Dieser Knoten ist klein genug, um nicht in der Bestockung hängen zu bleiben.
Eingearbeitete Hunde erkennen, welche Arbeit anliegt, schon an der Art, wie der Riemen aufgenommen und getragen wird: Der aufgedockte Riemen signalisiert dem Hund „keine Arbeit" und der locker in Schleifen aufgenommene Riemen zeigt ihm, dass eine Vorsuche ansteht. Der Hund wird dabei am kurzen Riemen geführt.

SCHWEISSHALSUNG

Wir führen die Hunde nur am aufgedockten Schweißriemen, die Halsung bleibt immer geschlossen und wird dem Hund einmal so angepasst, dass sie sich leicht über seinen Kopf streifen lässt. Schweißhalsungen müssen breit und aus festem Leder sein, sie dürfen sich nicht zusammendrücken lassen. Je stärker der Hund ist, desto breiter und steifer muss die Halsung ausfallen. Dann kann sich der Druck auf den Hals des suchenden Hundes verteilen, sodass ihm nicht die Luft abgedrückt wird. Die Kanten der Halsung sind idealerweise mit einem hochwertigen weichen Leder umnäht, damit sie nicht scheuern. Geschlossen wird die Halsung mit einer starken Schließe. Der Schweißriemen wird an einem Messingwirbel mit großer Öse an der Halsung befestigt, damit er sich nicht aufdreht. Die Halsung sollte so locker eingestellt werden, dass der Hund sich nötigenfalls selbst befreien kann, sollte er mit ihr oder dem Schweißriemen hängen bleiben.
Es gibt neben Lederhalsungen auch einige Modelle aus Kunststoff oder Leder-Kunststoff-Kombinationen. Keine von diesen hat unseren langzeitigen Erfordernissen im harten Gebrauch standhalten können, da sie alle zu weich waren. Bei starker Belastung schnüren sie dem Hund die Luft ab.

Der Hund liegt locker, aber nicht ohne Spannung im Riemen.

Für eine ganz saubere Einarbeitung kann ein Trick aus der Polizeihundearbeit helfen: An zwei Riemen geführt, können der Hund besser geleitet und ein Bögeln verhindert werden.

HALSUNG, WIRBEL UND VERARBEITUNG

Wichtig ist eine Lederscheibe zwischen Halsung und Wirbel. Sie gewährleistet, dass sich die Öse gleichmäßig dreht. Weiterhin muss unter die Halsung eine Kupferplatte gelegt werden, die dann von oben mit dem Wirbel vernietet wird. Immer wieder sehe ich, dass die vier Nieten, wohl aus Kostengründen, nur durch das Halsungsleder gestoßen sind. Das aber hält aber nicht richtig. Bei schlecht verarbeiteter Halsung kann der Wirbel aus dem Leder reißen, sodass der Hund unkontrolliert mit der Halsung abgeht.

NACHSUCHENGESCHIRR

Einige Nachsuchenführer führen ihre Hunde mit Geschirr, um bei dauerhaft starkem Zug des Hundes Halswirbelsäulenverletzungen und vorzeitigem Verschleiß vorzubeugen. Für einen sehr temperamentvollen Hund kann es tatsächlich hilfreich sein, weniger Zug am

01

02

03

01 Der Vergleich zeigt: Bei gleichermaßen beweglichem Wirbel hat der Hund im Geschirr mehr Kopffreiheit.

02 Warnhalsungen stellen ein Risiko dar, wenn sich der Hund nicht von ihnen befreien kann.

03 Ortungssysteme gehören heute fast schon dazu. Mit den Aufzeichnungen muss man sich allerdings auch beschäftigen!

Hals zu haben – vor allem, wenn das seine Atmung und die Kopfbeweglichkeit einschränkt. Ein Geschirr verteilt den Zug auf Brust und Rücken.
Besser wäre allerdings, den Hund zu langsamerem Arbeiten zu erziehen. Manche Geschirre lassen sich nur mit Mühe öffnen, was beim Schnallen zu einer Hetze große Nachteile haben kann.

WARNHALSUNG

Die Warnhalsung ist eine Erfindung, die für mehr Sicherheit im Jagdbetrieb sorgen soll.

Das leuchtend rote oder gelbe Halsband soll den Schützen das Erkennen der Hunde erleichtern. Einen Vorteil haben die reflektierenden Bänder allemal: Die Hunde lassen sich bei Dunkelheit leichter wiederfinden, weil die Reflektorstreifen der Signalhalsbänder im Scheinwerfer- oder Taschenlampenlicht aufleuchten.
Inzwischen konnte ich gute bis sehr schlechte Erfahrungen mit Warnhalsungen sammeln. So wurde z. B. ein schwerer Schweißhundrüde von 36 kg von einer annehmenden Sau schwer geschlagen, weil er mit der Warnhalsung in sperrigen Fichtenwipfeln hängen geblieben war und sich nicht befreien konnte. Daher halte ich einen leicht zu öffnenden Verschluss bei den Warnhalsungen für ein Muss.
Warnhalsungen mit Klettverschlüssen sind sicherlich die besten, wenn der schließende Teil nicht länger als ein bis zwei Zentimeter ist und eine Selbstbefreiung des Hundes möglich ist. Das Risiko, dass sich der Hund bei einer Hetze die Halsung an kleinsten Hindernissen abreißt und so eine Menge Halsungen pro Jahr verloren gehen, muss in Kauf genommen werden. Signalhalsungen aus elastischem Gummimaterial dagegen sitzen meist so fest, dass der Hund sie nicht einfach über den Kopf streifen kann.
Die Warnhalsung sollte jedenfalls mit so großen Buchstaben und der Telefonnummer beschriftet oder bestickt sein, dass die Informationen auch aus einiger Entfernung gelesen werden können, wenn sich der Hund etwa wegen einer Verletzung oder am Stück von Fremden nicht anfassen lässt.

TELEMETRIE

Moderne Ortungsgeräte nutzen Satelliten, um den Standort des Empfängers mit dem des Senders zu verbinden. So überzeugend ihr Einsatz auf den ersten Blick wirkt, sind diese Geräte auch störanfällig, z. B. bei einer starken Wolkendecke, Geländeschwierigkeiten oder schwachem Akku. Geht alles glatt, kann der hetzende Hund allerdings auf dem Empfängergerät während der gesamten Strecke verfolgt werden. Solange der Hund das Halsband nicht verliert, kann man ihn dann in jedem Fall orten. Der Weg wird vom Gerät aufgezeichnet und meist gespeichert. Manche Geräte lassen sich später auf dem Computer auslesen, und so können die Aufzeichnungen zur Dokumentation genutzt werden.
Das gilt natürlich auch für Übungsfährten. Man sollte jedoch nicht vergessen, dass die elektronische Dokumentation dazu verleitet, die Arbeiten einfach nur zu archivieren und nicht mehr wirklich durchzuarbeiten. Macht man diese Arbeitsschritte traditionell mit Karte, Bleistift und Papier, durchdenkt man beim Aufzeichnen sowohl die Übungsfährte als auch die tatsächlich vom Hund gearbeitete Arbeitsstrecke genauer.
Wird der arbeitende Hund mit Telemetrie-Gerät geführt, kann die Nachsuchenhalsung zuerst angelegt werden – der Druck auf den Hals des Hundes ist durch die doppelten Halsungen recht stark. Beim Schnallen muss die Halsung dann allerdings über das Sendegerät geschoben werden. Ist der Hund mit einer Sicherheitsweste ausgestattet, wird das Halsband unter deren Halsteil getragen.

NACHSUCHEN-PROTOKOLL

Um die Leistungen der Hunde jedes Jahr genau nachweisen zu können, erstellen wir Nachsuchenberichte. In diesen knapp und straff gehaltenen Protokollen werden die wichtigsten Daten notiert (ein Beispiel gibt Seite 316 wieder). Einem Außenstehenden zeigen sie nur, um welches Stück es sich handelt, zu welcher Zeit es beschossen und wann gefunden wurde. Nur dem vertrauten Nachsuchenführer zeigen diese kurzen Sätze und Daten, welche Dramatik und Leistung hinter jeder einzelnen Arbeit steckt und welcher Wert an Wildbret vor dem Verludern bewahrt worden ist, ganz abgesehen von der „Kreatur", die nun nicht mehr zu leiden braucht.

NACHSUCHENBERICHT – Leistungsnachweis Nr. XY

Name des Hunde: Herbert (Heinrich) v. Düsterntal, gew. 16.11.2008, DGStB-Nr. 63476
Eigentümer: André Karger
Führerin: Ingeborg Lackinger Karger

2. Führer: André Karger mit Beihund Alano v. Feuerbach (mit Tracker)
Zeugen: ....

Datum der Nachsuche: 2. Mai 2015/**Beginn und Ende:** 10.00 h–10.40 h

Jagdbezirk: ....
Wildart: Rehbock
Witterung: warm, trocken

Anschuss, Datum, Uhrzeit, Bemerkungen: Im Rahmen einer Ansitzjagd war ein auf einer Schneise verharrender, bis auf wenige Grashalme frei stehender Bock auf 150 m Entfernung auf die rechte Kammerseite beschossen worden. Im Schuss sprang der Bock in den mit hohem Gras bewachsenen Bestand ab. Als der Schütze nach 20 Minuten zum Anschuss ging, sprang der Bock wie unverletzt in den angrenzenden dichten Bestand ab. Am Anschuss fanden sich viel arterieller und venöser Schweiß, versprüht und abgetropft, sowie reichlich Risshaar vom Stich. Es bestand Verdacht auf einen gedeckten unvollständigen Kammerschuss – ein Laufschuss schien auch wegen der anscheinend uneingeschränkten Beweglichkeit des Stücks unwahrscheinlich. Drei Stunden später angesetzt, arbeitete der Hund sofort sicher in den Bestand in die Richtung des abgesprungenen Stücks voraus. Es ging durch wechselnden Bestand. Regelmäßig fand sich reichlich abgetropfter Schweiß (zu lange Strecke für Laufschuss), und insgesamt vier Wundbetten wurden von den Hunde verwiesen. Beim vorletzten Wundbett wurde deutlich, dass das Stück vor dem Hund zog: Er nahm die Nase hoch und wollte geschnallt werden, ebenso der Beihund. Beide Hunde wurden gleichzeitig geschnallt und gingen laut auf die Fährte. Unmittelbar darauf war ein Klagen in den Buchenrauschen zu hören, bald aber wieder der Laut der Hunde und dann herrschte Stille. Der Tracker zeigte, dass die Bail nach 200 m zum Stehen gekommen war. Die Führer liefen hinzu und fanden die Hunde am Bock. Der Beihund hatte das Stück mit Drosselgriff abgetan, der Riemenarbeiter hielt noch an der Keule.

Alter der Fährte: 3 Std. – **Länge der Riemenarbeit:** 1 200 m
Pirschzeichen: s. o. – **Wundbetten:** vier
Länge/ Hatz: 200 m, ca. 1 min. – **Stellen/Fassen:** ja
Wildbretgewicht: 16 kg
Geschoss/Kaliber: 30/06, bleifrei
Sitz der Kugel/ Verletzung: Einschuss hinter Blatt, Ausschuss am Stich rechts mit Streifen nur einer der Lungen – gedeckt
Bemerkungen: sinnvoll, beim nicht ganz eindeutigen Schuss mit Beihund zu arbeiten! Der Beihund war vom Bock noch geforkelt worden, hatte jedoch nur kleine Hautabschürfung im Rippenbereich.

Datum, Unterschrift der Zeugen

....

Die aus den Protokollen dann erstellten Leistungsberichte (Beispiel gegenüber) sind in den meisten Bundesländern für bestellte Nachsuchenführer und Schweißhundestationen als Meldung an die Behörden verpflichtend. Zudem dokumentieren sie die eigenen Einsätze und können für die persönlichen Akten um Kontroll- und Fehlsuchen ergänzt werden. Das ermöglicht eine eigene, realitätsgerechte Statistik und Qualitätskontrolle.
Auch für Übungsfährten sind genaue Protokolle sinnvoll, um den Überblick über den Übungsstand des Hundes zu behalten. Dazu reicht eine kleine Skizze mit den wesentlichen Informationen der Umgebung und der besonderen Schwierigkeiten. Man sollte sich dann das Ziel der Arbeit notieren und im Nachgang, was erreicht wurde, welche besonderen Schwierigkeiten auftraten, was gut verlief und wie der nächste Arbeitsschritt aussehen soll.

ÖFFENTLICHKEITS-ARBEIT UND IMAGE

SCHWEISSARBEIT: VERTRAUENSSACHE!

Schweißarbeit setzt Vertrauen der Revierinhaber den Schweißhundeführern gegenüber voraus. Immer wieder wurde ich gefragt: „Wieso haben Sie so viele Einsätze im Jahr?“ Darauf antwortete ich ebenso regelmäßig: „Außer guten Hunden müssen Sie auch das Vertrauen der Jägerschaft haben, dann werden Sie auch geholt.“
Viele Hundeführer machen sich die Sache zu einfach. Sie meinen, einen guten Hund zu haben und ihn schnell auf Schweiß auszubilden reiche aus, damit sich alle Reviere für ihn öffnen und er das schönste Nachsuchenleben genießen kann. Glücklicherweise lässt der Herrgott die Bäume aber nicht in den Himmel wachsen. Ich habe in meiner Laufbahn als Schweißhundeführer eigene Wege beschritten, um dem Wild und dem Schützen gerecht zu werden. Und als Resümee ziehe ich heute, dass es jeder Hundeführer selbst in der Hand hat, ob er zur Nachsuche gerufen wird. Damit muss er sich erst einmal abfinden, und dann erst kann er versuchen, besser zu werden. Der Erfolg fällt einem nicht von selbst in den Schoß.
Als Leiter des Jägerlehrhofes in Springe hatte ich vielleicht ein paar mehr Möglichkeiten als ein privater Hundeführer, aber der Weg bleibt immer der gleiche: Das Vertrauen muss da sein. Mit dem Erfolg zusammen stellt sich dann allerdings eine ganz andere Problematik von selbst ein: der Neid anderer Führer. Es ist geradezu beschämend, was einem von gestandenen Hundeführern so alles widerfährt. Aber auch das gehört dazu, und man muss sich darauf einstellen.

KONTAKTPFLEGE UND ENGAGEMENT

Hier sollen nun einige Punkte angesprochen werden, die jeder in seinem Bereich als Öffentlichkeitsarbeit für unser Wild tun kann. Der Hundeführer – wenn er die Rote Arbeit als seine Berufung ansieht – sollte sich bei seiner Jägerschaft bekannt machen. Das heißt, sich bei dem Vorsitzenden, dem Kreisjägermeister, den Hegeringleitern und den Hundeobleuten vorstellen und sie über seine Vorstellungen zur Nachsuchenarbeit informieren. Auch sollte er sich auf Kreisgruppen- und Hegeringebene als Ausbilder zur Verfügung stellen und mithelfen, die Gebrauchshundeführer auszubilden. Gleichzeitig sollte er dort auch seinen Hund vorstellen und vielleicht eine Lehrvorführung bieten, damit die Revierinhaber das Nachsuchengespann und dessen Leistung begutachten können.
Auch bei der Jungjägerausbildung kann der Schweißhundeführer tätig werden, denn gerade diese Gruppe von Jägern wird später für die eine oder andere Nachsuche Anlass geben.
Auf Veranstaltungen der Jägerschaft ist es für jeden Schweißhundeführer von morgen unerlässlich, präsent zu sein und dort Fragen zu beantworten und Kontakt zu Jägern zu finden.

„Hundeschau" auf der Messe Pferd & Jagd in Hannover

HUNDESCHAUEN

Eine der besten Methoden zur Öffentlichkeitsarbeit sind richtig durchgeführte Hundeschauen. Hier kann der Schweiß- und Vollgebrauchshundeführer seine Aufgabe und seine Hunde ins rechte Licht rücken – wer sonst könnte es besser als der Führer selbst. Durch solche Darbietungen haben auch Nichtjäger schon erfahren, was eigentlich auf Schweiß arbeitende Hunde sind und welchen Wert sie darstellen. In meiner Laufbahn habe ich des Öfteren Anrufe von besorgten Spaziergängern erhalten, die im Wald unsere Hunde gesehen haben wollten oder tatsächlich gesehen hatten. Das eine oder andere Mal haben wir so ohne längeres Suchen unsere Hunde wiederbekommen. Später stellten wir im Gespräch fest, dass die Spaziergänger uns „irgendwo" schon einmal gesehen hatten.

DER WEG, DEM WILD GERECHT ZU WERDEN

Wir am Jägerlehrhof wollten dem uns anvertrauten Wild stets dadurch gerecht werden, dass wir Spezialisten *zusammen* mit den Gebrauchshundeleuten das leidende Wild so schnell wie möglich zur Strecke bringen.

ES „MENSCHELT"

Das große Problem bei der Jagd mit der Schusswaffe ist nicht die Waffe oder die Munition, sondern der Mensch, der hinter dieser Waffe steht. Und gerade bei der Jagd „menschelt" es oft. Da werden schlimmstenfalls Stücke im schlechtesten Licht beschossen, damit sie bloß der Nachbar nicht bekommt. Unerfahrene Jäger beutelt das Jagdfieber, sodass sie den Schuss verreißen. Bei der dann notwendigen Nachsuche wird – oft genug aus schierer Peinlichkeit – weiter gestümpert. Mit der Taschenlampe und dem Revolver in der Hand werden die Dickungen durchleuchtet, und zu guter Letzt wird der ungeübte Hund in freier Suche nach vorn geschickt – er ist ja Totverbeller oder Bringselverweiser, was er einmal auf einer Prüfung zeigen konnte. Das alles ist aber weder waidgerecht noch in irgendeiner Weise sinnvoll.
Bei der Auswahl der Waffen gehen Jäger meist keinerlei Kompromisse ein, warum dann bei der Nachsuche? Ein Spezialist mit einem Schweißhund oder einem firmen Vollgebrauchshund findet das Stück, erlöst es nötigenfalls tierschutzgerecht, und es ist dann meist auch noch zu verwerten. Aber um etwas zu verändern – gerade bei der Jagd – muss man das menschliche Wesen mit einkalkulieren, sonst wird die Veränderung nicht akzeptiert.

WILD UND WAIDGERECHTES VORGEHEN

Schauen wir uns den Weg, den wir am Jägerlehrhof gegangen sind, mit den denkbaren Varianten einmal an: Viele „normale" Jäger können nur selten jagen, haben wenig Erfahrung und können bei gutem Licht und schönem Wetter brauchbar schießen. Sollte diesen Jägern ein schlechter Schuss unterlaufen, müssen sie wissen, was sie zu tun und – noch wichtiger – zu lassen haben. Diese nachdenklichen Jäger verbrechen den eigenen Standort, den Anschuss, sofern sie ihn finden können, und sie stehen dem Nachsuchenführer Rede und

Antwort. Auf keinen Fall dürfen sie auf dem Anschuss herumlaufen und versuchen, mit immer größeren Kreisen das Stück zu finden.

Schritt 1: In jedem Revier muss gesetzeshalber ein brauchbarer Hund vorhanden sein. Dieser Hund wird mit seinem Führer als Erster an den Anschuss geführt. Vielleicht gibt es auch auf Hegering- oder Kreisgruppenebene einen Hundeführer, der sich auf einfache Nachsuchen spezialisiert hat. Das Gespann sucht und der Führer untersucht den Anschuss.

Schritt 2, Fall 1: Findet der Hundeführer Anzeichen dafür, dass er die Arbeit mit seinem Hund nicht zu Ende bringen kann, z. B. Zahnteile eines starken Keilers am Anschuss, weil er nur einen Teckel dabeihat, ruft er sofort einen firmen, auf Schweiß geführten Hund mit seinem Führer.

Schritt 2, Fall 2: Steht zu erwarten, dass der Hundeführer die Arbeit zu Ende bringen kann, sucht er das Stück nach und findet es gegebenenfalls (i. d. R. leichtere Totsuchen).

Schritt 2, Fall 3: Während der Arbeit kommt der Hundeführer dann doch nicht mehr weiter, er verbricht den letzten Schweiß und ruft den Spezialisten. Die freie Suche ist keine Lösung, sondern ein Zeichen für die Ratlosigkeit des Führers. Das sollte nicht sein. Wichtig ist also, dass der Hundeführer erkennt, ob er die Arbeit leisten kann oder nicht. Sieht er sich dazu nicht in der Lage, sollte er persönliche Größe zeigen und die Arbeit einem Spezialisten überlassen.

Schritt 3: Ist der Spezialist zur Stelle, wird er vom Gebrauchshundeführer und vom Schützen eingewiesen. Dann nimmt er die Suche auf. Der Gebrauchshundeführer arbeitet die Fährte eventuell in einigem Abstand, denn die meisten Hunde stört das nicht.

Schritt 4, Fall 1: Ist abzusehen, dass das Stück schon verendet ist, lässt der Schweißhundeführer dem Gebrauchshundeführer den Vortritt. Der Gebrauchshund kommt als Erster an das Stück und hat so ein Erfolgserlebnis – vielleicht das einzige im Jahr!

Schritt 4, Fall 2: Kommt es zu einer Hetze, wird nur der anerkannte Nachsuchenführer seine Hunde schnallen. Sie haben meist mehr Erfahrung und werden nicht so leicht geschlagen wie ein in dieser Situation unerfahrener Gebrauchshund. Handelt es sich um eine Nachsuche auf Rehwild, kann der Schweiß-

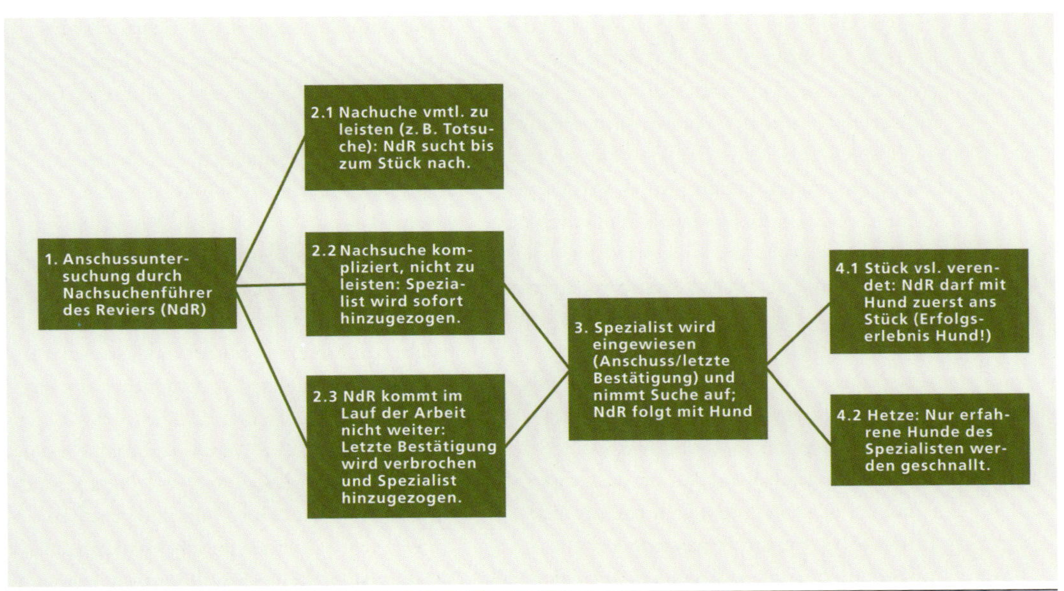

Das hier schematisch dargestellte Vorgehen hat sich in der Region des Verfassers bewährt.

hundeführer aber auch den Gebrauchshund von der Größe eines Weimaraners, Deutsch-Draht-, Kurz- oder Langhaar schnallen lassen. Diese Hunde sind schneller und können ein Stück Rehwild oft genug rascher herunterziehen und abtun. Voraussetzung ist dabei aber die richtige Ausbildung und notwendige Erfahrung.

VORTEILE FÜR ALLE BETEILIGTEN

Dieses Konzept verfolgt mehrere Ziele:
Der anerkannte Schweißhundeführer wird entlastet, weil ein Großteil der Nachsuchen von den Gebrauchshundeführern zufriedenstellend geleistet werden kann. Der Schweißhundeführer hat nur noch die schwierigen Nachsuchen zu leisten, das entlastet sein Zeitbudget, und er hat Zeit für andere Arbeiten.
Der Gebrauchshundeführer lernt vom Spezialisten dadurch, dass er mit seinem Hund die Suche nacharbeitet. Er steht nicht herum und kommt sich überflüssig vor. Das verhindert auch Neid und Missgunst. Besonders wichtig ist, dass der Gebrauchshund – wenn die Situation es ermöglicht – als Erster an das Stück kommt. So verschafft man dem noch mehr auf Beute geprägten Hund ein Erfolgserlebnis, das er bedingt durch die wenigen Einsätze nicht so häufig hat wie der Schweißhund.
Wichtig ist das Verhalten des Schweißhundeführers. Er darf dem Gebrauchshundeführer nicht das Gefühl geben, er wäre mit seinem Hund zusammen „zu dumm", das Stück zu finden. Das hört keiner gern – und es stimmt ja auch so nicht. In der Folge wird der Schweißhundeführer womöglich nicht mehr gerufen, wenn er als überheblich erlebt wurde. Das fragliche Stück ist dann einfach „überschossen worden", und der Schweißhundeführer bekommt weniger Einsätze, was letztlich auch seinem Ausbildungsstand und dem des Hundes abträglich ist. Besser ist, wenn der Spezialist dem Gebrauchshundeführer zeigt, warum er an welcher Stelle nicht weiterkam und wie es bei einem nächsten Mal gelingen könnte.

Mit einem solchen vertrauensvollen Verhältnis wird man dem Wild gerecht, die Gebrauchshundeführer lernen in Situationen, die sie bewältigen können, und die Schweißhundeführer werden von den einfachen Totsuchen entlastet, die ein – allerdings ordentlich eingearbeiteter – Gebrauchshund leisten kann. Bei diesem Konzept müssen natürlich alle Beteiligten an einem Strang ziehen: Revierinhaber, Schützen, Hundeführer und natürlich die Funktionäre innerhalb der Jägerschaft und der Hundevereine.
Der Weg, den wir entwickelt haben, ist einfach und in jedem Revier, Hegering und jeder Kreisgruppe gangbar, vorausgesetzt, dass sich Hundeführer, Revierinhaber und Funktionäre darüber einig sind, was sie wollen. Dieses Ziel kann nur heißen: unserem Wild unnötige Qualen zu ersparen.

BRAUCHTUM

Mit Interesse habe ich vor einiger Zeit einen Juristen gehört, der die Persönlichkeitsmerkmale eines Schweißhundeführers aufführte. Mit Erstaunen musste ich registrieren, dass von jagdlichem Brauchtum nicht viel dabei war. Gerade der Schweißhundeführer, der ja bei einer Nachsuche der Jagdleiter ist, muss nicht nur das Handwerk der Nachsuche beherrschen. Er muss auch Tradition und Brauchtum beherrschen und einsetzen können.
Wir sind es dem Wild schuldig, dass ihm nach erfolgreicher Nachsuche die letzte Ehre erwiesen wird, indem man es gerecht verbricht, zur Strecke legt und verbläst. Auch ein Erinnerungsfoto kann dazugehören, der Jagdgast und Schütze freuen sich darüber.
Nach langen und schweren Arbeiten, bei denen jeder Kräfte lassen musste – Jäger, Hund und Führer – ist es unschön und geradezu unfair, dem Schützen, der ohnehin in Gewissensnot ist, nicht ein Waidmannsheil zu wünschen. Es sollte selbstverständlich sein, dass

Ein kräftiges „Waidmannsheil!" nach einer erfolgreichen Nachsuche muss selbstverständlich sein!

jedes Stück nach der erfolgreichen Suche zur Strecke gelegt und verbrochen wird, der Schütze erhält ein kräftiges „Waidmannsheil!" und seinen Schützenbruch, von dem er einen Teil an den Hund weitergibt. Anschließend wird das Stück noch verblasen.
Sie glauben gar nicht, wie entspannt die Schützen nach solchen besinnlichen Ritualen sind, manchen kommen sogar die Tränen.

Das ist gut so, zeigt es doch, dass er auch ein Mensch mit Herz ist. Diese kleine waidmännische Feier, die nur der Hundeführer und der Schütze erleben, gehören zu den ergreifendsten und schönsten Momenten, die das jagdliche Brauchtum zu bieten hat. Solche Momente muss der Schweißhundeführer kennen und einzusetzen wissen, sind sie doch echtes, tiefverwurzeltes Waidwerk.

PRÜFEN UND RICHTEN

Nachsuchenarbeit bedeutet natürlich vorrangig die Ausbildung und Arbeit mit dem eigenen Hund. Doch braucht jeder Hundeführer auch hilfreiche Ausbilder und für die vorgeschriebenen Prüfungen kompetente Richter.

PRÜFUNGEN UND VORBEREITUNG

Die vom JGHV vorgesehenen Prüfungen geben uns Hundeführern und -führerinnen eine Möglichkeit, die Leistungen unserer Hunde auf der roten Fährte darzustellen. Trotz aller Versuche, diese „jagdnah" und damit praxisrelevant zu gestalten, kann leider nicht davon ausgegangen werden, dass ein Hund, der eine solche Prüfung besteht, tatsächlich den harten Alltag der Schweißarbeit bewältigen kann – umgekehrt schon eher. Zu viele Faktoren nehmen hier Einfluss – nicht zuletzt die Gestaltung der Prüfungsordnungen.

VGP/VPS

Die Prüfungs-Ordnung (PO) der Verbands-Gebrauchs-Prüfung (VGP)/Verbands-Prüfung nach dem Schuss (VPS) verlangt vom Hund eine mit Stiefeln getretene und mit einem Viertelliter Schweiß kontinuierlich getropfte oder bespritzte Standardfährte von 400 m zu bewältigen. Ein Hund, der diese – in der Praxis so nirgendwo vorkommende – Fährte zum Ende bringt, wird damit für befähigt erklärt, sichere Totsuchen zum Erfolg bringen zu können. Es liegt auf der Hand, dass hier weder die praktischen Kenntnisse des Hundeführers noch die Zusammenarbeit des Gespanns bei der Bewertung zum Tragen kommen – es ist möglich, dem Hund diese Arbeiten als reinen Dressurakt abzuverlangen. Ein Hund, der nur eine solche Minimalausbildung genossen hat, wird im Jagdgebrauch bei den kleinsten Schwierigkeiten Gefahr laufen zu versagen.

BRAUCHBARKEITSPRÜFUNG

Noch geringer sind die Anforderungen mancher Brauchbarkeitsprüfungen (BP) in den verschiedenen Bundesländern, die nur 300 m Riemenarbeit verlangen, den Hund damit aber zu „brauchbar auf der Schweißfährte" erklären! Ein Hund, der diese Leistung erbracht hat, ist für einfache Totsuchen brauchbar – mehr nicht. Gerade hier ist konsequentes Richten unerlässlich.

VSWP UND VFSP

In der jüngsten Änderung der PO wird der Beobachtung Rechnung getragen, dass manche Hundeführer die Verbands-Schweißprüfung (VSwP)/Verbandsfährtenschuhprüfung (VFsP) als sportliche Leistungen angehen, die ihren Hunden zusätzliche, zuchtförderliche Eintragungen im Stammbuch verschaffen.
Das kann nicht Sinn dieser Prüfung sein, die dem jagdlichen Leistungsnachweis dienen soll. So wird seit 2016 nicht nur die Leistung der Hunde, sondern auch die des Hundeführers und die Zusammenarbeit des Gespanns bewertet, welche erkennen lassen soll, dass tatsächliche Nachsuchenerfahrung die Arbeit leitet.
Der Anschuss mit dem Beginn der mindestens 1 000 m langen Kunstfährte muss binnen 15 Minuten in einem Feld von 30 × 30 m eigenständig gefunden werden, allerdings sind dort – unverständlicherweise - nach wie vor der Ausschuss auf dem Boden mit dem An-

schuss an einer Stelle zusammengelegt: Im Anschuss liegen Schweiß und andere Pirschzeichen. Das zunächst vorgesehene, in der Praxis doch selbstverständliche Tragen einer Waffe und der üblichen Ausrüstung ist nicht als Bedingung in die PO aufgenommen worden. Die Fährte wird bei der VSwP mit Gummistiefeln getreten und mit der für die Praxis üppigen Menge von 250 ml Schweiß kontinuierlich getropft oder gespritzt, bei der VFsP wird sie immerhin mit dem Fährtenschuh getreten und praxisnäher nur an vereinzelten Stellen und mit nur insgesamt 100 ml Schweiß versehen. Die Fährten enthalten drei rechtwinklige Haken und zwei Wundbetten mit Pirschzeichen und zusätzliche Tropfbetten.
Je nach Verleitungen im Gelände entsprechen diese Prüfungen durchaus Bedingungen, wie man sie im jagdlichen Alltag auffinden kann. Beurteilt werden die Arbeitsweise des Hundes und die Zusammenarbeit des Gespanns. Gerechte Hilfen sind erlaubt.

VOR- UND HAUPTPRÜFUNG SCHWEISSHUNDE

Die Vorprüfung findet auf einer mindestens 1 000 m langen jagdnahen Kunstfährte statt. Sie hat drei rechtwinklige Haken und zwei Wundbetten, hinzukommen sechs Verweiserpunkte. Die Fährten werden mit dem Fährtenschuh getreten und enthalten keinen Schweiß.
Beurteilt werden die Vorsuche mit einem Zeitlimit von 10 Minuten, innerhalb derer der Anschuss gefunden und verwiesen werden muss. Die Riemenarbeit soll sicheres Arbeiten auf der Fährte zeigen, der Hund soll riemenführig und gehorsam sein. Die Schussfestigkeit wird überprüft, und beim Ablegen muss der Hund 30 Minuten allein am Platz verbleiben, während nach 15 und 20 Minuten je ein Schuss außer Sicht des Hundes abgegeben wird. Die Hundeführer tragen die volle Nachsuchenausrüstung zur Prüfung.
Bei der Hauptprüfung wird auf einer kalten, natürlichen Fährte gearbeitet. Der Hund muss Riemenarbeit, Hetze, Stellen und Standlaut zeigen. Die Fährte des beschossenen Stücks soll mindestens 400 m lang sein und eine Stehzeit von vier Stunden haben. Der Hund wird danach beurteilt, wie er den Anschuss findet, Eingriffe und Verweiser zeigt, sich ruhig in die Fährte einarbeitet und dieser sauber folgt bis zum Stück. Gerechte Hilfen sind erlaubt. Kommt das Gespann an ein warmes Wundbett, wird der Hund zur

Je nach Prüfung sind die Anforderungen an die Hunde in der Schweißarbeit recht unterschiedlich.

Hetze geschnallt, die er laut bis zum sich stellenden Stück arbeiten soll. Er muss es dann binden und verbellen, bis der Fangschuss angetragen werden kann.

PRAXISORIENTIERTE RICHTERAUSBILDUNG

Eigentlich sollte der Hundeführer durch gute Hundeprüfungen im Fach „Schweiß" auf seine Tauglichkeit, die seines Hundes und der Zusammenarbeit im Gespann für die raue Praxis begutachtet und gerichtet werden. Meine Erfahrungen in jahrzehntelanger Prüfungspraxis, bei der ich selbst auch Prüfungen mit meinen Hunden „in den Sand gesetzt" habe, sind immer wieder die gleichen gewesen: Zu oft wurde man hingerichtet statt gerichtet! Ich habe selbst erlebt, wie Hundeführer nach Prüfungen „das Handtuch geschmissen" haben. Dies hat mir lange Zeit zu denken gegeben – vor allem: Wie und was kann man daran sinnvoll ändern, ohne jemanden zu kränken?
Ich hatte das große Glück, eine Hundegruppe nebst Führern zu finden, die bereit waren, meine Ideen in punkto Schweißprüfungen mitzugehen. Vor dieser Einstellung kann ich nur den Hut ziehen!
Mein Plan war, zweiteilig auszubilden:
1. den Hundeführer als den „schwächsten Punkt" und
2. den Hund als die „leichtere" Aufgabe.
Zwangsläufig gehörte dazu, Richter für entsprechende Prüfungen zu motivieren, eine nicht gerade einfache Aufgabe.
Meine Ausbildung sollte dahin gehen, mithilfe fachlich gut ausgebildeter Richter eine wirklich praxisnahe Schweißprüfung durchführen zu können. Die Richter sollten eine Prüfung richten, in der Hund und Führer einzeln beurteilt werden und dann zusätzlich als Gespann zusammen die praktische Prüfung angehen. Nur so ist gewährleistet, dass wirklich praxistaugliche Gespanne zur Nachsuche kommen. Die Seminare, Lehrgänge sowie Prüfung und die abschließende dreitägige Richterprüfung (s. Kasten) sollten den Abschluss bilden.
Dieser Weg einer fundierten Ausbildung hat sich als sehr gut herausgestellt, das konnte bei Prüfungen immer wieder festgestellt werden – ob es nun 300, 600 oder 1 000 m Prüfungsfährten waren.
Meiner Ansicht nach sollte doch ein Prüfling bei jeder Prüfung noch etwas hinzulernen

LEISTUNGSRICHTER „SCHWEISS" – AUSBILDUNGSBAUSTEINE

Teilnahme am Lehrgang Schweiß I
Teilnahme am Lehrgang Schweiß II
Teilnahme am Lehrgang Schweiß III

Spezial-Seminare:
- Das Verweisen
- Die Verleitung
- Der Ausschuss auf dem Boden
- Der Anschuss
- Die Fährte
- Das Fährtenlegen mit dem Fährtenschuh
- Anlegen und Durchführung von praxisbezogenen Fährtenschuh-Prüfungen
- Beurteilung einer Prüfungsarbeit 1 000 m
- Zuchtordnung
- Prüfungsordnung „Fährtenschuh"
- Prüfung 300 m
- Prüfung 600 m
- Prüfung 1 000 m nur mit Fährtenschuh getreten

Richter-Prüfung (drei Tage):
- mündlich
- schriftlich
- praktisch

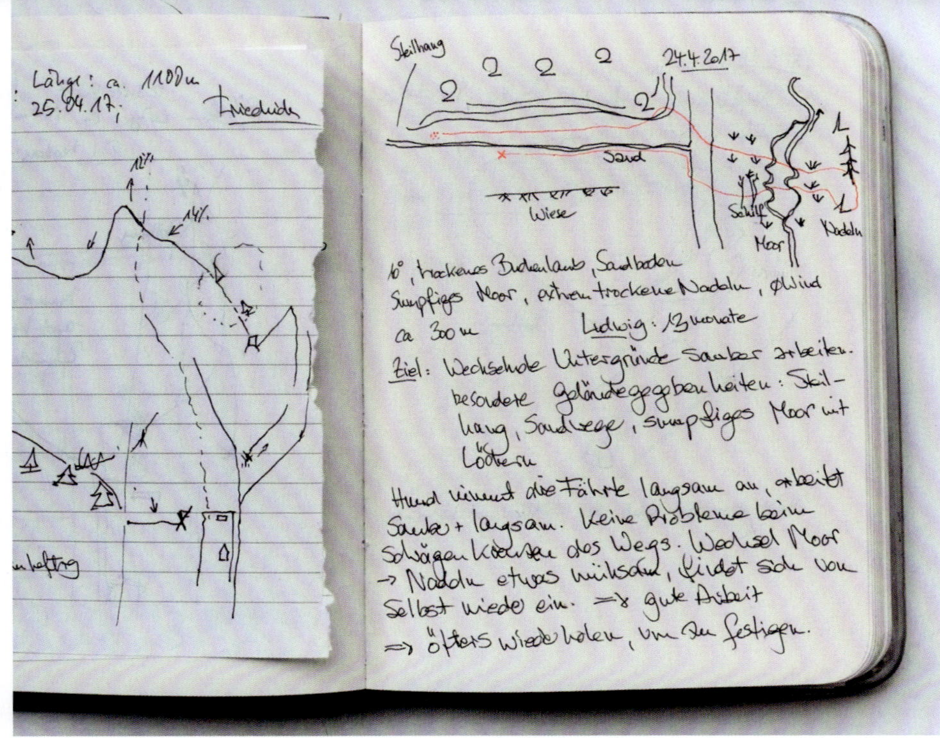

Ein Ausbildungsheft während der ganzen Ausbildung des Hundes zu führen, ist dringend anzuraten!

können – und das geht nur mit sehr gut ausgebildeten Richtern, die ihre Thematik beherrschen und entsprechend umsetzen können. Zum Wohle des uns anvertrauten Wildes dürfen wir keine Mühen scheuen, dieses Ziel zu erreichen. Bei entsprechend motivierten Hundeführern in den Verbänden sollte das irgendwann umzusetzen sein.

FÄHRTENSKIZZE UND AUSBILDUNGSHEFT

Um die monatelange Fährtenarbeit überprüfen zu können, habe ich schon 1985 am Jägerlehrhof Springe die Fährtenskizze als Standard zum Überprüfen der Hundearbeit eingesetzt. Bei dieser Art der Überprüfung setze ich immer einen zweiten Hundeführer, z. B. einen Richter, ein. Diese Person bekommt die Fährtenskizze und zeichnet mit farbigem Stift die ungefähre Arbeit des Hundes ein. Auch Fehler, die Hund und Führer machen, werden vermerkt. So kann man zu einem gerechten Urteil über das Gespann kommen und sich einen wirklichen Überblick über den Leistungsstand des Gespanns machen. Auch für den Hundeführer ist es eine lehrreiche Erfahrung zu sehen, wo er tatsächlich mit seinem Hund gelaufen ist. Das ermöglicht letztlich auch, die Ursachen für das Abkommen von der Fährte genau herauszufinden und die gemachten Fehler zu verstehen.

Jeder Hundeführer sollte während der gesamten Ausbildung seines Hundes ein Ausbildungsheft führen, in dem die kleinen Schritte immer schriftlich festgehalten werden. So ist man immer auf dem genauen Stand der Ausbildung.

Die selbst gelegte Fährte zu dokumentieren, macht zwar Mühe, ist diese aber allemal wert, weil man mit mehr Vertrauen in den Hund an die Arbeiten gehen kann. Das hilft später, wenn in den natürlichen Fährten z. B. lange Zeit keine Bestätigung mehr zu finden ist. Das Ziel jeglicher Hundearbeit sollte sein, dass man ohne wesentliche Zweifel am Hund oder an den eigenen Fähigkeiten an die Arbeit gehen kann.

TEIL 2

— *Rund um den Hund*

HUNDE FÜR DIE SCHWEISSARBEIT

SCHWEISSHUNDE

Geht es um die Frage, welche Jagdhunderassen sich für die Nachsuchenarbeit eignen, sind an erster Stelle natürlich die Spezialisten, die beiden anerkannten Schweißhunderassen, zu nennen: der Hannoversche Schweißhund (HS) und der Bayerische Gebirgsschweißhund (BGS). Beide Rassen werden seit ihrer Begründung einzig und allein für die Rote Arbeit gezüchtet, Ausbildung und Prüfungswesen sind ganz auf die Anforderungen dieser Arbeit abgestellt. Die in der FCI-Gruppe 6, Sektion 2 (Schweißhunde) gelistete Österreichische Alpenländische Dachbracke zählt der JGHV zur Gruppe der Jagenden Hunde.

Ich habe in meiner langjährigen Praxis auch zahlreiche BGS geführt und möchte hier einige besonders leistungsstarke Hunde vorstellen.

Aparth v. Ruhrtal (l.) * 04.06.1978, † 16.12.1991; 1 442 Einsätze, davon 217 schwere Arbeiten in Afrika, Vorprüfung II. Preis Verein Hirschmann, Hauptprüfung I. Preis Verein Hirschmann mit der Note 8888

Fazi vom Forstenrieder Park („Poldi") *29.05.1985, † 30.12.1997; 1 168 Einsätze, davon 628 erfolgreich in Bulgarien, Rumänien, Dänemark, Frankreich, Afrika, Kamtschatka

„Aparth vom Ruhrtal", Fazi vom Forstenrieder Park („Poldi") und Kora von der Heide (v.l.)

„Poldi", der kraftvolle BGS-Rüde, mit einem starken Damschaufler

Jennifer vom Jägerborn (l.) mit Tochter Kati

Kora von der Heide

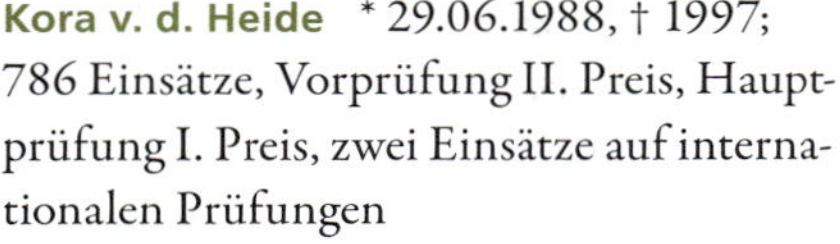

Kora v. d. Heide *29.06.1988, † 1997; 786 Einsätze, Vorprüfung II. Preis, Hauptprüfung I. Preis, zwei Einsätze auf internationalen Prüfungen

Jennifer vom Jägerborn *09.07.1994 und deren Tochter Kati, *10.10.1997, trugen ab 1997 die den Leistungsstand des Zwingers weiter.

STÖBER- UND VOLLGEBRAUCHSHUNDE

Stöber- und Vollgebrauchshunde zu Nachsuchen einzusetzen hat eine lange Tradition. Deutscher Wachtelhund, Bracken, Teckel und z. B. Deutsch-Langhaar, Deutsch-Drahthaar und Weimaraner als althergebrachte „Försterhunde“ mit ruhigerem Temperament bei großer Wildschärfe haben immer schon ihre Dienste auf der Roten Fährte getan. Insbesondere Rassen, die gern mit tiefer Nase arbeiten, sind die Arbeitstechniken, die es für die Fährtensuche braucht, ohnehin angewölft. Allerdings macht bekanntlich Übung den Meister – und es ist deshalb einfach schwerer für einen Hund, der gleichzeitig auch stöbert oder in Feld und Wasser arbeitet, auf die nötige Konzentration für die Fährtenarbeit umzuschalten. Das bedeutet jedoch nicht, dass es nicht möglich wäre! Die Schulung dieser Hunde ist natürlich um einiges aufwendiger, wenn sie in allen Fächern, die die Prüfungsordnungen des JGHV vorschreiben, gut ausgebildet und später geprüft werden sollen. Entgegen landläufiger Befürchtungen können die Hunde ihre Ausbildungs- und Arbeitsfächer unterscheiden und zwischen der Arbeit mit tiefer und hoher Nase gut differenzieren. Das gilt später auch für die jagdliche Praxis.
Dass auch Nicht-Schweißhunderassen durchaus ansprechende Leistungen auf Schweiß erbringen können, stellten z. B. die in den Fotos auf den Seiten 114 und 115 abgebildeten Jagdhunde unter Beweis.

W-Rüde Herbert vom Düsterntal Heinrich („Heinrich“) *16.11.2008; VSwP I. Preis, VFsP I. Preis (Hoherodskopf), (SchwN), SchwN

W-Rüde Alano vom Feuerbach („Friedrich“) *27.01.2011; VSwP II. Preis (Suchensieger), VFsP I. Preis (Hoherodskopf), SchwN

Alano vom Feuerbach („Friedrich")

Herbert vom Düsterntal („Heinrich")

Darek vom Feuerbach („Ludwig")

W-Rüde Darek vom Feuerbach („Ludwig")
*23.03.2016; VFsP II. Preis (Hoherodskopf), SchwN

DW-Rüde Eiko vom Dreisamtal
*08.05.1996, † 2002; VSwP I. Preis (Hoherodskopf, Suchensieger 20 Std.)

Wir haben in unseren Kursen immer die Ausbildung auf Schweiß für Hunde aller Rassen ermöglicht. Vollgebrauchshunde, die die notwendige Schärfe und Passion mitbringen, können erfolgreich nach dem gleichen System wie Hunde der Schweißhunderassen ausgebildet werden, beginnend mit den ersten Lebenswochen. Unsere Erfahrungen zeigen auch, dass die frühzeitige, gezielte Förderung des Nasengebrauchs letztlich für sämtliche Ausbildungsfächer förderlich ist.

UMSTELLUNG AUF SCHWEISS

Ein vorübergehendes Problem kann allerdings auftreten, wenn der auf Fährtenschuh eingearbeitete Hund (s. S. 208) – wegen des vorgeschriebenen Prüfungsreglements

Eiko vom Dreisamtal

des JGHV – auf die gespritzte oder getropfte Fährte umgestellt werden muss. Auf diesen Fährten werden die Hunde zunächst den Schweiß verweisen, ihn dann aber bald zu überlaufen beginnen. Das bedeutet, dass man nach der Prüfung den Hund wieder auf das saubere Verweisen von Schweiß umstellen muss.

Da der Hund ohnehin nicht den Schweiß, sondern die Bodenverwundung des Fährtenlegers arbeitet, muss man diese dem Hund am Anschuss zeigen, damit er weiß, was er zu tun hat – er geht ja nicht auf der Wildfährte, die er aus der Praxis kennt! Mit dem Fährtenschuh eingearbeitete Hunde werden gespritzte und getropfte Fährten immer bögelnd arbeiten, da keine prägnanten Eingriffe zu finden sind und sie mehr suchen müssen. Berücksichtigt man das, kann man seinen Hund auch gut lesen, denn er wird sich anders verhalten als auf Fährtenschuhfährten.

Es gibt heute – in Zeiten vermehrter Schwarzwildbestände – nicht wenige Hundeführer mit Vollgebrauchshunden, die diese schwerpunktmäßig auf Schalenwild und als anerkannte Schweißhundeführer und - führerinnen auf Schweiß führen, und sogar einzelne Schweißhundestationen mit Hunden, die nicht zu den Schweißhunderassen gehören. Diese Arbeit sollte unbedingt auf der Ebene der Gebrauchshundevereine gefördert werden, um zu einer intensiveren Zusammenarbeit und gegenseitigen Ergänzung unter den Hundeführern im Interesse unseres Wildes zu kommen. Solche Solidarität im Sinne des Tierschutzes kann auch leichter die Anerkennung der Öffentlichkeit finden.

TECKELEINSATZ BEI DER NACHSUCHE

Anlässlich der Hauptprüfung eines meiner BGS erklärte einer der anwesenden Schweißhundeführer, der Revierbeamter des Prüfungsreviers war, vor der Vorstandschaft BGS, er werde einen Antrag an den JGHV stellen: „Teckel sollen als Nachsuchenhunde nicht mehr anerkannt werden.“ Für mich war daran am interessantesten, wie wenig sachliche

Argumente gegen solch einen hanebüchenen Unverstand geäußert wurden.
Da ich fast zwei Jahrzehnte mit jagdlich gezüchteten und geführten Teckeln gearbeitet habe, weiß ich aus der Praxis, zu welchen Leistungen diese Hunde in der Lage sind. Einzig das Argument, Teckel könnten ab einer gewissen Schneehöhe nicht mehr arbeiten, lasse ich gelten – ich habe aber auch schon schwere Hunde gesehen, die selbst ohne eine Flocke Schnee keine Hetze zustande brachten! An diesem Punkt zeigt sich wieder, wie einseitig Hundeführer oft genug an dieses Problem herangehen: Immer ist der Hund „schuld". In Wirklichkeit liegt die Schwäche in der mangelhaften Ausbildung der Hundeführer.

ZU HERAUSRAGENDEM FÄHIG

Bei mir wurden die Teckel ausschließlich für die Nachsuchenarbeit ausgebildet – Stöbern und Baujagd entfielen dabei komplett. Die Hunde wurden wie die Schweißhunde an die Fährte herangeführt, z. B. auf der kalten Fährte nach der Verein-Hirschmann-Methode sowie mit Fährtenschuh getretene Fährten. Es war immer wieder erstaunlich, wie diese kleinen, von vielen verkannten Kerle diese Ausbildung aufnahmen und in der Praxis umsetzten. Natürlich muss man, wie bei jeder Arbeit, im konkreten Fall überlegen, ob der fragliche Hund die aktuell anstehende Arbeit zu leisten vermag und ob man mit ihm allein arbeitet oder zusammen mit anderen Hunden.
Anfangs hatte ich Bedenken, wie die Teckel wohl mit meinen BGS zurechtkommen würden – vor allem in der potenziellen Konkurrenz am Stück. Nichts von dem bewahrheitete sich: Es gab keine Spannungen.
Auch bei schwersten Arbeiten, bei denen der Teckel ohne Riemen immer zehn bis zwanzig Meter vorwegarbeitete, gab es keine Unstimmigkeiten.
Teckel sind zu herausragenden Leistungen fähig – wenn sie nur hinreichend ausgebildet und fachlich korrekt durchgearbeitet sind. Der Teckelrüde „Gispert vom Plautfeld", genannt „Bertel", ist anerkannter Nachsuchenhund in Schleswig-Holstein. Nach sauberer Einarbeitung mit dem Fährtenschuh wurden dieser Hund und seine Führerin schon zu mancher erschwerten Suche gerufen.

Teckel „Himpelchen" prüft, was „Poldi" auf einer Nachsuche ohne ihn wohl erlebt hat. Der ansonsten sehr scharfe BGS-Rüde lässt das ruhig geschehen.

„BERTELS" MEISTERLEISTUNGEN

Am Abend des 07.03.2017 kam um 22 Uhr der Anruf, ein Stück Rehwild sei angefahren worden und – nach Aussage des Autofahrers – „humpelnd" weitergelaufen. Am Morgen wurde „Bertel" zur Fährte gelegt. Von der Fahrbahn aus ging er mitten auf das offene Feld, von einem Stück weit und breit nichts zu sehen. Zügig arbeitete er in die Mitte der Freifläche, bögelte einmal kurz und nahm dann erneut eine Fährte an, die er in seiner typisch zügigen Art weiterarbeitete. Erschwerend kam nun hinzu, dass auf diesem Teil der Fährte drei Tage zuvor Gülle ausgebracht worden war. Durch Knicks, Schilf und Wallhecken ging es weiter auf einen großen Schlag. Mitten drin stand ein Sprung Rehe auf, abseits ein einzelnes, das durch einen Vorsteh-

„Bertel" an seinem Stück nach 1300 m Riemenarbeit und 200 m Hetze

schützen als das kranke angesprochen und beschossen wurde.
Das Reh zeichnete mit krummem Rücken und ging schwer krank ab. Der Teckel wurde nun an der Stelle geschnallt, an der das Reh beschossen worden war. Fährtenlaut folgte er der Fährte in einen Schlehenverhau – dort stellte er den Bock und zog ihn nieder. Die Führerin fing den Bock mit der blanken Waffe ab: eine tolle Leistung des Gespanns!
Eins sei an dieser Stelle betont: Eine Rehwildsuche mit Hetze und Niederziehen ist jederzeit einer Rotwildnachsuche gleichzustellen!
Eine weitere ganz besondere Leistung zeigte der Rüde bei einem Krellschuss auf einen Überläufer, den ein Hundeführer schon aufgegeben hatte. Nach 88 Stunden wurde „Bertel" am Anschuss angesetzt und brachte den Überläufer aus dem Wundbett vor einen Abstellschützen, der die Sau erlegen konnte.
Wieder einmal zeigt sich, dass nur die grundsolide Ausbildung von Hund und Führer zum Erfolg führt. Nur über die Fährte kommen wir ans Stück.

HALTUNG UND ZUCHT

Im nun folgenden Kapitel möchte ich am Beispiel meines eigenen Zuchtzwingers „vom Jägerborn" die Frage der geeigneten Unterbringung, Haltung und Fütterung von Hunden bis hin zum Verkauf der Welpen näher beleuchten. Die meisten Ausführungen gelten sicherlich für Jagdhunde generell.

GESETZESGRUNDLAGEN

Wollen wir nicht gegen geltendes Recht verstoßen, müssen wir uns an die Bestimmungen der Tierschutz-Hundeverordnung vom 2. Mai 2001 (TierSchHuV), zuletzt geändert im Jahr 2013, halten. Diese unterscheiden vier Arten der Hundehaltung: 1. „Anbindehaltung", 2. „Zwingerhaltung", 3. „Haltung auf Freianlagen" und 4. „Haltung in Lagerhallen und Schuppen". Für unsere Hunde kommen davon nur zwei Haltungsarten infrage, und zwar

- **Wohnungshaltung und**
- **Zwingerhaltung.**

Zur Letzteren macht der Gesetzgeber ebenfalls klare Vorgaben. Für einen Hund über 20 kg sind 6 m^2 zu bemessen, wobei die 6 m^2 ohne Hütte und Schutzraum gerechnet werden. Auch der Schutzraum ist gesetzlich geregelt. Der Raum soll aus wärmedämmendem Material bestehen.
Gleichwohl soll sich der Hund nicht am verarbeiteten Material verletzen können. Der Schutzraum soll den Hund in erster Linie vor Witterungseinflüssen schützen. Das Wohlbefinden des Hundes muss gewährleistet sein, ebenfalls muss der Hund durch seine Körperwärme den Liegeraum warmhalten können, ohne allzu viel Kondition zu verlieren.

HALTUNGSFORMEN

Die Haltung eines jagdlich geführten Hundes sollte naturnah sowie familienbezogen sein und je nach Alter, Ausbildungsstand und Einsatz wechseln. Alle meine Hunde wurden und werden zur Hälfte im Zwinger und in der Wohnung gehalten und zeigen durch diese gemischte Unterbringung ein ausgeglichenes Wesen. Sie waren wetterhart und hatten, was das Wichtigste ist, ihre Ruhe nach harten Einsätzen.
Dass es eine Selbstverständlichkeit ist, Hunde – besonders bei nasskaltem Wetter – abends in die trockene Wohnung zu holen, sollte man stets beherzigen, denn die feuchte Witterung macht den Hunden sehr zu schaffen. Trockene Kälte können Hunde wesentlich besser vertragen.

REINE WOHNUNGSHALTUNG

Von einer reinen Wohnungshaltung rate ich ab, denn die damit einhergehende Verweichlichung der Hunde – gerade bei den sensiblen BGS – ist augenfällig und für die raue Nachsuchenpraxis nachteilig, v. a. wenn Regen oder Schnee die Nachsuche zur Strapaze werden lassen. Wehe dem Hund, der nach schwerer Hetze und gefährlicher Bail nass bis auf die Haut den langen Weg zum Auto oder zur Unterkunft antreten muss, ohne über genügend Unterwolle in seinem Haarkleid zu ver-

VERWEISERPUNKT
Natürlich muss jeder Hundeführer entscheiden, welche Haltungsform unter seinen gegebenen Lebensumständen möglich ist. Manche Gebrauchshunde, z. B. Weimaraner, brauchen angewölft sehr engen Anschluss an ihre Hundeführer: Sie leben in schwerpunktmäßiger Haushaltung psychisch stabiler und ebenso gesundheitlich robust.

fügen. Erkältungen bis hin zur Nierenbeckenentzündung können die Folge sein. Wir setzen jedenfalls die Lebenserwartung und die Leistungsfähigkeit unserer Hunde durch falsche und übertriebene „Hundeliebe" aufs Spiel und somit herab.
Bei all meinen Hunden – auch den jüngeren – habe ich immer wieder beobachten können, dass sie nach einer gewissen Zeit im Haus unruhig wurden und sogar verlangten, in den Zwinger gelassen zu werden. Ausnahmen machten nur Hunde, die nach hartem Einsatz in ihrem Hundekorb fest schliefen. Hier habe ich ein Zimmer im Haus, das nicht so stark beheizt wird wie die anderen, und dort hat der Hund seine Ruhe. Nach dem Aufwachen wollten aber auch sie wieder in den Zwinger.

DIE ZWINGERANLAGE „VOM JÄGERBORN"

Nach dem Bau etlicher Zwingeranlagen in Afrika, Bulgarien, Rumänien und Deutschland habe ich eine zweckmäßige Zwingeranlage für unsere Hunde entwickelt.
Die Hundezwinger sind in dem Bereich der Hundehütten überdacht, ebenfalls der vor den einzelnen Boxen liegende Laufgang.
An der Vorderseite der Zwinger sind einige Aufhängevorrichtungen für die zahlreichen Halsungen, Schweißriemen und Hundereinigungsgeräte angebracht.

Jeder Hund hat seinen eigenen Zwinger. Einige Bretterwände dienen als Sichtschutz zwischen den Zwingern und schaffen mehr Ruhe für den einzelnen Hund. Dies ist sehr praktisch, gerade dann, wenn man nur einzelne Hunde für die Arbeit sowie für das Training abholen will. Die Bodenplatte der Anlage ist aus rauem Beton und fällt leicht nach hinten ab, um beim Reinigen den Ablauf des Wassers zu gewährleisten. Aus diesem Grund liegt die ganze Anlage etwas höher. Um im Herbst nicht immer das Laub in den Zwingern zu haben, sind unten Bretter angebracht, die beweglich sind und beim Reinigen hochgeklappt werden können.
Die gesamte Rückseite sowie die beiden Seitenwände sind mit Brettern zugehängt. Diese Maßnahme ist erforderlich, um den Hunden

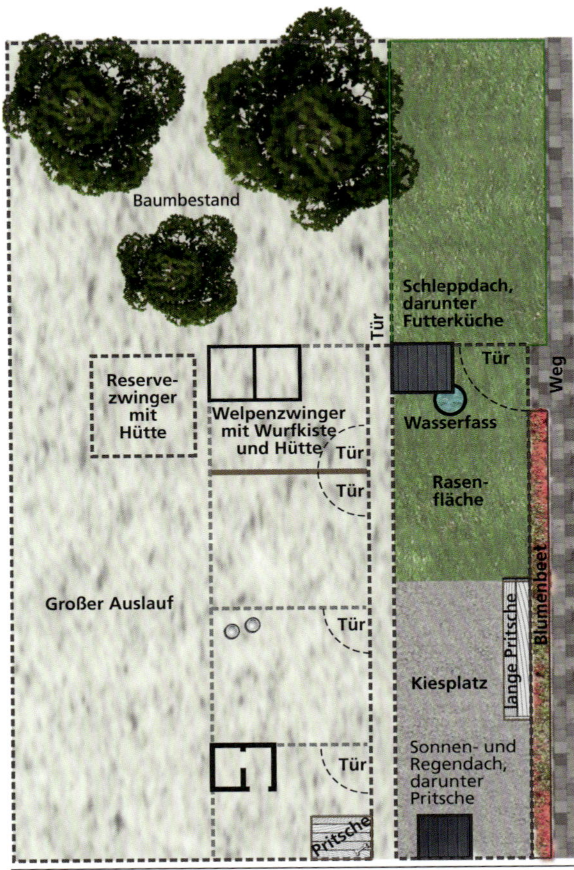

Grundriss der BGS-Zwingeranlage „Vom Jägerborn"

Ein Brett mit Haken schafft Ordnung und Übersicht bei Halsungen und Schweißriemen.

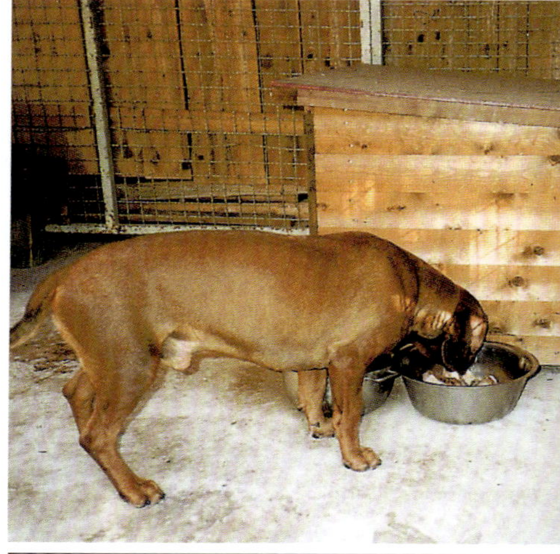

Hütte für einen starken BGS-Rüden

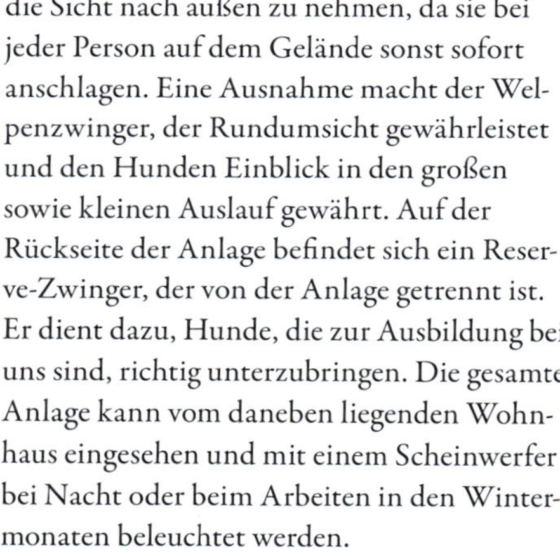

die Sicht nach außen zu nehmen, da sie bei jeder Person auf dem Gelände sonst sofort anschlagen. Eine Ausnahme macht der Welpenzwinger, der Rundumsicht gewährleistet und den Hunden Einblick in den großen sowie kleinen Auslauf gewährt. Auf der Rückseite der Anlage befindet sich ein Reserve-Zwinger, der von der Anlage getrennt ist. Er dient dazu, Hunde, die zur Ausbildung bei uns sind, richtig unterzubringen. Die gesamte Anlage kann vom daneben liegenden Wohnhaus eingesehen und mit einem Scheinwerfer bei Nacht oder beim Arbeiten in den Wintermonaten beleuchtet werden.

Für die wöchentliche Reinigung der Zwinger ist ein Wasseranschluss sowie ein Brauchwasserbehälter vorhanden.

Die Gesamtkosten für diese Anlage beliefen sich seinerzeit auf ca. 18.000 DM, wobei die Arbeitszeit nicht eingerechnet ist. Der Bau einer solchen Anlage kann natürlich auch schrittweise geschehen. Um die Anlage immer vorzeigbar zu halten, wird sie alle zwei Jahre neu gestrichen und nach und nach ausgebaut. Im großen sowie im kleinen Auslauf sind Nistkästen an den Zwingern und Schattenbäumen angebracht, ebenso eine Vogelfütterung, die von den Hunden toleriert wird.

HÜTTEN

Bei den Hütten haben wir uns auf das hervorragende Sortiment der Eiderheim'schen Werkstätten eingelassen. Diese Hütten erfüllen alle Anforderungen für eine absolut tierschutzgerechte Haltung des Hundes und fördern zudem Arbeitsplätze für Behinderte. Nach meinen Erfahrungen und Beobachtungen sind die meisten Hundehütten viel zu groß, und der Boden ist nicht richtig isoliert. Der Hund kann also mit seiner Körperwärme den Schlafraum nicht erwärmen. Das hat zur Folge, dass der Hund beim Schlafen Energie produzieren muss, um warm zu bleiben. Aus diesem Grund habe ich den Einschlupf sowie den Durchschlupf vom Vorraum zum Schlafraum des Hundes mit einem festen Stück Teppichboden verhängt, um Zugluft sowie das Entweichen der gesammelten Warmluft zu vermeiden. Mit zusätzlichem Teppich auf dem Boden wird die Hütte winterfest. Im Sommer wird er herausgenommen. Meistens schlafen meine Hunde in diesen Monaten auf ihren Pritschen. Für die wöchentliche Reinigung kann der Deckel (Dach) problemlos hochgeklappt werden. Das Dach, der Boden, die Seitenwände sowie Vorder- und Rückseite sind doppelt und somit gut isoliert. Ein Vorteil dieser Hütten ist, dass sie sehr schnell durch das Lösen von vier Schrauben zerlegt werden können. Der Platz der Hütte ist in allen Zwingern so gewählt, dass kein starker Wind auf den Einschlupf steht.

LIEGE- UND BEOBACHTUNGSFLÄCHEN

Die Liege- sowie Beobachtungspritschen sind in allen Zwingern sowie im kleinen Auslauf aufgestellt. Sie stehen an zwei Stellen unter einem Schutzdach gegen Regen sowie Sonneneinstrahlung.
Die Herstellung ist einfach. Auf vier Kanthölzer, 20 x 20 cm und 40 cm hoch, wird ein Bretterboden mit den Maßen 150 bis 200 cm genagelt. Als Abdeckung nehme ich alten Teppichboden. Er ist rutschhemmend, wenn die Hunde bei nassem Holz auf die Pritsche springen. Die Beobachtungspritsche hat die Maße 180 x 400 cm, die Höhe 40 cm bleibt gleich. Diese Pritsche steht auf der Längsseite des Zwingers, von ihr aus können die Hunde fast jede Bewegung des Führers auf dem Grundstück mit Blicken verfolgen. Sie nutzen die Gelegenheit immer gern, eine bessere Übersicht über das Gelände zu haben. Ebenso kann ich beim Vorbeilaufen den einen oder anderen Hund durch den Maschendraht streicheln, was immer gerne angenommen wird. Es dient auch zur Kontaktpflege zwischen Hund und Führer und fördert die Bezogenheit. Man kann auch gut beobachten, wie sich die Rudelhierarchie innerhalb der Meute darstellt und verändert. Andere Personen haben hier keinen Zutritt, auf Kinder ist besonders zu achten! Die Ruhepritschen sind so konzipiert, dass nur ein Hund sich der Länge nach ausstrecken kann.
Es ist erstaunlich, welche Plätze sich ein Hund während eines Tages im Zwinger aussucht. Dies geht vom Sitzen auf der Beobachtungspritsche über das Schlafen auf der kleinen Pritsche bis hin zum Liegen auf dem Boden, um dann im Zwinger auf der Pritsche weiterzuschlafen. Auf allen Zwingerpritschen liegt eine Decke, und auf diesen Pritschen schlafen gerade die jungen Hunde gern den ganzen Sommer im Freien. Erst wenn es richtig nasskalt wird, ziehen sie sich in den Schlafraum der Hütte zurück. Da ich täglich mit meinen Hunden zusammen bin, sehe ich sofort, wenn irgendetwas mit einem von ihnen nicht stimmt, z. B.: müde Bewegungen, Schonhaltung, Futter im Napf lassen, trockener oder heißer Nasenschwamm, ausgewürgtes Futter, sich absondern von anderen. Auch ein stumpfes Fell oder starken Gewichtsverlust bemerke ich sofort und kann schnell reagieren. Auch das Lösen der einzelnen Hunde wird im großen Zwingerauslauf aufmerksam beobachtet. Nimmt der Hund vermehrt Gras auf, sollten Sie ihn genau beobachten. Er kann z. B. Knochenteile im Magen haben, die er instinktiv durch langes und scharfes Gras im Magen zu umwickeln sucht, um sie so ausscheiden oder auswürgen zu können. Gern fressen Hunde im Frühjahr auch frisches Gras, um Engpässe in der Fütterung zu überbrücken.
Heißes oder gefrorenes Futter sollte man einem Hund nicht verabreichen, da es zu Verdauungsstörungen führen kann.

VORTEILE DER LIEGEPRITSCHEN

Ein großer Vorteil einer Liegepritsche besteht darin, dass die Hunde nicht auf der Erde oder dem kalten Beton liegen. Infolge des erhöhten Sitzens können sie außerdem ihre Umgebung besser beobachten. Das kommt auch ihrem natürlichen Sicherheitsbedürfnis entgegen und ist somit Teil der artgerechten Haltung. Die Pritschen steigern das Wohlbefinden und fördern die Gesundheit der Hunde.

AUSLAUF GROSS UND KLEIN

Den Zwingern mit ihren Hütten und Pritschen sind zwei Ausläufe angeschlossen: In

den großen lasse ich die Hunde je nach Jahreszeit und Wetter beim Hellwerden aus ihren einzelnen Zwingern. Dort können sie sich lösen, spielen und auslaufen. Hier sind alle Hunde zusammen, und jeden Tag ist zu beobachten, wie die Rangordnung wiederhergestellt wird und jeder weiß, an welchen Platz er gehört. Im großen Auslauf bleiben die Hunde rund eine Stunde und kommen dann in den kleinen Auslauf vor den Zwingern.
Bevor sie sich aber entweder auf ihre Zwingerpritschen legen oder auf die Pritschen im kleinen Auslauf, wird jeder Hund von mir mit einer festen Bürste gebürstet. Dies ist zum einen für das Haarkleid sehr gut, und zum anderen wird die soziale Bindung zum Führer erneuert und gefestigt; der Hund fühlt sich rundherum wohl. Es ist immer wieder jeden Tag erstaunlich, wie gerade ältere Hunde auf dieses Bürsten warten und es auch fordern.
Der kleine Auslauf, in dem die Hunde während des Tages frei herumlaufen können, ist zwei Meter hoch umzäunt. Damit sich die Hunde nicht unter dem Draht durchgraben, ist der auch am Boden befestigt. Gerade wenn man mehrere Hunde hält und für die Tagesarbeit nur zwei mitnimmt, kommen die anderen auf die tollsten Ideen, um ihre Arbeitsfreude auszuleben. Z. B. graben sie sich unter dem Zwingerdraht durch und versuchen den Führer im Revier zu finden.
Im kleinen Auslauf befinden sich die bereits angesprochenen Pritschen, die zum Teil überdacht und so vor Sonne und Regen geschützt sind. Die große Pritsche an der Längsseite des Zwingers wird meistens genutzt, um den Führer und das Geschehen um das Haus herum zu beobachten. Ebenso wird jede Gelegenheit wahrgenommen, um mit dem Führer oder Familienangehörigen in Körperkontakt zu treten und sich so einige Streicheleinheiten zu holen.
Der kleine Auslauf bietet den Hunden zwei Arten von Bodenbedeckung: einen Grasboden sowie eine grobe Kiesschicht. Es ist erstaunlich, wie unterschiedlich die Hunde diese nutzen. Oft wird bei Hitze das lange Gras bevorzugt. Dabei meiden sie es, wenn es zu lang geworden ist. Am liebsten liegen die Hunde in kühlem, frischem, saftigem Gras, das nicht länger ist als etwa 30 cm. Aus diesem Grunde wird das Gras gemäht und aus der Wassertonne gegossen.
Die Kiesschicht wird, wie ich beobachtet habe, auf zwei verschiedene Arten genutzt: Bei sehr starker Hitze liegen die Hunde auf dem sehr heißen Kies, es kommt einem vor, als bräuchten sie diese starke Hitze von unten und oben. Das Sonnenbad dauert zwischen zwei und drei Stunden, manchmal auch länger. Einige Hunde (gerade die älteren) graben sich ein Loch und liegen mit dem Hinterteil in der entstandenen Vertiefung und mit dem Oberkörper auf dem Kies in den Sonnenstrahlen. So erzeielen sie offenbar die optimale Wärmeverteilung.
Bei der anderen Variante nehmen die Hunde in den Abendstunden gerne die Kiesfläche an. Da diese durch das Haus beschattet wird, genießen sie wahrscheinlich die Wärme, die der Kies abgibt. Auch der Betonvorlauf vor den Zwingern wird dafür genutzt.
Die grobe Kiesschicht dient auch der Massage der Sohlenballen und der Muskulatur beim Laufen, gleichzeitig ist sie nach einem Regen schnell wieder trocken.
Durch ein großes Fenster kann die gesamte Anlage übersehen werden, was gerade bei Unruhe unter den Hunden sehr wichtig ist. So können die Hunde auch beobachtet werden in Bezug auf Ausbildung, Krankheit sowie Unverträglichkeiten oder Rangordnungsverschiebungen. Hier ist manchmal ein schnelles Eingreifen durch ein Kommando aus dem Fenster sehr hilfreich.

DIE GROSSE WIESE

Durch eine Pforte im großen Auslauf gelangt man sofort auf eine ausgedehnte Wiese, auf der jeder Hund von uns die Grundausbildung absolviert. Dabei können unsere Hunde ständig andere Hunde bei ihren Übungen sehen,

was ebenso zur Hundeausbildung gehört.
Im Anschluss an diese Fläche liegt der Saupark, in dem unsere Hunde ständig von Jugend an ihre Übungsarbeiten mit den verschiedensten Schwierigkeitsgraden erlernen und dauernd mit Wild und dessen Witterung in Kontakt kommen.

FÜTTERUNG

Da meine Hunde ausnahmslos jeden Tag trainiert werden, brauchen sie ein hochwertiges Futter, das sich jeder Führer aber selbst zusammenstellen kann. Lassen Sie sich im Zweifelsfall von einem Tierarzt beraten, um Fehler zu vermeiden, die zu Lasten der Hundegesundheit gehen würden. Bei unseren Hunden handelt es sich um „Hochleistungssportler", die nicht mit normaler Kost für Schoßhunde auskommen.
Alle meine Hunde werden einzeln in ihrem Zwinger gefüttert. Im Kollektiv erhalten nur Welpen bis zur zehnten Woche ihr Futter. Ab diesem Alter füttere ich auch die Welpen schon separat.

FUTTERMITTEL

Meine Futterzusammenstellung sieht wie folgt aus: Fünfmal in der Woche bekommen die Hunde Fleisch, Pansen, Blättermagen oder Aufbrüche – allerdings nie vom Schwarzwild (Aujeszkysche Krankheit oder „Pseudowut"). Die Fleischmenge richtet sich nach der geleisteten Arbeit des Tages, sie liegt bei 500 bis 1 000 g pro Hund. Die Aufbrüche werden meistens roh verfüttert, ihnen gebe ich, gerade bei jungen Hunden, ganz klein zerschnittene Kopffellstückchen vom Rind bei, um den Darm zu säubern und die Kaulust der Junghunde zu befriedigen. Über das Trockenfutter, das sie in der Woche einmal trocken und einmal aufgeschwemmt bekommen, gebe ich Sonnenblumenöl sowie etwas Lebertran und Multivitamin-Tropfen.
Im Jagdbetrieb fallen immer Stücke an, die

Der Verfasser mit einem BGS-Wurf auf der großen Wiese nahe der Zwingeranlage

nicht mehr dem menschlichen Verzehr zugeführt werden können. Diese Stücke lege ich zu Ausbildungszwecken, gerade dann, wenn Welpen da sind, in den kleinen Auslauf und lasse die jungen Hunde ihre ersten Erfahrungen mit Wild machen. Aus diesen Stücken werden anschließend die besten Teile – aber stets gekocht! – als Futter für die Hunde verwendet. Zum Kochen steht ein Starkstromanschluss

FUTTERKÜCHE

Zur optimalen Zubereitung des Hundefutters habe ich in der Zwingeranlage eine kleine Futterküche eingerichtet. Sie besteht aus drei Containern und einem Hartholzklotz (Eiche). In den Containern stehen Abfallkübel sowie die Eimer für das Frischfleisch. Ein Schneidbrett und eine Leiste zum Aufhängen von Messern und Geräten komplettieren das Ganze. An den Seitenpfosten sind Haken für Wild angebracht. Zum Abwaschen der Schneidefläche steht fließendes Wasser zur Verfügung.

Futterzubereitung für vier Hunde: gekochtes Rindereuter.

Die Futterküche mit Schneidbrett, Futterschalen und Hartholzklotz

zur Verfügung: Wer Hundefutter im großen Stil zubereiten muss, wird es schätzen, im Freien abkochen zu können. Nicht jede Familie duldet es, wenn Hundeführer oder -führerin den Pansen in der Essküche zubereiten! Um immer genügend Frischfleisch vorrätig zu haben, habe ich noch einige Kühltruhen, in denen alles portionsweise eingefroren wird.
Alle meine Hunde bekommen zum Trockenfutter als Beigabe Milch, Quark, Eier und vor allen Dingen Gemüse und Obst. Mit der Verfütterung von z. B. Karotten und Äpfeln sollten Sie schon frühzeitig im Welpenalter beginnen. Dann nehmen die Hunde es noch gerne auf, denn Futtervorlieben werden schon in den ersten Wochen anerzogen. Versuchen Sie später ältere Hunde daran zu gewöhnen, mäkeln sie oder lassen es liegen. Hier hilft auch kein Hungertag; im Klartext: Der Hund hat es nicht frühzeitig gelernt. Das gilt auch für Trinkbares: Es macht durchaus Sinn, Hunden für zukünftige Krankentage an Kamillen- oder Fencheltee zu gewöhnen. Reis mit einer kräftigen Fleischbrühe reiche ich den Hunden an arbeitsfreien Tagen, oder wenn sie krank sind.

FÜTTERUNGSHÄUFIGKEIT UND ZEITEN

Der Futtergehalt für meine Hunde setzt sich zusammen, wie in der Tabelle wiedergegeben. In den zwei Monaten von Mitte Februar bis Mitte April – für die Hunde herrscht dann weitgehend Ruhezeit, da fast alles Wild Schonzeit hat – lege ich einmal wöchentlich an wechselnden Tagen einen futterfreien Tag ein. In Zeiten, in denen die Hunde Höchstleistungen vollbringen müssen, kann die Futtermenge durchaus das Doppelte betragen. Hunde ab einem Alter von einem Jahr werden grundsätzlich nur einmal am Tag gefüttert und zwar, wenn es anfängt, dunkel zu werden. Zusätzlich bekommen die Hunde frisches Wasser in ihren Zwinger gestellt. Ich füttere erst abends, weil wir meistens, solange es hell ist, im Einsatz sind oder noch gerufen werden

☞ SO FÜTTERT DER VERFASSER

(BEZOGEN AUF TROCKENSUBSTANZ)

Eiweiß	26 %
Fett	8 %
Mineralstoffe	5 %
Kohlenhydrate	61 %

können, und ein vollgeluderter Hund arbeitet nicht gerne. Gefährlich ist es außerdem, denn ein voller Magen neigt zur lebensgefährlichen Magendrehung!

TIERARZT

Bei der Arbeit mit mehreren Hunden und bei 100 bis 150 Einsätzen im Jahr bleibt es gar nicht aus, dass sich ein Hund verletzt. In diesen Fällen muss man seinem Tierarzt blind vertrauen können. Einige Menschen sagen: „Mein Tierarzt ist besser als mein Hausarzt", und damit haben sie nicht einmal so unrecht. Wer mit Hunden eng verbunden zusammenlebt, der ist bei einer schweren Verletzung eines Hundes fast selbst körperlich krank. Idealerweise ist der Tierarzt selbst Jäger und besitzt ein gerüttelt Maß an Erfahrung mit Jagdhunden und ihren Führern (die nicht immer leicht zu nehmen sind!). Ebenso sollte er zu den unmöglichsten Zeiten ansprechbar sein, denn gerade zu diesen Zeiten, z. B. an Feiertagen, passiert meistens etwas. Da unser Tierarzt am Forstamt auch die Wildstrecken überwachen muss, ist zu jeder Zeit auch eine Kontrolle und Nachimpfung der Hunde gewährleistet.
Sehr vorteilhaft ist es, wenn die Praxis in der Nähe liegt und man den Vorteil genießt, auch bei vollem Wartezimmer vorgezogen zu werden. Da dies nicht immer gegeben ist, sollte der Hundeführer auf jeden Fall für Verletzungen seiner Hunde gewappnet sein. Es ist sinnvoll, auch Kontakt zu einer Tierklinik in der Nähe zu haben, denn bei schweren Verletzungen, die operiert werden müssen, ist der Tierarzt vor Ort bisweilen überfordert. Hilfreich kann es darüber hinaus sein, einen Tierarzt mit speziellen Kenntnissen der Zahnheilkunde zu kennen. Es passiert bisweilen, dass Hunden beim Greifen und Abtun eine Zahnspitze abbricht, die anschließend mit einer Füllung oder sogar Zahnersatz behandelt werden muss.

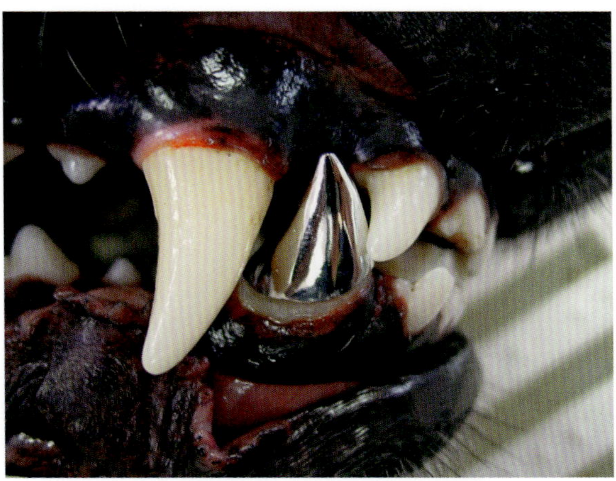

Das kann nur der Spezialist: Eckzahn aus Edelstahl für einen Deutsch-Drahthaar, der das Original beim Greifen eines Keilers verlor.

WELPENVERKAUF

Jeder, der schon einmal einen Wurf junger Hunde bis zur zehnten Woche aufgezogen hat – erst da gebe ich meine Hunde ab – weiß, welche bitteren Minuten es sind, wenn der kleine Kerl plötzlich das Haus verlässt. Um dies etwas erträglicher zu machen, haben meine Frau und ich uns einen Plan erstellt. Als Erstes suchen wir uns die Führer mit ihren Familien aus, dies ist gerade bei schwer arbeitenden Hunden sehr wichtig. Die Familie ist die Kernzelle, in der Ruhe herrschen sollte, und in der sich der Hund nach schwerer Arbeit draußen im Revier erholen kann.

KÄUFER- UND WELPENAUSWAHL

Die neuen Hundeführer für die Welpen werden sorgfältig ausgewählt. Bei den Führern sind der Beruf, die Möglichkeiten zur Jagd und das Einsatzgebiet des Hundes wichtig. Ebenso spielen das Alter und die Gesundheit des Führers eine Rolle. Der Platz für den Hund (Zwinger- oder Wohnungshaltung) wird ebenfalls mit ins Kalkül gezogen. Auch die Erfahrung des neuen Führers in Bezug auf Hundeausbildung zählt und wird mit meiner

Ein Forstinspektor sichtet den Wurf „vom Jägerborn“.

Sind Welpen sieben Wochen alt, ist das für Käufer ein guter Zeitpunkt für die Auswahl. Das gilt auch für DW-Welpen.

Reviergang mit Welpen und Hündin: Dabei ist Raufen angesagt!

Frau besprochen. Haben wir uns ein Bild über die neuen Besitzer gemacht, werden sie einzeln zu uns gebeten, um sich einen Hund auszusuchen. Dies geschieht erst in der siebten Woche.

In diesem Alter zeigen die Hunde schon etwas, man kann sie im Garten gut vorstellen, und die neuen Führer können so schon erste Kontakte aufnehmen und ihre Wünsche äußern. An diesem Tag kommen alle Führer – einer nach dem anderen –, und die Welpen sind danach fest zugeteilt.

Die folgenden drei Wochen nutze ich, um mit dem ganzen Wurf ins angrenzende Revier

KAUFVERTRAG – WICHTIGE PUNKTE

Einen Kaufvertrag erhält und unterzeichnet jeder meiner Welpenkäufer. In diesem Vertrag sollte alles Wesentliche enthalten sein, auch unbequeme Dinge, um spätere Reklamationen auszuschließen. Ein ganz besonderer Punkt meiner Kaufverträge ist ein Rückkaufsrecht für mich bei beabsichtigter Veräußerung des Hundes, eine Ausbildungsverpflichtung und die Besichtigungsmöglichkeit des Hundes in seiner neuen Umgebung durch mich.

Die letzten Welpen gehen aus dem Haus.

zu gehen, und mit ihnen – nebst Hündin – einige Übungen durchzuführen. So lernen die Kleinen zum ersten Mal Wild kennen, sie durchlaufen kleine Dickungen, durchqueren Brennnesselhorste oder Schwarzwild-Fütterungen. Der angewölfte Folgedrang lässt die jungen Hunde auch schwierige Gelände anstandslos queren: Hauptsache, sie bleiben in der Meute! Es ist erstaunlich, was man bei jedem einzelnen Hund erkennen kann und wie sich schon früh der spätere Charakter eines Hundes zeigt.

In den letzten drei Wochen vor Abgabe der Welpen dürfen uns – aus Erfahrung heraus – die neuen Hundeführer nicht mehr besuchen. Das mag zwar hart erscheinen, hat aber für beide Seiten Vorteile.

Ist der Tag des Abholens gekommen, werden die Kaufverträge und Impfpässe bereitgelegt. Mein Musterkaufvertrag ist im Serviceteil des Buches (s. S. 317) abgedruckt.

Zu genau festgelegten Zeiten werden die Welpen nacheinander nun abgeholt, es werden noch ein paar Fotos mit dem neuen Besitzer gemacht, und dann ist der kleine Kerl in einer neuen Welt. Wir geben den Führern immer noch ein Stück der Schlafdecke mit, auf dem der ganze Wurf geschlafen hat. Es hilft dem Hund sehr, sich an die neue Heimat (Höhle) zu gewöhnen, wenn er immer noch die Witterung des Wurfes und der Mutter in sich aufnehmen kann.

Ist der letzte kleine Hund mit seinem glücklichen neuen Führer weg, tritt eine gähnende Leere in unserem Haus ein, und man braucht ein paar Tage, um das Erlebte der vergangenen zehn Wochen zu verarbeiten. Auch die Tränen, die sich bei noch so starker Beherrschung über die Wangen ziehen, müssen trocknen, denn es haben ja Lebewesen das Haus verlassen, die einer Familie ans Herz gewachsen sind.

NASENLEISTUNG DES HUNDES – EINFLUSSFAKTOREN

Immer wieder können wir bei der Nachsuche feststellen, dass unser Hund, der gerade tags zuvor bestens gearbeitet hat, plötzlich Schwierigkeiten hat voranzukommen. Das kann sogar so weit gehen, dass der Hund eine angefangene Arbeit verweigert, sich hinsetzt und nur noch gelangweilt oder verstört umherschaut. Den Hund hier jetzt unter Druck zu setzen, ist in den meisten Fällen nicht der richtige Weg und wird dem Hund eher schaden als helfen: Mit Zwang ist hier nichts zu erreichen. Nur mit Freude an der Arbeit bringt der Hund sie auch voran.
Klappt es also einmal nicht wie gewohnt, dann müssen Sie als Führer die Situation analysieren: Liegt es daran, dass die Hundenase aufgrund äußerer Umstände versagt, oder hat der Hund ein Ausbildungsdefizit?

WIE VIELE HUNDE?

Jede und jeder, die Nachsuchen richtig betreiben möchten, sollte drei Hunde haben: Einen alten erfahrenen, einen mittelalten und einen jungen Hund in der Ausbildung. Wie schnell kommt bei dem heutigen Straßenverkehr ein wertvoller Hund zu Schaden? Wer dann nur diesen einen Hund hat, wird einige Jahre nicht mehr nachsuchen können, und seine ganze Arbeit wird in Jägerkreisen dadurch zunichtegemacht. Niemand kann warten, bis ein Nachsuchenführer in einem oder zwei Jahren wieder einen einsatzfähigen Hund führt.

Im letzten Fall – z. B. hat der Hund auf dem vorhandenen Untergrund noch nicht gearbeitet – muss ein firmer Hund die Arbeit übernehmen und zu Ende bringen. Sind aber äußere Umstände – z. B. außergewöhnliche Trockenheit – der Grund für das Versagen der Hundenase, hilft man dem Hund, indem man ihm die Möglichkeit zur Erholung gibt: Wann immer der Führer helfend eingreifen kann, sollte er den Hund unterstützen – Schweißarbeit ist immer auch die Leistung des Gespanns. Hier zeigt sich erneut, dass ein zweiter, nachgeführter Hund von Vorteil ist.

NASENLEISTUNG UND -BENUTZUNG

Die Hundenase kann auf zwei verschiedene Arten beeinflusst werden. Zum einen rein „mechanisch“, also durch Hitze, Trockenheit, Kälte, Feuchtigkeit, Staub, überdeckende Gerüche etc. Zum anderen kann der Hund, aufgrund äußerer Einflüsse unkonzentriert, die Nase nicht mehr richtig benutzen. Ein Beispiel dafür ist das Frühjahr, wenn der Hund noch nicht verhaart ist. Bei den ersten heißen Tagen im Mai fängt der Hund schon nach kürzester Zeit an zu hecheln und wird dadurch unkonzentriert. Gerade beim Hecheln zieht er die Luft durch den Fang ein und nicht mehr durch die Nase.
Die Nachsuche kann durch zahlreiche Umstände erschwert werden:
Schnee ist in einem eigenen Kapitel beschrieben, er ist auch für Nachsuchenführer im Flachland von Bedeutung.

EXTREME TEMPERATUREN

Kälte Sie kann dem suchenden Hund sehr zu schaffen machen, wenn er mit tiefer Nase über kaltem Boden oder Schnee arbeitet. Schon nach kürzester Zeit verkleben seine Nasenschleimhäute, der Hund wird unruhig und schüttelt den Kopf. Hier hilft nur noch eine kurze Pause, in der Sie den Windfang mit der Hand reiben und aufwärmen.

Hitze Bei extrem hohen Temperaturen werden Hunde ohne entsprechendes Hitzetraining schon nach kurzer Zeit versagen und nicht mehr weiterarbeiten können. Schon eine Wiese mit hohem Gras kann für Hunde ohne Übung zum unüberwindbaren Hindernis werden. Bei Hitze müssen Sie Ihrem Hund immer wieder den Nasenschwamm anfeuchten. Der Wasserverlust der Hunde ist bei Hitze sehr hoch: Durch das Hecheln kühlt der Hund den Körper, gleichzeitig gibt er mit der Atemluft große Mengen Wasser ab. Auch dem muss Rechnung getragen wer-

Eine Hetze in sommerlicher Hitze verlangt den Hunden alles ab.

Vier entspannte Rüden bei einer Nachsuchenführerin: Der 14-jährige Senior (l.) ist „in Rente", der sechs Monate alte Jüngste (r.) in der Einarbeitung.

den. Geben Sie daher Ihrem Hund bei jeder sich bietenden Möglichkeit Wasser.

FEUCHTIGKEIT

Dauerregen So erfreulich es ist, wenn eine Fährte im feuchten Untergrund steht oder etwas Regen in die Fährte fällt, so kann Dauerregen es fast unmöglich machen, eine Fährte zu halten. Auwälder mit ihrer Dauerbenässung stellen ein besonderes Problem dar – hier findet der Hund die Geruchspartikel in den intensiv duftenden modernden Stämmen und dem Bewuchs nur, wenn er die Arbeit in solchem, zudem auch schwer gängigem Gelände gelernt hat.

Tau Diese Form des Niederschlags stellt ebenfalls ein Erschwernis dar: Die Wassertropfen gelangen in den Windfang und erschweren dem Hund das Atmen. Manche Hunde schütteln dann den Kopf, um die Nässe loszuwerden. Bei solchen Witterungsbedingungen können Sie helfen, indem Sie erst später mit der Arbeit beginnen. Üben sollte der Hund jedoch auch diese Situation.

Nebel Geruchspartikel halten sich im Nebel länger in der Luft, die Individualwitterung verschwindet also später als in trockner Luft. Im Nebel neigen gerade die Vollgebrauchshunde dazu, mit halbhoher oder hoher Nase zu arbeiten. Deshalb und wegen der erschwerten Sicht sollte man die Arbeit möglichst erst beginnen, wenn sich der Nebel verzogen hat. Dichter *Bodennebel* stellt darüber hinaus ein Sicherheitsrisiko dar: Weder angreifendes noch flüchtendes Wild kann früh genug gesehen werden.

Der junge Weimaraner-Rüde arbeitet sauber auf dem Sandweg.

GELÄNDEMORPHOLOGIE

Bergiges Gelände (Gebirge) kann ebenfalls die Hundenase beeinflussen. V. a. wenn der Hund aus flacheren Gegenden kommt, muss er sich erst an die dünne und trockene Luft gewöhnen, um richtig eingesetzt werden zu können.

Auch steiles Gelände spielt eine Rolle. Für den Hund – wie für den Menschen – aus dem Flachland ist es etwas Ungewohntes und Anstrengendes, einen Schritt über anstatt vor den anderen zu setzen. Beginnt der Hund dann zu hecheln, ist es meistens schon aus mit der Nasenleistung, und die Arbeit wird oberflächlich. Gönnen Sie Ihrem Hund dann eine Pause. Bei der Arbeit bergab kann sich der Hund schwertun, die Nase auch in die Fährte zu bekommen, ohne abzurutschen. Einem ausreichend eingeübten Hund bereitet das jedoch keine Probleme.

BODENARTEN UND -DECKUNG

Der Einfluss der Bodenarten wird oft unterschätzt: Führer sind geradezu erschrocken, wenn ihr Hund auf Sandboden keine Leistung bringt. In der Einarbeitungszeit muss der Hund viel Gelegenheit haben, auf verschiedenen Bodenarten zu arbeiten. Auch müssen Sie den Übergang von einer Bodenart

zu einer anderen mit Ihrem Hund üben, z. B. aus dem Wald ins Feld und auf einen frisch gepflügten Sturzacker, dann über eine Straße auf einen Parkplatz mit Schotter.
Das Gleiche gilt auch für Bodenbedeckungen. Diese verändern sich auch noch im Wechsel der Jahreszeiten (Laubfall).
Junghunde, die nicht vom Welpenalter an gelernt haben, in Brennnesseln zu arbeiten, werden davor zurückschrecken und darin kläglich versagen. Die Brombeere oder sogar Himbeerranken können die Arbeit eines Hundes gänzlich zum Erliegen bringen, wenn er solche Situationen nicht kennt. Man muss es einmal selbst erlebt haben, wenn es in einem solchen Verhau nicht mehr weitergeht und Hund und Führer festliegen. Hier hilft nur noch: Herauskriechen und Umschlagen, um die Fährte wiederzufinden.

STRASSEN

Straßen werden von krankem Wild immer wieder nicht nur überquert, sondern sie benutzen sie auch als gut begehbare Wechsel oder Wege. Es ist erstaunlich, wie sich Hunde auf dem Straßenbelag zurechtfinden und die Fährte über lange Strecken sogar halten können. Bilden Sie Ihre Hunde an Ausbildungsstationen an der Bodenbedeckung „Straße“ aus. Gerade bei Nachsuchen auf angefahrenes Wild wird die Suche zwangsläufig auf der Straße beginnen.

Pigmentverschiebungen durch Wunden am Nasenschwamm: Der bewährte Kämpe hat über die Jahre einige Schnittverletzungen davongetragen.

BESONDERE HÄRTEN FÜR DIE HUNDENASE

Spritzmittel Sie beeinträchtigen die Hundenase und den Hund selbst stark und sind darüber hinaus gesundheitsschädlich für dessen Bronchien und Lunge. Erfragen Sie daher vor einer Suche durch große Rübenschläge oder andere Feldfrüchte, wann zum letzten Mal gespritzt worden ist. Ein Umschlagen dieser Schläge ist dann meistens das Beste für den Hund. Führen Sie bei solchen Suchen immer Wasser mit, um dem Hund Fang und Nase abwaschen zu können. Muss der Hund bereits husten, weil seine Bronchien gereizt sind, ist die Arbeit für ihn ohnehin zu Ende!

Getreide Eine besondere Härte für den Hund und seine Nasenleistung stellt Getreide dar, gerade wenn es ausgereift ist und die Stängel hart werden. Die Hunde können sich im Getreide außerdem verletzen: Weizenblätter haben wie auch Maisblätter scharfe Sägekanten, die den Nasenschwamm und die Augenlider der Hunde aufzuritzen vermögen. Das gilt übrigens auch für die Hundeführer: Sicherheitsbrillen sind sinnvoll!

Bei so einem riesigen Rapsschlag „geht einem doch das Herz auf". Die Nachsuche war trotzdem erfolgreich.

Mais und Raps Diese Fruchtsorten können die Orientierung über die Nase sehr beeinträchtigen. Fällt z. B. Regen auf den Schlag und verdunstet dann wieder, bildet sich zwischen den Pflanzen ein Mikroklima mit sehr hoher Luftfeuchtigkeit. Der Dunst erschwert die Nasenarbeit, und die Hitze kann zusätzlich zum Kreislaufkollaps führen – gerade bei Hetzen. Auch der Blütenstaub vom Raps beeinflusst die Arbeit stark, denn er verklebt die Hundenase.

Rot- und Sitkafichten Dickungen aus diesen Baumarten, zumal bei großer Hitze und vielleicht noch nach der ersten Läuterung, gehören mit zu den schwersten Situationen, die man sich vorstellen kann. Hier hilft nur eins: Ruhe bewahren, langsam und ohne Hast arbeiten, den Hund immer wieder unterstützen und Pausen einlegen, wenn der Hund unkonzentriert wirkt.

Wasserläufe und -flächen Fließende und stehende Gewässer können ein zügiges (Weiter)Arbeiten ebenfalls erschweren. Gerade Rotwild und Schwarzwild nehmen sehr gerne Wasser an, und in diesem Element fällt es der Hundenase sehr schwer, die Arbeit sauber fortzusetzen.

Markante Wildzeichen Suhlen, Brunftplätze, in der Nähe stehende Brunftrudel sind weitere ernst zu nehmende Einflussfaktoren, die ein Führer erkennen muss, damit er den Hund unterstützen oder die Nachsuche entsprechend darauf einstellen kann, um die Arbeit zu Ende zu bringen.

Checkliste

NASENARBEIT UND EINFLUSSFAKTOREN

ERSCHWERNISSE

- ☐ Schnee (auf- oder abbauend)
- ☐ Kälte (Raureif-Anraum)
- ☐ Hitze (Hitzeperioden)
- ☐ Nebel
- ☐ Feuchtigkeit (Dauerregen, Tau, Nebel)
- ☐ Geländeform (hoch, steil)
- ☐ Bodenarten (Sand, Stein, Lehm)
- ☐ Bodendeckung (Moos, Nadeln, Blätter)
- ☐ Asphaltstraßen
- ☐ Spritzmittel (Pflanzenschutz/ Wuchsmittel, Kopfdüngungen)

BESONDERE HÄRTEN

- ☐ Auwald mit Bruchholz und Moor
- ☐ Brennnesseln, Brombeeren und Schlehen
- ☐ Fichten-, Sitka-Dickungen (v. a. bei großer Hitze)
- ☐ Getreidearten
- ☐ Mais
- ☐ Raps
- ☐ Stehende und fließende Gewässer
- ☐ Suhlen
- ☐ Brunftplätze, Brunftrudel

DIE GRUNDAUSBILDUNG

DIE STIMME DES HUNDEFÜHRERS

Die Kommandosprache – aber auch die Stimme allgemein – gehört zum wertvollen Besitz des Hundeführers. Trotzdem müssen viele Führer erst üben, mit ihrem Hund zu sprechen – eigentlich erstaunlich.
Mit der Stimme kann der erfahrene Führer fast alles bei seinen Hunden erreichen. Durch die Lautstärke der Kommandos, der Länge, Kürze, Schärfe oder Härte leiten Sie den Hund. Leider können manche Führer nur zwischen „laut" und „sehr laut" unterscheiden. Bei langen Arbeiten am Schweißriemen gibt es andererseits nichts Schlimmeres, als in Ruhe zu verharren und nichts zu sagen. Nach kurzer Zeit wird auch der nervenstarke Hund unruhig, weil er nicht weiß, was der Führer am Ende des Riemens will und ob er noch richtig ist. Ein freudiges „Such!" oder „Brav, mein Hund!" im ruhigen Tonfall wirkt Wunder. Ständiges Plappern ist aber ebenso schädlich. Es gilt also, den goldenen Mittelweg zu finden. Nur die Erfahrung und das Beobachten, wie die Stimme auf den Hund wirkt, bringen den Erfolg. Vermeiden Sie auch, den Hund immer „scharf" anzureden – Sie machen ihn dadurch harthörig, und er reagiert bald nicht mehr.

DIE SPRACHE – GESCHENK DER NATUR

Wenn Sie auf einer Schweißprüfung von Beurteilenden Äußerungen hören wie „Hören Sie auf, mit dem Hund zu sprechen, der Hund soll selbst suchen!", zeugt das nicht gerade von Sachverstand. Denn gerade das – gezielte – Sprechen unterstützt den Hund bei seiner Arbeit. Einzige Ausnahme wäre, wenn vor der Prüfung angesagt würde, dass das Sprechen mit dem Hund verboten ist ...
Die Sprache des Hundeführers ist ein Geschenk der Natur, man muss nur lernen, sie richtig einzusetzen, und das muss geübt werden, so oft es nur möglich ist. Bei meinen Lehrgängen muss ich immer wieder Hundeführer darauf aufmerksam machen, dass ihre Stimmlage nicht gerade umwerfend ist – Reaktion ist meist „großes Staunen"!
Unsere Stimme können wir in Höhen und Tiefen so formen, dass wir mit ihr allein ausdrücken können, was wir möchten – dazu muss man nicht die Inhalte der Worte verstehen. Wenn wir das mit dem Hund nicht üben, wird er uns allerdings auch nicht verstehen lernen.
Mit der Tonlage Ihrer Stimme können Sie den Hund loben, ihn strafen und ihm sogar Ihr Missfallen ausdrücken. Wir Hundeführer sind unseren Hunden gegenüber verpflichtet, jede Möglichkeit der Unterstützung bei ihrer Arbeit zu nutzen. Ein Hund, der während seiner Arbeit und vor allem bei der Einarbeitung keine Ansprache von seinem Führer erhält, wird unsicher: „Bin ich nun richtig oder nicht?" Feldversuche haben gezeigt, dass sich das Ansprechen des Hundes immer motivations- und damit arbeitssteigernd auswirkt, dagegen ein stummes Am-langen-Riemen-Dahintrotten früher oder später zum Misserfolg führt.

DER TON MACHT DIE MUSIK

Was ist also das Geheimnis der Stimme und des Sprechens mit meinem Hund bei der Nachsuchenarbeit? Lassen Sie sich filmen und hören Sie sich zu! Schaffen Sie sich möglichst viele und vielfältige Möglichkeiten, Ihren

Hund anzusprechen – halten sich dabei aber an eine klare inhaltliche Bedeutung der Worte, die man an den Hund richtet. Auch ist es nicht zielführend, den Hund unentwegt von hinten „vollzubrabbeln“ – erst einmal müssen wir selbst lernen, unsere Stimme richtig und damit hilfreich einzusetzen.
Es gibt eine ganze Reihe von Fehlern, die man machen kann und aus denen heraus klar wird, was besser zu machen wäre:
Beim Militär heißt es „Wie das Kommando, so die Ausführung“. Dieser Spruch hat tatsächlich bei der Hundeausbildung seine Berechtigung. Ein zu lasch dahingesagtes Wort wird immer eine lasche Ausführung beim Hund zur Folge haben, denn er versteht nur den Tonfall – und dem folgt er dann. Deshalb soll z. B. das „Such verwund't!“ mit fester und gleichzeitig aufmunternd anregender Betonung gesprochen werden.
Wenn ein Hund hinter sich beständig in gleicher Lautstärke und in immer gleichem Tonfall den Wortschwall seines Hundeführers hört, wird er mit der Zeit harthörig und keine Reaktion mehr auf Kommandos zeigen. Nicht einmal auf Lob wird er noch reagieren!
Auch unser Missfallen an der Arbeit unseres Hundes oder gar unseren Ärger können wir mit der Tonlage unserer Stimme zum falschen Zeitpunkt vermitteln. Bekommt dies der Hund bei seiner Arbeit mit, verunsichert ihn das und führt in der Folge fast immer zu Fehlleistungen. Es ist deshalb ausgesprochen wichtig, sich selbst während der Arbeit unter Kontrolle zu haben und eventuellen Ärger später zu nutzen, um ein besseres Arbeitskonzept für den Hund zu entwickeln.

ZUVIEL NIMMT DIE „RESERVE“

Zu viel mit dem Hund auf der Fährte zu sprechen, nimmt uns die Möglichkeit, auf besondere Situationen in der Fährte speziell reagieren und hinweisen zu können. Gerade wenn Höhepunkte in der Übungsfährte anstehen, z. B. ein Verweisen, braucht man die „Reserve“, um ein richtiges Verhalten des Hundes loben zu können. Zu vieles Reden führt dazu, dass der Hund Verweiser gleichgültig überarbeitet und später nur noch flüchtig anzeigt. Damit hätten wir uns eine der wichtigsten Möglichkeiten unserer Stimme – ohne es zu merken – verbaut.

GENAU IM RICHTIGEN MOMENT

Vor der Arbeit mit dem Hund muss uns klar sein, was wir mit unserer Stimme erreichen möchten. Wir wollen dem Hund Lob, Ansporn und Tadel vermitteln – und das dazu noch im genau passenden Moment. Der Hund verbindet unsere Reaktion mit seiner Handlung und seiner Stimmungslage in dem jeweils aktuellen Moment. Es gilt also, als Hundeführer in einer sekundenkurzen Zeitspanne zu reagieren. Wer das nicht weiß, macht ungewollt Fehler, die eine tiefe Verunsicherung des Hundes zur Folge haben können.
Die meisten Hundeführer setzen Lob und Tadel in der Stimme zu spät ein, wenn der Moment des Geschehens schon vorbei ist und der Hund bereits etwas anderes tut, als das, was wir loben oder tadeln wollten: Dem Hund bleibt gar nichts anderes übrig, als falsch zu verknüpfen. Das ist bei jungen Hunden naturgemäß problematischer.
Voraussetzung für Lob und Tadel im richtigen Moment ist wieder einmal, dass der Hundeführer seinen Hund bei der Arbeit auch genau beobachtet und versucht, sich in den Hund hineinzuversetzen. Das eben ist mit dem Begriff „den Hund lesen lernen“ gemeint. Der Hund ist auf unser Sprechen angewiesen, denn er arbeitet mit tiefer Nase und kann sich ja nicht dauernd umblicken, um zu sehen, was wir körpersprachlich und mimisch vermitteln.
Das Reden mit dem Hund während der Arbeit ist also für beide Partner des Gespanns von Vorteil, und es sollte unbedingt, aber gezielt eingesetzt werden.

Kommando „Anhalsen!“

Der Hund lässt sich die Halsung überstreifen.

KOMMANDOS AUF DER SCHWEISSFÄHRTE

Im Allgemeinen wird ein Gespann auf Schweiß immer aus demselben Hundeführer mit seinem Hund bestehen. In sehr enger Zusammenarbeit, z. B. eines Hundeführerpaares mit seinen Hunden, arbeiten Hunde auch auf Schweiß durchaus gut alternierend mit zwei Führern zusammen. In jedem Fall muss aber Übereinkunft darin bestehen, welche Kommandos die Hunde bekommen. Für Letztere muss außerdem unmissverständlich klar sein, was ein Kommando bedeutet.

„ANHALSEN!“

Dieses Kommando wird gegeben, wenn der Hund an die Halsung genommen werden soll. Der Hund kommt heran, sitzt oder steht und schiebt seinen Kopf selbst in die geschlossene Halsung. Bei uns sind aus Erfahrung die Halsungen so weit, dass sich ein Hund jederzeit daraus befreien kann. Sehr schnell hat gerade der junge Hund begriffen, dass es etwas zu erleben gibt, wenn ihm die Schweißhalsung übergestreift wird. In der Folge wird er auf das Kommando „Anhalsen!“ freudig zu seinem Führer kommen.

„SITZ!“ ODER „PLATZ!“

Diese beiden Befehle erhält der Hund, wenn er abseits des Anschusses ruhig verharren soll. Hier ist dem Kommando „Sitz!“ der Vorzug zu geben, denn aus der Sitzposition kann der Hund seinen den Anschuss untersuchenden Führer deutlich besser beobachten als aus dem „Platz!“, bei dem er flach am Boden liegen muss. „Sitz!“ oder „Platz!“ verwenden wir auch bei einer kurzen Pause, bei der wir den Hund nicht von der Fährte abtragen, sondern ihn in der Fährte sitzen oder Platz machen lassen. Dies kann auch zur Beruhigung auf der Fährte dienen, gerade bei hochpassionierten

Kommando „Platz!": Der Hund legt sich ab und bleibt liegen, bis er abgeholt wird.

Hunden. Das Kommando „Down!“ bei Vorstehhunden ist dem „Platz!“ etwa gleichzusetzen. Der Gebrauchshund darf im „Platz!“ allerdings den Kopf heben.

„SUCH VORHIN UND ZEIGE MIR!“

Diesen Befehl bekommt der Hund bei einer Suche an zwei Stellen.

1. zu Beginn der Suche: Der Hund ist abgelegt und beobachtet seinen Führer beim Untersuchen des Anschusses. Ist die Untersuchung abgeschlossen, geht der Führer zu seinem Hund, der ihn freudig erwartet. Er fasst den Riemen kurz, etwa zwei bis drei Meter. Der Hund sollte immer noch sitzen – eine reine Übungssache. Auf das Kommando „Such vorhin und zeige mir!“ wird er mit tiefer Nase zum Anschuss arbeiten und hier verweisen.
2. beim Umschlagen: Das Gespann kommt im Verlauf der Suche an eine dichte Dickung, in die das Stück Wild eingewechselt ist. Durch das „Hineinbrechen“ in die Dickung würde ein locker im Wundbett sitzendes Stück herausgeworfen. Hier bricht man am Dickungsrand die Suche ab (Verbrechen des Einwechsels mit einem farbigen Bändchen!) und trägt den Hund ab: Für ihn ist ein Abschnitt der Suche zu Ende. Nun wird der Hund kurz an den Riemen genommen, und auf das Kommando „Such vorhin und zeige mir!“ mit ihm die Dickung umschlagen. Der geübte Hund wird entweder wieder zum Einwechsel kommen oder den Auswechsel zeigen und die Fährte weiterarbeiten.

Checkliste
KOMMANDOS AUF DER ROTEN FÄHRTE

- ☐ „Anhalsen!“
- ☐ „Sitz!“ oder „Platz!“
- ☐ „Such vorhin und zeige mir!“
- ☐ „Halt, lass seh’n“ – „So ist’s recht mein Hund!“
- ☐ „Such verwund’t!“
- ☐ „Zur Fährte!“
- ☐ „Such!“
- ☐ „Halt!“

Das Kommando „Halt, lass seh'n!" folgt, sobald der Hund etwas verweist.

„Such verwund't!" Es geht auf die Fährte.

„HALT, LASS SEH'N!" – „SO IST'S RECHT, MEIN HUND!"

Zeigt der Hund in einer Fährte etwas Auffälliges mit seiner Nase, wird er mit dem Kommando „Halt, lass seh'n!" angerufen. Er wird stehenbleiben, und der Führer greift am strammen Schweißriemen zu seinem Hund vor, ohne ihm Spiel zu geben – so kann der Hund nicht weitersuchen, denn nur erfahrene Hunde bleiben ruhig am Verweiserpunkt. Ist es eine Sache, die mir in meiner Nachsuche weiterhilft, also ein Schalenabdruck, Schweiß in jeglicher Form, Deckenfetzen, Haarbüschel usw., wird der Hund mit dem Kommando „So ist's recht!" gelobt. Es ist nicht verkehrt, dabei den Hund – gerade einen jungen Hund – zu streicheln. Erst dann geht die Suche weiter mit „Such verwund't!" oder nur „Such!".

„SUCH VERWUND'T!"

Dieses Kommando erhält der Hund, wenn er am Anschuss verwiesen hat und nun arbeiten soll. Sie können ruhig darauf vertrauen, dass Ihr Hund in den meisten Fällen die Fährte anfallen und arbeiten wird – vorausgesetzt, Sie haben ihn richtig angesetzt. Eine ihm mit gestreckter Hand in der Luft angedeutete Richtung ist praxisfern. Der Hund soll mit der tiefen Nase suchen und nicht mit den Augen. Lassen Sie ihren Hund arbeiten; vielleicht braucht es noch mal ein etwas schärfer gesprochenes „Such verwund't!", und der Hund wird die Fährte anfallen.

„ZUR FÄHRTE!"

Dieses scharfe und keinen Widerspruch duldende Kommando wird gegeben, wenn sich der übende oder suchende Hund auf einer Verleitung amüsieren und nicht konzentriert arbeiten will. Begleitend sollte auch der Schweißriemen etwas schärfer, aber ohne Ruck angezogen werden, um den Hund wieder auf die richtige Aufgabe (Fährte) zurückzuführen. Ein „So ist's brav, mein Hund!", wenn er die Fährte wieder angefallen hat, ist dann die Belohnung.
Erfahrene Führer geben dieses Kommando während einer Suche, bei der lange Zeit kein Schweiß gefunden wurde. Auf dieses Kommando hin wird der Hund stehen bleiben, wenn er noch auf der Fährte ist. So erkennt

der Führer, dass der Hund noch richtig arbeitet. Hat der Hund die Fährte verloren, wird er auf „Zur Fährte!" anfangen zu faseln. Dann wird der Hund abgetragen und neu angesetzt. Diese Methode ist schon von den ganz alten Schweißhundeführern entwickelt worden und keine Erfindung der Neuzeit.

„SUCH!"

Wenn der Verlauf einer Fährte über freies Feld oder leichten Altholzbestand geht, verfallen viele Führer in Schweigen. Sie lassen ihren Hund sauerlaufen. Hier wirkt ein langgezogenes oder etwas schärferes „Such!" oft Wunder. Es dient dem ständigen Kontakthalten mit dem Hund. Dieser weiß dadurch, dass der Führer noch da ist und weiter mit ihm ans Stück will.

„HALT!"

Bei diesem Kommando, das während einer Suche sehr oft vorkommt, muss der Hund ruhig in der Fährte stehenbleiben. Der Führer kann oder muss sogar den Schweißriemen aus der Hand legen können, ohne dass der Hund damit weiter voranprescht. Es ist lästig und bringt Unruhe in die Suche, wenn ein kräftig ziehender Hund Sie daran hindert, einen Tropfen Schweiß genauer in Augenschein zu nehmen oder zu verbrechen. Ruhig in der Fährte zu stehen und das nicht als Strafe zu empfinden, ist dem Hund in der Einarbeitungszeit beizubringen und reine Übungssache. Das muss schon beim Welpen geschehen, denn später wird es sehr schwierig werden, den Hund zur Ruhe zu bringen.

WELPENKAUF UND ANKUNFT

In meiner langjährigen Arbeit habe ich erfahren müssen, dass Welpenkauf Vertrauenssache ist. Auf der Suche nach einem Hund der Schweißhunderassen sollten Sie dem Zuchtverband Vertrauen schenken und den Ihnen

Das Kommando „Such!" ermuntert den Hund.

Checkliste

WICHTIGE ETAPPEN DER GRUNDAUSBILDUNG

- ☐ Meutebildung und Gewöhnen an die Familie
- ☐ Erkennen der jungen Hundenase
- ☐ Leinenführigkeit, „bei Fuß" mit und ohne Leine
- ☐ Anhalsen
- ☐ Sitz – Platz – Hereinkommen
- ☐ Ablegen am Rucksack
- ☐ Ablegen und Verteidigen am Rucksack und am Wild
- ☐ Verhalten bei Schussabgabe, Schussruhe
- ☐ Verteidigen am Stück – Wildschärfe
- ☐ Verhalten am Stück
- ☐ Pirschgang
- ☐ Suchen des Führers
- ☐ Ablegen und Ansetzen am Anschuss
- ☐ Fährtenarbeit bis zum Stück, „Halt!" in der Fährte
- ☐ Erkennen des Verweisens
- ☐ Arbeiten von Schleppen
- ☐ Gewöhnen an alles später nachzusuchende Wild
- ☐ Verweisen und Totverbellen von Wild
- ☐ Training für den Einsatz nach großen Jagden
- ☐ Training am Fahrzeug und der Bewegungsangel
- ☐ Gewöhnen an Wasser und Schnee

zugewiesenen Zwinger mit dem für Sie bestimmten Welpen aufsuchen. Auf die Notwendigkeit der Rassezucht und die damit zusammenhängenden Formalitäten und Gepflogenheiten gerade bei der Zucht der Bayerischen Gebirgsschweißhunde weisen die Rasseklubs immer wieder hin. Lassen Sie sich dort beraten, um Ihre Entscheidung zu fällen. Beim Kauf eines Gebrauchshundes ist es weniger das Problem, überhaupt an einen Welpen zu kommen, meist werden genug gezüchtet. Gerade deshalb sollten Sie – besonders als Erstlingsführer – einen Menschen mit ausreichend Hundeverstand zu Rate ziehen.

INFORMATION – DAS A UND O

Ganz wichtig zu wissen ist, wie die Hunde eines Zwingers jagdlich eingesetzt werden und welche Leistungen sie in der Praxis erbringen. Prüfungsnoten geben hierüber nur zu einem Teil Auskunft und stellen nur die Leistungen des Hundes am Tag der jeweiligen Prüfung dar!
Informieren Sie sich über den Zwingerbesitzer bzw. den Züchter. Die Zuchtleitung der Hundevereine hilft dabei gerne weiter. Auch geben Besitzer von Hunden aus dem Zwinger gerne Auskunft. Aber erkundigen Sie sich auch direkt vor Ort bei dem Züchter. Bei den mir bekannten BGS-Zwingern sind die Besitzer und deren Familien allesamt rechtschaffene und absolut hundebezogene Leute. Sie finden sich schnell mit ihrem Wurf zusammen und leiden bei dem kleinsten Zipperlein ihrer Schutzbefohlenen mit. Sie können sich aber auch gewaltig darüber freuen, wenn die Kleinen ihre Augen öffnen oder die ersten tapsigen Schritte unternehmen. Vor allem sorgen sie auch für die notwendige Frühförderung der Welpen. Hier ist die Welt noch in Ordnung, und man braucht keine Sorge zu haben, dass dem Welpen, den man sich ausgesucht hat, etwas passiert.

WELPENAUSWAHL

Bei der Auswahl eines speziellen Welpen – ob es BGS, Teckel oder Vollgebrauchshunde sind – lasse ich mich von meinem Gefühl lenken. Nie habe ich auf Schönheit geachtet, sondern auf kleine Eigenheiten. Wie verhält sich der Welpe? Sitzt er allein in der Wurfkiste und beobachtet er die anderen? Holt er sich schnell einen Brocken aus der Futterschüssel und verteidigt er ihn gegen die anderen, oder erkämpft er sich seinen Platz an der Futterschüssel und behauptet diesen? Sie können aber auch beobachten, ob der Welpe abseits

liegt und ruhig schläft, während die anderen lustig raufen. Zusätzlich sollten Sie kräftig in die Hände klatschen und beobachten, ob die Welpen nicht zu stark reagieren. Nach diesen Beobachtungen suche ich mir den Welpen aus.
Manche Eigenschaften sind dem Welpen angewölft – in jedem Fall nehmen aber auch Umwelt und Erziehung Einfluss auf den jungen Hund. Kleinere Schwächen lassen sich durch gezielte Förderung „überarbeiten". Es gibt keinen „perfekten" Hund – doch die Wesensgrundlagen müssen stimmen (s. Kasten).

SCHÖNHEIT IST VERGÄNGLICH

Darüber hinaus müssen auch bestimmte körperliche Voraussetzungen erfüllt sein:

— mittlere rassetypische Körpergröße (der Hund sollte mutmaßlich nicht zu groß zu werden, um schnell und wendig genug für Hetzen zu sein), guter Ansatz für Bemuskelung,
— dichtes, möglichst festes Haar mit Unterwolle und guter Behaarung des Milchspiegels.

Gelegentlich versucht ein Züchter dem Käufer einen bestimmten Welpen mit dem Argument, der „sei doch viel schöner", ans Herz zu legen. Die „Schönheit" eines Welpen kann aber nach dem ersten Haarwechsel schon verflogen sein, und man ist dann etwas enttäuscht.
Haben Sie sich Ihren Hund ausgesucht, und der Züchter verspricht Ihnen, dass Sie den auch bekommen, können Sie getrost nach Hause fahren. Stehen Sie auf keinen Fall jeden Tag oder einmal in der Woche bei dem Züchter auf der Matte, um den Wurf zu sehen. Gönnen Sie der Züchterfamilie Ruhe, denn sie haben genug Stress mit den Welpen. Wer selbst einmal einen Wurf Hunde großgezogen hat, weiß den Feierabend oder ein Mittagsschläfchen zu schätzen.

ABHOLEN UND EINGEWÖHNUNG

Ist der Abholtermin gekommen, vereinbaren Sie eine genaue Uhrzeit mit dem Züchter.

Unerschrocken blickt er in die Welt, der kleine Wachtel.

Checkliste

DER WESENSFESTE WELPE ZEIGT

- ☐ Neugierde
- ☐ Unerschrockenheit
- ☐ Menschenfreundlichkeit, entspannter Umgang mit anderen Hunden unterschiedlichen Alters
- ☐ Gelassener Umgang mit Überraschungen (Geräusche, Knall, Erschrecken)
- ☐ Selbstsicherheit (z. B. beim Raufen sowohl angreifen als auch sich unterwerfen)
- ☐ Bindungsfähigkeit (aktive Anschlusssuche an die Meute, aber auch kurzzeitiges Allein-Sein-Können)
- ☐ Nasengebrauch (Einsatz der Nase, um z. B. bei kleinen Futterschleppen ans Ziel zu kommen)
- ☐ Belastbarkeit ggü. Stress (sofortige Unbefangenheit nach z. B. Festgehaltenwerden oder kurzzeitigem Schmerz)
- ☐ Wildschärfe (Spaß, Arbeitsfreude und Greifversuche, z. B. an der Reizangel mit Schwarzwild)

Nach dem Bezahlen erhalten Sie Papiere, Impfbescheinigungen und den Welpen. Lassen Sie sich ein Stück Decke aus der Wurfkiste mitgeben, damit der kleine Hund noch geruchlichen Kontakt zu seiner Mutter und den Wurfgeschwistern hat. Achten Sie darauf, dass der Hund nicht gefüttert wurde, und fragen Sie ruhig danach, wenngleich erfahrene Hundezüchter dem Welpen vor dem Verkauf ohnehin nichts zu fressen geben.
Wir holen neue Welpen nicht allein ab, sondern immer zu zweit. Auf der Rückfahrt ins neue Heim liegt der Kleine mit einer Decke aus der Wurfkiste auf dem Schoß. Meist schlafen die Welpen, bis wir zu Hause sind – selten wird mal einer unruhig.
Zu Hause angekommen, wird der Hund sofort in den Garten oder in den Auslauf entlassen, und er wird sich in den meisten Fällen lösen und nässen. Diese Stelle merken Sie sich, um beim nächsten Mal den Hund an den gleichen Ort zu setzen. Sie werden staunen, wie schnell Sie den kleinen Kerl stubenrein haben.

Bei uns schläft der Hund in den ersten drei Nächten neben meinem Bett in einem weichen Sessel, in den ich seine neue Decke und das Mitbringsel aus der Wurfkiste lege. In den ersten Nächten kann man so das neue Familienmitglied beobachten und feststellen, wenn es unruhig wird und raus will. Es ist eine harte Zeit für den Führer, aber auch eine sehr schöne, die leider viel zu schnell vergeht.
Nach den Tagen des Eingewöhnens, des Staunens und Erkundens werden schon die Weichen für einen geregelten Tagesablauf gestellt. Ich lasse meine Hunde in dieser Zeit schon für einige Stunden in der Zwingeranlage, damit sie diese kennenlernen können. Es ist leichter, wenn Sie einen alten Hund zusätzlich halten, denn der junge Hund lernt sehr schnell von dem alten. Leider lernt er nicht nur die guten Sachen, sondern auch die schlechten Angewohnheiten, aber Sie sind ja immer vor Ort, um korrigierend einzugreifen. Lassen Sie ruhig ihre Kinder mit dem Welpen herumtollen, er sieht sie als seinen neuen „Wurf" an, und es tut ihm gut.

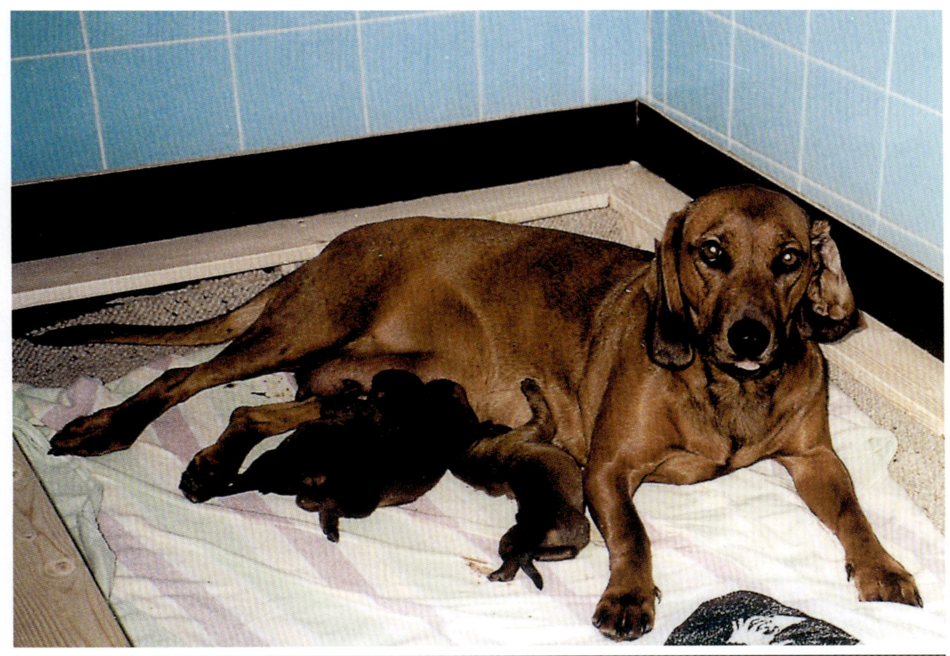

BGS Jennifer vom Jägerborn mit ihrem Wurf

FÜTTERUNG DES JUNGEN HUNDES

Im ersten Jahr, und gerade in den ersten Monaten sollten Sie darauf achten, dass der junge Hund sein Futter dreimal am Tag erhält. Nach dem Füttern bringen Sie den Hund immer gleich nach draußen, damit er nässen und sich lösen kann. Hunde, die nach dem Füttern in der Wohnung sich selbst überlassen bleiben, lösen sich in der Wohnung auf dem Teppich. Beobachten Sie den Welpen beim Fressen und stellen Sie den Futternapf gleich weg, wenn er zu fressen aufhört. Frisches Wasser bleibt für ihn den ganzen Tag erreichbar.

Der Welpe wird mit seiner Sicherheit gebenden Deck… Welpenhaus sofort zu den Älteren ins Auto gesetzt.

WELPE, MEUTE UND HIERARCHIE

Hat der Hund die Phasen des Neugeborenen, die Übergangsphase der zweiten und dritten Woche sowie die Prägungsphase bis zur achten Woche gut überstanden, ist für ihn also die Trennung von seiner Hundefamilie gekommen. Er kommt zu seinem künftigen Meuteführer.

Dieser Abschnitt, die sogenannte *Sozialisierungsphase*, ist für uns und unsere Hunde immer von großer Bedeutung. In dieser Zeit und der darauf folgenden Rangordnungsphase wird bei den Hunden der Grundstein für die spätere Arbeit gelegt: das Vertrauen. Durch ausgiebiges Spielen mit dem Hund wird diesem klargemacht, wer der Chef im Ring ist, und das kann und darf nur der Führer sein, denn es kann nur einer führen – jedenfalls, was das Verhältnis Mensch-Hund angeht. In diesem Zeitraum muss sich der junge Hund auch an die Familie gewöhnen.

Wir unterscheiden zwischen der *Ausbildung im Revier* und der *Ausbildung in der Stube*. Während es im Revier konsequent zugeht und kontinuierlich die Anforderungen gesteigert werden, ist der Teil in der Stube locker und entspannt. Im Haus werden dem Hund keine Kommandos gegeben, das hat den Vorteil, dass man deren Ausführung nicht zu überwachen braucht. Gerade bei einem jungen Hund ist es wichtig, dass er sich – im Revier –auf das Kommando „Platz!“ ruhig ablegt und so lange dort bleibt, bis er abgeholt wird. Im Haus erhält der Hund stattdessen das Kommando „Auf den Hundeplatz!“, „Decke“ oder was Sie auch wählen mögen, damit er sich auf seine Decke legt. Er soll sich dort ruhig verhalten, aber wenn er nach einiger Zeit wieder aufsteht, bricht kein Donnerwetter über ihn herein.

In dieser Zeit lernt der Hund schon das schärfere Kommando kennen: „Pfui!“. Sie können damit schon einen so kleinen Hund lenken, aber denken Sie daran, es nicht zu übertreiben.

FÄHIGKEIT ZUR EINORDNUNG

Wer bereits ältere Hunde im Haus hat und möglicherweise sogar ohne Zwinger mit ihnen zusammen im Hause lebt, bringt mit dem Welpen nicht nur Neuigkeiten für den Kleinen mit, sondern verändert auch die Meute daheim. Wenn bei den vorhandenen Hunden die Hierarchie stimmt, wird der Kleine allerdings schnell und unproblematisch aufgenommen. Rüden sind in diesem Punkt oft verträglicher als Hündinnen.

Die Verständigung der Hunde untereinander ist bei wesensfesten Hunden – und das gilt auch für den kleinen Neuzugang – mit minimalen körpersprachlichen Signalen und unverkennbaren Zeichen rasch und eindeutig etabliert. Der junge Hund wird von sich aus normalerweise keinem der bereits anwesenden Hunde die Position streitig machen, sondern sich anfangs unterwerfen. Diese Fähigkeit ist für ihn überlebenswichtig und muss vom Hundeführer unterstützt werden. Wenn der Jüngste erst in die Pubertät kommt, wird ihm die Fähigkeit zur Einordnung helfen und dem ganzen Rudel samt den Hundeführern viel Stress ersparen.

Wenn sich allerdings der Hundeführer und die Familie plötzlich nur noch mit dem entzückenden Kleinen beschäftigen, kann es Ärger geben – vermenschlichend würden wir von Eifersucht sprechen. Den Hunden geht es jedoch – berechtigterweise – um das Einhalten der notwendigen, stabilisierenden Rudelstruktur. Dafür müssen wir Menschen sorgen und den Hunde vermeidbare Unannehmlichkeiten ersparen. Die Haltung „Das regeln die Hunde schon selbst!“ ist absolut kontraproduktiv – dadurch lernen die Hunde nur, dass der Mensch kein verlässlicher Rudelführer ist. Solche stressigen Probleme lassen sich tatsächlich leicht ausschalten. Der junge Hund muss – so schwer es auch fallen mag – in Anwesenheit der älteren immer an letzter Stelle stehen, z. B. beim Füttern.

Andererseits braucht der Kleine auch Zeiten ungeteilter Aufmerksamkeit, um sich zu entfalten. Diese Möglichkeit kann und sollte man ihm deshalb anfangs allein bieten: Spielen, Kommandos lernen, erste Arbeiten etc. Genauso wichtig ist es jedoch, dass die Hunde, die mit uns zusammenleben und später zuverlässig arbeiten sollen, den Menschen als Rudelführer und Genossen erleben. Hunde genießen z. B. das Kontaktliegen miteinander und mit ihren Menschen – diese hingebungsvolle Entspannung in sicherer Umgebung fördert die Beziehung untereinander und das Vertrauen in den Menschen.

EINGEWÖHNUNG SCHRITT FÜR SCHRITT

Schon beim Abholen vom Züchter wird der Welpe bei uns sofort mit seinen zukünftigen Genossen zusammengebracht. Die älteren Rüden sind bei dieser allerersten Begegnung vorsichtshalber angeleint. Meist ignorieren die in der Hierarchie oben stehenden Hunde aber den Neuzugang zunächst und nehmen erst später abgeleint aktiv Kontakt durch Beschnüffeln und Spielaufforderung auf. Bei der Autofahrt nach Hause bleibt der Kleine auf dem Schoß, um den zentralen Kontakt zum Menschen zu etablieren und zu festigen. Vorher wird er jedoch kurzfristig mit seinem zukünftigen Reiseplatz vertraut gemacht und ins Auto zu den anderen gesetzt. So verstehen auch die gleich die unmissverständliche Botschaft: „Der gehört ab sofort zu uns!“

Von da an sind die Hunde bei uns ständig zusammen – kennen es jedoch von Anfang an auch, in unterschiedlichen Paarungen oder

„Heinrich" nimmt bei der ersten Begegnung spielerisch Kontakt zum Welpen „Ludwig“ auf.

auch ganz allein zu bleiben. Auch im Haus müssen die Hunde die Möglichkeit zu ungestörtem Rückzug haben. Das ist mit einem Zwinger oder einer Box im Haus sicher einfacher möglich.
Alle Eingewöhnungsprozesse verlaufen Schritt für Schritt. Man sollte sich gerade für die Anfangszeit genügend Zeit lassen. Dazu gehört auch, selbst mit den Hunden Körperkontakt zu halten, also mit allen zusammen z. B. auf dem Boden zu sitzen. Wichtig ist jedoch, dass die Hierarchie klar ist: „Oben" steht immer der Mensch! Das sichert für die Zukunft die Grundlagen eines entspannten Zusammenlebens, in dem der Hund nicht in die Verlegenheit gerät, die Leitung übernehmen zu müssen. Die Hunde danken uns klare hierarchische Verhältnisse mit sprichwörtlicher „Treue" und Verbundenheit – der besten Grundlage für erfolgreiches, gemeinsames Jagen.

DIE NASE – ERKENNEN UND FÖRDERN

Gerade bei unseren Hunden, die später die schwierigsten Arbeiten in jedem Gelände und oft nach vielen Stunden voranbringen, spielt die Nase eine entscheidende Rolle. Diese Nase richtig zu beurteilen und zu trainieren, verlangt vom Führer gewisse Kenntnisse. Wissenschaftler haben nachgewiesen, dass das Riechorgan des Menschen ca. fünf Kubikzentimeter, das eines großen Hundes 150 Kubikzentimeter groß ist. Hiermit zeigt sich

Kontaktliegen genießen die Hunde – der jüngste mittendrin

„Ludwig" wird von „Heinrich" „adoptiert".

klar auf, dass durch die größere Fläche des Riechfeldes ein Hund wesentlich mehr Gerüche unterscheiden und wahrnehmen kann als der Mensch.
Es ist immer wieder faszinierend, die Leistung der Nase z. B. eines BGS zu erkennen und wie er sie gebraucht, wie zielsicher er durch die schwersten Verleitungen und schier unmöglichen Witterungsbedingungen die Ansatzfährte wiederaufnehmen und dadurch weiterbringen kann.

PRAXISBEISPIEL NASENLEISTUNG

Folgendes Beispiel aus der Praxis für eine herausragende Nasenleitung soll für viele gelten: Für meinen Rüden „Fazi v. Forstenrieder Park" („Poldi") – der Hund war im ersten Behang – wurde eine Übungsfährte über eine Länge von rund drei Kilometern und einer Stehzeit von 43 Stunden für eine Schausuche (Teckelverein Helmstedt) mit Rotwildschweiß und Fährtenschuh gelegt. Unter den vielen schwierigen Einlagen war eine Suhle, die „der Hirsch" umschlagen hatte, um dann in gleicher Richtung weiterzuziehen. Am Anfang wie am Ende des Bogens um die Suhle war ein etwas größerer Schweißtropfen auf dem Boden ausgebracht worden.
Der Hund arbeitete ruhig die Fährte und verwies deutlich den Schweißtropfen Nr. 1. Da die Fährte schon eine gewisse Zeit geradeaus führte, arbeitete der Hund ca. 20 m weiter, bis er plötzlich auf Schweißtropfen Nr. 2 stieß, den er ebenfalls klar verwies. Und nun kam für die Zuschauer und mich das Verblüffende: Statt auf der Fährte weiterzuarbeiten, drehte er sich ohne jede Beeinflussung durch mich um, arbeitete zu Schweißtropfen Nr. 1 zurück, umschlug in der richtigen Folge die Suhle und hing der Fährte weiter nach. Für mich war das eine großartige Leistung der Nase, denn mit ihr hatte der Hund festgestellt, dass ihm ein Stück der Fährte fehlte – der Bogen um die Suhle herum.

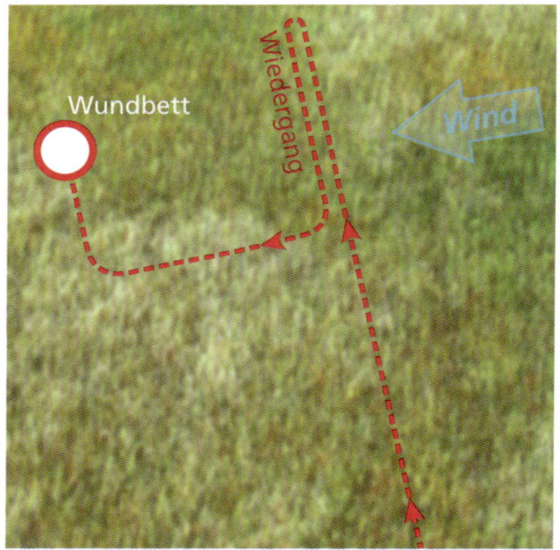

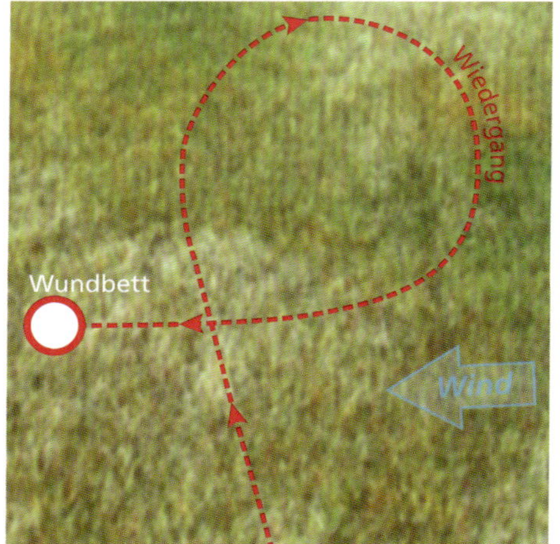

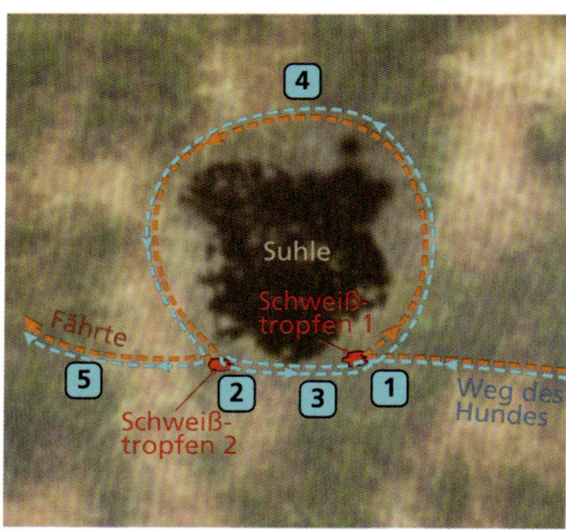

Beeindruckende Nasenleistung: Arbeitsverlauf der Schausuche des BGS-Rüden „Fazi vom Forstenrieder Park".

ERSTE BEOBACHTUNGEN UND ERKENNTNISSE

Durch viele Reviergänge wird der Hund mit seinem späteren Arbeitsfeld bekanntgemacht, und gerade hierbei macht der Führer mit seinem Hund und dessen Nase die besten Erfahrungen. Man wird staunen, was so ein kleiner Wicht alles findet und schon spielend verweist. Von der Feder bis zur weggeworfenen Bierflasche wird alles gezeigt. Ich lobe hierbei schon ganz gezielt, ohne aber zu übertreiben, weil die Feinarbeit des Verweisens für unseren Gebrauch erst später kommt. Für mich ist aber auch schon in dieser Phase zu erkennen, welche Wildarten (Wildfährten) der Hund gerne arbeitet und welche er nicht so gerne mag. Dies ist später wichtig zu wissen, da ja unsere Hunde alle Fährten gleichermaßen arbeiten sollen.

Kleine Futterschleppen, nicht zu oft gelegt, zeigen auch, ob der Hund finden will und dabei seine Nase gebraucht. Durch all diese Beobachtungen, wobei ich die gravierenden gleich in ein nur für diesen Hund angelegtes Arbeitsbuch eintrage, erkenne ich, welche Nase der Hund hat und wo später mehr geübt werden muss, um vielleicht noch Verstecktes zu erkennen.

DIE ANFÄNGE DER AUSBILDUNG

Es ist verfehlt zu meinen, der junge Hund solle sich erst einmal ohne jegliche Erziehung „frei entfalten"! Vom ersten Tag an muss man ihn unterstützen, seine späteren Aufgaben kennenzulernen. Die in dieser Zeit notwendigen Ausbildungsschritte wollen wir nachfolgend näher betrachten. Zu den in der nachfolgenden Checkliste genannten Bausteinen treten bei Vollgebrauchshunden noch die ersten Ausbildungseinheiten in den Fächern Apport, Schleppen, Suche im Feld und Stöbern im Rahmen von Welpen- und Junghundekursen hinzu.

Checkliste
AUSBILDUNGVERLAUF

- ☐ Grundgehorsam
- ☐ Pirschgang und Ablegen
- ☐ Verteidigung von Rucksack und Wild
- ☐ Schussruhe
- ☐ Wildarten kennenlernen
- ☐ Suchen des Führers
- ☐ Futterschleppen
- ☐ erste kurze getretene Fährten
- ☐ Einarbeitung in Bögen und ggf. Winkel
- ☐ Gewöhnung ans Wasser

„SITZ!“

Da ich ständig mit meinen Hunden zusammen bin, lernen die Hunde diese Übungen sehr leicht, vorausgesetzt die nötige Konsequenz fehlt nicht. Schwieriger ist es da schon, wenn der Hund auch für diese Übungen aus dem Zwinger geholt werden muss.
Lassen Sie den Hund bei jeder passenden Gelegenheit sitzen. Ein kleiner Druck auf die Kruppe von oben, und der Hund sitzt mit dem begleitenden Kommando. Hier habe ich immer wieder festgestellt, dass es auf die Aussprache ankommt. Wie das Kommando, so die Ausführung. Zum Kommando „Sitz!“ heben Sie immer gleich noch den Zeigefinger der rechten Hand, sodass Laut- und Sichtzeichen zusammen für den Hund vorhanden sind.

„PLATZ!“

Das „Platzmachen“ üben Sie zuerst immer auf trockenem Untergrund, denn Nässe verleidet dem Hund, ruhig auf dem Platz liegen zu bleiben. Am besten geht das abends beim Fernsehen. Wenn der Hund in der Nähe des Führers sitzt, diese Übung ist ihm ja bekannt, nehmen Sie seine beiden Vorderläufe mit einer Hand und ziehen sie leicht nach vorne weg. Gleichzeitig drücken Sie mit der anderen Hand von oben auf den Hund. Das Kommando „Platz!“

Das Abliegen lernt der Welpe leichter an vertrauten Gegenständen.

begleitet diesen Vorgang. Da dies in einer lockeren Atmosphäre vonstattengeht, bleibt der Hund bei der zweiten Übung auch schon liegen, meist zwar auf der Seite, aber das macht ja erst einmal nichts.
Auch die Übung „Platz!“ wird öfter wiederholt. Ich mache es immer zweckgebunden, damit erreiche ich, dass mein Hund sich bei genügender Übung selbstständig entweder setzt oder Platz macht – je nach Gelegenheit. Viele Hundeführer meinen, ein Schweißhund bräuchte in der sogenannten Stubenabrichtung nicht so konsequent geführt zu werden. Aber genau das kann fatale Folgen bei der späteren Arbeit haben.

ABLEGEN

Das „Ablegen!“ übe ich mit dem Schweißriemen zuerst im umzäunten Garten, dadurch sind die Hunde immer unter Kontrolle. Da der Hund ja Sitz und Platz schon kennt – man sollte möglichst nacheinander aufbauen und in der Ausbildung einen Schritt vor den anderen setzen – kommt nun das Ablegen mit dem Schweißriemen, welches auch im Jagdbetrieb später immer vonnöten ist. Auf das Kommando „Platz!“ legt sich der Hund

nieder. Hierbei kann es sehr nützlich sein, dass er die Halsung schon ein paar Tage vorher kennengelernt hat. Also brauchen Sie jetzt nur noch den Schweißriemen zu befestigen und ihn neben den Platz machenden Hund zu legen. Bei all meinen Hunden hatte ich keinen, der jemals einen Schweißriemen abgeschnitten hätte. Seien Sie gerade in dieser Phase sehr aufmerksam. Schon beim ersten Versuch, den Riemen zu bekauen, verleiden Sie das Ihrem Hund durch ein donnerndes „Pfui!“, das einzige Kommando, das bei mir von einem kräftigen Gertenschlag („Jagdhieb“) begleitet werden kann.
Zur Vervollständigung der Übung gehört nun auch noch, dass sich der Führer entfernt und den Hund ganz allein am Riemen liegen lässt. Der Hund bleibt ruhig liegen, wenn die Grundübungen richtig und oft genug geübt wurden, der Hund ruhig ist und Führer und Hund harmonieren. Diese Übung sollte sehr oft wiederholt werden, denn auch hier macht Übung den Meister.

BEI-FUSS-GEHEN MIT LEINE UND FREI

Die höchste Schwierigkeit beim Führen eines BGS ist das Frei-bei-Fuß-Gehen, aber auch das Angeleintsein und das ruhige Gehen auf Kniehöhe muss der Hund erlernen. Da meine Hunde schon sehr früh die Halsung und den Schweißriemen kennengelernt haben, gibt es hier keine Probleme. Schwieriger gestaltet sich hier schon das ruhige „Bei-Fuß“-Gehen. Bei diesem Ausbildungsabschnitt lernt der Hund erstmalig, in Verbindung mit dem Schweißriemen, bewusst den Rucksack kennen.
Bei Reviergängen wird der Hund nun des Öfteren angeleint. Dies geschieht immer, wenn der Hund zum Herrn zurückkommt, mit dem Kommando „Anhalsen!“. Dabei wird ihm die Halsung übergestreift und natürlich gelobt, was ihm sichtlich gefällt. Beim Weitergehen wird der junge Hund jetzt nach vorne stürmen und durch die Halsung den ersten Ruck verspüren. In diesem Moment,

Schon der der zwölf Wochen alte Welpe kann lernen, „bei Fuß“ zu gehen.

auf den ich warte, kommt gleich das Kommando „Bei Fuß!“, und der Hund wird am Schweißriemen, der am Rucksack befestigt ist, zurückgezogen bis auf Höhe des linken Fußes. Da ich mit der linken Hand den Hund halte, lobe ich ihn mit den Worten „So ist's brav, mein Hund, bei Fuß!“, und gehe weiter, dabei den Schweißriemen noch festhaltend. Nach einer gewissen Zeit, in der der Hund ruhig geworden ist, geht er jetzt schon manchmal ein paar Meter unbewusst bei Fuß, auch dabei wird gelobt: „Brav, mein Hund!“. Nach einigen solchen Einlagen darf der Hund auch mal wieder frei laufen. Die Vollgebrauchshunde lernen das „Bei-Fuß“-Gehen an der üblichen Führerleine – für sie kann es noch schwieriger sein, den Befehl sauber auch am Riemen zu arbeiten, weil sie mit ihm häufig

VERWEISERPUNKT

An alle täglichen Übungen schließt sich immer eine Entspannungs- oder Spielphase an. Hierbei entspannt sich der Junghund und wird für die neue Aufgabe bereit.

das „Im-Riemen-hängen-Dürfen“ verbinden. Nur stete Wiederholungen führen zum Ziel. Eine Steigerung im Abschnitt Leinenführigkeit ist es, mit dem angeleinten Hund im Bestand zu pirschen. Hierbei läuft der Hund an der linken Seite seines Führers, ohne dabei am straffen Riemen zu ziehen. Dann gehen Sie mit dem Hund an Ihrer Seite auf einen Baum zu und dann ganz dicht rechts vorbei. Ihr Hund wird automatisch den Baum an der linken Seite umgehen und bleibt dann natürlich mit dem Riemen hängen. Sie ziehen dann den Riemen stramm, der Hund wird diesem Druck nachgeben und Ihnen um den Baum folgen. Mit einiger Übung wird Ihr Hund dann hinter Ihnen gehen und so richtig folgen, ohne am Baum hängenzubleiben.

PIRSCHGANG

Der nächste Schritt ist jetzt für den Hund, eine ganze Pirsch vom Anfang bis zum Ende am Riemen durchzustehen. Der Hund wird auf das Kommando „Anhalsen!“ – bei uns stecken die Hunde den Kopf von selbst in die Halsung – angeleint, und ab geht es ins Revier. Ich wäre enttäuscht, würde mein junger Hund nicht vorzulaufen versuchen. Er möchte mit seiner Nase arbeiten und weiß nicht, dass ich es in diesen Momenten nicht gebrauchen kann.

Um ihn jetzt nicht immer durch harten Zug am Riemen und so weiter herumziehen zu müssen, setze ich nun ein Mittel ein, das für den Bergjäger der dritte Fuß ist: den Bergstock. Er ist für mich ein Ausrüstungs- und Ausbildungsgegenstand, den ich nie mehr missen möchte. Bei diesem Ausbildungsschritt wird er wie folgt eingesetzt: Beim Pirschen wird der junge Hund immer nach vorne laufen wollen. Ein leichtes Antippen mit dem Bergstock, verbunden mit etwas Zug am Riemen und den Worten „Bei Fuß!“, wird nach geraumer Zeit zum Erfolg führen. Auch ein gezielter, leichter Schlag auf die Pfoten, aber immer begleitet von den Worten „Bei Fuß!“, wird Wirkung zeigen.

Man sollte nicht ständig ein und dieselbe Übung wiederholen, sondern in den Reviergang all das bis jetzt Erlernte einbauen. So wird es für den Hund interessant, und er merkt gar nicht, dass er dabei lernt. Gleichzeitig wird ihm eine neue Übung untergeschoben, z. B. das Platzmachen am Schweißriemen in Verbindung mit dem Rucksack. Kein Hund wurde jemals unruhig – gerade das Gegenteil war der Fall – wenn ich den Rucksack herabgleiten ließ, an dem der aufgedockte Schweißriemen hing. Ich lehre ganz bewusst das Ablegen mit dem Schweißriemen früher, denn auch hier schon kann ich erkennen, ob ich es mit einem nervenstarken oder führerorientierten Hund zu tun habe. Durch das Ablegen mit Riemen und Rucksack hat der junge Hund noch mehr Witterung von seinem Führer und wird ohne große Aufregung an seinem Platz bleiben.

Der Übungsabschnitt endet damit, dass der Hund mich auch durch gröbstes Zeug frei und ohne Riemen begleitet. Dass dies aber nur erreicht werden kann durch ständiges, überlegtes und ausgewogenes Arbeiten, sollte verständlich sein. Ein Hund, der diese Arbeit nicht beherrscht, ist für die Praxis unbrauchbar und wird zur Belastung für den Führer.

HEREINKOMMEN

In diesen Wochen lernt der Hund ganz spielerisch bei mir auch einen sehr wichtigen Abschnitt kennen, das „Hereinkommen“ oder das „Kommen auf Pfiff und Kommando“.

Es ist immer nett anzusehen, wenn der junge Hund zu einem zurückkommt und ganz automatisch seine Streicheleinheiten abholt, die sehr wichtig sind. Er soll sich nämlich merken: Kommen zum Führer bedeutet immer Lob für ihn, und diesen Bogen haben alle Hunde sehr schnell raus.

Niemals dürfen Sie einen Hund strafen, wenn er nach einer Missetat zu Ihnen zurückkommt. Er würde die Strafe mit dem Zurückkommen in Verbindung bringen und nicht mit dem Unfug, den er vorher getrieben hat.

Hier sitzt das freudige Hereinkommen schon!

In der Folge wird er nicht mehr freudig zum Führer zurückkehren. Das Vertrauen, das wir ja gerade aufbauen, hätte seinen ersten Knacks weg. Ich habe Hunde gesehen, die mit eingeklemmter Rute zu ihren Führern zurückkamen: kein schöner Anblick. Jeder Hund bei mir kommt froh und frei zurück, und so sollte es auch sein. Sie müssen sich in solchen Situationen beherrschen können und nicht Wut und Frust am Hund auslassen. Die Angst, die hierbei beim Hund seinem Führer gegenüber entsteht, wird nie eine richtige Zusammenarbeit in der Praxis aufkommen lassen.
Führen Sie gleichzeitig noch einen älteren Hund, so ist das Hereinkommen für den jungen Hund noch spielerischer zu erlernen. Legen Sie die beiden Hunde frei ab und rufen Sie sie nach kurzer Zeit heran. Der ältere „Könner“ wird sofort kommen, und der junge Hund folgt. Sind die Hunde bei Ihnen, werden sie abgeliebelt. Später nehmen Sie nur den jungen Hund alleine und wiederholen die Übung. Bei einem guten Verhältnis zwischen Führer und Hund gibt es dabei keine Schwierigkeiten, und der Hund kommt freudig herein, um sich seine Streicheleinheiten zu holen.

„ANHALSEN!“

Das Kommando „Anhalsen!“ hat sich aus dem praktischen Jagdbetrieb entwickelt. Der Hund kommt auf dieses Kommando herein und steckt seinen Kopf freiwillig in die Halsung. Hat der junge Hund das Hereinkommen auf Kommando begriffen und wird er jedes Mal dabei abgeliebelt, fangen Sie an, den Hund an die Halsung zu nehmen. Immer wieder sieht man unschöne Bilder, wie Führer ihre Hunde halb vergewaltigen müssen, um sie an die Halsung zu nehmen, besonders, wenn es sich dabei um große und temperamentvolle Hunde handelt. Ist der Hund auf Pfiff oder Ruf hereingekommen, lassen Sie ihn sich setzen. Dabei geben Sie ihm anfangs das Kommando „Sitz!", später nur noch das Sichtzeichen mit dem erhobenen Zeigefinger. Streicheln Sie dem Hund einige Male über den Kopf und knien Sie sich vor ihn. Mit der rechten Hand fassen Sie die Halsung. Die schon vorher angepasste Halsung kann dem Hund ohne Schwierigkeiten über den Kopf gestreift werden.

Jetzt geben Sie das Kommando „Anhalsen!". Bei den ersten Malen wird der Hund nicht wissen, was Sie von ihm wollen, daher müssen Sie es ihm zeigen. Dazu heben Sie mit der linken Hand den Kopf des Hundes am Unterkiefer hoch und streifen in diesem Moment mit der rechten Hand die Halsung über den Kopf des Hundes. Das geschieht alles ohne Hektik, sodass der sitzende Hund nicht unruhig wird.

Diese Übung können Sie bei einem Spaziergang, bei dem der Hund sich ausläuft und immer wieder hereingerufen wird, gut üben. Loben Sie den Hund mit den Worten „So ist's brav, mein Hund!" und streicheln Sie ihn dabei. Sie werden feststellen, dass der Hund sehr schnell begreift, dass beim Hereinkommen und Anhalsen keine Strafe auf ihn wartet, sondern etwas Angenehmes: das Streicheln. Bei fortschreitender Ausbildung verknüpfen Sie das Hereinkommen auf Ruf oder Pfiff mit dem Kommando „Anhalsen!". Sie rufen nur noch „Anhalsen!", und der Hund kommt herein und steckt seinen Kopf durch die bereitgehaltene Halsung.

Ältere Hunde verknüpfen bei mir das Anhalsen mit Suchen oder Reviergängen, also etwas Spannendem. Deshalb stellen sich einige Hunde vor lauter Vorfreude auf die Hinterläufe, wenn sie das Kommando „Anhalsen!" bekommen. So durchgeführte Hunde machen Freude, aber auch hier ist konsequente Übung unerlässlich.

ABLEGEN AM RUCKSACK

Das richtige Ablegen am Rucksack oder am erlegten Stück ist gerade für Jagdhunde eine Situation, die sie im Jagdbetrieb ständig erleben. Es ist sehr unschön, wenn ein „abgelegter" Hund mit Rucksack und Leine hinter sich ein Stück Wild hetzt. Um diese Situation gar nicht erst aufkommen zu lassen, werden unsere jungen Hunde schon von klein auf an den Rucksack gewöhnt. Kennt der Hund das Kommando „Platz!", lege ich grundsätzlich den Rucksack und den Wetterfleck neben den Hund. Sehr schnell hat der Hund verknüpft: Ablegen des Rucksackes bedeutet dazulegen und ruhig warten, bis der Führer zurückkommt.

Diese Übungen werden bei mir z. B. auch in einen Pirschgang eingebaut. Legen Sie den jungen Hund ab und entfernen Sie sich. Verstecken Sie sich hinter einem Baum und beobachten Sie den Hund. Steht er auf, dann treten Sie hinter dem Baum hervor und zwingen ihn mit einem harten Kommando „Platz!" wieder auf den Boden neben dem Rucksack. Bei mehrmaligem Üben und längerem Wegbleiben hat der Hund begriffen, dass er immer wieder von seinem Meuteführer Mensch an dieser Stelle abgeholt wird, und verhält sich daher ruhig.

Früh übt sich: Zehn Wochen alter Welpe, im Büro am Rucksack abgelegt

VERWEISERPUNKT
Immer wieder wird nicht beachtet, dass das Ablegen des Hundes auf nassem Untergrund falsch ist. Jeder noch so gut durchgearbeitete Hund wird nach einer Weile aufstehen, weil es ihm zu kalt oder nass ist. Hier mit drakonischen Strafen zu arbeiten, wäre ein Fehler. Richtig ist es, den Hund an einem trockenen Platz abzulegen oder vorsorglich eine Decke unterzulegen. Das lernt schon der Welpe schnell.

VERTEIDIGEN VON RUCKSACK UND WILD

Erste Übungen In der heutigen Zeit, in der auch in den Revieren schon Hektik, Stress und überzogener Jagddruck eingezogen sind, wird es fragwürdig, einen Hund auf das Verteidigen am Rucksack und Stück auszubilden. Zu viele Beispiele aus der Praxis könnte ich anführen, um aufzuzeigen, dass ein aggressiv verteidigender Hund nicht mehr zeitgemäß ist. Die Zuchtordnung schreibt aber für die Hunde der Schweißhunderassen das Verteidigen vor, um gewährleisten zu können, dass nur gute und wesensfeste Hunde zur Zucht ausgewählt werden.

Einzelne Zuchtvereine der Vollgebrauchshunde verlangen einen Wesenstest als Grundbedingung zur Zuchttauglichkeit. Überschärfe ist hierbei eindeutig unerwünscht.

Aus dem genannten Grund fördern und fordern wir die Veranlagung zum Verteidigen. Es ist erstaunlich, wie die kleinen Wichte – wenn Hund, Führer und Familie harmonieren – schon ganz allein ihre Meute und ihr Heim gegenüber Fremden verteidigen.

Gerade bei solchen Situationen ist der Beistand des Führers gefragt und wirkt wahre Wunder. Das aufmunternde Wort oder das behutsame Streicheln und Abliebeln des Hundes, wenn er gegenüber Fremden laut wird, bestärken und ermuntern ihn, da er ja Rückendeckung von seinem Meuteführer hat. Bei wesensfesten Jagdhunden ergibt sich gar kein Problem, um das Verteidigen des Rucksacks bzw. Gegenstandes zu erreichen. Voraussetzung dafür ist, dass der Hund stufenweise ausgebildet ist.

Um ein hartes Verteidigen zu erarbeiten, lege ich meinen Hund am Rucksack ab und pirsche weiter. Der Hund wird mir im Sitzen nachäugen. Da er aber im Fach „Ablegen" durchgearbeitet ist, legt er sich, sobald ich außer Sichtweite bin, ruhig auf den Rucksack. Nun lasse ich einen Fremden mit weitem Mantel oder Lodenkotze unter Wind in Richtung Hund laufen. Aus größerer Entfernung macht die Person sich bemerkbar, z. B. durch Schlagen mit dem Stock auf den Boden oder durch Mitführen eines Hundes, mit dem er laut spricht.

Der abgelegte Hund wird sofort aufmerksam zu dem Unbekannten schauen. Zu diesem Zeitpunkt sollte der Helfer stehenbleiben und sich ruhig verhalten. Durch vorherige Absprache ist gewährleistet, dass er genau weiß, was erreicht werden soll.

Der abgelegte Hund wird versuchen, mit der Nase Wind zu bekommen, um festzustellen, um wen es sich handelt. Da dies nicht geht, weil die Person unter Wind steht, wird er sich total versammeln oder hochgespannt aufstehen, meist mit hoch gehaltener Rute. In genau diesem Moment muss der Helfer einen Scheinangriff durchführen, z. B einen oder mehrere Sprünge nach vorne oder zur Seite machen – entscheidend ist das Wackeln des Mantels oder Kotze. Dieses Zappeln und Wackeln lässt fast jeden Hund auf der Stelle Laut geben.

Diese Versuche werden noch ein- oder zweimal durchgeführt, dann kann sich der Fremde entfernen. Da ich aus einer Deckung heraus meinen Hund beobachtet habe, kann ich erkennen, ob der Hund ängstlich oder aggressiv wirkt. Nach diesen Beobachtungen werde ich nun meinen Ausbildungsplan für das Gebiet „Verteidigen" festlegen.

Weiteres Vorgehen Bei charakterlich festen Hunden wird jetzt gezielt vorgegangen. Die Situation „Ablegen am Rucksack" wird wiederholt, und der Fremde kommt wieder, führt wieder dieselben Scheinangriffe durch und veranlasst den Hund zum Lautgeben. In diesem Moment komme ich von hinten, also mit Wind, an den Hund heran, gleichzeitig rüde ich den Hund mit Worten an. Für mich war es immer erstaunlich, wie die Hunde dann förmlich explodieren und den Unbekannten annehmen wollen. Durch Abliebeln und wiederholtes Anrüden bekommt der Hund Sicherheit und wird bei späteren Übungen den Rucksack immer wieder laut gegenüber Fremden verteidigen. Bei all meinen Übungen genügt es mir, wenn der Hund laut wird und eine Drohhaltung gegenüber Fremden einnimmt. Ich gehe auch forsch etwas auf den Unbekannten zu. Aber dabei belasse ich es, denn wahre Bestien können wir im Jagdbetrieb überhaupt nicht gebrauchen.
So ausgebildete Hunde verteidigen ohne Zögern auch jedes Stück Wild, an dem sie abgelegt sind, da sie es als ihre Beute betrachten. Bei zu verhaltener Verteidigung lassen Sie eine fremde Person mit Hund in einigem Abstand am abgelegten Hund vorbeigehen. Dabei ist wichtig, dass Sie Ihren Hund fest angeleint haben und er nicht aus der Halsung gleiten kann. Schon beim ersten oder zweiten Mal wird der Hund Laut geben. Ggf. kann der Fremde auch ein kurzes Stück auf den Hund zugehen und gleich wieder umkehren. Dieses Verhalten reizt den Hund noch mehr, das Stück lauthals zu verteidigen.

SCHUSSRUHE

Hat der Hund diese Übung „Verteidigen am Rucksack" durchgestanden, überprüfe ich die Schussruhe und arbeite sie nötigenfalls durch. Hunde, die in einem Jagdbetrieb aufwachsen, hören immer wieder Schüsse. Wie bei all meinen Ausbildungsabschnitten beobachte ich den Hund in dieser Hinsicht schon lange vor der eigentlichen Übung „Schussruhe". Ein

Verteidigung am Gegenstand ist Teil des Wesenstests bei Weimaranern. Der Hund muss gleich gelassen bleiben oder nach Verteidigung auf Freundlichkeit „umschalten" können.

leichtes Zusammenzucken des Hundes überspielt man mit beruhigenden Worten, der Hund wird sofort ruhig weiterspielen oder weiterlaufen. Sollte er heftiger reagieren, vermerke ich mir das in meinem Ausbildungsbuch und überprüfe den Hund gerade in diesem Punkt als etwaigen Wesensmangel. Im täglichen Jagdbetrieb wird der Hund immer wieder mit Schüssen und dem damit verbundenen Knall konfrontiert. Gänzlich unbrauchbar ist ein schussscheuer Hund, der bei

ZU SCHARF IST UNERWÜNSCHT!

Noch einmal muss darauf hingewiesen werden, dass zu scharfe Hunde, die unter Umständen sogar den eigenen Führer nicht mehr an das Stück lassen, im Jagdbetrieb immer Schwierigkeiten verursachen. Es trübt die beste Arbeit des Hundes, wenn er den begleitenden Schützen in die Hose packt, wenn der am Stück ankommt. So ein Verhalten ist unerwünscht, kam früher aber bei manchen Hunderassen „vom alten Schlag" als angewölfte „Mannschärfe" vor.

Schussabgabe die Rute einklemmen würde, um dann das Weite zu suchen.
Zu dem Zeitpunkt der bewussten Übung der Schussruhe ist mein Hund etwa zehn Monate alt, er hat mich auf vielen Pirschgängen begleitet und manchen Schuss gehört. Entscheidend ist, dass der Hund in keiner Weise Schuss und Beutemachen miteinander verbindet. Dann hätten wir nämlich bald einen schutzhitzigen Hund, der nach jedem Schuss sofort losstürmen würde, um Beute zu machen. Dieses Verhalten ist für unsere Hunde und den Jagdbetrieb ebenfalls nicht vorteilhaft, sondern macht den Hund letztlich unbrauchbar.

SCHUSSRUHE UND EINARBEITUNGSFEHLER

Immer wieder muss ich hören, dass ein Hund schussscheu sei. Hinterfragt man die Aussage bei dem Führer, wird man schnell feststellen, dass einer der folgenden Fehler gemacht wurde:

1. Der junge Hund wird schon sehr früh mit auf den Schießstand genommen, an einen Baum gebunden, und muss den ganzen Tag den permanenten Knall aller möglichen Kaliber über seine empfindlichen Ohren ergehen lassen.
2. Der junge Hund zuckt einmal bei der Abgabe eines Schusses, der Führer vermutet eine Schussscheue und nimmt den Hund dann mit auf den Schießstand. Dort wird er unter dem Anschusstisch angebunden und muss sich dort an das Knallen „gewöhnen".
3. Neben den jungen Hund wird ein scheppernder Blecheimer geworfen. Wenn der Hund zusammenzuckt, werden eine Schussscheue und eine Wesensschwäche diagnostiziert.

Solche Methoden sind natürlich nicht geeignet, einen Hund schussfest zu machen. Einige der Methoden machen den Hund harthörig, wenn nicht gar taub.

Auch auf Prüfungen wird Hunden mitunter eine Schussscheue bescheinigt, obwohl zu dicht an dem Hund geschossen wurde und er deshalb zusammenzuckt.
Bei meiner alten Hündin stellte ich fest, dass sie bei einem Flintenschuss zusammenzuckte, beim Knall starker Büchsenkaliber aber keine Reaktion zeigte. Dieses Phänomen sah ich auch bei Welpen bestätigt. Daraus folgt, dass der Flintenschuss für Hunde unangenehm, daher für die Einarbeitung ungeeignet – beim Vollgebrauchshund aber gefordert – ist.

GEWÖHNUNG AN DEN SCHUSS

In meinem Zwinger werden die Welpen z. B. zusammen mit der Hündin ins Auto verfrachtet, um dann in die Nähe eines Schießstandes zu fahren. Dann stelle ich das Auto mit geöffneten Fenstern ab, sodass der Knall bis ins Auto dringt. Dabei beobachte ich die Welpen. Nach einer Weile fahre ich näher an den Schießstand heran, um dann wieder etwas zu warten und die Hunde zu beobachten. Diese Übung ist weder für die Welpen noch die Hündin anstrengend, und ich dehne sie auch nicht über eine Stunde aus.
Auch ein Spaziergang mit dem jungen Hund an den Schießstand kann eine gute Übung sein. Haben Sie Ihren Hund so an den Knall gewöhnt, dass er, ruhig am Rucksack abgelegt, ohne zu zucken liegen bleibt, wird sich Ihr Hund auch in der Praxis bewähren.
Sie können die Schussruhe auch bei einem Reviergang üben. Ich lege dazu meinen Hund am Rucksack ab und pirsche weiter, bis ich außer Sichtweite bin. Nach einer gewissen Zeit wird sich der mir nachäugende Hund beruhigen und hinlegen. Nach etwas Warten gebe ich nun mit der Waffe einen Schuss ab und beobachte den Hund. Ein Aufsetzen toleriere ich gerade noch, aber mit einigen Übungen habe ich alle Hunde zum ruhigen Verhalten und Liegen am Platz gebracht. Am Anfang der Übung kann ein helfender Jäger von Nutzen sein. Er gibt den Schuss ab,

SCHUSSHITZE

Gehen Sie niemals gleich nach dem Schuss zu der Beute. Der Hund wird den Knall mit der Beute in Verbindung bringen und dann durch seine Passion unkontrollierbar. Dieses Verhalten nennt man Schusshitze. Hier hilft nur Ruhe und Konsequenz. Gerade junge Schweißhunde, die schon sehr früh mit in den Einsatz kommen, leiden manchmal unter Schusshitze. Das gilt auch für Vollgebrauchshunde, die zu früh und noch nicht vollständig durchgearbeitet mit zur Jagd genommen werden. Schusshitze können Sie nur mit konsequentem Ablegen beim Schuss in den Griff bekommen.

und der Hundeführer beobachtet den Hund genau, um sein Verhalten und seine Reaktion zu erkennen.

Diese Übung sollte genau durchgeführt und sehr ernst genommen werden, denn sie zeigt deutlich das Wesen unseres Hundes. Bedenken wir, dass wir den Hund für den harten Einsatz und den Fangschuss vor dem stellenden Hund ausbilden, ist es logisch, dass Hunde mit schwachen Nerven für uns nicht zu gebrauchen sind. Bei der VGP ist dies auch Prüfungsfach.

VERTEIDIGEN AM STÜCK

Wir unterscheiden bei unseren Jagdhunden drei Arten vor Schärfe. Die ersten beiden Arten sind Mannschärfe und Wildschärfe. Die dritte Art ist das Verteidigen von Beutebesitz gegenüber fremden Menschen und Hunden. Im Jagdbetrieb benötigen wir nur die Wildschärfe und die Schärfe beim Verteidigen der Beute oder des Rucksackes gegenüber Personen.

Jeder Hund hat von klein auf schon eine gewisse Schärfe. Das erleben wir, wenn wir dem Welpen einen Knochen wegnehmen: Er wird knurren. Lassen Sie ihm seinen Willen dahingehend, dass Sie dieses Knurren tolerieren und es sogar noch fördern, indem Sie an dem

Wachtelhündin „Rieke" liegt ruhig am Rehbock ab – doch zu nahe kommen sollte man ihr als Fremder nicht!

Knochen ziehen. Sie werden schnell feststellen, dass der kleine Kerl seine Beute schon gut verteidigen kann. Aber Vorsicht! Spielen Sie nicht immer selbst den Angreifer, der ihm die Beute streitig machen will. Ansonsten lässt der Hund, wenn er später körperlich ausgereift ist, Sie nicht oder nur unter großen Schwierigkeiten an das eigene Stück. Immer wieder erlebe ich solch verzogene Hunde, deren falsches Verhalten nur mit sehr viel Durchsetzungsvermögen wieder zu korrigieren ist. Letztlich bleiben solche Hunde aber ein Risiko – nicht zuletzt für die Familie. Falls Sie auf das Verteidigen am Stück Wert legen, lassen Sie besser eine fremde Person an die Beute herantreten und unterstützen Sie den knurrenden Hund; der Erfolg ist Ihnen sicher.

WILDSCHÄRFE

Die Schärfe, die für einen auf Schweiß arbeitenden Hund wichtig ist, ist die Wildschärfe. Wildschärfe zeigt sich auf verschiedene Arten, z. B. durch Lautgeben beim Hetzen. Das ist aber nicht zu verwechseln mit dem

„Poldi" in der für ihn typischen ruhigen Art vor einem Wolfszwinger

VERWEISERPUNKT

Hunde können oft auch mit Ihnen unbekanntem Raubwild umgehen. Mein BGS-Rüde „Poldi" stellte in dem bulgarischen Revier Tscherni-Lom zwei Jungwölfe, nachdem ich ihn eine Woche vorher am Wolfszwinger an Wölfe gewöhnt hatte.

lediglich lauten Begleiten des Stückes durch einen Hund: Hier sprechen wir vom „Hüten des Wildes". Scharfes Lautgeben beim Hetzen hat immer den Erfolg, dass das Stück schnell zu Stande gehetzt ist und steht, denn es wird durch den Klang des Lauts eingeschüchtert. Stellt sich das Wild, wird die Wildschärfe erst richtig benötigt. Der Hund muss nun zeigen, ob er die Ausdauer hat, das Stück lange genug an den Platz zu binden, sodass der Führer die Möglichkeit hat, heranzukommen und den Fangschuss anzutragen. Unsere Hunde haben alle sehr gute Wildschärfe. Diese wird aber nur beim ständigen Einsatz am Wild erlernt und gefestigt. Es ist von großem Vorteil, wenn ein junger Hund zusammen mit einem erfahrenen Hund arbeiten kann. Dieses stärkt das Vertrauen in seine Kraft, und dadurch wird er in seiner Wildschärfe perfekter.

Immer wieder haben wir bei Hunden feststellen können, dass sie trotz schwerer Verletzungen – geschlagen vom Schwarzwild – am Wild blieben und so lange Laut gaben, bis man an der Bail war. Wildschärfe zeigt der Hund auch, wenn er Raubwild und Raubzeug abwürgt.

Bei der Wildschärfe unterscheiden wir zwei Typen von Hunden. Die einen gehen blindlings an ein Stück Wild heran, ohne die Gefahr zu erkennen. Diese Hunde leben sehr gefährlich. Die zweite Art von Hunden, die etwas vorsichtigeren, sind uns wesentlich lieber, denn sie leben länger und sind nicht so oft verletzt. Auch ein angeschweißter Rehbock, den viele Hundeführer nicht als Gefahr ansehen, kann sehr gefährlich werden. Sie werden staunen, wie schnell ein zu wildscharfer Hund geforkelt ist. Gerade als Schweißhundeführer benötigen Sie einen überlegenden, intelligent jagenden, wildscharfen Hund.

VERHALTEN AM STÜCK

Dieser Übungsteil ist sehr leicht zu trainieren, und trotzdem fallen bei Prüfungen immer wieder Hunde in diesem Fach durch, weil sie aufstehen, unruhig sind, anschneiden oder sogar das Stück verlassen, um ihren Führer zu suchen. Aus diesem Grunde werden Hunde schon von frühester Jugend an Wild gewöhnt.

Haben Sie den Hund firm im Ablegen am Rucksack, dann ist es kein allzu großer Schritt, den Hund auch am Wild abzulegen. Bei den ersten Übungen legt man immer noch den Rucksack dazu. Später lasse ich den Rucksack weg und lege den Hund frei am Stück ab. Hunde lassen sich sehr gerne am Stück ablegen, da sie es als ihre Beute betrachten. Sie sollten aber bei Hunden, die gerne fressen, besonders aufpassen, denn solche Hunde neigen dann dazu, das Stück anzuschneiden. Bei sachgerechter Überwachung des abgelegten Hundes können Sie schnell eingreifen, falls sich der Hund am Stück gütlich tun will. Auch hier führt nur mehrfaches Üben zum Erfolg.

Sauberes Verhalten des Hundes am Stück ist eine Auszeichnung für den Führer, es zeigt, dass er auch diesen Teil der Praxis gründlich mit dem Hund gearbeitet hat.

PIRSCHGANG

Der Pirschgang stellt für uns als Berufsjäger einen Teil des täglichen Dienstes dar. Daher ist der junge Hund auch täglich mit seinem Führer im Revier, also im Jagdbetrieb. Ganz anders sieht es aus, wenn der Hund sich am Tage selbst überlassen bleibt, weil der Führer sich aus beruflichen Gründen nicht so intensiv um den Hund kümmern kann, wie das gerade in der Aufwuchsphase notwendig ist. Aus diesem Grund prüfen wir beim Klub für

Wer einen perfekten Pirschbegleiter möchte, muss auch den Pirschgang von Anfang an üben.

VERWEISERPUNKT

Relativ „bequem" lässt sich das Verhalten des Hundes am Stück im Alltag trainieren. Legen Sie den Hund so vor einem Fenster am Stück ab, dass Sie ihn beim Frühstück oder anderen Tätigkeiten sehen können. Dann können Sie ggf. schnell eingreifen.

Bayerische Gebirgsschweißhunde und auch bei den Vollgebrauchshunden in der Brauchbarkeitsprüfung auch den Pirschgang. Dabei unterscheiden wir zwei Arten:
1. den Pirschgang mit angeleintem Hund und
2. den Pirschgang mit frei laufendem Hund.
Es ist auch ein Unterschied, ob wir den Reviergang im Gebirge oder im Flachland durchführen. Unsere Hunde werden schon als Welpen für den Pirschgang vorbereitet, indem wir mit der Hündin und den Welpen ins Revier fahren und die ganze Meute auf einer Wildwiese laufen lassen. Nach einigem Durcheinander hat die Hündin die Mannschaft im Griff, und ich laufe kreuz und quer über die Wildwiese. Es ist immer wieder erstaunlich, dass dabei keiner verlorengeht. Hier sieht man auch schon bei dem einen oder anderen Welpen den Einsatz der Nase. Auch bei schlechtem Wetter oder Regen bin ich mit den Hunden draußen, so gewöhnen sie sich daran.
Besonders wichtig ist es, die jungen Hunde bei den ersten Pirschgängen vertraut zu machen mit den verschiedenen Bodenbedeckungen wie Brombeeren, Schlehen, Reisighaufen, Laub, Nadelstreu, Buchenverjüngungen und vor allem den Brennnesseln. Hunde, die nicht von klein auf mit Brennnesseln, Brombeeren, Schlehen und Disteln vertraut gemacht wurden, verweigern später in der rauen Nachsuchenpraxis manche Arbeit.
Bei den Reviergängen hören die Hunde auch ab und an einen Schuss, den eine zweite Person in einiger Entfernung abgibt. Ist der junge Hund in der zehnten Woche und bei seinem neuen Führer, sollte der Pirschgang zur täglichen Routine werden.
In den ersten Wochen führt man den Hund ohne Leine im Revier. Bei diesen Gängen lässt sich der Hund genau beobachten und man sieht, wie weit er sich vom Führer entfernt, was er mit seiner Nase untersucht oder wie er sich beim Anblick von Wild verhält. Hier müssen Sie sich die Reaktionen bei den einzelnen Wildarten merken, denn Sie legen später die Übungsfährten mit der Wildart, bei der ihr Hund am negativsten – z. B. ängstlich – reagiert hat.
Beim Kontakt mit Waldbesuchern und Spaziergängern sollten Sie ebenfalls genau auf Ihren jungen Hund achten. Einige Führer bilden Ihre Hunde aus, beim Anblick von Spaziergängern die Zähne zu fletschen und Laut zu geben, bei mir bleiben die Hunde ruhig, wenn wir Personen begegnen. Die Hunde sollen später einmal angenehme, sozial verträgliche Meutegenossen werden, dazu erlernen sie dann noch das Hereinkommen, Sitz!" und „Platz!" sowie das Ablegen.
All diese verschiedenen Kommandos lernt der Hund beim Reviergang, wenn es passt – das Ablegen, wenn ich eine Kanzel oder eine Falle kontrollieren muss: Der Hund wird abgelegt, und ich schaue ab und zu, ob er sich auch ruhig verhält. So kann man im Falle eines Falles schnell eingreifen und den Hund korrigieren. Wenn die Ausbildung so in das normale Tagesgeschäft des Revierganges eingebunden ist, spart das eine Menge Zeit.
Bei den Teilen des Pirschganges, bei denen der Hund angeleint ist, sollten Sie darauf achten, dass der Hund ruhig neben Ihnen geht und bei Bedarf hinter Ihnen, damit er nicht mit der Leine an einem Baum hängenbleibt. Näheres zur Leinenführigkeit wurde weiter vorn bereits ausgeführt. Die Hunde müssen sich grundsätzlich setzen, wenn Sie stehenbleiben, das Fernglas oder die Waffe hochnehmen.
Wir sind meist mit zwei oder drei Hunden unterwegs, und daher muss auch dieses trainiert werden. Bei einem solchen Pirschgang laufen die Hunde frei bei Fuß und immer etwas vor, denn nur so kann man erkennen, was der Hund zeigen will. Auch bemerkt man so, wenn ein Hund zurückbleibt und etwas zeigen will, das die anderen überlaufen haben. Unsere Hunde laufen nur dann angeleint und äußerst korrekt, wenn an Sonn- und Feiertagen viele Besucher mit Hunden im Wald Erholung suchen.

SUCHEN DES FÜHRERS

Viele Ausbildungsstunden sind geeignet, die Hundenase zu trainieren und den Hund zur Konzentration zu veranlassen. Ein solches Thema ist auch das Suchen des Führers. Früh geübt, wird es sich im rauen Nachsucheneinsatz bestens bewähren. Gerade dann, wenn der Hund überhetzt hat und in fremdem Gelände, bei schlechtem Wetter und stockdunkler Nacht fernab vom Führer alleine dasteht. Hier kann er nun zeigen, was er gelernt hat. Ich habe einige Hunde erlebt, die auf der Straße ihr Leben lassen mussten, nur weil sie versuchten, mit ihrem Führer Kontakt aufzunehmen. Bei einigem Nachfragen bei den leidgeprüften Führern musste ich immer wieder feststellen, dass dieser kleine und einfache Ausbildungsteil vergessen wurde.

Stufe 1 Mit dem Suchen des Führers fange ich schon in den ersten drei Monaten an. Bei einem Pirschgang, bei dem der Hund frei läuft, hänge ich langsam zurück, um in einem günstigen Augenblick hinter einem Baum Deckung zu suchen. Von hier aus beobachte ich den kleinen Kerl, wie er ruckartig stehenbleibt und zur Salzsäule erstarrt. Dann sieht man ihm an, wie er überlegt, um dann stürmisch in die Richtung zu laufen, aus der er kam. Steht bei einer solchen Übung der Wind schlecht, also vom Führer zum Hund, wird er in den Wind laufen und Sie einfach finden. Wenn der Hund bei Ihnen ist, wird er ausgiebig gelobt.
Steht bei dieser Übung der Wind vom Hund weg, wird er Ihr Versteck überlaufen. Nun kommt ein wichtiger Moment: Manche Hunde laufen einige Male hin und her. Sie sollten aber trotzdem in Ihrem Versteck bleiben und weiter beobachten, denn jetzt wird es spannend. Nach einigem Hin- und Herlaufen mit hoher Nase setzen plötzlich der Denkprozess und die Nase ein. Der junge Hund wird ruhiger, die Nase ist am Boden, und schon nach kurzer Zeit hat er Sie im Versteck gefunden. Ich habe festgestellt, dass ich ab diesem Zeitpunkt den kleinen Kerl so nicht mehr foppen konnte.

Stufe 2 Um den Hund dann noch besser zu trainieren, lasse ich ihn von einer ihm nicht allzu bekannten Person halten. Ich begebe mich dann in den Bestand und verstecke mich. Nach einer genau festgelegten Wartezeit wird der Hund auf meine Spur gebracht und geschnallt. Schon nach kürzester Zeit

Den Führer auf seiner Spur zu finden, müssen junge Hunde sehr früh lernen.

waren bisher alle meine Hunde bei mir und freuten sich.

Stufe 3 Eine weitere Steigerung bei der Übung „Suche des Führers" ist es, dem Hund beizubringen, sich selbstständig bei einem zurückgelassenen Rucksack oder Wetterfleck abzulegen und dort zu warten, bis er wieder abgeholt wird. Solche Situationen können vorkommen, wenn sich der Hund z. B. bei einem Reviergang oder bei einer Hetze sehr weit vom Führer entfernt. Bei hochpassionierten Hunden kann es sehr lange dauern, bis sie wieder Führerkontakt suchen. In solchen Fällen lege ich meinen Rucksack nebst Wetterfleck genau an der Stelle ab, an der der Hund verschwunden ist. Dann verlasse ich den Ort und kontrolliere ab und zu, ob sich der Hund wieder eingefunden hat. Da alle meine Hunde das Ablegen am Rucksack beherrschen, hatte ich bis jetzt noch keine Schwierigkeiten, meine Hunde dort wieder abzuholen.

Der größte Fehler, den Sie dabei machen können, ist, den Hund, der sich selbst am Rucksack abgelegt hat, zu maßregeln oder gar zu schlagen (weil er weggelaufen ist). Gerade hier müssen Sie ihn abliebeln und loben, weil er wiedergekommen ist. Ansonsten würde er das Wiederkommen und Ablegen mit der Strafe verbinden und nicht das Weglaufen. In der Folge wird er nur ungern zurückkommen. Interessant ist es, dass sich bei dieser Übung junge Hunde am Rucksack ablegen, wohingegen alte, erfahrene Hunde über den Rucksack hinweg die Führerfährte aufnehmen und plötzlich neben einem stehen. Zwei meiner Hunde folgten sogar der Fahrzeugspur, um mich wiederzufinden. Das war zwar so nicht gewollt, aber aus Hundesicht durchaus nachzuvollziehen. Es kann lebensrettend sein, wenn der Hund von aus – z. B. nach einer Hetze – auf der eigenen Spur zurückkehrt. Noch besser, wenn er dann mit Ihnen zusammen wieder zum Stück findet.

Kehrt der junge Hund an ihm vertraute, abgelegte Gegenstände zurück, ist das ideal. Hier ist, unabhängig von der „Vorgeschichte", kräftiges Lob fällig!

ELEMENTE DER EINARBEITUNG AUF SCHWEISS

Die Einarbeitung auf die Schweißfährte lässt sich übersichtshaft in vier Hauptelemente einteilen, die mit dem Hund gründlich einzeln eingearbeitet werden müssen. Das sind

— **die Arbeit am Anschuss**
— **das Verweisen auf der Fährte**
— **der Umgang mit Verleitungen**
— **alles am Fährtenende, was zum In-Besitz-Nehmen des Stücks nötig ist**

Erst wenn alle Einzelbestandteile dieser Arbeiten „sitzen", macht es wirklich Sinn, sie zusammenzuführen – und erst dann hat der Hund verstanden, worum es geht. Das wird er dann allerdings auch nie wieder vergessen! Schweißarbeit ist tatsächlich Fleißarbeit – die Lerntheorie sagt uns, dass über 1 000 Wiederholungen nötig sind, bis Mensch und Hund komplexe Lerninhalte wirklich verstanden haben und die Fertigkeiten „im Schlaf" beherrschen. Aber die Wissenschaft sagt auch, dass Lust am Tun das Lernen beschleunigt. Das gilt insbesondere für die Schweißarbeit: ein Hund mit Finder- und Arbeitswille wird alles tun, um seine Aufgabe zu bewältigen: Allein, weil es ihm Lust bereitet! Durch präzises, geduldiges und freudiges Arbeiten und Ausbilden im Vorfeld können wir unseren Hunden bei der praktischen Umsetzung am Ende einen hohen Leistungsstandard abverlangen. Das hat mit der Rasse des Hundes nichts zu tun!
Und: Alles Lernen braucht seine Zeit und geistige Weiterentwicklung. Auch ein „reiner" Schweißhund hat erst im vierten Jahr ausgelernt!

DIE DREI PFEILER DER NACHSUCHE

Wenn wir unseren Hund nicht gründlich beobachten, können wir seine Körpersprache nicht verstehen. Deshalb gilt es bei der Einarbeitung des Hundes, unbedingt die drei Pfeiler der Nachsuche zu beachten, auf denen ein späteres sicheres Zusammenarbeiten des Gespanns beruht.
Als Hundeführer ist es unsere Aufgabe, die Arbeitsweisen, z. B. ruhig, schnell oder ruckartig und die Bewegungsarten, z. B. unbewegte Körperhaltung und Rutenwedeln genau zu kennen und im Zusammenhang der Arbeit des Hundes zu verstehen. Von dieser Beobachtung hängt es ab, ob die Nachsuche zum Erfolg führt oder zur Fehlsuche wird. Deshalb müssen wir auch viel mit unseren Hunden üben und arbeiten. Die Meinung, dass zwei- bis dreimal Fährten pro Monat zu arbeiten genug sei, weil der Hund bei Mehrarbeit unlustig würde, ist überhaupt nicht nachzuvollziehen! Wir führen Arbeitshunde: Solche Unlust muss dann an anderen Faktoren liegen, z. B. Fährtenarbeit, die unter Druck als Dressurakt ausgeführt wird, der Unkenntnis der Hundeführer oder der praxisfernen Lehrmethoden mancher Ausbilder.

PFEILER 1

Bei zielgerichtetem Arbeiten mit unserem Hund auf der Fährte sollten wir besonders darauf achten, wie er sich bewegt und was er damit zeigt, ob z. B. sein Rutenwedeln Neugierde, Freude oder aufmerksame Konzentration ausdrückt oder ob er die Rute vielleicht

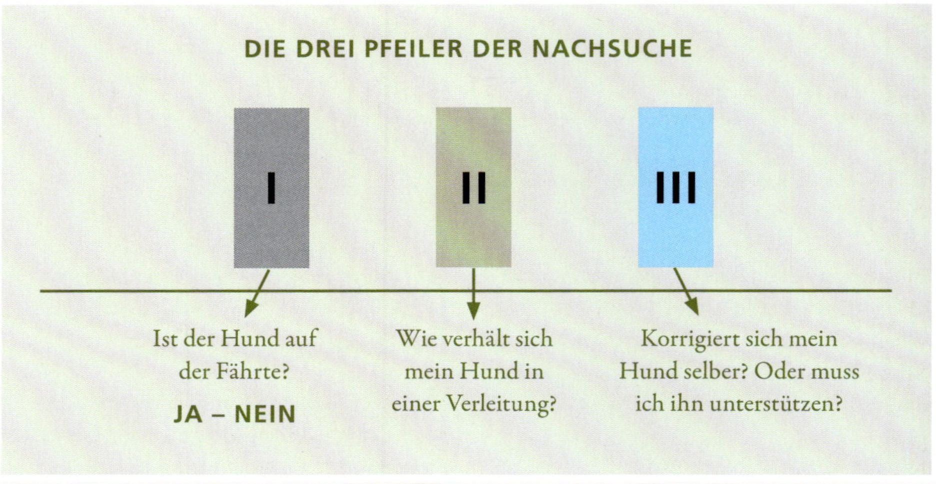

Die drei Pfeiler der Nachsuche

gar nicht bewegt. Das zeigt uns an, ob er auf der Fährte ist oder etwas anderes im Sinn hat. Wie er sich bewegt, wenn er genau auf der Fährte ist, muss sich der Hundeführer genau einprägen und als Bewegungsbild im Gedächtnis behalten. Hier helfen Filme.

PFEILER 2

Verleitungen in oder über der Fährte sind die häufigste Ursache dafür, dass Hund und Führer nicht ans Stück kommen. Jeder Hund unterscheidet Verleitungen, denen er gerne folgt, und solche, denen er nicht so gern nachhängt. Beide Arten zeigt uns der Hund in seiner Körperhaltung an – und zwar unterschiedlich. Das muss der Hundeführer sehen und unterscheiden lernen. Dazu braucht es häufiges Üben, denn der Hundeführer muss sein Auge schulen, um erkennen zu können, was der Hund gerade anzeigt. Ein eingearbeiteter Hund hat dabei auch eine andere Körpersprache als ein unerfahrener, dessen Unsicherheit das saubere „Sprachmuster" verschleiern kann. Dazu genügen ein- oder zweimaliges Üben nicht!

PFEILER 3

Ob der Hund sich selbst korrigieren kann oder dabei Unterstützung braucht, ist ungemein wichtig bei der Einarbeitung. Bei der gesamten Fährtenarbeit ist dieses Verhalten des Hundes das Wichtigste.

Am günstigsten lässt es sich beobachten, wenn man den Hund eine einfache, mit dem Fährtenschuh getretene Gerade arbeiten lässt, über die wir quer, z. B. mit seinem liebsten Verleitungswild Kanin, eine frische Schleppe gezogen haben. Der Hund wird zur Fährte gelegt. Dabei halten wir den Schweißriemen etwa mittig. Sobald der Hund an die vorher markierte Kreuzungsstelle, die Verleitung, kommt, wird er ruckartig stehenbleiben, die Rute wird sich nicht mehr bewegen, und er wird die Verleitung bewinden. Dieses Bewegungsmuster muss man sich gut einprägen!

Der Hund wird nun weiter beobachtet, ohne dass er ein Kommando bekommt. Er soll ganz allein entscheiden, welcher Duftspur er folgen will: der Ansatzfährte oder der Verleitung. Entscheidet sich der Hund, der Ansatzfährte weiter zu folgen, wird er beim Arbeiten sehr gelobt. Vom Bewegungsmuster her wird er die Rute wieder in seiner üblichen Art auf der Fährte weiter hin und her bewegen.

Folgt der Hund der Verleitung heftig, sprechen wir ihn zunächst nicht an, sondern beobachten ihn weiter bei seiner Arbeitsweise. Dreht der Hund nach etwa fünf Metern eigenständig zur Wundfährte zurück, korri-

giert sich also selbst, haben Sie ein Juwel am Schweißriemen! Dass der Hund dieses leichte Nachfolgen zeigt, wird später mit dem Kommando „Zur Fährte!" unterbrochen. Das lernt der Hund sehr schnell, kehrt zurück zur Fährte und wird dann sehr gelobt und bestätigt. Arbeitet der Hund allerdings die Verleitung sehr heftig und über die genannte Entfernung hinaus, wird die Arbeit mit dem Kommando „Halt!" abrupt abgebrochen. Ohne den Hund weiter anzusprechen, nehmen Sie ihn kurz am Schweißriemen und führen ihn in die Nähe des Anschusses zurück und legen ihn ab. Die ganze Zeit sagen Sie nichts zu Ihrem Hund! Nach einer kurzen Pause wird der Hund wieder am Anschuss angelegt. Er wird wieder mit wedelnder Rute auf den Verleitungspunkt zuarbeiten, an diesem Punkt wird die Rute ruhig werden, denn er verweist die Verleitung. Jetzt soll er ein scharfes Kommando bekommen: „Zur Fährte, such verwund't!". Meistens wird der Hund dann auf der Fährte weiterarbeiten, und sofort muss er sehr gelobt werden, damit er versteht, wie er mit Verleitungen umzugehen hat.
Diese Beobachtungen am Verhalten des Hundes müssen dann durch die entsprechenden Übungen am Verleitkreuz gefestigt werden. Nur so können Hund und Führer später die Schwierigkeiten an Verleitungen meistern.

AUSBILDUNGSFEHLER UND IHRE FOLGEN

Mit dem Schema auf Seite 164 soll am Beispiel des Verweisens aufgezeigt werden, welche üblen Folgen ein nicht mit Konsequenz abgearbeiteter Ausbildungsabschnitt haben kann. Das Schaubild mag verdeutlichen, wie negativ sich ein Fehler im Ausbildungsfach „Verweisen" auf das Gespann, dessen Arbeit und damit letztlich auf das angeschweißte Stück auswirken kann.

A: Der Gebrauchshund wird für die Prüfungen auf 20- und 40-Std.-Schweißfährten ausgebildet. Bei der Vielzahl an Ausbildungsfächern wird das Verweisen vernachlässigt. Das wird sich als großer Fehler herausstellen. Gerade junge Hunde lernen sehr schnell, was sie uns zeigen sollen oder nicht. Hat der Hund das einmal richtig begriffen, speichert er es als Erfolg ab und kann es später mit Freude bei Bedarf wieder abrufen. Hier liegt ein „Knackpunkt" in der Frühausbildung.

B: Der Anruf zu einer Nachsuche kommt. Der Führer beginnt die Arbeit. Der Hund zeigt einige Schweißstellen nicht an, sondern überläuft sie (B1). Der Führer erkennt den Fehler nicht und kann seinen Hund nicht unterstützen (B2). Wichtig an dieser Stelle ist, dass man auch während der Suche seinen Hund noch schulen kann. Man zeigt ihm den Schweiß und lobt ihn dabei. So wird sein Arbeitseifer geweckt und er will Beute machen.

C: Die Frustration beim Führer wächst – er hat schon längere Zeit keine Bestätigung mehr. Diese Stimmung überträgt sich auf den Hund (C1), er wird faselig und unruhig, die Arbeit wird ungenau. Gleichzeitig baut der Führer einen scharfen und harten Führungsstil auf. Harte Kommandos, Reißen am Riemen usw. machen die Arbeit für den Hund sehr schwer. Er wird harthörig, fällt immer wieder Verleitungen an und bringt die Arbeit nicht weiter. Noch schlimmer wird es, wenn der Hund zum Führer kommt und nach Unterstützung sucht, der ihn aber nach vorne jagt. Der Führer ist an seiner Leistungsgrenze angelangt. Meist merken das die Führer nicht: Dem Hund wird die Schuld zugeschoben.

D: Der Hund fällt in ein Vertrauensloch (D1). Er weiß nicht mehr, was richtig und was falsch ist. Er kann nichts mehr abrufen, da er ja unzureichend geschult wurde. Der Hund ist nun angeschlagen und sehr geschädigt. Was er jetzt bräuchte, wäre ein einsichtiger Führer. Der Führer hingegen

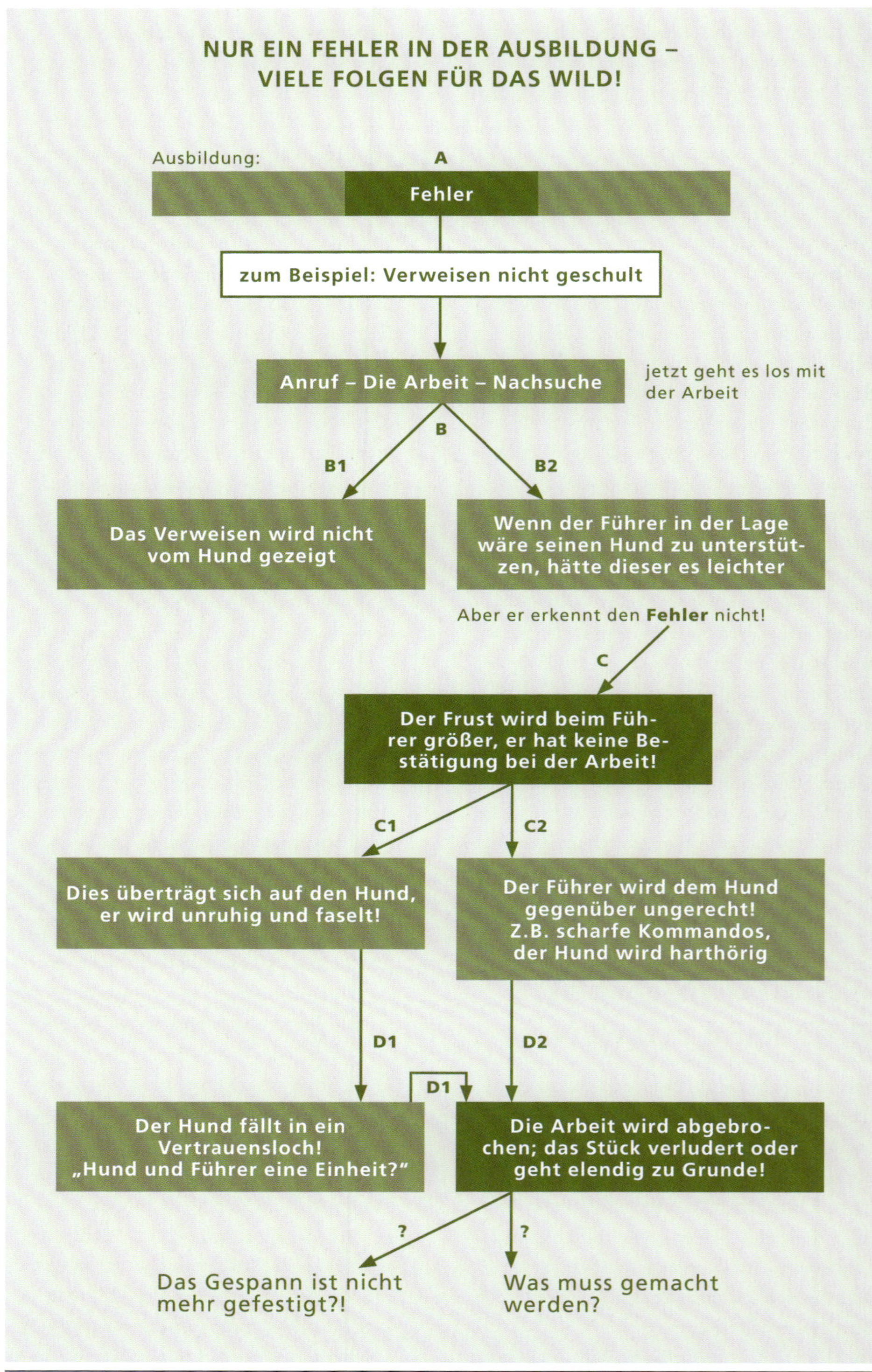

„Nur ein" Fehler in der Ausbildung – mit vielen Folgen für das leidende Wild

bricht die Arbeit ab (D2). Das Stück kommt nicht zur Strecke, verludert oder geht elend zugrunde.

In der Konsequenz bedeutet das: Das Gespann ist nicht mehr gefestigt. Mit viel Kleinarbeit wird man das Vertrauen wieder aufbauen können – aber nur, wenn der Fehler auch erkannt wird!
Der Hund muss erneut die Grundausbildung durchlaufen und das Verweisen richtig lernen. Hier sind Fingerspitzengefühl und hoher Sachverstand gefragt. Lassen Sie sich unbedingt von guten Führern und Ausbildern beraten, denn „vier Augen sehen mehr als zwei“! Gerade das Verweisen ist einer der Eckpfeiler einer Nachsuche. Geradezu stiefmütterlich wird oft in der Ausbildung damit umgegangen. Abstruse Methoden, wie z. B. Verbergen von Käsestückchen unter Laub oder Wurstscheiben in der Fährte bis hin zur kompletten Bockwurst, werden zersucht. Der Hund wird es finden – und was dann? Er wird es fressen und zufrieden sein.
Manche beugen dem vor und präparieren kleine Döschen mit perforierten Deckeln zum Vergraben in der Erde, mit Schweiß und Leckereien darin. Als mir zum wiederholten Male ein Ausbilder bei einem Lehrgang die Methode mit den Käsestücken zeigte, sein Hund alle fünf Schritt einen Käsehappen fand und fraß, wurde mir schlagartig klar, warum diese Methode wirkt: Es wird ein ausgehungerter Hund mit schon eingefallenen Flanken auf die Fährte gesetzt. Da er alle fünf Schritt einen fetten Käsehappen findet und frisst, werden seine Flanken zusehends voller, und daran erkennt der Führer, dass er auf der Fährte ist ...
Unsere Praxis sieht anders aus: Gerade beim Verweisen in der Praxis kommt es darauf an, dem Führer kleinste Pirschzeichen, z. B. Tropfen von Schweiß unter einem Blatt, Schweiß ganz fein an einem Grashalm, Knochensplitter, Gescheidestückchen, Borsten oder Haare zu zeigen und darüber hinaus am Ort zu belassen. Nur so kann sich der Hundeführer wie aus Steinchen eines Mosaiks ein Bild von der Schussverletzung machen. Das ist v. a. auch wichtig, weil er nur anhand des Gesamtbefundes entscheiden kann, ob er mit seinem Hund die Arbeit leisten kann. So kann z. B. ein Führer mit einem jungen Hund auf die Fährte eines kapitalen Hirsches gehen. Der Ausschuss wurde nicht genau angesprochen und daher die Arbeit in der irrigen Annahme aufgenommen, dass der reichlich aufgefundene Schweiß aus einer Schlagader auf eine kurze Totsuche hindeute. Bald verweist der junge Hund einen länglichen Knochensplitter, der Führer erkennt diesen als Oberarmknochen und bricht daraufhin ab. Der Hundeführer hat jetzt richtig erkannt, dass es sich um einen hohen Laufschuss handelt und die Arbeit zwangsläufig in einer langen Hetze enden wird. Da sein Hund aber noch nie eine Hetze gearbeitet hat, ist diese Arbeit zu schwer und würde zudem den Hund verderben. So trägt er ihn ab, um ein erfahrenes Gespann zu holen.
Verweisen ist unseren Hunden angewölft. Doch nur, wenn diese Veranlagung auch richtig gefördert wird und der Hund fachgerecht ausgebildet ist, kann er wirklich alles zeigen, was zur Ansatzfährte gehört.

ARBEIT AM ANSCHUSS

Bei der Ausbildung meiner Schweißhunde gehe ich immer schrittweise vor. Erst wenn ein Ausbildungsabschnitt richtig sitzt, fange ich den nächsten an. Und wenn ein Ausbildungsabschnitt zu komplex ist, dann wird er so lange in kleinere Teile geteilt, bis der Hund diesen Teil begreifen kann: vom Einfachen zum Komplexen.

ANLEGEN AM ANSCHUSS

Genauso kleinteilig ist das bei der Ausbildung am Anschuss. Das Ablegen und das Ansetzen am Anschuss werden anfangs getrennt, auch

wenn das später ineinander übergeht. Am Anschuss wird der Hund zur Fährte gelegt – natürlich nicht auf den Anschuss, sondern einige Meter daneben. Von dort aus beobachtet er seinen Führer genau. Um dem Hund dieses Beobachten zu ermöglichen, befindet er sich bei hohem Bewuchs näher am Anschuss als bei niedriger Bodenbedeckung.
Die ersten Übungen in diesem Fach werden auf einer Wiese durchgeführt, auch im Hausgarten ist das möglich. Denken Sie daran, das Anlegen bei jedem Wetter zu üben! Stecken Sie einen Bruch in den Boden, und Sie können beginnen. Zu dieser Zeit sollte der junge Hund bereits ruhig an der Führerleine gehen können, das Kommando „Bei Fuß!" sitzt schon etwas, und das Ablegen am Rucksack beherrscht der Hund.
Beim Ablegen am Anschuss geben Sie keine harten Kommandos mehr, denn der Hund soll sich auf die bevorstehende Aufgabe konzentrieren.
Das weitere Vorgehen unterscheidet sich bei Gebrauchshunden und Schweißhunden – jedenfalls was die Vorbereitung auf eine Prüfung betrifft. Der Gebrauchshund wird – so wollen das die Prüfungsordnungen mancher Hundezuchtvereine – mit der Führerleine an den Anschuss geführt. Dort wird dann erst der Schweißriemen abgedockt und der Hund angehalst. Die Spezialisten werden schon mit dem Arbeitsmaterial an den Anschuss geführt. In der Praxis macht das auch den meisten Sinn.
Je nach Bodenbestockung wird der Hund also einige Meter vom richtigen Anschuss abgelegt. Er hat Warn- und Schweißhalsung übergestreift, der Schweißriemen ist ausgeworfen. In dieser Position muss er – in Ruhe abliegend – den Führer genau beobachten können. Beim Ablegen wäre die Downlage verkehrt, denn der Hund ist nicht entspannt genug, um sich auf seine spätere Aufgabe zu konzentrieren. Diesen Vorgang sollte man beim Ablegen am Anschuss immer gleichbleibend wie ein Ritual wiederholen. So verknüpft der Hund sogleich die dann folgende Riemenarbeit zur Beute mit dem Führer. Das dazu nötige freie Abliegen muss separat eingeübt und korrekt gefestigt werden.
Bei Übungs- und erst Recht bei Naturnachsuchen werden beim Ablegen am Anschuss keine Appell-Kommandos mehr gegeben. Hier hat nur das kranke Wild als Ziel oberste Priorität. Fehlverhalten des Hundes, z. B. Aufstehen oder Zum-Führer-Kommen müssen dann geduldet werden, um die Spannung vor der Suche nicht zu unterbrechen. Im Gehorsam muss später separat nachgearbeitet werden.
Bei der Untersuchung des gerechten Anschusses findet sich auch der Schalenabdruck. Es bietet sich an, dort mit der Hand in den Boden zu greifen, damit sich Witterung von der Bodenverwundung anheftet. Mit dieser Witterung geht man zum abgelegten Hund und streckt ihm die Hand entgegen. Der interessierte Hund wird die Witterung aufnehmen und sich für den Ort interessieren, von dem sie stammt. An diesem Verhalten kann der Führer erkennen, dass sein Hund die Arbeit verstanden hat. Ein erfahrener Hundeführer weiß auch zu deuten, ob sein Hund die Arbeit

MIT SCHWEISSRIEMEN ZUM ANSCHUSS!

Den Hund mit dem Schweißriemen an den Anschuss zu führen, ist sinnvoll! Zum einen kann die Führerleine gleich im Auto bleiben. Zum anderen aber ist und war es aus folgendem Grund schon immer falsch, den Hund mit Führerleine am Rucksack und aufgedocktem Schweißriemen abzulegen: Wenn der Hund nicht von Beginn an richtig ausgerüstet an die Arbeit gehen kann, führt das nur zu seiner Verunsicherung. Viele Prüfungen waren auf diese Weise vor dem Anfang schon zu Ende, weil Hund und Führer nicht am gleichen Strang zogen.

Die Führerin kniet sich nieder und untersucht den Anschuss mit Blickkontakt zum Hund.

freudig macht oder mit Vorsicht an die Suche herangeht, was gerade bei wehrhaftem Wild immer gut zu erkennen ist.
Mit dem Kommando „Such vorhin und zeige mir!" lassen Sie den Hund ruhig an den Anschuss arbeiten, um diesen zu bewinden. Der Hund bekommt viel Zeit, um die Witterung des Wildes aufzunehmen. Das ist gerade bei Übernachtfährten wichtig, denn hier kann es immer vorkommen, dass starke Verleitungen bestehen – der Hund muss dies erst unterscheiden lernen.
Das intensive Aufnehmen der Witterung des Schalenabdrucks unterstützen Sie, indem Sie dem Hund den Schalenabdruck mit dem Finger zeigen. Ihre Hand wird für den Hund sozusagen zu Ihrem Fang und Nase, mit der Sie den interessanten Befund anzeigen. Bei dieser Art von Unterstützung können Sie sicher sein, dass der Hund nur dieser Witterung folgen wird.
Haben Sie den Hund ruhig und interessiert in der Nähe des Anschusses abgelegt und selbst in Ruhe den Anschuss untersucht, lassen Sie den Hund seine Arbeit beginnen.
Während bei der Übung „Ablegen am Anschuss" ein Bruch als simulierter Anschuss

Bevor der Hund zum Anschuss geführt wird, nimmt er dessen Witterung von der Hand der Führerin auf.

ausreicht, müssen Sie jetzt einen richtigen Anschuss vorbereiten. Dazu stecken Sie wieder einen Bruch in die Erde, und mit dem Fährtenschuh treten Sie ein Trittsiegel kräftig in den Boden. Gleichzeitig werden etwas Schweiß in den Schalenabdruck hineingespritzt und einige Risshaare und Knochensplitter um den Anschuss verteilt. Nach dieser Vorbereitung kann die Übung beginnen.
Der Hund hat das Untersuchen des Anschusses beobachtet und sich versammelt. Greifen

Der Hund untersucht den Anschuss mit der Nase: Er wird angesetzt ...

... und sucht nach der Aufforderung „Such verwund't!" vom Anschuss weg.

Sie, wie beschrieben, mit der Hand in den Schweiß und an die Risshaare und gehen Sie auf den Hund zu. Er wird die ihm entgegengestreckte Hand interessiert bewinden und kann sich so schon auf die zu suchende Wildart einstellen.

Jetzt nehmen Sie den Schweißriemen auf; der Hund sitzt oder liegt immer noch ruhig. Jetzt können Sie Ihren Hund noch in der Haltung korrigieren und zur Ruhe ermahnen, später bei einer richtigen Arbeit sind solche Zurechtweisungen fehl am Platz.

DER HUND AM ANSCHUSS

Auf das Kommando „Such vorhin und zeige mir!" geben Sie dem Hund den Riemen frei. Der Hund wird sofort auf die von Ihnen so ausgiebig untersuchte Stelle zu suchen, teils mit hoher, teils aber auch schon mit tiefer Nase. Das wird besser mit der Zeit, wenn Sie es nur ausgiebig üben.
Am Anschuss wird der Hund verweisen. Hier lassen Sie dem Hund ausgiebig Zeit, die Witterung mit der Nase aufzunehmen. Dieses ruhige und lange Verweilen am Anschuss – also den Eingriffen und Ausrissen – gibt dem Hund die Zeit, sich mit der Witterung der Bodenverwundung und des Wildes auseinanderzusetzen und sie sich einzuprägen. Nur durch diese konzentrierte und ruhige Auf-

nahme der Witterung wird es dem Hund später gelingen, die Fährte auch durch schwierigste Verleitungen zu halten. Zusätzlich zeigen Sie dem Hund Knochensplitter und Haare um den Anschuss, damit er auch deren Witterung aufnimmt.
Warum geht es dann nicht gleich weiter bis zum Stück? Weil das für einen jungen Hund zu viel auf einmal wäre. Das habe ich schon vor Jahren erkannt, und der Erfolg gibt mir recht. Die Fährte ist sehr komplex, und für einen jungen Hund ist schon das Ablegen oder das Ansetzen an den Anschuss sehr fordernd. Sie dürfen nicht den zweiten Schritt vor dem ersten machen, und müssen die einzelnen Schritte sehr klein halten. Andernfalls werden Sie Ihren Hund entweder zu hitzig machen oder verunsichern, weil Sie etwas von ihm verlangen, das er nicht begriffen hat. Merke: Kleine Schritte und kontinuierliches Üben machen den Meister!

VOM ANSCHUSS IN DIE FÄHRTE

Haben Sie lange genug mit dem Hund am Anschuss verbracht, geben Sie ihm mit dem Kommando „Such verwund't!" mehr Riemen. Der temperamentvolle junge Hund wird sofort nach vorne stürmen. Da Sie darauf vorbereitet sind, halten Sie ihn langsam zurück, loben ihn und tragen ihn ab. Für den Hund ist der Übungsabschnitt zu Ende.

AUF DER FÄHRTE BIS ZUM STÜCK

Für die konzentrierte Suche auf der Wundfährte ist der Schweißriemen das Verbindungsstück zwischen Führer und Hund. Gerade bei jungen Hunden ist der Schweißriemen so etwas wie die Hand des Führers, die ihm Vertrauen einflößt, die aber auch gelinden Zwang ausübt, wenn eine Verleitung doch zu interessant wird und das Kommando „Zur Fährte!" erfolgt. Ist der Hund wieder auf der Fährte und arbeitet weiter, loben Sie ihn mit den Worten „Der Hund hat recht!" oder „So ist's brav, mein Hund!", und die Arbeit geht weiter.
Für manchen Zuschauer ist es bei Schausuchen geradezu unverständlich, wie man einen Hund trotz einer starken Verleitung nur mit diesen zwei Worten „Zur Fährte!" wieder an seine Arbeit bringt, ohne dabei aus der Haut zu fahren und mit Trillerpfiff und „Down!" zu arbeiten.

Der Schweißriemen verbindet Hund und Führer, ist für den Hund gleichsam die „Hand des Hundeführers".

Liegt der Hund in der Praxis im Riemen, ohne dass ich mangels Bestätigungen schon weiß, ob wir richtig oder falsch sind, überprüfe ich ebenfalls mit den Worten „Zur Fährte!“ einige Male sein Verhalten. Da ich das Verhalten jedes einzelnen Hundes auf und neben der Fährte kenne, weiß ich, wie er jetzt reagieren muss: Ist er nicht mehr drauf, wird er versuchen, durch Bögeln die Fährte wiederzufinden, ansonsten arbeitet er ruhig weiter. Belustigend ist es immer, wenn ich meinem alten, erfahrenen Rüden ein solches Kommando gebe. Ganz langsam dreht sich der erfahrene Hund zu mir um, sieht mich mit seinen dunklen Augen und legt gleichsam die Stirn in Falten, als ob er sagen wollte: „Mach keine Mätzchen mit mir, ich bin richtig!“
Bei jungen Hunden ist die Reaktion auch immer individuell unterschiedlich, manche reißt es förmlich, andere drehen sich langsam um und arbeiten zur Fährte zurück. Aber zeichnen werden die Hunde immer, wenn sie falsch sind, und das wollen Sie ja in der Ausbildung erreichen und erkennen lernen.
Als Führer müssen Sie eben erkennen: Ist mein Hund noch auf der Fährte oder ist er schon lange bei der Stöberarbeit? Je nachdem, ob der Hund „drauf“ oder „runter“ ist, zeichnet jeder Hund anders. Einige werden langsam, manche werden unruhig, viele bewegen die Rute stark, andere halten die Rute ganz starr. Nur wenn Sie das individuelle Bewegungsmuster Ihres Hundes genau kennengelernt haben, können Sie im richtigen Augenblick reagieren und dem Hund durch Abtragen und Neuansetzen oder das Kommando „Zur Fährte!“ helfen.

Brauchtumsgerechtes, aber anstrengendes Abtragen nach getaner Arbeit. Besser für den eigenen Rücken ist es, den Hund nur am Brustkern anzuheben und aus der Fährte zu drehen.

„HALT!“ IN DER FÄHRTE

Bei einer wie bisher aufgezeigten Ausbildung und mit dem nötigen Verständnis – dem Hundeverstand – wird es keine allzu großen Schwierigkeiten geben. In der Praxis kommt es gerade bei Schwarzwild ganz selten vor, dass man durch alte, unten freie Buchenbestände arbeiten kann, in denen ein Hindernis frühzeitig erkannt werden kann. Krankes Schwarzwild wechselt nahezu immer in schützende Dickungen ein. In diesen passiert es ganz zwangsläufig, dass der Führer dem arbeitenden Hund nicht so schnell folgen kann und einen Stopp einlegen muss, um, am Riemen vorgreifend, wieder zu seinem Hund zu gelangen. Wehe dem Führer, der hier einen hektischen oder nicht richtig durchgeführten Hund hat: Er wird verzweifeln.
Auf das Kommando „Halt!“ bleiben alle meine Hunde ruhig in der Fährte stehen: Ich kann dann den Riemen aus der Hand legen und zum Hund gehen, wo die Arbeit wieder aufgenommen wird. Dieses Halt und Stehenbleiben in der Fährte ist eine Übung, die ständig bei der Arbeit trainiert werden muss. Gerade bei jungen, stürmischen Hunden sollte man sehr viel Zeit darauf verwenden. Den Ausspruch eines Gebrauchshundemannes anlässlich einer Richterbesprechung, der Hund brauche auf der Schweißfährte keinen Appell, konnte ich Wochen später widerlegen und beweisen, dass gerade auf der Fährte in ganz bestimmten Situationen der absolute Appell vorhanden sein muss. Er sah mich ganz erstaunt an!

Bis das „Halt in der Fährte" sitzt, muss vor allem bei stürmischen Hunden mit starkem Vorwärtsdrang Zeit ins Einüben investiert werden.

VERWEISEN ERKENNEN

In unserer Junghundeausbildung muss das Verweisen von Dingen, die später für die Nachsuche wichtig sind – z. B. Pirschzeichen oder Fährten – eine große Rolle spielen. Gerade aus diesem Grunde ist das Verweisen in einem eigenen Kapitel ausführlich beschrieben. Vorab muss man aber das Verweisen des Hundes als solches erkennen. Dazu wird der junge Hund bei Reviergängen immer wieder mit seiner Nase Dinge zeigen, die wir Menschen gar nicht wahrgenommen hätten. Aus diesem Grunde laufen junge Hunde bei mir nicht direkt bei Fuß, sondern immer einige Schritte vor mir. Nur so kann ich sehen, wenn der Hund stehenbleibt und etwas bewindet. Dieses ist das Signal, an den Hund heranzutreten und ihn mit „Halt, lass sehen!" anzusprechen. Der Hund wird stehenbleiben und das Entdeckte weiter beschnuppern. Jetzt trete ich an den Hund heran und begutachte von oben herab das Gezeigte.

Ist es etwas, das mit Wild zu tun hat, wird der Hund gelobt: „So ist's recht, mein Hund!". Dann lasse ich ihn weiterlaufen. Hat das Gezeigte nichts mit der Jagdausbildung zu tun, wird er nicht gelobt, manchmal ist sogar ein scharfes „Pfui!" angebracht. Hunde merken sehr schnell, was den Führer freut und was nicht.

Haben Sie mit Ihrem Hund ab dem sechsten Monat schon kurze Übungsfährten gearbeitet, legen Sie in diese Fährte einige Verweiserstücke. Diese Stücke stammen von der Wildart, die Sie gerade arbeiten. Dazu eignen sich z. B. ein Stück Decke, eine abgeschärfte Schale, etwas Wildbret, Knochensplitter oder nur Schweiß. Diese ausgelegten Verweiserstücke müssen Sie in der Übungsfährte so deutlich markieren, dass Sie selbst sie schon von weitem deutlich erkennen können. Nur so stellen

VERWEISERPUNKT

Die Arbeit am langen Riemen ist und bleibt die einzige gerechte Methode, um an das Stück zu kommen – Ausnahmen sind hier nicht die Regel – deshalb muss bei der Ausbildung am Riemen mit Sach- und Fachverstand gearbeitet werden.

Der Hund nähert sich dem Verweiserstück, gleich muss er es anzeigen.

Das deutliche Interesse der Hundeführerin bestärkt den Hund im Verweisen.

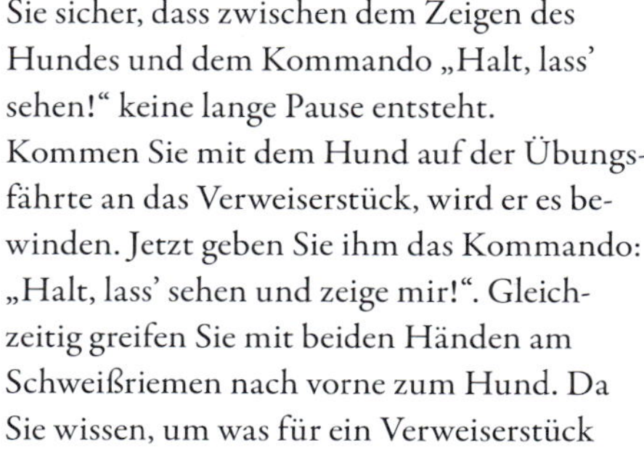

Sie sicher, dass zwischen dem Zeigen des Hundes und dem Kommando „Halt, lass' sehen!" keine lange Pause entsteht. Kommen Sie mit dem Hund auf der Übungsfährte an das Verweiserstück, wird er es bewinden. Jetzt geben Sie ihm das Kommando: „Halt, lass' sehen und zeige mir!". Gleichzeitig greifen Sie mit beiden Händen am Schweißriemen nach vorne zum Hund. Da Sie wissen, um was für ein Verweiserstück es sich handelt – Sie haben es ja selbst ausgelegt – loben Sie Ihren Hund frühzeitig mit den Worten: „So ist's recht, mein Hund!". Wenn Sie den Hund dabei noch streicheln, freut er sich noch mehr.

ZEIGEN

Ich lasse mir bei der Ausbildung das Gefundene durch den Hund immer noch einmal zeigen. Dabei muss der Hund auf das Kom-

In der Ausbildung muss der Hund auf Aufforderung noch mal verweisen.

mando „Zeige mir!" mit seiner Nase das Gefundene nochmals verweisen.
Dieses Zeigenlassen kann in der weiteren Ausbildung des Hundes so weit perfektioniert werden, dass der Hund später in der Fährte nur auf den Zuruf „Zeige mir!" das verweist, was zur Fährte gehört oder zur Nachsuche wichtig ist.
Der Hund soll Ihnen das Verweiserstück genau mit der Nase zeigen, denn nur durch dieses deutliche Zeigen werden Sie später bei einer Nachsuche auch den kleinsten Tropfen Schweiß finden.

ARBEITEN VON SCHLEPPEN

Beim Einarbeiten unserer Hunde auf Schweiß ist einer der elementarsten Teile, den Nasengebrauch des Hundes schrittweise zu fördern und zu fordern. Immer wieder werden dabei junge Hunde auch überfordert. Viele Führer meinen, dass gerade der junge Hund schnell auf das Muster „vom Anschuss zum Stück" trainiert werden müsse und nicht auf das sorgfältige Ausarbeiten der Fährte an sich. Schnelligkeit schadet hier ungemein und kann zu unerwünschten Reaktionen beim Hund führen im Sinne von „nicht verstehen – falsch verknüpfen – falsches Verhalten". Deshalb muss auch die Schleppe sorgfältig gelegt werden – und natürlich zielgerichtet sein. Eine im Sinne unserer Fährtenarbeit korrekte Schleppe zu legen bedeutet eben nicht, ein Beuteteil hinter sich herzuziehen, sodass die Spur des Schleppenlegers und Beuteteil zusammen verlaufen! Läuft der Schleppenleger vor dem Schleppgegenstand, lässt sich nicht vermeiden, dass der Hund der Bodenverwundung des Schleppenlegers folgt. Das tut er besonders gern, wenn es sich dabei noch um sein eigenes „Herrchen" handelt. Daher lasse ich die Schleppe oft von einer anderen Person legen. Grundsätzlich jedoch sollte man einen ein bis zwei Meter langen Stock nehmen, an dem das Schleppstück mit einem Bindfaden befestigt ist. Der Schleppenleger hält den Stock beim Schleppen seitlich so von sich weg, dass das Schleppstück eine eigene Spur hinterlässt. So gelegt, ist nur die reine Schleppe vorhanden, und der Hund muss sich auf die Wildwitterung konzentrieren. Der Hund wird nur an der Witterung des Schleppstücks angesetzt und arbeitet dann auch nur sie. Er darf nicht lernen, auf der Legerspur zur Beute zu gelangen – wir bilden Fährtenhunde aus!

SCHLEPPE IN DER PRAXIS

Je nach Ausbildungsstand des Hundes lassen wir mehr oder weniger viel Zeit verstreichen, bis wir den Hund ansetzen. Bei jungen Hunden sollte die Stehzeit zwei bis sechs Stunden betragen, bei erfahrenen Hunden ist eine Stehzeit von bis zu 48 Stunden möglich. Die Stehzeiten der Schleppen wechsele ich ständig, sodass der Hund mal eine frische und mal eine ältere Schleppe arbeiten muss.
Wie bei den anderen Ausbildungen auch, arbeite ich die Schleppen bei jeder Witterung, bei Regen, Hitze, Schnee und Frost. Zu oft habe ich gut veranlagte Hunde gesehen, die bei schlechtem Wetter die Arbeit aufgaben,

Der junge Langhaar-Teckel hat die Schleppe frei zur geschleppten Decke gearbeitet.

weil sie mit dem Wetter nicht klarkamen. Die Länge der Schleppe ändert man jedes Mal, damit sich der Hund geistig nicht auf die Länge der Schleppe einstellen kann. Wenn eine Schleppe 100 m lang war, dann ist die nächste vielleicht 1 000 m lang, um am nächsten Tag nur 50 m zu betragen. Versuche bei uns haben gezeigt, dass Hunde, die auf Schleppen von immer 500 m gearbeitet wurden, dann immer nach rund 500 m Schleppenarbeit stehenblieben und versuchten, das ausgelegte Stück zu finden.

SCHLEPPEN AUF JEDEM BODEN UND RUND UMS JAHR

Auch das Gelände sollte man bei der Schleppenarbeit mit in Betracht ziehen. Es ist ein Unterschied, ob die Schleppe auf einer brettebenen gemähten Wiese oder in steilem, felsigen Gelände gelegt wird. Auch bei den Bodenbedeckungen sollen Sie Ihren Hunden alle möglichen Formen in der Ausbildung anbieten. Oftmals werden in der Ausbildung gerade die schwierigen oder unangenehmen Bodenbedeckungen ausgelassen, weil der Führer keine Lust hat, sich z. B. durch eine Fichtenläuterung oder ein Weizenfeld in der prallen Mittagssonne zu quälen. Die höchste Schwierigkeit ist meiner Erfahrung nach eine Schleppe – möglichst noch über Nacht – auf einer Wiese, auf der das gemähte Gras trocknet. Sand und felsigen Untergrund sollte der Hund ebenfalls kennenlernen.

Der Hund soll in der Ausbildung möglichst jede Situation, in die er bei der Nachsuche kommen kann, schon einmal geübt haben. Dazu gehört auch das Training der Schleppen rund ums Jahr. Jede Jahreszeit stellt andere Anforderungen an Hund und Führer und hält spezielle Schwierigkeiten bereit, die vom Hund gemeistert werden müssen, um im rauen Nachsucheneinsatz in der Praxis zu bestehen.

FUTTERSCHLEPPE – NUR FÜR DIE GANZ KLEINEN

Die Futterschleppe biete ich den jungen Hunden ab der zehnten Woche an, aber nur so lange, bis sie ihre Nase richtig einsetzen können oder das Kommando „Such!" mit der Arbeit mit der tiefen Nase verknüpfen. Bei der Futterschleppe steht am Ende der Schleppe immer das gefundene Futter. Diese Methode behalte ich nicht lange bei, damit die Hunde nicht meinen, sie bekämen am Ende einer Arbeit immer Futter. Noch schlimmer ist, wenn die Hunde lernen, sich am Ende selbst zu bedienen.

SCHLEPPMATERIAL

Einige Worte zu dem Material für Schleppen. Für die Ausbildung von Schweißhunden wird kein Niederwild (außer Rehwild) verwendet, denn die Hunde werden nur an Schalenwild ausgebildet. Die einzige Ausnahme mache ich, wenn ein Hund nicht freudig auf der Schleppe laufen will: Dann lege ich die erste Schleppe mit einem Kaninchen. Ansonsten schleppe ich nur Decken- oder Schwartenstreifen oder die Köpfe von Schalenwild. Ebenfalls eignen sich kleine Pansen- oder Lungenstückchen oder einige zusammengebundene Läufe, die dann eine interessante Bodenverwundung hinterlassen. Am Ende der Schleppe wird das Schleppstück abgelegt. Bei meiner Ausbildung kommt der Hund grundsätzlich am langen Riemen mit mir zusammen an das Schleppstück.

STATIONSAUSBILDUNG AUF DER SCHLEPPE

Auch die Ausbildung auf der Schleppe gliedern wir in verschiedene Stationen, die aufeinander aufbauen.

Station 1 – Kurze Futterschleppen Schon ab dem dritten Monat können Futterschleppen probiert werden. Der Schleppbrocken wird an einem kurzen Stock befestigt und ein paar Meter gezogen und abgelegt. Nach einer kurzen Stehzeit wird der kleine Kerl an der Schleppspur angesetzt. Man versucht ihn zu animieren, der Spur zu folgen (zwei bis drei Meter höchstens). Am Ende bekommt er nach reichlich Abliebeln den Brocken. Bei dieser Arbeit folgt der junge Hund ohne Halsung und Riemen „frei".

Station 2 – Lange Futterschleppen Schon nach einigen Schleppen wird der Hund zügig der Schleppspur folgen. Zu diesem Zeitpunkt wird dem Hund eine leichte Schnur als Halsung um den Hals gelegt. Daran befestigt man eine weitere leichte Schnur von zwei bis drei Metern Länge, die beim Arbeiten vom Hund hinterhergeschleppt wird. Stürmt er zu zügig davon, kann er damit leicht gesteuert werden. Am Ende lernt er dann etwas zu warten, bis er vom Führer den Brocken gereicht bekommt. Den manchmal gehörten Einwand, der Hund würde nach solchem Einarbeiten über die Schleppe unweigerlich zum Anschneider, kann ich nicht bestätigen.

Station 3 – Schleppe mit Stehzeit Bis zu diesem Zeitpunkt, wenn die ersten Schleppen mit einigen Stunden Stehzeit gearbeitet werden, wird die Arbeit immer auf der kurzen Wiese gemacht. Es sollen keine Hindernisse und Verleitungen vorliegen, und es wird nie im Bestand gearbeitet. Hürden lenken den jungen Hund zu sehr von seiner eigentlichen Aufgabe ab.

Station 4 – Schleppen um Hindernisse Erste leicht zu bewältigende Ablenkungen sind kleine Hindernisse wie Äste und dünne liegende Stämmchen, einzelne höhere Stauden als Bestand und beginnend leichte Bögen in der ansonsten gerade verlaufenden Schleppe.

Station 5 – Schleppen im lichten Bestand Wichtig ist hier, dass die Schleppstücke immer den Boden berühren, also nicht z. B. über Brombeerkraut gezogen werden. Wir wollen jeden Hund zur Arbeit mit tiefer Nase erziehen.

Mit etwa sechs Monaten sollte die Schleppenarbeit beendet und der Hund darüber soweit ausgebildet sein, dass er Schleppe oder Spur immer mit tiefer Nase arbeitet. Zu diesem Zeitpunkt wird er auf die Fährte eingestellt. So anregend es auch sein mag, einen interessierten jungen Hund zu führen: Übertreibungen sollten unbedingt vermieden werden! Wenn ein sensibler Hund später mit Unlust oder Überpassion auf die Arbeit reagiert, ist das oft ein Zeichen dafür, dass er in der Jugend überlastet wurde – also Fehler vom Führer gemacht worden sind!
Wenn Sie alle Arbeiten des Hundes in ein „Arbeitsheft" eintragen, können Sie immer wieder nachlesen, wie der Stand der Ausbildung ist und was Sie bereits gemacht haben. Es wird dann auch einfacher, die Anforderungen an die Hundenase gezielt anzuheben, um später praxistaugliche Leistungen zu bekommen.

Station 6 – Konditionsschleppe Ab dem 12. Monat oder älter werden meinen Hunden weiterhin Schleppen zum Arbeiten angebo-

Korrektes Schleppe-Ziehen mit einem langen Stock verhindert, dass der Hund die Trittspur des Schleppenlegers arbeitet.

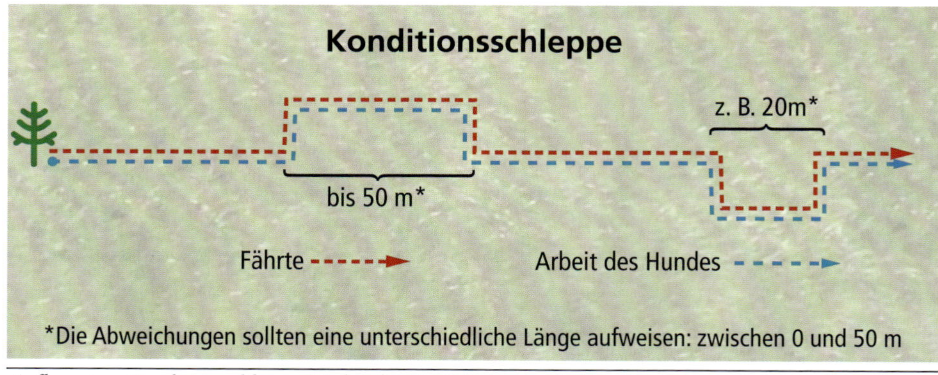

Aufbau einer Konditionsschleppe: Möchte der Hundeführer auch seine Kondition verbessert, sollte er laufen.

ten, die jedoch der körperlichen Kondition dienen. Diese Art der Schleppe habe ich für durchgearbeitete Hunde entwickelt. Das hilft, sie immer wieder darin zu überprüfen, ob sich Fehler eingeschlichen haben und ob sie die Spur sicher arbeiten. Hier zeigt sich nämlich: Routine ist der erste Schritt zu unsauberem Arbeiten!

Für das Legen der Konditionsschleppe brauchen wir

— ein Revier ohne störende „Besucher“
— ein Auto mit Anhängerkupplung
— einen Schwarzwild-Kopf
— etwas reißfeste Schnur.

Am günstigsten sind Wege, die in der Mitte mit leichtem Gras bewachsen sind. Der Schwarzwildkopf wird mit einer etwa zwei Meter langen Schnur an der Anhängerkupplung befestigt, in die Mitte der Fahrspur gelegt und dort der „Anschuss“ markiert. Langsam fahrend – damit das Haupt nicht hin und her springt –, zieht man den Kopf hinter sich her und bleibt nach ca. 1 000 m stehen. Dieser Punkt wird markiert. Der Schwarzwildkopf wird von der Kupplung abgebunden und ein paar Schritte im rechten Winkel nach links gezogen, dort ca. 20 m geradeaus und dann wieder nach rechts auf die Mitte des Weges. Auch dieser Punkt wird markiert. Hier kommt das Haupt wieder an die Anhängerkupplung und die Schleppe per Auto geht weiter. Das gleiche Manöver wie zuvor wird nun mit einem Winkel nach rechts gemacht und weitere 200 m mit dem Auto. Nach zwei Stunden Stehzeit wird der Hund zur Schleppe gelegt.

Diese Schleppe trainiert besonders zwei Aspekte: Das Tempo beim Ausführen der Arbeit dient der Kontrolle ausschließlich bei durchgeführten Hunden. Deren Arbeitswille und Spurtreue können so gut überprüft werden. Auch dem Hundeführer kann so ein Ausdauertraining nicht schaden.

Sauberes Arbeiten der Schleppe, gerade bei den beiden Abweichungen links und rechts, soll dem Hund abverlangt werden. Überläuft er die Haken, wird er abgetragen und neu angesetzt. Sollte dies öfters passieren, wird er jedes Mal neu angesetzt und muss die Fährte zügig und sauber anfallen. Am Stück angekommen, wird der Hund auch im Alter selbstverständlich ausgiebig abgeliebelt und genossen gemacht.

VERLEITKREUZ NACH BORNGRÄBER

Diese von mir entwickelte Methode wird nur mit vollständig durchgearbeiteten Hunden und dann auch nur selten geübt. Mit dem Fährtenschuh trete ich eine einfache gerade Fährte mit ein paar Tropfen Schweiß auf einer Wiese. Über diese Fährte schleppe ich z. B. ein Kaninchen. Nach einigen Stunden Stehzeit setze ich den erfahrenen Hund an der Kaninchenschleppe an. Das Ziel der Ausbildung soll sein, dass der Hund nur das arbeitet, was der Führer ihm zeigt. Der Hund wird die Schleppe arbeiten, und nur diese hat er nach vorne zu bringen. Interessant wird es, wenn der Hund die Schnittstelle von Fährte und Schleppe verweist. Mit dieser Übung erziehe ich den Hund dazu, nur der Arbeit nachzuhängen, die ihm aufgegeben wurde. Die Einarbeitung wird im Kapitel „Verleitung" beschrieben.

GEWÖHNUNG AN WILD

Dieses Kapitel der Ausbildung sollte schon in der fünften Woche begonnen werden, im Laufe des Jahres seinen Höhepunkt erreichen und abgeschlossen sein, wenn der Hund ein Jahr alt ist. Viele Hundeführer sind der Meinung, dass es genüge, wenn der Hund im Laufe der Nachsuchen an das Wild kommt. Zu diesem Zeitpunkt ist der Zug bereits abgefahren, denn: „Was Hänschen nicht lernt, lernt Hans nimmermehr!". Der Führer hat die Chance verpasst, in aller Ruhe die Reaktionen seines Hundes auf die verschiedenen Wildarten kennenzulernen. Meine Hunde kommen so früh wie möglich an die verschiedenen Wildarten. Dabei gehe ich immer nach derselben Methode vor und beobachte den ganzen Wurf nebst Mutter und den Wurf allein am Wild.

Hier kann man gut erkennen, wie interessiert die jungen Hunde sind, ob sie nach dem Frischling springen und ihn zu fassen versuchen. Diese Welpen merke ich mir besonders. Aber auch die nicht interessierten Welpen beobachte ich und notiere – damit nichts vergessen wird – deren Verhalten in einem kleinen Notizbuch. Deren Verhalten kann sich aber innerhalb kürzester Zeit noch ändern. Wenn die Welpen etwas älter sind und gemeinsam, aber ohne Mutter an das gestreckte Stück kommen, kann man deren Verhalten sehr gut beobachten. Entsteht schon Beuteneid, oder wird diese Wildart eine von denen, die sie später einmal sehr gerne arbeiten werden?

Falls Sie zwei Welpen aus einem Wurf selbst behalten wollen, sollten Sie diese beiden vorher einmal zusammen an Wild lassen. Hier zeigt sich schon früh, ob die beiden zusammen harmonieren, oder ob einer von beiden das Stück in Besitz nimmt und gegenüber dem Geschwister verteidigt. Die Erfahrung hat gezeigt, dass es hierbei zwischen Hündinnen und Rüden nie Probleme gegeben hat, dafür aber zwischen zwei Rüden sowie zwischen zwei Hündinnen gelegentlich Feindseligkeiten auftraten. Dieses sollten Sie genau beobachten, um für die spätere Arbeit daraus die Konsequenzen zu ziehen.

Sie stärken das Zusammengehörigkeitsgefühl zwischen Hund und Führer, wenn Sie zusammen mit dem Hund ein Stück Wild in Besitz nehmen. Beim Zusammentreffen mit leben-

Die Welpen versuchen, den Frischling zu fassen.

VERWEISERPUNKT
Hunde wissen manchmal auch instinktiv, mit ihnen unbekannten Tieren umzugehen. Eine meiner Hündinnen im ersten Behang tötete in Afrika ein starkes Mamba-Männchen, das nachts in ihren Zwinger gelangt war.

dem Wild rüden Sie einen vorsichtigen Hund an und bremsen einen zu hitzigen Hund. Der Hund sollte auch an Wildarten gewöhnt werden, mit denen er nur im Verlauf einer Hetze oder bei der Rücksuche zum Führer zusammenkommen kann. Ich bringe die Hunde immer mit Raubwild und Raubzeug zusammen, damit Sie es kennenlernen. In afrikanischen Revieren habe ich die Hunde mit dem dort typischen Raubwild zusammengebracht.
Da wir als Hundeführer alles über unsere Hunde und deren Verhalten wissen sollten, um sie später richtig und gezielt einsetzen zu können, müssen wir diesem Übungsabschnitt sehr viel Aufmerksamkeit widmen.

Zwei junge BGS das erste Mal an einer Oryx-Antilope

TRAINING FÜR BEWEGUNGSJAGDEN

Das Training unserer Hunde ist immer zielorientiert: Wir wollen das kranke Stück Wild möglichst schnell und tierschutzgerecht zur Strecke bringen. Möchten wir mit unseren Hunden in der Praxis mit all ihren Unwägbarkeiten bestehen, müssen wir beim Training den Hunden alle denkbaren Situationen einer Nachsuche in ihrer schwierigsten Form anbieten.
In den letzten Jahren hat es sich eingebürgert, dass bei großen Jagden Schweißhundeführer vorab informiert werden und auf Abruf bereitstehen. Bei diesen Jagden erlebt man oft, dass gute Gespanne scheiterten und nicht ans Stück kamen, weil die Hunde mit der extrem starken Witterung von Wild, Menschen, Hunden, Aufbrüchen und Fährten kurz nach Jagdende nicht zurechtkamen.
Auch kann es Probleme geben, wenn Hunde, die sich nicht kennen, gemeinsam ans Wild kommen. Hunde dagegen, denen Arbeiten in der Meute am Wild vertraut ist, können auch mit fremden Hunden durchaus gemeinsam jagen, ohne in Beuteneid und Hierarchiekämpfe auszubrechen – und sich damit durch Unkonzentriertheit zu gefährden.
Dieses zeigt deutlich, dass die Gespanne auf alle möglichen Situationen vorbereitet werden sollten. Daher kommen bei uns die Hunde schon von klein auf mit sehr viel lebendem und erlegtem Wild in Kontakt. Gleichzeitig werden sie nicht abgeschottet und steril gehalten, sondern haben immer Kontakt mit Menschen, um sich so an deren unterschiedliche Witterung zu gewöhnen und fremde Zweibeiner später nicht als außergewöhnlich zu empfinden.
Die Hunde interessieren sich immer eher für das Außergewöhnliche, und wenn Menschen, fremde Hunde oder Wildwitterung außergewöhnlich sind, dann interessieren Sie sich eher dafür als für ihre Arbeit: Die Konzentration auf die Arbeit ist weg.

Wir gewöhnen die Hunde auch an andere Hunde. Sie müssen mit diesen nicht gleich herumtollen oder spielen – wenn sie es möchten: gern unter Aufsicht. Wir lassen den Hunden ihre eigene Persönlichkeit. Das ist besonders wichtig bei kapitalen Kopfhunden. Im Laufe der Ausbildung, bei der der Hund seine Fährtenarbeit absolviert, bieten wir ihm die angesprochenen für Bewegungsjagden typischen Verleitungen an. Das sieht in der Praxis so aus, dass wir z. B. im Ausbidungskurs eine Menschengruppe über die Fährte laufen lassen, einen Aufbruch (eines anderen Stückes!) in die Fährte legen oder einige Hunde im Bereich der Fährte ablegen lassen.
Im Verlauf der Fährtenarbeit wird der Hund auf die verschiedenen Verleitungen stoßen, und so lernen Sie die Reaktion Ihres Hundes kennen. Mit beruhigenden Worten sollten Sie versuchen, den Hund an der Verleitung vorbeizubringen. Auch führt – je nach Wesen des Hundes – manchmal besser ein härteres Wort zum Erfolg und an das ausgelegte Stück.
Diese Methode ist in unserer Ausbildung fester Bestandteil und wird mit zunehmendem Alter des Hundes in der Schwierigkeit gesteigert. Es ist immer wieder faszinierend, wie die Hunde dank der richtigen Ausbildung die Fährte trotz schwierigster Verleitungen halten können und ans Wild kommen.
Je früher Sie sich mit Ihrem Hund auf Einsätze auf großen Jagden vorbereiten, desto besser ist das für beide!

Ein 80-kg-Keiler, von drei Hunden gestellt und bis zum kalten Anfangen (Fangschuss unmöglich) gehalten: gemeinsame Meutearbeit statt Beutekonkurrenz

AN DER BEWEGUNGSANGEL

LAUFTRAINING

Der Hund ist ein Lauftier, das seine Beute erjagen muss, um zu leben. Gerade dieses Laufen trifft ja bei unseren Hunden im hohen Maße beim Hetzen und Stellen des kranken Stückes zu. Deshalb bilde ich meine Hunde schon in frühester Jugend genau nach Plan aus und verschaffe ihnen so viel Bewegung wie nur möglich.
Für dieses Training bietet sich in ganz besonderem Maß die mit Bedacht eingesetzte Bewegungs- oder Reizangel an. Ich habe mir diese Methode von den Gebrauchshundeleuten abgeschaut, bei denen sie gang und gäbe ist, und erkannt, dass man mit diesem Gerät auch unsere BGS sehr gut ausbilden kann. Gerade für Hundeführer, die wenig Zeit haben, um während des Tages ihrem Hund Auslauf und Bewegung zu verschaffen, ist die Bewegungsangel eine Möglichkeit, um dem Hund in kürzester Zeit und auf kleinstem Raum Bewegung zu verschaffen und Leistung abzufordern.

VERWEISERPUNKT

Mit sechs Monaten ist der Hund noch nicht ausgewachsen. Bewegung ja, aber eine Überbelastung der noch nicht ausgereiften Gelenke darf nicht sein! Folge wären bleibende Schäden.

Immer muss uns aber klar sein, dass ein noch nicht ausgewachsener Hund nicht überanstrengt werden darf. Bewegung ja, aber eine Überbelastung noch nicht ausgereifter Knochen und Gelenke darf nicht sein! Folge wären bleibende Schäden.

ZUBEHÖR

Ein Stock von 150 cm Länge, mit einer ebenso langen Schnur und einem Deckenfetzen von Sau, Hirsch, Muffel stellen das ganze Ausbildungsgerät dar. Schon bald lässt sich feststellen, welche Wildarten vom Hund gerne gehetzt werden und welche nicht. Als Führer muss man dem Hund auch die anfangs nur widerwillig angenommenen Wildarten „schmackhaft" machen.

Die meisten Hunde haben viel Respekt vor Schwarzwild. Versuche bei uns haben gezeigt, dass die Hunde den Schwartenstreifen eines starken Keilers an der Bewegungsangel mit mehr Zurückhaltung jagen als den Pürzel eines Überläufers oder Frischlings.

Alle Hängsel werden nach spätestens einer Woche ausgetauscht, ein Vorrat kann bequem in der Kühltruhe aufbewahrt werden.

Harte Gegenstände wie Läufe und Schalen eignen sich nicht gut als Hängsel. Bekommt ein junger Hund sie mit starker Wucht auf den Fang, kann er schlagartig das Interesse verlieren oder – noch schlimmer – den Schmerz mit der Wildart verknüpfen und sie zukünftig meiden. Der Führer muss ein großes Maß an Feingefühl entwickeln, damit ein junger Hund eine solche Situation ggf. überwindet und wieder Freude an der Bewegungsangel findet. Bei älteren Hunden können Sie mit Läufen arbeiten, denn hier ist eine gewisse Grundhärte schon vorhanden. Aber auch hier braucht es Augenmaß, denn der halbe Lauf eines Hirsches an der Bewegungsangel kann einem Hund bei Unachtsamkeit die Schneide- oder Fangzähne ausschlagen!

VERWEISERPUNKT

Schneiden Sie die Schwarte einer Sau oder Decke von Rot- oder Damwild in Streifen. Rollen Sie diese Streifen dann auf, sodass die Fleisch- auf die Fellseite zu liegen kommt. Die Rollen umwickeln Sie mit Bindfaden, stecken sie in Gefrierbeutel und frieren sie als Hängsel für die Bewegungsangel ein.

ÜBUNGEN

Die Arbeit an der Bewegungsangel beginnt, wenn der Hund etwa ein Vierteljahr alt ist. Das tägliche Pensum beträgt fünf bis zehn Minuten. Allerdings sollten Sie darauf achten, einen passionierten Hund nicht zu überstimulieren. Bei den Vollgebrauchshunden schadet das dem Gehorsam am Wild.

Halten Sie die Übungen immer um die Mittagszeit ab, und geben Sie Ihrem Hund danach genügend zu trinken. Im Anschluss sollte er reichlich Ruhe haben. Wenn Sie erkennen, dass der Hund lustlos ist, sollten Sie ihn weiter beobachten. Es könnte eine organische Störung vorliegen. Der Hund wird bei jedem Wetter trainiert, denn die späteren Nachsuchen und Hetzen finden auch nicht immer bei schönem Wetter statt.

Bei den ersten Übungen geht man mit dem Hund am besten in den eingezäunten Garten und lässt dort den Deckenfetzen über den Boden schleifen. Im Nu wird der Hund auf diesen Gegenstand aufmerksam, der jetzt etwas schneller gezogenen Decke hinterherlaufen und sie zu fangen versuchen. Jetzt wird die „Beute" angehalten, damit das dem Hund gelingt. Das ist wichtig! Wird die Decke weitergezogen, sodass der junge Hund sie nie erreichen kann, wird er abbrechen, weil er die Nutzlosigkeit seines Tuns erkennt, und sich anderen Dingen zuwenden.

Der junge Hund wird sich, erst zögernd, später immer heftiger, auf die „Beute" stürzen und versuchen, sie in Sicherheit zu bringen. Da die Decke aber mit der Schnur verbunden ist, geht es halt nur ein kurzes Stück. Durch

leichten Gegenzug bringt man den Hund dazu, kräftiger an dem Deckenfetzen zu ziehen, und erreicht dadurch eine Art statischer Muskelübungen im Bereich des Fanges sowie der gesamten Körpermuskulatur: Ein kurzes Anziehen der Schnur löst sofort den kräftigen Gegenzug des Hundes und den Einsatz seiner ganzen ihm zur Verfügung stehenden Kraft aus.
Solche Situationen darf man nicht zu lange ausdehnen, um Ermüden und Überdrüssigkeit zu vermeiden. Als Meuteführer werde ich aber eine solche Gelegenheit nicht nutzlos verstreichen lassen, kann ich doch hiermit erstmals das Miteinander-Beute-Machen ideal verbinden. Durch beruhigende Worte nehme ich dem Hund, manchmal auch mit etwas Druck auf die Oberlippe, den Deckenfetzen ab und lobe ihn ausgiebig. Ganz begierig wird er auf den Fetzen äugen und sogleich freudig wieder hinterherjagen, sobald die Decke wieder vor ihm hergezogen wird.
Durch geschicktes Ziehen und etwas Mitlaufen im Kreis habe ich manchen Hund sogar schon zum intensiven Lautgeben veranlasst, und diese Hunde wurden später alles Spurlautjäger – gerade für den BGS ein sehr wichtiger Aspekt, auf den wir noch kommen.
Hier ein paar Übungsvorschläge für die Arbeit an der Bewegungsangel:

Vorschlag 1 Schnelles Laufen hinter dem im Kreis gezogenen Hängsel: Hier können Sie das Tempo drosseln oder steigern. Achten Sie aber immer darauf, dass der junge Hund nicht sauer wird, und lassen Sie ihn beim geringsten Anzeichen von Lustlosigkeit sofort das Hängsel fassen. Motivieren Sie ihn mit freudigen Worten und fahren Sie dann erst mit der Arbeit fort. Steigern Sie die Anforderungen langsam und der Kondition des Hundes angepasst.

Vorschlag 2 Paarweise Laufen des jungen Hundes mit einem älteren (idealerweise die Mutter): Da Sie das Hängsel für den Althund schneller ziehen müssen, strengt sich der junge Hund sehr an, um zur Beute zu kommen. Führen Sie diese Übung nicht zu lange durch, sondern lassen Sie nach kurzer Zeit beide Hunde zum Erfolg kommen. Vorsicht bei Richtungsänderungen: Der schnellere ältere Hund hat die Wende früher vollzogen als der junge.
Ein harter Zusammenprall kann den jungen Hund lustlos machen. Vorsicht auch mit dem Training gleichaltriger Hunde – es kann zu unerwünschter Beutekonkurrenz kommen!

Bei Vorstehhunden wid an der Bewegungsangel die Vorstehanlage gefördert.

Schnelles Laufen hinter dem Hängsel, hier einem Stück Sauschwarte, steigert die Kondition.

01

03

02

04

05

01 *Das Ziehen am Hängsel stärkt die Nackenmuskulatur.*

02 *Springen macht auch dem älteren Hund Spaß!*

03 *„Sitz!" hinter dem Hängsel. Auch der Gehorsam lässt sich an der Reizangel üben.*

04 *Auf Kommando fasst der rechte Hund das Hängsel.*

05 *Ruckartige Richtungswechsel sind etwas, das der junge Hund erst lernen muss.*

Vorschlag 3 Ziehen am Hängsel: Nach einigen kurzen, schnellen Sprints lassen Sie den jungen Hund zum Erfolg kommen und „Beute machen". Mit festem Griff wird er die Beute schütteln. In dem Moment ziehen Sie die Schnur etwas an, bis das Schütteln aufhört und der Hund nur noch an der Beute zieht. Diese statische Übung trainiert viele Muskelpartien des Körpers. Nach dem Kommando „Aus!" wird der Hund vor seinem Hängsel stehen und warten, bis es sich wieder bewegt. Diese Ruhepause braucht der Hund. Bei Hunden nach dem Zahnwechsel heben Sie das Hängsel etwas an – aber nicht reißen! –, sodass der Hund mit den Vorderläufen in der Luft hängt. Auch dies dient der Kräftigung.

Vorschlag 4 Springen nach dem Hängsel: Diese Übung ist gerade bei dem jungen Hund knapp zu dosieren, damit seine Gelenke nicht überstrapaziert werden. Lassen Sie den Hund beim Laufen auf die Übungswiese nach dem Hängsel springen, das dient der Stärkung seiner Hinterhand. Geradezu akrobatische Sprünge können ältere Hunde vollführen, den Spaß an dem Training sieht man ihnen förmlich an.

Vorschlag 5 „Sitz!" und „Platz!" hinter dem Hängsel in Bewegung: Der Hund muss die Kommandos „Sitz!" und „Platz!" bereits beherrschen. Deren Ausführung können sie nun festigen, indem Sie den jungen Hund Platz machen lassen und zuerst das Hängsel in etwas Abstand auf dem Boden langsam an ihm vorbeiziehen. Der junge Hund wird sofort versuchen, nach dem Hängsel zu schnappen, ein scharfes „Platz!" muss ihn an die Stelle binden.
Dasselbe üben Sie mit der Situation „Sitz!". Der Hund sitzt ruhig vor Ihnen, und Sie pendeln das Hängsel an ihm hin und her. Auch hier wirkt ein scharfes „Sitz!" Wunder. Bei beiden Situationen macht Übung den Meister. Das Hängsel wird schneller und sogar auch über den Hund im Platz geschleift – er muss ruhig liegen bleiben und darf erst auf das Kommando „Fass!" dem Hängsel wieder folgen.

Vorschlag 6 Lautgeben und Verbellen des Hängsels: Dies erreicht man, indem man den Hund durch den Zuruf „Gib Laut!" motiviert oder auch einen zweiten Hund mitlaufen lässt. Es ist überraschend, wie schnell junge Hunde mit lockerem Hals hinter dem sich schnell bewegenden Hängsel Laut geben. Hat der Hund das freudige Lautgeben hinter dem Hängsel begriffen, versuchen Sie es mit hoch gehaltenem Hängsel. Hängen Sie das Hängsel dann an einer Wäscheleine über den Hund und lassen Sie es hüpfen. Mit etwas Schwung in der Stimme und „Gib Laut!" werden die meisten Hunde Laut geben. Wichtig ist aber, diesen Übungsteil vor das Lauftraining zu legen, damit der Hund noch ruhig atmet und Laut geben kann. Ich bringe den Hund bei dieser Übung so weit, dass er sogar ruhig auf dem Boden liegende Hängsel verbellt.

Vorschlag 7 Ruckartige Richtungswechsel: Solche Richtungswechsel werden gerade bei einer Hetze immer notwenig. Diese ruckartigen Bewegungen können bei nicht geübten Hunden schnell zu Verletzungen führen. Wir müssen also unseren jungen Hund, so gut es geht, darauf vorbereiten. Hier ist die Bewegungsangel eine gute Sache, mit ihr können wir viele Bewegungsvarianten üben. Es ist immer wieder erstaunlich, wie wendig unsere hochläufigen Hunde sind! Auch diese Übung übertreiben wir aber nicht, vor allem nicht beim noch wachsenden Hund.

GRUPPENÜBUNGEN

Gruppenübungen sind mit der Bewegungsangel ebenfalls möglich. Wenn man immer mit mehreren Hunden arbeitet und nur einen trainieren möchte, müssen die anderen so lange abgelegt werden: eine sehr gute Übung, die abgelegten Hunde daran zu gewöhnen, ruhig auf dem Platz zu liegen. In fortgeschrittenem

Der junge Hund springt über den alten Hund.

Wasserfreude ist angewöft, muss gleichwohl frühzeit geweckt werden, damit sie sich in der späteren Praxis so zeigt.

Stadium können Sie sogar das Hängsel über die abgelegten Hunde hinüberziehen, sodass vielleicht der junge Hund über die abgelegten „Kollegen" springt – die müssen liegen bleiben. Lassen Sie aber niemals einen alten Hund über einen jungen Hund springen, das kann zu Aggressionen führten. Diese Übung sollte nicht zu oft abgehalten werden, ist als Gehorsamstraining aber sehr wirkungsvoll.

WASSERFREUDE WECKEN

Auch unsere Hunde auf Schweiß müssen immer wieder mal bei Suchen das Wasser annehmen, und das nicht immer bei warmen Temperaturen, sondern auch bei Eis und Schnee. Zur Vorbereitung darauf ist die Bewegungsangel sehr gut geeignet.

Lassen Sie den jungen Hund in der Nähe einer Flachwasserzone auf dem Land hinter dem Hängsel hetzen. Schwingen Sie das Hängsel immer näher an die Wasserfläche. In seiner Passion wird der junge Hund mit einem Mal eine kurze Strecke durchs Wasser laufen. Nach dem ersten Wasserkontakt sollten Sie ihn sofort Beute machen lassen. Nach kurzem Beuteln des Hängsels arbeiten Sie gleich weiter, aber nicht überfordern. Bei dieser Ausbildungsstation gehe ich soweit, dass der hetzende Hund irgendwann auch hinter dem Hängsel herschwimmen muss.

Es hängt natürlich auch immer vom Wetter ab, ob ein Hund freudig oder zögerlich ins Wasser geht. Bedenken Sie auch, ob Ihr Hund einer Schweißhundrasse angehört oder einer Gebrauchshunderasse, die unter anderem ohnehin auf Wasserfreude gezüchtet wird. Haben Sie Ihren Hund ans Wasser gewöhnt, wird dann allerdings bei jedem Wetter geübt.

VERWEISERPUNKT

Eines ist klar: Die Bewegungsangel wird für einen Vorstehhund anders gebraucht als für einen Schweißhund. Der Gebrauchshund soll vor dem angebundenen Flügel, Kaninchenbalg etc. vorstehen, nicht hetzen. Der Schweißhund trainiert an der Bewegungsangel Kondition, Beweglichkeit und Schnelligkeit. Aber auch der Vorstehhund kann den Unterschied zwischen den Wildarten und das entsprechend gewünschte Verhalten lernen, wenn es mit ihm angemessen eingeübt wird.

Mithilfe der Reizangel gewöhnt sich der junge Hund auch rasch an Schnee.

Bei Vorstehhunden wird an der Bewegungsangel mit entsprechendem Wild auch die Vorstehanlage gefördert.

GEWÖHNUNG AN SCHNEE

Auf die gleiche Art wie ans Wasser können Sie den Hund auch an Schnee gewöhnen. Gerade bei winterlichen Drückjagden fallen viele Nachsuchen an, und da darf der Hund natürlich keinen Schnee meiden! Erst wird mit dem Hängsel auf einer schneefrei geräumten Fläche geübt, dann schwingen Sie das Hängsel über den Schnee, sodass der Hund folgen muss, um an die Beute zu kommen.

KONDITIONSTRAINING

„GELÄNDELAUF"

An der Bewegungsangel entwickelt sich die Kondition des Hundes bereits merklich. Zu deren weiterer Steigerung wird bald eine neue Übung ins Training eingebaut. Hier bietet sich das gezielte Geländelaufen an, dieses erreiche ich wie folgt: Mein im Gehorsam fast firmer Hund wird am Fuße eines steilen Hanges, etwa 100 m, auf das Kommando „Sitz!" abgesetzt. Nun ersteige ich den Hang, drehe mich oben um und hole den Hund auf Pfiff zu mir. Der Hund wird, so schnell er kann, versuchen, zu mir zu kommen, hier wird er

AM AUTO

Wer in Deutschland den Hund am Auto trainiert, bekommt leider oft genug Ärger. Hat man aber die Möglichkeit, das in einem Revierteil ungestört tun zu können, ist es für die Konditionssteigerung das Beste. Meine jungen Hunde laufen ab einem Alter von etwa sechs Monaten bis zu einem Alter von einem Jahr an einer leichten Führerleine, die ich mit der aus dem Fahrzeug gestreckten Hand halte, neben dem Auto. Mit einem Blick auf den Tacho kann ich das Tempo genau festlegen. Langsam werden Geschwindigkeit und Streckenlänge gesteigert und Hunde bei jedem Wetter trainiert. Nach einem Jahr laufen alle meine Hunde frei vor dem Auto. Wichtig ist, Hund oder Hunde ständig im Auge zu haben. Es ist herrlich mit anzusehen, wie sich Rücken-, Brust- und Keulenmuskulatur entwickelt, aber auch die Lauffreude zu erkennen, die die Hunde beim Training an den Tag legen.

Der Verfasser trainierte in Afrika seine Hunde am Fahrzeug.

kräftig abgeliebelt, und die Übung ist beendet. Das Gleiche kann nach unten geübt werden, und man wird staunen, dass auch dies einen Hund sehr fordern kann.
Mit steigender Kondition des Hundes wird die Strecke am Hang verlängert. Auch eine andere Bestockung und Bedeckung des Bodens kann gewählt werden, z. B. Gras, Einschlag von Holz, Geröll usw. Und auch hier ist das Wetter ein wichtiger Trainingsfaktor. Bei jeder Witterungsart muss der Hund anders motiviert werden, und wir lernen immer besser seine Leistungsfähigkeit kennen. Laufen am Fahrrad ist für einen Hund, der auf Durchstehvermögen trainiert wird, eher ein Warmlaufen und nicht mehr. Trotzdem sollte man auch damit nicht vor neun Monaten anfangen, da erst dann Knochen und Gelenke ausgereift sind.
Mit der Bewegungsangel und dem „Geländelauf“ erreiche ich bei meinen Hunden ein Höchstmaß an Kondition. Sogar alte Hunde laufen voller Freude an der Bewegungsangel und bleiben rüstig dabei.

WASSER- UND SCHNEETRAINING

Beim Lesen des folgenden Kapitels werden einige Leser vielleicht schmunzeln. Sind denn unsere Hunde nicht so gut veranlagt, dass sie mit Wasser und Schnee alleine zurechtkommen? Weit gefehlt! Ich habe Vorstehhunde gesehen, die jede Ente aus dem Wasser bringen, aber bei der Riemenarbeit, bei der die Fährte in einem Bach entlangführte, die Arbeit kaum weiterbrachten oder sogar ablehnten und verweigerten. Genauso habe ich aber auch BGS erlebt, die bei einer Hetze, bei der das flüchtige Stück eine große Wasserfläche durchrann, aufgeregt Laut gebend am Ufer entlangliefen, ohne das Wasser anzunehmen. Und ich habe schon Hunde gesehen, die im Winter ins Eis einbrachen und dann sterbenskrank zum Tierarzt mussten.
Die Arbeit mit unseren Hunden fällt zu jeder Jahreszeit und bei jeder Witterung an – auch bei schlechtestem Wetter. Aus diesem Grunde müssen unsere Hunde von frühester Jugend an daran gewöhnt und abgehärtet werden. Das beginnt schon, wie wir gesehen haben, bei der Zwingerhaltung: Durch sie bildet der Hund mehr Unterwolle und friert auch bei Einsätzen in großer Kälte nicht so leicht. Das würde ihn bei der Konzentration auf seine Arbeit stören. In meiner langjährigen Praxis haben alle meine Hunde sich auch nach harten Einsätzen, bei denen sie nachher nicht gleich ins warme Auto steigen konnten, neben der Beute ein Lager gegraben und geschlafen, ohne am nächsten Tag gesundheitliche Schwierigkeiten zu haben.

DAS NASSE ELEMENT

Um die Hunde an Wasser zu gewöhnen, nutzen wir anfangs wieder die Bewegungsangel, angefangen wird mit ganz seichtem Wasser, später kann es ruhig tiefer werden. Auch auf Reviergängen werden die Hunde immer wieder mit dem nassen Element in Kontakt gebracht. In den Sommermonaten ist es bei uns eine Selbstverständlichkeit, dass die Hunde im Bach, Fluss oder einem Kiesteich ein Bad nehmen. Hierbei nutzt man die Bewegungsangel so, dass man sie von einem Boot aus schleppt und die Hunde hinterherschwimmen. Dadurch bekommen sie volle Kondition.

TRAINING IN WEISSER PRACHT

Für die Wintermonate, in denen bei uns die meisten Nachsuchen anfallen, bereite ich die Hunde durch Laufen am Fahrzeug auf die harte Arbeit vor. Es sind gravierende Unterschiede, ob ein Hund bei schönem Winterwetter und Pulverschnee sowie Temperaturen um den Gefrierpunkt herum am Fahrzeug laufen oder bei minus 15 °C die Strecke bewältigen muss. Der Hund muss sich daran gewöhnen, mit offenem Fang die kalte Luft einzuatmen. Hierbei gehe ich schrittweise vor und fahre anfangs nur kurze Strecken, bis ich vom Fahrzeug aus sehe, dass der Hund mit offenem Fang schwer atmet. Das ist bei gut konditionierten Hunden etwa nach 1 000 m – gefahren mit 35 km/h – der Fall. Hier breche ich die Übung ab, und der Hund kommt ins warme Fahrzeug. Diese Übung wiederhole ich am gleichen Tag nochmals. In den folgenden Tagen wird die Strecke gesteigert, und mit der Zeit wird sich der Hund eine ruhige Atmung trotz der starken Belastung angewöhnen. Für eine kurzzeitige Belastung der Hunde setze ich im Winter auch die Bewegungsangel ein. Je früher und abwechslungsreicher unsere Hunde mit den Elementen Wasser und Schnee und den verschiedenen Witterungen vertraut gemacht werden, umso besser sind sie für den späteren Einsatz gerüstet.

Nachsuche im Tiefschnee: Hier müssen Hund und Führer körperlich fit sein.

DAS VERWEISEN

Verweisen ist mehr als das bloße Zeigen von Schweißspritzern. In der Ausbildung zum Verweisen wird nicht nur der Hund ausgebildet, sondern auch der Führer. Ein Hund kann bekanntermaßen nicht sprechen, trotzdem müssen Hund und Führer miteinander kommunizieren. Der Hund hat die Möglichkeit, durch Körpersprache seinem Führer etwas mitzuteilen, der Führer muss das aber auch erkennen können. Dazu ist die Verweiserbahn da. Der Hund lernt das Verweisen, der Führer lernt das Verweisen als solches zu erkennen.

Checkliste

DAS VERWEISEN IM ÜBERBLICK

- ☐ Ablauf der Ausbildung zum Verweisen
- ☐ Junghund im Reviergang
- ☐ Verweiserbahn anlegen – Weg
- ☐ Fährte mit Verweiserstücken: leicht/schwer/nur noch Schweiß
- ☐ Anschüsse finden lassen
- ☐ Fährten von Schalenwild zeigen lassen
- ☐ Tropfbett – Wundbett warm/kalt
- ☐ Totverbeller
- ☐ Bringselverweiser
- ☐ Totverweiser laut oder stumm

Während einer Nachsuche verweist der BGS deutlich Schweiß an einem dünnen Ast.

„EIN KÖNIGREICH FÜR EINEN TROPFEN SCHWEISS!"

Im Nachsucheneinsatz ist das Verweisen für den Führer wichtig, denn er kennt ja die Fährte nicht, und *riechen* kann er sie auch nicht. Dazu ist der Hund da. Der Mensch kann aber den Schweiß und andere Pirschzeichen *sehen*, der Hund muss sie ihm nur verweisen. Durch einen verwiesenen Schweißspritzer weiß der Führer, dass der Hund immer noch der richtigen Fährte folgt. Er wird bestätigt, kann sich den Schweiß verbrechen und ggf. darauf zurückgreifen, wenn das nötig wird. Um einem Hund diese Leistung abzuverlangen, muss das Verweisen intensiv geübt werden. Auch hier gilt wieder der Grundsatz „vom Leichten zum Schweren, und vom Bekannten zum Unbekannten".
Ein altes Sprichwort unter Schweißhundeführern lautet: „Ein Königreich für einen Tropfen Schweiß". Der Hund muss den Tropfen aber auch zeigen!
Die Einarbeitung zum Verweisen beginnt ab dem vierten Monat, denn erst dann ist der Junghund in der Lage, seine Nase gezielt einzusetzen.

WAS HEISST ÜBERHAUPT VERWEISEN?

Das verstehe ich unter richtigem Verweisen: Der Hund zeigt mir nach entsprechender Einarbeitung nur Teile von krankgeschossenem Schalenwild, z. B. Schweiß, Haare, Schalenabdrücke, Organteile oder Deckenfetzen. Diese Stücke muss er mir mit seiner Nase zeigen (nicht fressen oder ablecken!) und zwar auf das Kommando „Halt, lass seh'n und zeige mir!".

UNTAUGLICH: WURST, KÄSE UND MEHR

Zunächst will ich anhand der Schilderungen verschiedener Lehrgangsteilnehmer über ihre Methoden verdeutlichen, wie man dem Hund das Verweisen *nicht* beibringt! Einige verstecken kleine Käsewürfel oder Wurstscheibchen unter dem Laub und arbeiten die Fährte. Der zur Fährte gelegte Hund „verweist" die Leckereien: In Wirklichkeit frisst

Der Weimaraner verweist an einer Jungbuche ein winziges Stück Wildbret von einem Krellschuss.

„Heinrich" hat seine Führerin unter lautem Verweisen zum heruntergezogenen Stück gebracht.

er sie natürlich. In der Praxis bedeutet das, dass der Nachsuchenführer das verwiesene und verschlungene Stück nicht identifizieren kann: War es ein Stück Lunge, Niere oder Knochenmark vom Vorderlauf? Andere verstecken mit Schweiß bestrichene Bierdeckel unter Laub oder verlegen sie sogar frei. Mit Verlaub: Wer heute so ausbildet, hat noch nie eine richtige Nachsuche gemacht und ist von der Praxis meilenweit entfernt.

1 000 MAL VERWEISEN?

Wieder zurück zum Bekannten: Nehmen wir z. B. die Prüfungsfährte eines Zuchtvereines (1 000 m Übernachtfährte). Am simulierten Anschuss liegt viel Blut oder ein Gemisch aus Haustierblut und Wildschweiß oder prüfungskonform echter, reiner Wildschweiß. Verbrochen ist der Anschuss mit einem mindestens armlangen – falls Neuschnee das Wiederfinden erschweren sollte – und brauchtumsgerechten Anschussbruch. Ab hier liegt jeden Meter ein Schweißtropfen oder -spritzer. Das macht bei 1 000 m 1 000 Tropfen. Das heißt aber auch, dass ein gut eingearbeiteter Hund 1 000 Mal verweisen müsste und Sie

VERWEISEN LERNEN

Die Stufen der Ausbildung lehnen sich an das Können des Hundes an. Wechseln Sie erst zur nächsten Stufe, wenn der Hund die einfachen Dinge beherrscht.

Stufe 1: Freie Suche und Zeigen (Verweisen). Der junge Hund hängt einer Fährte frei nach, damit der Führer erkennen kann, ob der Hund die Nase hat und freudig zeigen will.

Stufe 2: Auslegen von Verweiserstücken (Deckenfetzen, Knochensplitter etc.), der Hund wird kurz am Schweißriemen geführt.

Stufe 3: An einer Verweiserbahn entlang eines Weges wird der Hund zur Vorsuche unter Wind angesetzt.

Stufe 4: Verweiserstücke werden entlang eines Weges im Abstand von 20 m in dessen Randstreifen und ins Gelände gelegt. Der Hund sucht vor und wird die einzelnen Verweiserstücke zeigen.

Stufe 5: Eine Fährte mit sämtlichen Situationen des Verweisens wird gearbeitet.

1 000 Mal sagen müssten: „Halt, lass seh'n und zeige mir!". Schon nach dem fünften Mal werden Sie den Hund anrüden und ihn mit „Such verwund't!" über alle weiteren Schweißtropfen treiben. Hiermit haben Sie dem Hund, ohne es zu wollen, grundsätzlich für alle Zeiten das Verweisen ausgetrieben.
Läge aber eine Fährte, in der sich nur alle 50 bis 100 m ein Schweißtropfen fände, wie es in der Praxis ständig vorkommt, würde Ihr Hund diesen Tropfen freudig verweisen. Und Sie wüssten dann, dass Sie auf der richtigen Fährte sind.

VERWEISEN AM STÜCK

Neben dem Verweisen von Fährten, Schweiß, Teilen des Wildkörpers, Wundbetten und Tropfbetten, kann Ihnen der Hund auch das verendete Stück verweisen. Das tut er – je nach Veranlagung –als

- **Totverbeller,**
- **Bringelverweiser oder**
- **Laut- oder Stummverweiser.**

Totverbeller Diese Hunde haben in der Nachsuchenpraxis eine ganz untergeordnete Bedeutung, das Verweisen am Stück ist nur ein Teil der Nachsuche. In manchen Geländeteilen können diese Verweiser auch nicht eingesetzt werden. In den Bergen oder weitläufigen Revieren kann man einen Totverbeller entweder nicht hören oder das Echo des Lautes macht es unmöglich, den Standort des Hundes zu lokalisieren.

Bringselverweiser Diese Verweiser sind unter Schweißhunden wie auch Gebrauchshunden ohnehin selten. Diese Dressurleistung und das Totverbellen dienen eher prestigeträchtigem Hochtreiben der Punkte bei der VGP und der Verkaufspreise.

Laut- oder Stummverweiser Der Laut- oder Stummverweiser, der zum Führer zurückkommt und ihn zum Stück führt, ist generell viel besser einzusetzen und auch praxisgerecht. Wenn der Hund einen „lockeren Hals" hat oder sogar angewölft totverbellt, ist er deutlich leichter einzuarbeiten.

VERWEISEN IN DER FÄHRTE

Nach jahrelangen Versuchen in der Praxis habe ich am Jägerlehrhof Springe ein Modell entwickelt, das für jeden Hundeführer einleuchtend ist und jederzeit kopiert werden kann. Die Erfolge der Hunde, die wir nach dieser Methode gearbeitet haben, zeigen deutlich, dass wir auf dem richtigen Weg sind. Hier werden Hunde für die Nachsuchenpraxis ausgebildet und nicht für Prüfungen. Dafür haben die so ausgebildeten Hunde eine reelle Chance, an das Wild zu kommen und nicht geschlagen zu werden. Das ist waidgerecht gegenüber Hund und Wild.
Betrachten wir die Methode also näher. Bei ihr laufen zwei Arbeitsabschnitte gleichzeitig ab: 1. die Fährtenarbeit und 2. die Verweiserarbeit. Beides wird nach kurzer Zeit der Trennung – damit der Hund nicht überfordert wird – wieder zusammengeführt und ergibt die Arbeit auf der Fährte, in der der Hund das Verweisen zeigen muss.

Verweisen Stufe 1 Der junge Hund läuft bei einem Reviergang grundsätzlich vor dem Führer. Mit seiner Nase wird er dem Führer zeigen, für was er sich alles interessiert. Er zeigt, ob er „Nase hat". Mit seiner Nase versucht er, Gefundenes zu ergründen und zu begreifen, jedoch noch nicht zu finden! Da Sie den jungen Hund dahingehend erziehen wollen, dass er nur Teile, Substanzen und Abdrücke von Schalenwild zeigen soll, müssen Sie ihn langsam darauf vorbereiten.
Bei einem Reviergang lassen Sie den jungen Hund frei vor sich herlaufen. Der Gang geht in eine Richtung, bei der der Hund einen rege genutzten Schalenwildwechsel kreuzen muss. Beobachten Sie Ihren Hund genau. Auf sein erstes Verhoffen in der Nähe des Wechsels mit tiefer Nase rufen Sie ihn ruhig mit lang-

gezogenem Tonfall an: „Halt, lass seh'n und zeige mir!". Die meisten Hunde äugen kurz zum Führer zurück, um sich dann wieder der verlockenden Witterung zuzuwenden. In dieser kurzen Zeit müssen Sie auch schon beim Hund sein und ihn loben: „Lass seh'n, so ist's recht, mein Hund!". Der durch die Witterung erregte Hund beruhigt sich, und Sie werden sehen, wie er versucht, mit seiner Nase dieser Witterung nachzuhängen. Lassen Sie den jungen Hund bei dieser Übung ruhig auf dem Wechsel der Fährte folgen. Hier können Sie schon im Ansatz erkennen, ob Sie einen selbstständigen Hund haben oder einen, der lieber am Führer klebt. Loben Sie Ihren Hund nach dem Zurückkommen.

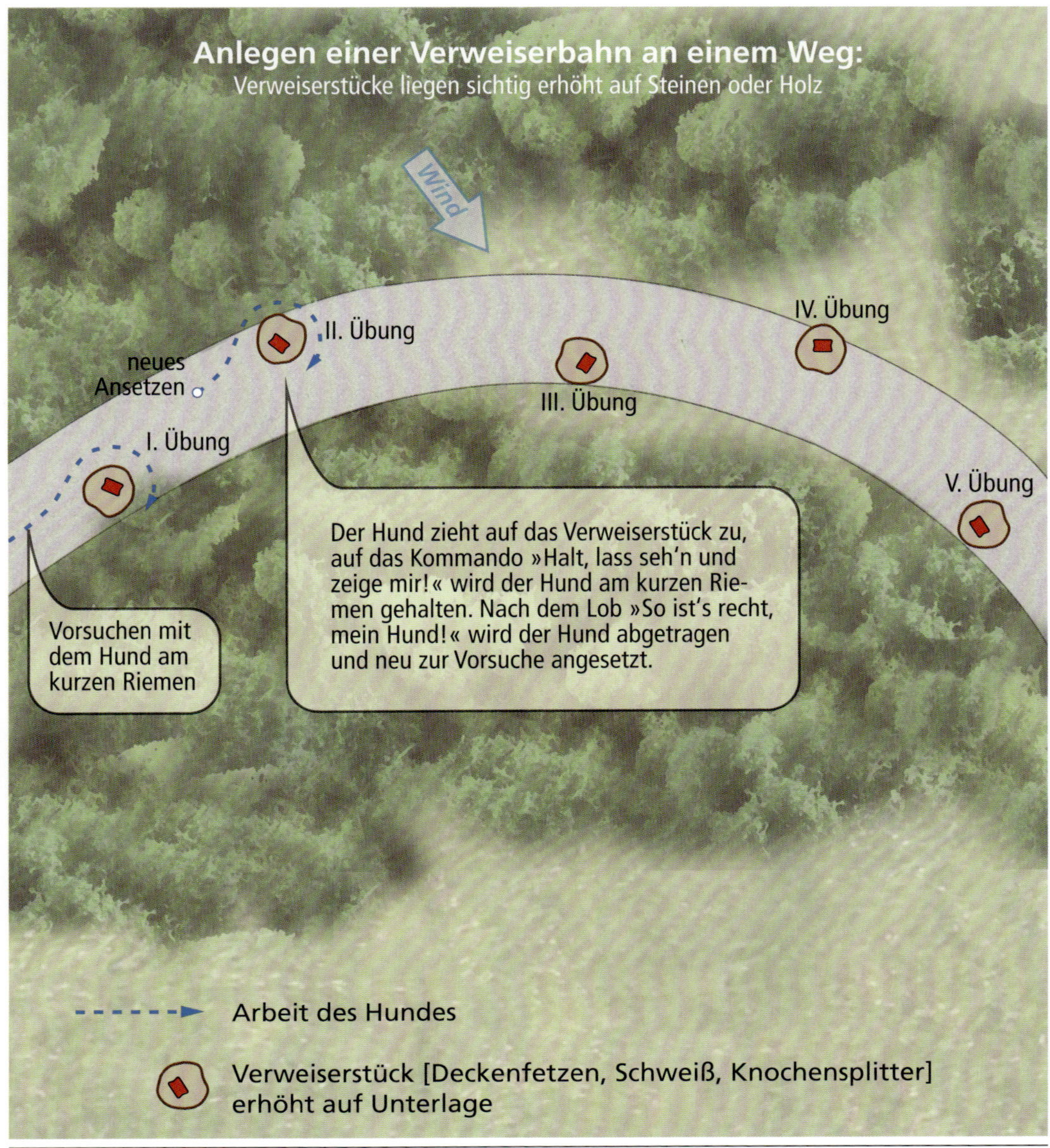

Die Verweiserbahn

Teil eines Laufes als Verweiserstück

Schnitthaar als Verweiserstück

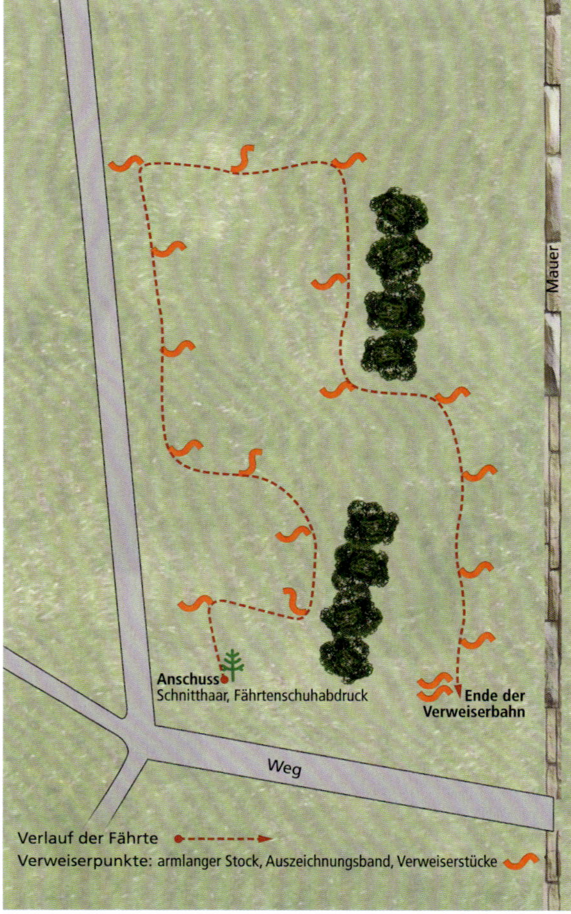

Verweiserbahn mit zusätzlicher Fährtenschuh-Fährte (Stufe 5)

Mit der Zeit loben Sie ihren Hund nur noch, wenn er Schalenabdrücke verweist. Bei allem anderen, das nicht zum Schalenwild gehört, bekommt er kein Lob oder auch ein scharfes „Pfui!". Sie werden feststellen, dass Hunde diese konsequente Ausbildung schnell beherzigen und Ihnen nur noch bestimmte Sachen zeigen. Ausgiebiges Loben nach richtigem Zeigen ist selbstverständlich.

Verweisen Stufe 2 Um den Hund jetzt ganz gezielt auf das Verweisen von Schalenwild einzustellen, legen Sie eine Verweiserbahn an. Hierzu benötigen Sie nur Teile eines Wildkörpers, die der Hund nicht fressen kann, wie z. B. Deckenfetzen oder größere Knochensplitter. Auch Stücke von Läufen eignen sich besonders gut.

Diese Knochenteile legen Sie jetzt im Abstand von 20 bis 30 m entlang eines Weges, zur besseren Orientierung des Führers etwas erhöht auf einen Stein. Nach einigen Stunden Stehzeit begeben Sie sich mit Ihrem jungen Hund, der am Schweißriemen kurz geführt wird, zu der ausgelegten Verweiserbahn.

Der Hund soll nun mittels Vorsuche die ausgelegten Verweiserstücke suchen, finden und zeigen. Mit dem Kommando „Such vorhin und zeige mir!" umkreisen Sie in einigem Abstand ein ausgelegtes Stück, dabei beobachten

Sie den Hund genau. Irgendwann gelangen Sie in den Wind des Verweiserstückes: Ruckartig wird der Hund reagieren und anziehen. Hier muss nun das Kommando „Halt, lass seh'n und zeige mir!“ kommen. Der junge Hund wird das Verweiserstück sehr interessiert bewinden und sich freuen. Durch die lobenden Worte des Führers „So ist's recht, mein Hund!“ steigern Sie seine Freude. Ein paar Streicheleinheiten festigen das Ganze. Jetzt greifen Sie dem Hund unter den Brustkorb und drehen ihn vom Verweiserstück weg („Abtragen“). Für den Hund ist nun dieser Teil der Vorsuche mit Verweisen zu Ende, und ein neuer Teil der Vorsuche beginnt. Sehr schnell haben junge Hunde begriffen, was von ihnen verlangt wird, und sie werden freudig die Vorsuche mit tiefer Nase zeigen.

Verweisen Stufe 3 An einer an einem Weg angelegten Verweiserbahn wird der Hund zur Vorsuche unter Wind angesetzt. Hat der Hund die Vorsuche begriffen, wird das Ganze mit ihm an einer Verweiserbahn geübt.

Verweisen Stufe 4 Verweiserstücke werden entlang eines Weges im Abstand von 20 m in die Randstreifen und ins Gelände gelegt. Der Hund sucht vor und wird die einzelnen Verweiserstücke zeigen. Haben Sie in den vorherigen Stationen die Verweiserstücke noch sichtbar am Boden deponiert, werden nun die Deckenfetzen oder Knochensplitter verblendet ausgelegt. Entscheidend aber ist, dass der Führer sich den genauen Platz der Verweiserstücke merkt: Eine kleine Skizze oder ein Bändchen erleichtern das Wiederfinden. Der Hund wird nun, wie schon vorher geübt, am kurzen Schweißriemen veranlasst, eine Vorsuche durchzuführen. Für Sie als Führer ist es hier interessant festzustellen, wie der Hund, je nach Bodenbedeckung und Wind, früher oder später anzieht, um das Verweiserstück zu zeigen.

Als erschwerende Steigerung an dieser Station spritzen Sie einige Anschüsse nur mit Schweiß und lassen sie durch den Hund mittels Vorsuche finden (verweisen). Das ist eine Arbeit, die in der Praxis immer wieder nötig ist, wenn der Anschuss (Schalenabdruck) nicht gefunden wird.

Für die theoretische Ausbildung der Hundeführer stehen am Jägerlehrhof Modelle zur Verfügung: Hier ein Modell der künstlichen Fährte für das Einarbeiten zum Verweisen.

VERWEISERPUNKT

Bei der Vorsuche müssen sich Hund und Führer immer ergänzen: Der Führer gibt die Richtung vor, der Hund zeigt mit seiner Nase Dinge, die der Führer nicht wahrnehmen kann. Nur so kommen beide zu einem Ergebnis, z. B. der Fluchtrichtung o. Ä.

Verweisen Stufe 5 Ist der Hund an den Stationen 1–4 gut vorangekommen, wird das Gelernte in eine praxisnahe künstliche Fährte eingebaut. Auch hier gilt, wie bei der gesamten Ausbildung unserer Hunde, das Lernprogramm kontinuierlich und konsequent durchzusetzen. In Stufe 5 wird also eine (Übernacht)Fährte mit sämtlichen Situationen des Verweisens angelegt. Der Hund muss im Verlauf seiner Arbeit alle Verweiserstücke aufzeigen.

DIE NATURNAHE KUNSTFÄHRTE

In den vielen Jahren meiner Ausbildungsarbeit haben Feldversuche gezeigt, dass die Einarbeitung der Hunde mit dem Fährtenschuh (s. S. 208) der Arbeit auf den natürlichen Fährten am nächsten kommt.

NATURNAHE ÜBUNGSFÄHRTEN AUF REHWILD

Im Rahmen einer Lehrvorführung für die Rotwild-Hegegemeinschaft Rothaargebirge wurde schon vor Jahren am Jägerlehrhof Springe aufgezeigt, zu welchen Leistungen gerecht und korrekt durchgeführte Hunde – in diesem Fall BGS – imstande sind.
Für diese Vorführung wählte ich bewusst Rehwild, denn die „Rotwild-Leute" halten Rehwild oftmals für zu einfach. Hier halten sich die alten Vorurteile viel zu vieler Hundeleute in der ganzen Welt, dass die Rehwildfährte „süß" sei und deshalb zu einfach (vgl. S. 32). Noch heute wird in Jungjägerkursen diese fachlich vollkommen unrichtige Behauptung gelehrt.
Um solchen Unsinn widerlegen zu können, wurden unter Zeugen Fährten in genauen Skizzen festgehalten. In die Skizzen wurde dann später der genaue Arbeitsverlauf des Hundes eingezeichnet. So ergaben sich aussagekräftige Darstellungen jeder Arbeit. Solche Skizzen sind leicht zu erstellen – alle besonderen Schwierigkeiten werden mit speziellen Zeichen eingesetzt. Die einzige zusätzliche Arbeit entsteht durch einen zweiten, fachkundigen Führer, der den Arbeitsverlauf des Hundes einzeichnet. In die gezeigte Fährte wurde auch ein Most'sches Fährten-Kreuz mittels einer Kaninchenschleppe eingearbeitet.
Eine zweite Arbeit enthielt eine Merren-Schleife und wurde bei einem Jagdaufseherlehrgang gezeigt. Die genau entlang der Fährten verlaufende Arbeit der Hunde erntete großes Staunen der Zuschauer, denn im Saupark Springe bestehen enorme Verleitungen, die Fährte war 1 000 Meter lang und eben mit Rehwild gelegt.

Checkliste

BESTANDTEILE DER NATURNAHEN KUNSTFÄHRTE

Eine künstliche Fährte enthält:

- ☐ Anschuss (Schweiß, Schnitt- und Risshaare), Schalenabdruck
- ☐ Geschossspuren, -splitter oder Durchschüsse von Ästen usw.
- ☐ Einschuss an Bäumen mit Risshaaren
- ☐ Knochensplitter im Verlauf der Fährte (z. B. Kantenschüsse)
- ☐ Ein- und Auswechsel an Bachläufen
- ☐ Ein- und Auswechsel an Dickungen
- ☐ Schweiß oder Organteile an Steinen, Holz, Astwerk oder Grashalmen
- ☐ Wundbetten, Tropfbetten (alt und frisch)
- ☐ Abgestreiften Schweiß beim Überfallen von Stämmen, Läuterungsabfall usw.
- ☐ Warmes Wundbett
- ☐ Stellen des Wildes

Nach wie vor hält sich die unsinnige These, Rehwildfährten seien „zu süß“ und damit einfach.

UNTERSCHIEDLICHE FÄHRTENARTEN

Wir unterscheiden bei den Fährtenarten zwischen den vom Wild getretenen Naturfährten und solchen, die wir mit Fährtenschuhen oder auch mit gespritztem bzw. getropftem Schweiß erstellen. In beide Arten müssen die Hunde eingearbeitet werden.

FÄHRTEN DES WILDES

Gesundfährte (Kaltfährte) Eine Kaltfährte hinterlässt jedes Stück Wild, wenn es zieht. Hat man das Wild und seinen Weg genau beobachtet, kann sie nach geraumer Zeit – nach Verfliegen der Individualwitterung – gearbeitet werden. Sie sauber zu arbeiten, ist ein Teilziel unserer Ausbildung. Der Nachteil der Kaltfährten-Technik ist, dass nicht immer einwandfrei erkannt werden kann, ob der Hund noch auf der Fährte ist oder ob er nur in Richtung des ziehenden Wildes unterwegs ist. Dieser Schwachpunkt kann sich später in einer Neigung zum unsauberen Arbeiten des Hundes zeigen. Wird ein gesundes Stück Wild hingegen gezielt geführt (geführte Sau), kann man allerdings die Trittfährte genau verbrechen.

Frische Fährten Eine wenige Stunden alte Fährte ist für den Hund schwerer zu arbeiten, da die drei Hauptanteile der Fährte noch zu frisch sind. Die Individualwitterung kann noch in der Luft liegen, und die Bodenverwundung ist noch nicht ausreichend „gereift“. Das bedeutet zu viel Witterung auf der Fährte, was faseliges Arbeiten des Hundes zur Folge hat.

Fährte bei der Totsuche Diese Fährten können in der Länge unterschiedlich ausfallen: kurz oder lang. Letzteres tritt dann ein, wenn mittelfristig tödlich verletztes Wild zu früh aufgemüdet wird.

Krankfährte mit Schweiß Krankfährten mit mehr oder weniger Schweiß sind nach Laufschüssen sehr häufig – je tiefer der Schuss, desto weniger und seltener Schweiß.

Krankfährte ohne Schweiß Solche Fährten kommen vor allem bei Weidwund-Treffern vor, bei denen Ein- und/oder Ausschuss durch Gescheide oder Weißes verschlossen sind.

Fährte mit Hetze Diese Fährten beinhalten für den Hund zusätzliche Arbeit durch mehr oder weniger anstrengende Hetze, scharfes Stellen und/oder Herunterziehen. Insbesondere auf Schwarzwildfährten, an deren Ende sich die Sau stellt, ist die Kondition des Hundes gefragt. Aber auch Rehwild, das im Allgemeinen so lange flüchtet, wie es nur kann, kann sich dem Hund stellen – insbesondere kleinen Hunden.

Übernachtfährte Eine Fährte, die über Nacht gelegen hat, ist für den Hund leichter zu arbeiten, da nur noch die Bodenverwundung die meiste Witterung abgibt und nichts Weiteres stört.

Alte Fährte Auch eine mehrere Tage alte Fährte kann vom Hund noch gearbeitet werden. Allerdings braucht er dazu ausreichend Motivation: Ohne Finderwille und Training als gute Vorarbeit fehlen ihm die Voraussetzungen, hier erfolgreich zu sein.

ÜBUNGSFÄHRTEN

Voraussetzung für eine naturnah und praxisgerecht gelegte Fährtenschuh-Fährte ist, dass die Schalen mittig unter dem Schuh und fest angebracht sind, um einen korrekten Schalenabdruck darzustellen.

Fährtenschuh-Fährte mit Schweiß Schweiß wird als Verweiser in die Kunstfährte eingebracht.

Fährtenschuh-Fährten unterschiedlicher Länge Der hemmende Faktor ist hier meist der Fährtenleger. Doch muss jeder Hund nicht nur kurze oder „prüfungskonforme" Fährten kennenlernen. Bei der Nachsuche können Stücke noch lang gezogen sein. Für den Hund ist es bei korrekter Einarbeitung aber kein Problem, 5 000 Meter oder länger zu arbeiten – der Hundeführer muss nur wollen!

Getropfte und gespritzte Fährten Auch auf diese Fährtenart sollte der Hund eingearbeitet werden – und wenn es nur für die Prüfung ist. Solche „falschen" Fährten zeigen einem immer wieder, dass der Hund in diesen Fährten nicht den Schweiß arbeitet, sondern die Spur des Fährtenlegers mit der Bodenverwundung.

UMSTELLUNG DES HUNDES VON FÄHRTENSCHUH AUF SCHWEISS

Nicht selten hört man von verunsicherten Hundeführern, ihnen sei vermittelt worden, dass ein mit Fährtenschuh eingearbeiteter Hund auf den JGHV-Prüfungen mit gespritzten oder getropften Fährten nicht bestehen könne. Solche Botschaften sind falsch und dienen nur der Angstmache! Jeder auf Fährtenschuh eingearbeitete Hund kann gespritzte/getropfte Fährten arbeiten – er zeigt allerdings ein etwas anderes Bewegungsmuster als bei der mit Fährtenschuh getretenen Fährte – das gilt auch für das Anzeigen von Verleitungen.

Bei einer Fährtenschuh-Fährte arbeitet der Hund geradlinig, bei getupften oder gespritzten Fährten arbeitet er eher bögelnd die Legerspur. Der „alle fünf Schritt" ausgebrachte Schweiß wird entweder anfangs verwiesen oder später überhaupt nicht beachtet – außer, der Schweiß ist ganz frisch. Deshalb muss ein Hund vor einer solchen Arbeit ausreichend lang umgestellt werden.

Das Ziel der gesamten Fährtenarbeit muss sein, die Ansatz-Fährte „mit dem Finger gezeigt" bis zum Stück geradlinig zu arbeiten. Dies verlangt vom Gespann häufiges Üben bei jeglichem Wetter. Schweiß soll an seltenen Stellen und wenig eingesetzt werden, die Länge der Fährten variieren.

Das Wichtigste ist aber, den Hund immer freudig bei der Arbeit zu haben. Wenn er schon vor Freude springt, sobald er seinen Führer oder seine Führerin den Riemen – oder allein die Nachsuchenkleidung – holen sieht, dann weiß er, dass er etwas richtig gemacht hat!

HERSTELLEN DER NATURNAHEN FÄHRTE

Die naturnahe Fährte wird mit dem Fährtenschuh getreten und soll etwa 1 000 bis 1 500 m lang sein. Die Stehzeit beträgt mindestens 20 Stunden und wird in kupiertes Gelände mit Dickungen, Bachläufen, Wegen oder Straßen sowie Altholzbeständen gelegt. Verleitungen jeglicher Art (Wechsel, Suhlen, Äsungsstreifen usw.) sind erwünscht. In und um den Anschuss legen Sie Schnitt- und Risshaare, auch Schweiß wird verspritzt. Der Schalenabdruck ist im Boden zu sehen.

Durch Vorsuche lassen Sie sich vom Hund alles in Ruhe zeigen. Erst, wenn der Hund den Anschuss ausgiebig bewindet hat, wird er zur Arbeit angerüdet. Er muss nun die gelegte Fährte arbeiten.
Durch Aufkratzen des Bodens simulieren Sie einen Geschosseinschlag, hier werden einige Risshaare hineingelegt, auch Geschossfahnen können dazugelegt werden. Diese bestreichen Sie mit etwas Schweiß, um ihnen Witterung zu geben. Diese Stelle muss der Hund zeigen. Auch simulierte Durchschüsse an Ästen können hier liegen. Wichtig ist immer etwas Wildwitterung: Dies Witterung kennt der Hund, und er wird sie auch verweisen. Sie schießen daher in der Nähe des Anschusses mit einer Kurzwaffe (vorzugsweise starkes Kaliber wie .357 Magnum) in den unteren Wurzelbereich eines Baumes, und das durch z. B. eine Sauschwarte, um Risshaare in den Schusskanal zu bekommen. Sie werden staunen, wie der Hund dies zeigt.

ARBEITEN AUF DER NATURNAHEN FÄHRTE

EIN- UND AUSWECHSEL

Die Fährte wird auch durch einen Bachlauf gelegt – der Hund verweist Ihnen den Einwechsel in den Bach. Dieser wird verbrochen, und der Hund wird abgetragen. Mittels Vorsuche am Ufer links und rechts zeigt Ihnen der Hund den markierten Auswechsel.
Loben Sie den Hund, bevor die Riemenarbeit weitergeht.
Legen Sie die Fährte jetzt durch eine Dickung. Das muss nicht unbedingt die größte und dichteste sein, da sie nicht durchgearbeitet wird, denn hierbei geht es um die Vorsuchentechnik. Wichtig ist, beim Legen den Dickungskomplex zu durchqueren, damit Ein- und Auswechsel vorhanden sind.
Im Verlauf der Arbeit kommen Sie an diese Dickung, der Hund will geradeaus weiterarbeiten. Durch das Kommando „Halt!“ wird

Der vorbereitete Anschuss

der Hund zum Stehen gebracht, gelobt und abgetragen. Der Einwechsel wird markiert, und mittels Vorsuche werden Sie den Auswechsel finden, den der Hund sicher anzeigen muss.
Beim Vorsuchen um den Dickungskomplex herum wird der junge Hund jeden Durchwechsel von Wild aufzeigen. Da Sie aber wissen, wo die Fährte liegt, wird er für das Verweisen anderer Fährten nicht gelobt, sondern angerüdet, um weiter voranzukommen. Hat der Hund den Auswechsel gut gezeigt, wird er kräftig dafür gelobt. Je nach Wetter können Sie hier auch eine Pause einlegen, um dem Hund Wasser zu geben. Ein passionierter Hund muss lernen, dass Pausen keine Strafe für ihn sind und sich ruhig verhalten.

SCHWEISS ZUM VERWEISEN

Bringen Sie Schweiß nur recht sparsam aus, denn der Hund verweist nur das, was selten und somit interessant ist. Spritzen oder tupfen Sie den Schweiß an bestimmte Stellen wie z. B. Steine, Äste, hoch an Grashalme, an Bäume, Stämme oder auf befestigte Wege, dann wird der Hund ihn auch zeigen. Verweist der Hund den Schweiß, wird er besonders gelobt: Diese Schweißstellen sind bei einer echten Nachsuche später Ihre Rettungsanker. Kommen Sie auf der Fährte nicht mehr weiter, können Sie bis zum letzten verwiesenen Schweißtropfen zurückgreifen. Hier

Zum Verweisen für den Hund wird stellenweise Schweiß in der Fährte ausgebracht (Fluchtrichtung nach rechts).

Am Fährtenende wird ausgiebig gelobt!

muss auch der Schalenabruck des gesuchten Wildes ein!
In Bestände und Läuterungen, durch die die Fährte verläuft, tropfen Sie an querliegenden Stämmen Schweiß – auch weiter oben. Mit einem Stück Schwarte können Sie an dem so imitierten Übersprung Witterung ausbringen und dadurch den Hund zum Verweisen anregen.

WUND- UND TROPFBETTEN

Unter z. B. Wurzelteller sollten Sie etwas mehr Schweiß spritzen. Auch können Sie einige Schnitthaare dazulegen, um ein kaltes Wundbett zu imitieren. Der Hund wird diese Stellen mit großem Interesse buchstabieren und zeigen. Auch im Verlauf der Fährte sollten Sie einmal ein Tropfbett anlegen, also etwas mehr Schweiß in die Fährte tropfen lassen. Hierbei ist es ebenfalls wichtig, die Stelle genau wiederzufinden und sie demzufolge vorher deutlich zu markieren.

AUSGIEBIG LOBEN!

Überläuft der Hund eine der von Ihnen wie vorstehend markierten Stellen, tragen Sie ihn ohne Kommentar ab. Greifen Sie zurück und führen Sie den Hund so langsam am Riemen, dass er die Stelle zeigen muss. Verhält er sich richtig, sollten Sie mit Lob nicht sparen – der Hund erinnert sich ganz genau daran, dass er im ersten Anlauf beim Überlaufen der Stelle kein Lob bekam, jetzt aber durch sein Verweisen seinem Führer Grund für Lob geboten hat. Mit einem Leckerbissen zu belohnen, halte ich hier nicht für richtig, da dies den Hund aus dem Konzept bringen kann – bei der Nachsuche würden Sie das auch nicht tun! Futterbelohnung sollte der Hund ausschließlich mit dem Fährtenende und dem gefundenen Stück verknüpfen.

WILDSIMULATION AM FÄHRTENENDE

Am Ende einer gelegten Fährte sollten Sie ein frisches Wundbett anlegen. Das ist schon etwas aufwendiger als eine einfache Übungsfährte, außerdem erfordert es einen „zweiten Mann".
Gerade bei dieser Übung ist Planung sehr wichtig. In der Zeit, in der Sie mit dem Hund am Anschuss sind und die Arbeit beginnen, legt die Hilfsperson das Wundbett genau an die Stelle, an der Sie am Vorabend aufgehört haben. Dazu muss die Stelle natürlich so genau markiert sein, dass sie auch ohne Ihre Hilfe zu finden ist. Der Helfer schlägt mit dem Fuß mit Fährtenschuh(!) den Boden auf und bringt Schweiß aus. Dann reibt er z. B. einen vernähten Frischling – natürlich nur, wenn die gesamte Fährte mit den Schalen dieses Stücks getreten wurde –, auf dem Boden etwas hin und her und legt nun die Fährte mit dem Fährtenschuh weiter. Gleichzeitig bringt er immer wieder Schweiß aus. Zusätzlich muss der Wildkörper leicht auf dem Boden schleifen – aber bitte keine Schleppe legen –, um reichlich Schwarzwildwitterung zu hinterlassen. Nach etwa 150 m baut der Helfer den Frischling so auf, als würde der krank im Wundbett sitzen, und deckt ihn mit einigen großen Fichtenreisern ab. An den Reisern befestigt er Bindfäden und entfernt sich unter Wind auf einen nahegelegenen Hochsitz. Mit den Bindfäden kann er von dort den Reisighaufen jederzeit bewegen und so dem Frischling „Leben einhauchen".
Kommen Sie mit Ihrem jungen Hund an dieses frische Wundbett, wird der Hund es ganz aufgeregt bewinden und verweisen, durch Anrüden können Sie seine Passion noch steigern. Dann wird der Hund geschnallt: Ziehen Sie ihm dabei die locker angelegte Schweißhalsung über den Kopf und lassen Sie ihn mit dem Kommando „Such verwund't!" und „Zeige mir!" der frischen Fährte folgen.
Um das Verbellen und Stellen beim Hund auszulösen, ist der richtige Einbau des Frischlings wichtig: Der Helfer muss ihn immer in „Downlage" und so unter den Reisighaufen legen, dass nur das Haupt herausschaut. Bringt die Hilfsperson dann den Reisighaufen im Bewegung, ist es immer köstlich zu sehen, wie der junge Hund erschrickt, sich dann

GENAUES „BRIEFING"

Soll Ihnen jemand beim Anlegen eines Wundbetts am Fährtenende helfen, erklären Sie der Person ganz genau, was Sie vorhaben. Vertrauen Sie nicht darauf, dass der Helfer Ihre Gedanken lesen kann. Die Enttäuschung ist nämlich groß, wenn gerade bei solchen Übungen etwas schiefläuft und der Hund etwas falsch verknüpft und irritiert wird. Simuliert werden soll, dass das Wild vor dem Hund aus dem Wundbett wegbricht, der Hund zur Hetze geschnallt wird und sich das Stück vor dem Hund stellt.

Im Anschluss an eine Hetze muss der Hund anhaltend stellen, bis sein Führer den Fangschuss antragen kann.

aber sofort wieder sammelt und mit dem Verbellen beginnt. Will er verstummen, bewegt der zweite Mann wieder die Äste, und der Hund wird wieder Laut geben. Wichtig ist natürlich, dass der Hochsitz mit der Hilfsperson außer Wind liegt.
Folgen Sie dem Hund dichtauf, damit Sie schon dabei sind, wenn er das erste Mal Laut geben will, und greifen Sie in dem Moment ein, in dem er vielleicht skeptisch wird. Nehmen Sie gemeinsam die Beute in Besitz. Lob ist der gerechte Lohn für den Hund. Bei Hunden, die sehr lange Laut geben, sollten Sie das eine und andere Mal einen simulierten Fangschuss mit der Waffe anbringen.

STATIONSAUSBILDUNG PENDELSAU

Hat ein junger Hund eine solche Arbeit geleistet, sollten Sie sich nicht auf den Lorbeeren ausruhen, denn: Übung macht den Meister. Durch Tierschutzgesetz und -verordnungen ist es für uns Schweißhundeführer nicht mehr möglich, am Stück praxisnah auszubilden. Praxisnah heißt bei mir: Stellen eines kranken Stücks und dann der Fangschuss! Das ist auch in den zwischenzeitlich wieder zugelassenen und eingerichteten Schwarzwildgattern nicht möglich. Aber nur dann lernt der Hund: „So bekommen mein Führer und ich Beute (und was zu futtern!)". Ist der Trieb, Beute zu machen nicht von jung auf in die richtigen Bahnen gelenkt, wird der Führer bzw. das Gespann immer Schwierigkeiten in der Praxis haben. Und das sind nicht wenige Probleme: z. B. fehlende Schärfe, kein ausdauerndes Stellen, zu weit vom Stück verbellen etc.
Bei einer Lehrvorführung des JGHV am Jägerlehrhof Springe 1995 stellte ich erstmalig eine Pendelsau als Ende einer Übernachtfährte im Saupark vor.
Dieses Modell hat sich bis heute praxisnah verändert. An dieser Stelle sei mir eine knappe Bemerkung zu anderen Varianten gestattet, z. B. zur „Schwarte auf der Schubkarre im freien Gelände": Das ist meiner Ansicht nach schon mehr als praxisfern ...
In einigen Feldversuchen haben wir unterschiedliche Pendelsauen durch Hund und Führer testen lassen. Die Erfolge waren zunächst nicht zufriedenstellend – also hieß es weiterbasteln. Der Durchbruch kam mit dem aktuellen Modell.
Wir können mit unserer Art der Aufhängung der Pendelsau fast alle Bewegungsarten eines gestellten, kranken Stückes Schwarzwild nachvollziehen. Dazu braucht man am besten auch einen am Schwarzwild erfahrenen Hundeführer, um die Sau realitätsnah zu bewegen. Günstig ist ein ca. 45 kg schweres, unaufge-

brochenes Stück Schwarzwild. Notfalls kann auch eine frische Schwarte mit Haupt mit Heu ausgestopft, mit ein paar Steinen beschwert und vernäht werden. Das stellt schon etwas dar und erzeugt einen Respekt einflößenden Eindruck beim Hund, der ihn zur Vorsicht gemahnt. Hunde, die zu scharf ans Schwarzwild gehen, sind immer Verletzungen ausgesetzt. Deshalb gehen wir mit Ruhe und Vorsicht an diesen Schritt der Ausbildung. Das färbt auf den Hund ab und kann in Zukunft lebensrettend sein!

LANGSAMES VORGEHEN

Bei mir lernen die Hunde schon sehr früh und am besten mit einem älteren Hund zusammen, ans gestreckte Schwarzwild zu kommen. Das hat den großen Vorteil, dass sie nicht planlos erschrecken und danach nur noch sehr schwer zum sauberen Stellen auszubilden sind. Nicht den fünften vor dem ersten Schritt machen!
Ab dem 12. Monat gehen wir gezielt auf das Stellen von Schwarzwild zu. Der Hund hat bis dahin schon einige Fährten gearbeitet und gelernt, bei geraden Fährten nicht mehr nach links oder rechts abzukommen. Ab diesem Zeitpunkt bauen wir die Stationen auf.

STATION 1 – HINFÜHREN

Am Rande von z. B. mannshohen Fichtenpflanzungen wird die Pendelsau so eingebaut, dass sie mit Wurf und Kopf kurz hinter dem Trauf steht. Der hinter der Sau versteckte Hundeführer kann die Sau nun gezielt so bewegen, dass der ganze Vorschlag kurz am Dickungsrand auftaucht, um dann wieder zu verschwinden.
Auf der Freifläche vor der Kultur wird eine Fährte mit dem Fährtenschuh bis an die Pendelsau gelegt. Nach entsprechender Stehzeit wird der Hund zur Fährte gelegt. Zügig arbeitet er auf den Kulturrand zu. Ist das Gespann etwa acht Meter vor dem gedeckten Stück, wird dieses durch den zweiten Hundeführer so in Bewegung gesetzt, dass es langsam aus der Deckung kommt. Dazu braucht es etwas Übung, sieht dann aber wie echt aus. Wichtig ist zu wissen, dass ein ruckartiges und schnelles Auftauchen der Pendelsau immer zu einer schreckhaften Reaktion der noch jungen Hunde führt, und das wollen wir nicht!
Der Hund wird stehen bleiben und in die Richtung der Sau schauen. In dieser Situation greift der Hundeführer zum Hund vor, lobt ihn und ermuntert ihn, Laut zu geben. Der versteckte Hundeführer bewegt nun die Sau weiter: Sie erscheint immer wieder langsam am Dickungsrand. Meist geben die Hunde dann schon Laut zur Sau hin. Sobald die Sau wieder verschwunden ist, wird der Hund gelobt und abgetragen. Damit ist die erste Station abgearbeitet. Nach einigen Stunden kann sie wiederholt werden, um zu sehen, ob und wie der Hund das Erfahrene umsetzt.

STATION 2 – VERBELLEN

Bis zu dieser Ausbildungsstation hat der Hund das stumme oder laute Verweisen bereits gelernt. In die Fährte in Richtung Pendelsau wird zusätzlich ca. 15 m vor der Dickung ein Wundbett eingebracht. Der Hund wird zur Fährte gelegt und arbeitet sie konzentriert voran. Am Wundbett wird er geschnallt und arbeitet zügig ans Stück.

Aufbau der Pendelsau durch einen Helfer

An der „Pendelsau" – hier noch nicht verblendet – lernt der Junghund den Umgang mit gestelltem Schwarzwild.

Bei der Station 2 wird die Pendelsau so in die Dickung eingebaut, dass der Hund nicht von der Seite an die sich bewegende Sau gelangen kann. Er muss zwangsläufig auf offenem Feld vor der heftige Ausfälle machenden Sau Laut geben und sich bewegen. Durch Anrüden kann man die Passion des Hundes noch steigern. Der Hund soll aber nicht versuchen, die Sau zu greifen, und darf sie nicht von hinten angehen! Nach einigen Minuten Verbellen wird der Hund abgetragen und gelobt.
Auch diese Übung kann am gleichen Tag wiederholt werden. Es ist wichtig, darauf zu achten, dass der Hund zielgerichtet Laut gibt, und das eine geraume Zeit lang. Ebenfalls soll er erfahren, dass sein Führer ihn abholt und er so lange nicht von sich aus abbricht. Diese Erfahrung ist für die spätere Zusammenarbeit an allem Wild und den Zusammenhalt von Hund und Führer von großer Bedeutung!

STATION 3 – STELLEN

Diese Station wird auf einer großen Freifläche aufgebaut. Die Fährtenschuh-Fährte wird bis ans Stück herangelegt und mit einem Wundbett versehen. Der Schnallpunkt wird für den Hund interessant gemacht. Der zweite Hundeführer muss so verdeckt stehen, dass der Hund durch ihn nicht abgelenkt ist. So schaffen wir eine fast praxisidentische Situation. Je korrekter der Aufbau der Stationen ist, desto mehr zahlt sich das später in der Praxis aus – der Aufwand lohnt sich.
Der Hund wird zur Fährte gelegt und arbeitet zügig bis ans Wundbett und den Schnallpunkt. Hier wird er – wenn er korrekt verwiesen hat – angerüdet und geschnallt, indem wir ihm die weitgestellte Halsung ruhig über den Kopf streifen. Mit hoher Passion wird er die Fährte anfallen und ans Stück arbeiten. Die vom zweiten Hundeführer vorgespannte Pendelsau bricht nun aus der Verblendung in Richtung Hund. Der Hund ist bisher nur von vorn an die Sau herangekommen, nun kann er um die sich immer wieder rege bewegende Sau herumlaufen. Das Fassen von hinten sollte der zweite Hundeführer durch starke Reaktionen abwehren, denn es ist nicht erwünscht, dass der Hund ans Stück gelangt: Er soll verbellend stellen! Der Hundeführer tritt hinzu, lobt seinen Hund und trägt ihn ab.

STATIONEN 4 UND 5 – STELLEN UND FANGSCHUSS

An diesen Stationen wird nun alles bisher Gelernte zusammengefasst. Das Stück wird am Waldrand in einen Brombeer- oder anderen dichten Verhau als Pendelsau eingebaut. Der Hundeführer untersucht zu Beginn der Fährte den Anschuss – sein Hund beobachtet ihn genau. Dann arbeitet der Hund zügig zum Schnallpunkt und wird geschnallt. Wei-

ter arbeitet der Hund auf den Verhau zu. Nun wird die Pendelsau durch den zweiten Führer in Bewegung gesetzt. Der Hund stellt und umkreist Laut gebend das in Bewegung gehaltene Stück. Hier ist wieder sehr wichtig, dass der Hund unbedingt am Stück bleibt und nicht abbricht oder verstummt! Vorsichtig pirscht sich der Hundeführer mit geladener Waffe an die Bail. Bei richtiger Einarbeitung wird der Hund immer vorn vor dem Wurf arbeiten, denn dadurch verhindert er, dass das Stück ausbricht.
Hat der Hundeführer die richtige Position erreicht und weder Hund noch Helfer stehen im Schussbereich, wird der Fangschuss angetragen. Der Hund muss natürlich zu diesem Zeitpunkt sicher schussfest sein – deshalb sollte man mit dieser Übung nicht zu früh anfangen! Ist der Schuss gebrochen, wird die Sau nicht mehr bewegt, und der Hund darf unter größtem Lob zusammen mit seinem Hundeführer die Sau in Besitz nehmen. Er soll – er muss – ausgiebig gelobt und abgeliebelt werden. Ein Genossenmachen mit Mitgebrachtem ist jedem selbst überlassen, nur bitte nicht mit rohem Schwarzwild. In fast fünf Jahrzehnten haben meine Hunde bei anderem Wild immer etwas vom gestreckten Stück abbekommen. Bei korrekter und sauberer Einarbeitung des jungen Hundes an der Pendelsau hat man einen großen Schritt in Richtung Praxis erarbeitet.
Noch etwas: Ein ganz wichtiger Moment zwischen Hund und Führer wird oft genug übersehen. Ist der Fangschuss gefallen und nehmen Führer und Hund (Führer immer vor dem Hund) das Stück in Besitz, ist das ein Moment starker Gemeinsamkeit und fördert die Bindung. Das Vertrauen des Hundes zum Führer wächst, denn er erfährt: Nur mit meinem geliebten Meutegenossen komme ich an die Beute, ans Stück. Viele Hunde „strahlen" einen in diesem Moment geradzu „an"! Wenn ein Führer dieses Vertrauen des Hundes in ihn erkennen kann, sollte ihm das höchstes Lob für seine Arbeit sein!

ARBEIT IM SCHWARZWILDGATTER

Die Arbeit im Schwarzwildgatter, wie sie üblicherweise betrieben wird, hat mit der Einarbeitung des Hundes auf die Arbeit an der kranken Sau nur begrenzt etwas zu tun. Denn ein entscheidendes Element fehlt bei dieser Arbeit: der Fangschuss und die gemeinsame Inbesitznahme des Stücks.
Im Schwarzwildgatter kann der jüngere Hund einen ersten, kontrollierten Kontakt mit lebendem Schwarzwild machen. Das hat deshalb seinen Wert, weil nur wenige Hunde die Möglichkeit haben, häufiger in Kontakt zu Schwarzwild zu bekommen.

VERBELLEN

Im Allgemeinen wird er zunächst an der Leine und mit einer breiten Halsung an Sauen herangeführt, die hinter einem Zaun stehen. Der Hund wird angerüdet, Laut zu geben. Die Leine sollte dabei unter mäßigem Zug stehen. Sobald der Hund anhaltend Laut gibt, wird er gelobt und abgetragen. Spannung in der Leine ist deshalb wichtig, weil dadurch dem Hund stützender Kontakt zum Hundeführer vermittelt wird. Diese Art, das Lautgeben gezielt zu lernen, ist auch für den Hund auf Schweiß sinnvoll. In einem weiterführenden Schritt wird die gleiche Übung unangeleint durchgeführt. Der Hund muss nun selbstständig und anhaltend Laut geben.

SUCHEN, STELLEN UND VERBELLEN

Im nächsten Schritt wird der Hund entweder zunächst an der langen Leine oder gleich frei arbeitend vom Hundeführer im Übungsgatter begleitet – zunächst auf kurze Distanz, später bleibt der Führer am Schnallpunkt stehen. Der Hund soll die Sauen eigenständig finden, laut stellen und laut in Bewegung bringen. Der Hundeführer unterstützt den jungen Hund dabei mit der Stimme und lobt ihn, wenn er selbstständig vorangeht. Dabei

Saugatter: Der junge Hund verbellt die Sau.

soll der Hund verbellend Abstand halten, wenn die Sauen sich stellen (sollten) oder Scheinangriffe tätigen. Nach höchstens drei bis fünf Minuten Stellen und Verbellen wird der Hund aus Tierschutzgründen (Stressprophylaxe für die Sauen) abgetragen. Der Hund hat sich dann großes Lob verdient.

Diese Übung ist zur Einarbeitung des Stöberns bei Hunden, die das tun sollen, sinnvoll, sie gibt Aufschluss über den Nasengebrauch und den Finderwillen und Hinweise auf die Wildschärfe des Hundes – das alles ist jedoch nicht unbeträchtlich von verschiedenen Faktoren abhängig, z. B. den Sauen selbst (s. Kasten), der Anleitung durch die Gattermeister, der jagdlichen Erfahrung der Hundeführer und nicht zuletzt der Eigenschaften des Hundes. Üblicherweise versteht der Hund innerhalb seines zweiten Lebensjahres den Sinn der Übung nach zwei- bis dreimaligem Üben mit gewissen zeitlichen Abständen. Sobald er das angestrebte Verhalten zeigt, wird nicht mehr im Gatter gearbeitet. Das Gatter ist kein Jagdersatz – alles Weitere muss in der Praxis folgen.

Aus Sicht der Schweißarbeit ist die freie Arbeit im Gatter ohnehin völlig widersinnig, denn es fehlt der entscheidende Schritt, dass Hund und Führer gemeinsam ans erlegte Stück kommen – ein Krank- und Fangschuss scheiden im Gatter natürlich aus!

Wer seinen Hund beim Abtragen von den gesunden Sauen genau beobachtet, wird in seinem weiter vordrängenden Verhalten und in seinem Blick erkennen, dass er es mehr als rätselhaft findet, dass er vom gefundenen und gestellten Stück lassen soll, ohne dass es bejagt wird! Es ist allerdings möglich, dem Hund die Übung des Verbellens als Dressurleistung abzuverlangen: ein unverwundetes, gleichgültig herumstehendes Stück mehr als fünf Minuten zu verbellen, um damit ein Gatter-Leistungszeichen verliehen zu bekommen. Das hat allerdings weder mit Jagdpraxis noch Nachsuchenpraxis irgendetwas zu tun.

DER LAUT DES HUNDES

Bei unserer Nachsuchenarbeit ist es von großem Vorteil, wenn unsere Hunde einen lockeren Hals haben. Wir unterscheiden hier „stumm“ und „laut“ beim Hund. In meiner langen Zeit als Ausbilder habe ich weder einen Gebrauchshund gesehen noch ausgebildet, der nicht letztlich Laut gibt. Der „Knackpunkt“ ist meist, dass der Hundeführer das Lautgeben mit seinem Hund nicht geübt hat, was früher oder später dazu führt, dass der Hund schweigt oder nur kurz anschlägt.

Warum wir bei der Nachsuchenarbeit einen Laut gebenden Hund brauchen, ist unmittelbar klar: Ein stumm hetzender Hund kann vom Führer nicht geortet werden, und er kann ihm dann auch nicht helfen, da er ihn nicht hört, um an die Bail zu kommen. Diese Grundvoraussetzung gilt auch in Zeiten satellitengestützter Ortungsgeräte!

Bei einer zielgerichteten Ausbildung wird das Lautgeben sehr aufmerksam vermerkt. Es gibt junge Hunde, die freudig Laut geben, und solche, die sich schwer zum Lautgeben entschließen. Teils ist das auch rassebedingt. Die Erfahrung des Hundeführers ist es nun, das Lautgeben auszubilden. Als Erstes ist es wichtig zu differenzieren, welche Lautäußerungen wir am Hund kennen und wie wir sie jeweils für unsere Nachsuchenarbeit brauchen und einsetzen können.

LAUTARTEN

Jedes Lautgeben des Hundes hat einen Grund. Diesen Punkt zu erkennen ist für die Ausbildung von großem Wert. Da wir den Hund zielgerichtet für die Nachsuche ausbilden wollen, ist es sehr wichtig festzuhalten, wann, warum und wie das Lautgeben für unsere Zwecke gefördert werden sollte. Es ist sinnvoll, sich die Laute des eigenen Hundes in bestimmten Situationen genau zu merken oder auch in einem Notizbuch festzuhalten, damit man ihn verstehen lernt und entsprechend auf ihn reagieren kann.

DAS GATTER IST KEIN JAGDERSATZ

Gattersauen sind nicht mit wirklich wild lebenden Sauen zu vergleichen. Sie kommen fast tagtäglich ohne „ernste Konsequenzen" mit Hunden in Berührung und verhalten sich daher zwangsläufig anders: insgesamt ruhiger. Ihr Verhalten hängt z. B. auch davon ab, ob sie einzeln oder in der gemischten Rotte im Gatter gehalten werden.

Schreckenslaut Bei den allerersten Reviergängen gerade in Schwarzwildrevieren wird der junge Hund ab dem dritten Monat unvermutet z. B. auf Baumstubben treffen und

Der neun Monate alte „Ludwig" arbeitet im Schwarzwildgatter sauber auf der frischen Fährte der Rotte und nicht auf Sicht.

Der Hund hat das Stück Rotwild gestellt, jetzt kaum der Hundeführer die Bail angehen.

Spur-und Fährtenlaut wird bei stöbernden Hunden wie dem Deutschen Wachtelhund zwingend gefordert.

diese mit einem kräftigen „Wuff" anzeigen, dabei meist gleichzeitig zurückspringen.

Klagelaut Dieser klagende, manchmal heulende „Schrei" des Hundes sollte den Führer zu schnellem Handeln aufmüden, denn er bedeutet, dass der Hund in großer Gefahr ist oder starke Schmerzen hat.

Angstlaut Dieses eher hohe Lautgeben zeigt der Hund, wenn er sich allein fühlt, etwa im Bestand oder er steht am Stück und vermisst seinen Führer. Wichtig ist, genau zu beobachten, wie sich der Hund verhält, wenn er diese Emotionsäußerung zeigt, z. B. ob er dann wegläuft.

Laut aus Freude Diesen Laut kennt hoffentlich jeder Hundeführer! In bestimmten, lustbetonten Situationen, z. B. bei der Begrüßung oder am erlegten Stück, wird jeder Hund aus Freude Laut geben. Diesen Klang sollte man sich gut merken, da dies später für die Ausbildung wichtig werden kann.

Waidlaut Manche Hunde geben Waidlaut, wenn sie bei der Aufgabe „Schnallen und freie Suche zum Stück" nicht zurechtkommen. Der Hund faselt planlos umher, hechelt schwer, und statt der Fährte zu folgen, läuft er umher und gibt einen gehetzt klingenden Laut. Dabei versucht er keinen Kontakt zum Führer oder zur Suche zum Stück aufzunehmen, sondern meidet. Das ist ein Problemfall!

Spurlaut Wird der Hund geschnallt, um ohne Sicht auf das Wild einer Krank- oder Gesundfährte zu folgen, und beginnt nach einigen Sprüngen einen rhythmischen, kräftigen Laut zu geben, ist das der Spurlaut. Bei manchen Hunden ist er rassetypisch früh entwickelt, bei anderen bildet er sich erst im ersten Lebensjahr oder mit der Erfahrung heraus. Hier ist ein besonderer Moment zu beachten: Gibt der Hund noch am Riemen Laut und wird er nach dem Schnallen stumm, handelt es sich wahrscheinlich um einen Waidlaut.

Hetzlaut Diesen hohen, rhythmischen Laut gibt der Hund von sich, wenn er sichtig (Sichtlaut) das kranke Stück vor sich hat. In schwerem Gelände, z. B. im Schilf, in Dickungen, im Gebirge, bricht der Laut bisweilen kurzfristig ab, weil der Hund in Luftmangel gerät. An der Tonhöhe kann der Hundeführer, der seinen Hund kennt, hören, ob das Stück hochflüchtig ist oder ob der Hund schon fast am kranken Wild ist, kurz bevor es sich stellt.

Standlaut Stellt sich das gehetzte Stück Wild dem Hund, wird der Laut einsilbig, ruhiger und meist tiefer. Aus Erfahrung weiß der Hundeführer dann, was sein Hund ihm mitteilt. Denn bei verschiedenen Wildarten geben die Hunde oft unterschiedlich Laut, insbesondere beim Schwarzwild, weil sich dort die Situationen blitzartig ändern können. Das Gleiche gilt für die Trefferlage des Schusses. Je mehr man mit seinem Hund jagen kann, desto besser wird der Führer es erkennen können.

Standlaut an einem Stück in Bewegung Dieser Laut ist eine Tonlage zwischen Hetz- und Standlaut. Gibt der Hund diesen Laut, sollte man warten, bis er sich eingespielt hat. Erst dann ist es sinnvoll, sich an die Bail heranzupirschen. Solche Situationen kommen öfters bei sehr wildscharfen Hunden vor, und sie führen immer zu Unruhe. Das Stück wird versuchen auszubrechen, oder es wird den Hund angreifen, um ihn loszuwerden oder sogar zu töten.

Totverbellen Hunde mit lockerem Hals können entsprechend eingearbeitet werden, am verendeten Stück zu verbleiben und Laut zu geben, um den Führer mit diesem tiefen, kräftigen Laut zur Beute zu holen. Im Gebirge sowie in zerklüftetem Gelände, bei starkem Bewuchs und ungünstigen Wetterverhältnissen wie Nebel, Regen oder Schneetreiben wird der Laut aber nicht weit tragen. Deshalb ist dieser Laut nur begrenzt praxistauglich und -relevant.

Lautes Verweisen Die „Krone des Lautgebens“ ist das laute Verweisen. Der Hund geht dabei laut auf die Spur, kommt ans verendete Stück, gibt Standlaut, kommt Laut gebend zum Führer und geht wieder Laut gebend mit ihm ans Stück.

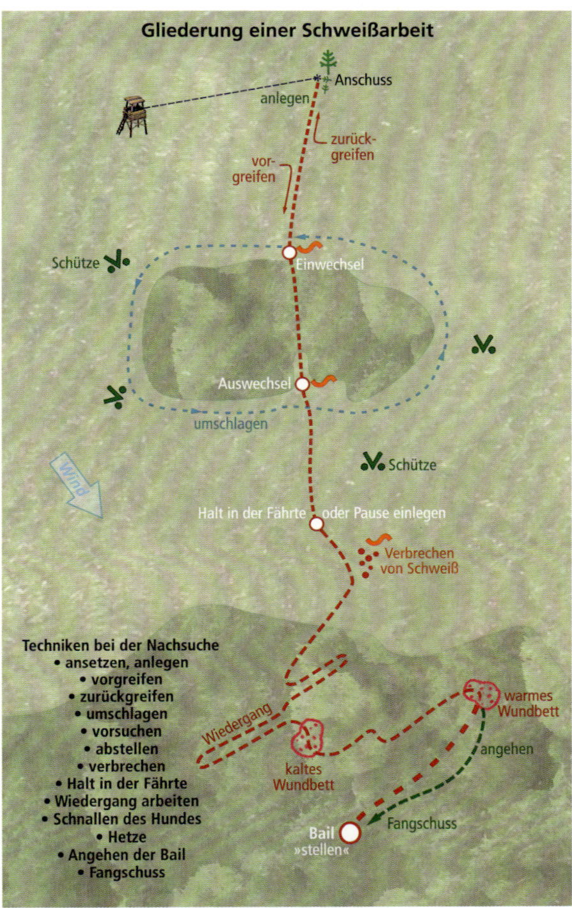

Mögliche Gliederung einer Nachsuche. Alle Abschnitte mit den entsprechenden Arbeitstechniken müssen geübt und beherrscht werden.

FÖRDERUNG DES LAUTES

Die Ausbildung zum Lautgeben sollte mit dem jungen Hund so früh wie möglich begonnen werden. Gibt er spontan Laut, bekommt er das Kommando dazu gesagt. Später geht es umgekehrt: Auf das Kommando „Gib Laut!“ hat der Hund Laut zu geben. Um dieses Lautgeben zu festigen, sollte man jede sich bietende Gelegenheit nutzen, den Hund bellen zu lassen – auch über einen längeren Zeitraum.

EINARBEITUNG MIT DEM FÄHRTENSCHUH

Im Alter von sechs Monaten stellen wir die jungen Hunde auf das Arbeiten der Fährten ein. Bis zu diesem Zeitpunkt hat der Hund schon einige Futterschleppen oder auch Schleppen mit einem Stück Decke oder Schwarte hinter sich, aber das Ganze hat immer noch etwas Spielerisches an sich.

VORAUSSETZUNGEN

Der Hund sollte bei Beginn der Einarbeitung mit dem Fährtenschuh „Sitz!", „Platz!" und „Ablegen am Rucksack" beherrschen. Das problemlose Laufen an der Führerleine ist er gewohnt, das freie Herankommen und das Anhalsen sollten gefestigt sein. Die Schussruhe hat man zu diesem Zeitpunkt auch schon geübt.
Nur wenn diese Grundsteine gelegt sind, können Sie mit der Fährte beginnen. Ein nicht ruhig abzulegender Hund wird immer Probleme bereiten und ist infolge des ständigen Eingreifens des Führers mit „Sitz!" und „Platz!" nicht konzentriert genug, um sich auf die kommenden neuen Eindrücke einzustellen. Er ist abgelenkt, wenn nicht gar frustriert und der Führer bald auch. Man bildet den Hund immer nur in einem Fach aus, und wenn Fährtenarbeit dran ist, haben die Gehorsamsfächer Pause.
Gerade dieses Einstellen des jungen Hundes auf die Fährte verlangt vom Führer absolutes Fingerspitzengefühl und Können. Eine Bewegung des Hundes zu viel, ein zu scharfes Kommando oder eine nicht richtig erfasste Situation können bei sensiblen Hunden dazu führen, dass er entweder nicht begreift, was sein Führer von ihm will, oder dass er die Situation falsch verknüpft.

VORBEREITUNGEN

Wie bei allen Übungen sollte der Führer nicht unter Zeitdruck stehen. Die Vorbereitung sollte geplant werden wie folgt:
Man sucht als Erstes ein Übungsgelände aus, am besten ist eine freie Wiese mit nicht zu hohem Grasbewuchs geeignet, denn hier kann man die Fährte selbst sehen und den Hund korrigieren und genau beobachten. Grundsätzlich gilt: Alle Übungen werden anfangs immer auf offenen, kurzgeschnittenen Wiesen durchgeführt, bis alles „sitzt".

AUSRÜSTUNG

Als Zweites benötigen wir ein frisches Stück Schwarzwild. Am besten ist immer ein kleines Stück, da man dieses selbst auslegen kann, ansonsten braucht man einen Gehilfen dazu. Dieses Stück Wild sollte aufgebrochen sein, der Schnitt in der Bauchdecke und am Träger wird vernäht. Der Schweiß wird in einem Eimerchen gesammelt.
Vom Stück werden nun die Vorder- oder Hinterläufe über dem Geäfter abgetrennt. Dieses Schalenpaar spannen Sie nun in den Fährtenschuh ein. Durch das frische Abschneiden haben wir gleich etwas Wundwitterung in

der Fährte. Die Stümpfe am Stück werden mit Gras verbunden, damit der Hund nicht an frisches Wildbret gelangen kann.
Die Ausrüstung zum Fährtenlegen besteht somit aus dem Eimerchen mit Schweiß, dem Tupfstock, einigen Brüchen mit Trassierband als Verweiserstücke, den Fährtenschuhen und einem Rucksack für andere Utensilien. Das Auszeichnen des genauen Fährtenverlaufes ist gerade beim ersten Arbeiten ganz besonders wichtig. Eine kleine Rolle Trassier- oder Forstband zum Markieren der Fährte oder des Anschusses vervollständigen daher die Ausrüstung.

01

FÄHRTENSCHUH-EINARBEITUNG

Um dem jungen Hund die erste Fährte so interessant wie möglich zu machen, rupfen Sie aus der Schwarte ein paar Borsten und legen sie in und um den Anschuss. So sieht allerdings kein natürlicher Anschuss aus – es geht hier nur darum, den ganz jungen Hund intensiv zu motivieren.
Die Fährte sollte so in das Gelände gelegt werden, dass Sie grundsätzlich Seiten- oder Nackenwind und keinerlei Störungen haben, die den jungen Hund veranlassen, seine Aufmerksamkeit statt der Fährte einem Fußgänger zu widmen. Seitenwind wird deswegen gewählt, damit der zur Fährte gelegte Hund nicht schon beim Untersuchen und Bewinden des Anschusses die Witterung des ausgelegten Stückes in die Nase bekommt und anfängt, mit hoher Nase auf das Stück hin

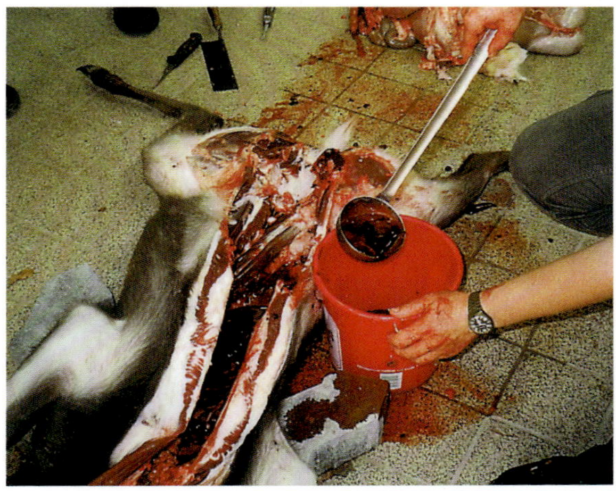

02

03

01 Das ursprünglich am Jägerlehrhof Springe entwickelte Fährtenschuhmodell

02 Schweiß wird nach dem Aufbrechen am einfachsten mit einer Kelle aus dem Stück geborgen.

03 Um eine Spritzflasche herzustellen, wird eine einfache Glasflasche mit einem eingekerbten Korken verschlossen.

01

02

04

05

01 Das neueste Fährtenschuh-Modell „Wildmeister" mit einschraubbaren, unterschiedlichen Stollenarten zur sicheren Geländegängigkeit.

02 Als Verweiserpunkt wird ein Stock in die Erde gesteckt und mit reichlich Schweiß bestrichen.

03 Hier wird ein Grasbüschel quer in die Fährte gelegt und als Verweiserpunkt mit Schweiß benetzt.

04 Der Anschuss mit dem Schalenabdruck, Schweiß und Deckenfetzen, rechts davon der Anschussbruch

05 Für einen jungen Hund gibt es reichlich Schweiß am Anschuss. Mit zunehmendem Ausbildungsstand gibt es Schweiß irgendwann aber nur noch als Verweiserpunkte!

03

zu arbeiten. Die Erfahrung hat gezeigt, dass gerade Fehler in dieser Phase immer zur Folge haben, dass die Hunde – vor allem Vollgebrauchshunde – später versuchen, mit hoher Nase vom Anschuss wegzuarbeiten, um zum Erfolg zu kommen.

DIE ERSTE FÄHRTE

Beginnen wir mit dem Legen und Arbeiten der ersten Fährte mit dem Fährtenschuh. Die Schale wird über dem Oberrücken abgeschärft, dabei wird ein Stück Knochen stehen gelassen, um etwas mehr Wundwitterung in die Fährte zu bekommen. Mit dem Messer schärfen Sie von dem Lauf etwas Schwarte oder ein paar Borsten ab, um sie in oder um den Fährtenabdruck zu legen. Der junge Hund wird sie sehr interessiert bewinden und dadurch stark motiviert, dieser Witterung zu folgen.
Die Fährtenschuhe mit den Schalen werden angezogen. Eimer mit Schweiß und Tupf- oder Spritzstock stehen bereit. Mit der Spitze des Fährtenschuhs reißt man die Grasnarbe soweit auf, dass der blanke Boden zu sehen ist. Darin ist der Schalenabdruck klar und deutlich zu sehen, er simuliert die Eingriffe und Ausrisse, genauer gesagt den Anschuss. Jetzt treten Sie mit dem Fährtenschuh kräftig in den freigemachten Boden, der Schalenabdruck wird sich deutlich abzeichnen.
Das abgeschärfte Schwartenstück oder einige Borsten legen Sie dazu. Gleichzeitig stecken Sie einen Zweig mit Trassierband zur Markierung in den Boden, im richtigen Nachsucheneinsatz wäre das ein verbrochener Anschuss.
Mit dem Tupfstock spritzen Sie einige Tropfen Schweiß in die Fährte, um damit gleichzeitig schon die Richtung anzugeben.
Vom simulierten Anschuss gehen Sie nun in Richtung des ausgelegten Stückes. Zum späteren Korrigieren und Beobachten des Hundes ist das eine große Hilfe. Mit dem Tupf- oder Spritzstock spritzen Sie beim Anschuss beginnend etwa alle drei Schritte etwas Schweiß auf den Boden. Dieser Drei-Schritte-Abstand ist für den Hund sehr einfach und daher für die ersten Übungsfährten gedacht. Bei den weiteren Fährten – wenn der Hund schon gut arbeitet – vergrößert man den Abstand der Schweißspritzer.
In den Verlauf der Fährte legen Sie ein bis drei Verweiserpunkte. Diese sind z. B. – wie hier gezeigt – ein Stock, der in den Boden gesteckt und mit Schweiß bestrichen wird, ein mit Trassierband markierter Bruch oder eine Handvoll Gras, die quer zur Fährtenrichtung liegen, auch diese benetzt mit etwas Schweiß. Es ist immer wieder schön, wie eindrucksvoll die jungen Hunde diese Verweiserpunkte zeigen. Gleichzeitig markieren Sie sich so die Fährte und deren Verlauf.
Die Länge der Fährte sollte beim Einstellen des jungen Hundes nicht mehr als höchstens 50 m sein. Gerade hier werden von den Führern gravierende Fehler gemacht, wenn sie die Fährte am Anfang viel zu schwierig und zu lang legen. In der Kürze liegt hier die Würze. Der Hund soll im ersten Schritt nicht lernen, eine lange Fährte zu halten. Er soll nur lernen, dass ihn nur das konsequente Folgen der Fährte zum Stück bringt und er nur so mit seinem Führer Beute machen kann. Dazu muss er schon beim ersten Mal zu einem Erfolg kom-

Eine frische, reichlich mit Schweiß bestrichene Keilerschwarte bildet der Endpunkt der Fährte.

Der Führer untersucht den Anschuss und der Hund schaut interessiert zu

men. Erst wenn der Hund begriffen hat, dass am Ende der Fährte Beute liegt, können Sie anfangen, die Fährte schwieriger zu gestalten.

NÄCHSTE ÜBUNG

Bei der folgenden Übung verwenden Sie eine starke, ganz frische Sauschwarte oder ein ganzes Stück Schwarzwild. Ist es eine Schwarte, wird sie noch etwas mit Schweiß bespritzt. Denken Sie daran, dass Schwarte, Schalen und Schweiß vom selben Stück sein müssen. Stücke oder Schwarten müssen so ausgelegt werden, dass der Hund sie vom Anschuss aus weder sehen noch wittern kann.

Nach vier bis sechs Stunden Stehzeit begeben Sie sich mit Ihrem Hund in das Übungsgelände. Die Arbeit sollte immer in ruhiger Atmosphäre stattfinden – ohne Termindruck durch andere Aktivitäten.

Der Hund wird in der Nähe des Anschusses abgelegt, der Schweißriemen wird ausgeworfen, der Hund hat die Halsung um. Schon bei diesen Vorbereitungen wird er neugierig.

Der Führer begibt sich nun langsam zum Anschuss, der mit einem Ast markiert ist, und kniet nieder. Der Hund beobachtet den Führer interessiert. Bei Hunden, die desinteressiert und gelangweilt herumschauen, genügt schon ein langgezogenes „Was haaab ich denn da?“, um den Hund doch zu interessieren. Greifen Sie gleichzeitig etwas mit der Hand in den Anschuss, haben Sie den Hund auf Ihrer Seite. Nach einer gewissen Zeit, in der Sie aber den Hund ständig beobachten, ihm also das Gesicht zuwenden, stehen Sie auf und begeben sich zum Hund.

Diese Phase dient dazu, Ruhe in den Ablauf der Suche zu bringen, Hund und Führer zu versammeln und auf die bevorstehende Arbeit vorzubereiten. Bei einer echten Nachsuche haben Sie eventuell schon einen längeren Anmarsch hinter sich oder kommen gehetzt aus dem Büro, und das überträgt sich auch auf den Hund. Weiterhin ist die Untersuchung des Anschusses wichtig, um Rückschlüsse auf den Sitz der Kugel zu bekommen. Schnitthaare vergleicht man in dieser Phase mit den Proben aus dem Schnitthaarbuch.

Auch wenn all diese Tätigkeiten bei einer Übungsfährte nicht notwendig wären, so deuten Sie diese trotzdem an, um den Hund daran zu gewöhnen und es zu einer Art Ritual werden zu lassen.

Dem Hund strecken Sie Ihre Hand, die ja vorher am Anschuss war, entgegen, wenn Sie auf ihn zugehen. Der Hund nimmt die

Der Schweißriemen wird ausgeworfen.

Witterung auf und kann sich gleich auf die Wildart einstellen, die er suchen soll, und sein Beutetrieb wird geweckt.
Für diese ersten Arbeiten nehme ich gerne eine Wildart, die der Hund liebt, jeder Hund hat seine eigenen Vorlieben. Ein paar gemurmelte Worte wie „Ei, was hab' ich denn da?" oder „Jetzt geh'n wir suchen!" machen den Hund noch neugieriger, er will an die Stelle, die der Führer untersucht hat.

RUHE AM ANSCHUSS

Mit dem Kommando „Such vorhin und zeige mir!" geben Sie am kurzen Riemen den Hund frei. Er wird versuchen, nach vorne zu stürmen, dieses bremsen Sie ganz behutsam ab. Gierig interessiert, wird er nun den Anschuss bewinden. Leise reden Sie nun auf den Hund ein: „Lass seh'n, mein Hund!" und „Zeige mir!" Gleichzeitig halten Sie ihn am Riemen knapp an der Halsung fest, um ihn am Herumtollen zu hindern. Hier wird der erste Meilenstein gesetzt: So ruhig, wie Sie ihn jetzt am Anschuss halten, um ihm lange Zeit zu geben, die Bodenverwundung aufzunehmen, so haben Sie ihren Hund ein ganzes Leben lang am Anschuss. Ein nur kurzes Bewinden und Davonstürmen vom Anschuss weg zieht immer Unstimmigkeiten bei Hund und

Der Führer interessiert den Hund, indem er ihm die Hand mit der Witterung des Anschusses hinstreckt.

VERWEISERPUNKT

Ob vor der reinen Schweiß- oder der Fährtenschuhfährte: Der Hund soll ruhig, aber interessiert und konzentriert am Anschuss abliegen und muss warten, bis Sie ihn zur Arbeit abholen. Den Hund zum Anschuss heranzurufen oder eigenständig kommen zu lassen, macht ihn nicht selten hitzig und damit unkonzentriert.

01

02

03

04

05

01 Intensiv untersucht jetzt der Hund den Anschuss.

02 Am kurzen Riemen geht es ruhig vom Anschuss weg.

03 Am langen Riemen in der Fährte

04 Der Hund kommt ans Stück.

05 Lob und Abliebeln sind fällig.

Führer nach sich und verleitet den Hund zu mangelnder Konzentration.
Zeigt Ihnen der Hund ruhig die Bodenverwundung mit dem Fährtenabdruck, können Sie dies noch unterstützen, indem Sie mit dem Finger in die Fährte zeigen und ihm mit ruhigem Ton zu verstehen geben, dass Ihnen dies gefällt, und zwar mit den Worten „So ist's recht, mein Hund!". Auch ein Streicheln ist immer vorteilhaft. Hier muss der junge Hund merken, dass es seinem Führer gefällt, wenn er ihm ruhig so etwas zeigt.

IN DIE FÄHRTE

Nach dieser Phase kommt nun ein Moment, der ebenfalls immer wieder falsch gemacht wird: Wie bringe ich den Hund auf der Fährte zum Laufen?
Da Sie den Hund nur am kurzen Riemen haben, geben Sie ihm mit dem Kommando „Such verwund't!" und gleichzeitigem leichten Ziehen in der Fährtenrichtung zu verstehen, dass er dieser Witterung folgen soll. Die meisten Hunde sind ja schon alle zumindest auf Futterschleppe oder Schleppen gearbeitet und kennen somit das Kommando „Such!" bereits. Der Hund wird so mit tiefer Nase dem Fährtenabdruck folgen.
Das Kommando kann natürlich auch anders lauten, gerade bei den Vollgebrauchshunden, denn „Such!" wird bei diesen oft als Aufforderung zur Quersuche genutzt. Deshalb vermeiden wir bei diesen Hunden das „Such!" und sagen ausschließlich „Verwund't!" – allerdings nur, wenn der Hund tatsächlich auf der – bei der Einarbeitung ja bekannten – Fährte ist.
Bei den ersten Metern, wie auf dem Bild zu sehen, bleiben Sie noch kurz hinter dem Hund. Dieser Körperkontakt beruhigt den Hund ungemein. Langsam wird er mit seiner Nase jeden Schalenabdruck bewinden und langsam auf der Fährte vorankommen.
Nach etwa zehn Metern geben Sie dem Hund, ebenfalls langsam, mehr Riemen und damit eine gewisse Selbstständigkeit, und er

kann frei arbeiten. Dieses lange Riemengeben hat natürlich auch seine Grenzen: Ist der Hund zu heftig, wird er am kurzen Riemen gehalten und man bleibt stehen.

VERWEISERSTÜCKE

Kommen Sie nun in der Fährte in die Nähe des ersten Verweiserstückes, werden Sie als Führer wieder Ihre ganze Aufmerksamkeit dem Hund und dessen Verhalten widmen. Schon kurz vor dem Verweiserpunkt wird der Hund langsamer, nur selten überschießen Hunde solche Stellen. Ruhig greifen Sie am Riemen nach vorne, ohne den Hund dabei anzuhalten. Ist der Hund am Verweiserstück, heißt das Kommando: „Halt, lass seh'n und zeige mir!“ Dabei halten Sie den Hund ruhig über dem Verweiserstück an und liebeln ihn ab. Mit „So ist's recht, mein Hund, such verwund't!“ wird er wieder zur Fährte freigegeben.

Der Fehler, der hier immer gemacht wird, ist dieser: Der Hund zeigt das Verweiserstück, der Führer greift am Riemen vor, lässt dabei aber den Hund weiterarbeiten. Der Hund muss so gehalten werden, dass er über dem Verweiserstück steht, denn er muss lernen, dass der Führer jeden Verweiserpunkt selbst in Augenschein nehmen will und dass das

Entspannug ist wichtig; Liegt eine Schwarte am Fährtenende, darf der junge Hund zum Abschluss damit herumtollen.

VERWEISERPUNKT

Der Hund muss verknüpfen: Ablegen – Anschuss – Verweisen – Stück – Abliebeln – Genossenmachen. Das ist entscheidend. Dieses naturnahe Einarbeiten unseres Hundes erreichen wir nur über das Legen der Fährte mit dem Fährtenschuh.

Halten in der Fährte für ihn keine Strafe bedeutet, weil er ja alles richtig gemacht hat. Auf der Übungsfährte weiß der Führer noch, ob der Hund richtig ist, weil er die Fährte ja selbst gelegt hat. Bei einer echten Nachsuche zeigt der Hund durch das Verweisen von Schweiß, dass er noch auf der richtigen Fährte ist. Der Führer hat dabei keine andere Kontrolle.

AM FÄHRTENENDE

Nach dem Arbeiten der Fährte und dem interessierten Verweisen kommt nun ein Punkt, der für Hund und Führer gleichermaßen wichtig ist: Sie kommen an das Stück, die Decke oder Schwarte.

Hier hat nun der Führer wieder erstmalig die Möglichkeit das Führer-Hund-Verhältnis – die kleine Meute – zu vertiefen und zu festigen. Liegt ein Stück Schwarzwild am Fährtenende und merken Sie, dass Ihr Hund sich sehr konzentriert darauf zubewegt, müssen Sie ihn moralisch unterstützen, indem Sie ihn ansprechen: „So ist es recht, mein Hund!“ – „Brav, mein Hund!“ – „Ei, was haben wir denn da?“ Auf den Tonfall in der Stimme kommt es an: Der Hund muss merken, dass sein Meutegenosse bei ihm ist und nichts passieren kann. Auch hilft es dem Hund, seine gesunde Scheu zu überwinden, wenn Sie ihm die Flanken streicheln.

Alsdann greifen Sie nach dem Stück und ziehen daran, der Hund wird mutiger und fasst schon kräftiger zu. Lassen Sie ihn ruhig etwas ziehen und zotteln, er wird dadurch freier und gelöster.

Entspannt und zufrieden genießt dieser Teckel seinen Erfolg am Fährtenende.

Liebeln Sie Ihren Hund ausgiebig ab, wenn er zum ersten Mal ein Stück in Besitz genommen und so mit Ihnen zusammen Beute gemacht hat. Ein Führer vergibt sich nichts, wenn er sich sogar mit seinem Hund vor Freude auf dem Boden wälzt. Wir müssen dem Hund den Schluss der Arbeit verschönen, damit er sich schon freut, wenn er nur den Schweißriemen sieht. Was der einzelne Hund attraktiv findet, muss der Führer nur herausfinden, sei es Futter, Abliebeln oder Spiel. Das Genossenmachen am Stück bindet Führer und Hund noch enger zusammen. Der Hund verknüpft Anschuss – Fährte – Beute – Abliebeln – Fressen. Bei einigen meiner Schweißhunde war ich mir nicht sicher, was ihnen lieber war: das Abliebeln oder das Fressen. Die Menge beim Genossenmachen ist nicht entscheidend, auch nicht die Qualität des Angebotenen. Sie können dem Hund über Herz, Niere, Pansen, Milz, Leber, Lunge alles geben. In Afrika habe ich nur Schweiß angeboten. Wichtig ist, dass er es auch aufnimmt und sich freut, mit seinem Führer Beute gemacht zu haben. Aber noch einmal: Mit Blick auf die Aujeszkysche Krankheit sollte der Hund vom Schwarzwild vorsichtshalber kein schweißhaltiges Gewebe zu fressen bekommen!

ERLEBNIS STATT KOMMANDOS

Gerade bei dem ersten Einstellen des jungen Hundes auf die Fährte und die Beute müssen Sie bis zuletzt versuchen, dem Hund das Erlebte nachhaltig so schön wie irgend möglich zu machen.

Da Sie sich bei einer Übungsarbeit befinden, entspannen Sie Ihren Hund dadurch, dass Sie ihn nochmals an das Stück oder die Schwarte lassen. Das Stück bewegen Sie etwas oder Sie schwenken mit der Schwarte, um den Hund anzuspornen. Viele Hunde werden richtig frei, knurren, zausen, geben sogar schon Laut oder verteidigen anfangs zaghaft, greifen fester zu usw. All dies entspannt den Hund, und er wird sich auf die neue Arbeit freuen.

Vermeiden Sie am Ende der ersten Übungsfährten scharfe Kommandos, allzu korrektes Ablegen usw. Die Priorität hat nur die Nasenleistung und der Wille, zur Beute zu kommen, alle anderen Fächer werden auf einen anderen Zeitpunkt verschoben.

Bei einem älteren Hund wird man diese Animation nicht mehr brauchen und auch deshalb unterlassen, um ihn nicht zum allzu starken Beuteln anzuregen. Der junge Hund aber muss unbedingt die Enden seiner ersten Übungsfährten als etwas uneingeschränkt Angenehmes erleben.

VERLEITUNGEN UND BESONDERE SITUATIONEN

Wie bereits mehrfach erwähnt, stellen Verleitungen eine der größten Schwierigkeiten bei der Nachsuche dar. Sie sind zahlreich und können z. B. andere Wildfährten, Hundespuren, Hasenpässe, Rindertritte, Menschenspuren oder Geläufe von Federwild sein. Auch Raubwild und Raubzeug sind starke Verleitungen für die Hundenase. Daran scheitern viele Prüfungen und Nachsuchen. Leidtragender ist bei Letzteren immer das Wild. Jeder Hund reagiert auf Verleitungen ist unterschiedlich (vgl. S. 68).
Als wäre das nicht genug, reagiert jeder Hund auch individuell und anders auf bestimmte Verleitungen: Manche interessieren ihn gar nicht, anderen wiederum folgt er mit stürmischer Passion. Dem Hundeführer bleibt es nun einmal nicht erspart, die typischen Verhaltensweisen seines eigenen Hundes dabei zu studieren und zu verinnerlichen. Und er muss sich bewusst sein, dass er genau das beim zweiten oder nächsten Hund wieder tun muss.

VERLEITUNGSKREUZ NACH BORNGRÄBER

Zunächst muss der Hundeführer also feststellen, auf welche Verleitung sein Hund heftig, auf welche er kaum oder unter Umständen gar nicht und auf welche er vielleicht sogar – z. B. starkes Schwarzwild – mit Angst reagiert. Ist Ihnen das bewusst, beginnen Sie die Stationsausbildung am Verleitungskreuz. Da der Hund bis zu diesem Zeitpunkt etwa sieben bis acht Monate alt ist und die „Basics" der Fährtenarbeit kennt (Ablegen, Schweißriemen auswerfen, Ansetzen an den Schalenabdruck), wird ihm diese Station keine Schwierigkeiten bereiten.

VERLEITUNGSKREUZ – STATION 1

Auf einer kurz gemähten Wiese treten Sie geradlinig mit dem Fährtenschuh eine Fährte, gleichzeitig wird daneben Schweiß getupft oder noch besser gespritzt. Die Fährte sollte etwa 100 m lang sein und keine Schwierigkeiten aufweisen, Ziel ist die Verleitung für den Hund!
Eben diese Verleitung wird dann eingebaut. Nehmen Sie z. B. ein Kaninchen als Schleppwild und ziehen es über die Schweißfährte. Die Länge der Schleppe sollte beidseitig etwa 30 m betragen. Ablaufpunkt der Schleppe, Kreuzen der Fährte, sowie Ende der Schleppe werden genau markiert.
Nach einer Stehzeit von zwei bis drei Stunden wird der Hund zur Arbeit geholt. Das heißt bei allen nach unserem System eingearbeiteten Gebrauchshunden: Er wird mit dem Schweißriemen zur Arbeit geführt. Am Benehmen des Hundes erkennen Sie, ob er freudig arbeiten will oder nicht. Ein Hund ist keine Maschine, dies sollten wir uns immer wieder vor Augen führen. Gerade bei einem solch wichtigen Ausbildungsschritt wie „Verleitung" muss der Hund unbedingt ausgeglichen und ruhig sein. Sind die Voraussetzungen geschaffen – Fährte, Verleitung, Hund in ruhiger Verfassung –, beginnen Sie mit der Arbeit.
Legen Sie den Hund in der Nähe der Fährtenschuh-Fährte ab und untersuchen Sie den Anschuss. Über die Vorsuche lassen Sie sich den

Schalenabdruck sowie den Schweiß verweisen. Unter Anrüden mit „Such verwund't!“ beginnt der Hund dann die Arbeit. Denken Sie von Anfang an daran: Schwerpunkt ist nur, zu erkennen, wann der Hund auf die Verleitung kommt.

Ruhig wird der Hund der frischen Fährte folgen und hier ein typisches Bewegungsmuster zeigen, d. h. er wird z. B. die Rute ruhig tragen oder sie pendeln lassen. Da Sie sich den Punkt der Kreuzung von Fährte und Verleitung exakt markiert haben, warten Sie, was geschieht, wenn der Hund diesen Punkt erreicht. Bei dieser Ausbildungsstation geben sie dem Hund außer „Such verwund't!“ kein anderes Kommando. Sie wollen ja sehen, wie Ihr Hund auf die Verleitung reagiert.

Der Hund arbeitet die Fährte ruhig, kommt an die markierte Verleitung und zeigt eine Reaktion – die Verleitung sollte übrigens möglichst von der Wildart sein, der er am liebsten folgt.

Behalten Sie die Nerven, sagen und tun Sie nichts! Lassen Sie ihn einfach weitersuchen und beobachten Sie nur sein Bewegungsmuster. In der Regel gibt es drei Arten der Reaktion.

Reaktion 1 Der Hund kommt an die Verleitung, verweist sie und arbeitet ruhig weiter – dann ist er die berühmte „Nadel im Heuhaufen“. Lassen Sie den Hund das auch spüren, indem Sie ihn ruhig loben und weiterarbeiten lassen.

Reaktion 2 Häufiger ist schon dieser Fall: Der Hund reagiert auf die Verleitung und folgt ihr. Ohne ein Kommando folgen dann wiederum Sie dem Hund. Nach einer Strecke von ca. fünf Metern wird der Hund in der Fährte umdrehen, um die Ansatzfährte wieder aufzunehmen und weiterzuarbeiten. Das heißt, er hat sich selbstständig, ohne Kommando, an seine Arbeit erinnert. Auch in diesem Fall haben Sie noch keinen Billanten, aber doch einen Rohdiamanten am Schweißriemen, den Sie nur noch mit Fingerspitzengefühl etwas bearbeiten müssen, und Sie werden viel Freude an ihm haben.

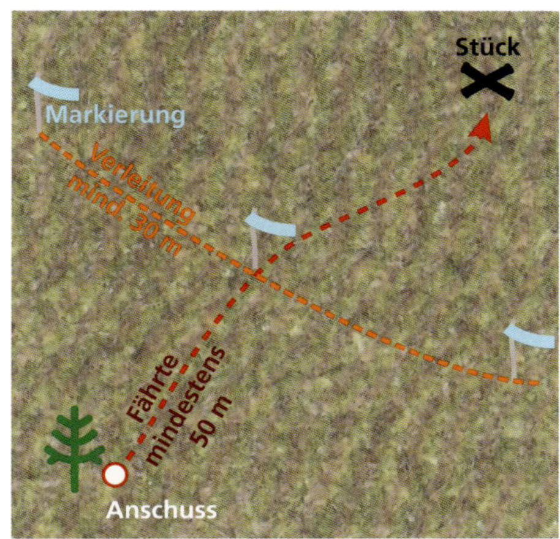

Verleitungskreuz – Station 1

Reaktion 3 Die meistverbreitete Variante unter nachsuchenden Hunden ist: Sie folgen der Verleitung ohne Reaktion und hängen ihr nach. Da wir die Verleitung ja genau markiert haben, lassen wir den Hund ruhig etwa 20 m darauf arbeiten. Ich weiß, wie schwer das für einen Hundeführer ist, aber der Sinn ist ja klar: Korrigiert der Hund sich selbst oder muss ich nachhelfen? Hat der Hund die Marke bei etwa 20 m überschritten und folgt er immer noch heftig der Verleitung, wird er angehalten, kurz an den Riemen genommen, ohne Kommando an den „Anschuss“ zurückgebracht und abgelegt. Auf ihren Führer geprägte Hunde merken sofort, dass hier etwas nicht stimmt, und sind sehr aufmerksam.

Nach einer gewissen Beruhigungszeit für den Hund (und Sie!) legen Sie ihn wieder zur Fährte. Sie rüden ihn an und lassen ihn erneut ohne weiteres Kommando dem Verleitungspunkt zuarbeiten. Ihre ganze Aufmerksamkeit richtet sich jetzt genau auf den Moment, da der Hund an den Schnittpunkt von Fährte und Verleitung kommt.

Viele Hunde mit Verbindung zu ihrem Führer spüren dessen Anspannung und arbeiten über die Verleitung hinweg. Dann ist ein lobendes Wort angebracht, ohne aber die Arbeit zu unterbrechen. Der Hund registriert ganz genau, dass Ihnen sein Verhalten gefällt, und wird ruhig weiterarbeiten.

Reagiert der Hund aber wiederum heftig auf die Verleitung und will er ihr folgen, rufen Sie ihm mit einem scharfen Kommando „Zur Fährte!" die Arbeit wieder ins Gedächtnis. Auch dann werden einige Hunde sofort wieder ihrer Arbeit, der Fährte folgen und an das ausgelegte Stück – was gerade bei einer solchen Übung wichtig ist – kommen, um dort abgeliebelt und genossen gemacht zu werden.

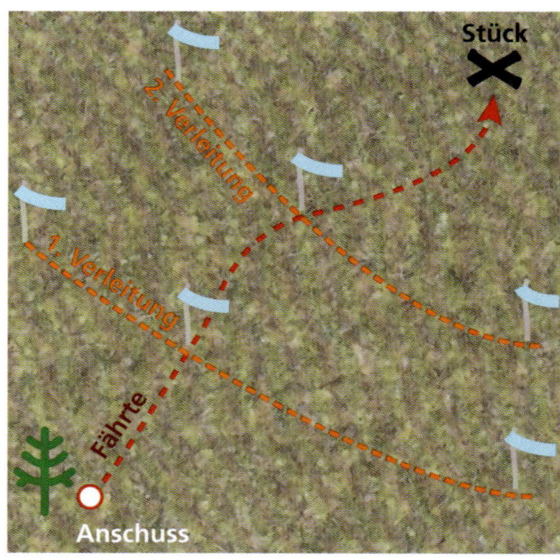

Verleitungskreuz – Station 2

VERLEITUNGSKREUZ – STATION 2

Um eine Steigerung und zusätzlich eine Gewähr dafür zu haben, dass der Hund richtig verknüpft hat „Fährte folgen – über die Verleitung hinweg – freut meinen Führer", legen wir ihm in der Ausbildungsstation 2 noch eine Verleitung mehr über die getretene Übungsfährte. Bei dieser Station zeigt sich, ob die Lektion „Scharfes Kommando: Zur Fährte!'" gefruchtet hat oder nicht. Bei nicht zufriedenstellendem Ergebnis wird der Hund neu angesetzt und beim geringsten Anzeichen, die Fährte verlassen zu wollen, scharf zur Ordnung gerufen.

VERLEITUNGSKREUZ – STATION 3

Bei dieser Ausbildungsstation wird die Fährte ca. 100 m weit mit dem Fährtenschuh gelegt. Anschuss mit Schalenabdruck und Schweiß oder Riss- und Schnitthaare sind ausgelegt, und am Ende der Fährte liegt ein Stück Decke oder Schwarte der dazugehörigen Wildart. Über diese dem Gelände angepasste Übungsfährte schleppen Sie z. B. ein an einer Schnur befestigtes Kaninchen. Kreuzen Sie die Fährte je nach Ausbildungsstand des Hundes mehrmals. Dies hat den Zweck, dem Hund eine noch stärkere Verleitung anzubieten, einmal durch die Kaninchenschleppe und zum anderen durch Ihre dem Hund vertraute Führerspur. Auch hier sind, wie bei den vorangegangenen Situationen, die Schnittpunkte Fährte mit Verleitung genau markiert, um im richtigen Augenblick reagieren zu können. Arbeitet der Hund auch diese Station einwandfrei, wird ihm eine lange Übungsfährte – mindestens 1 000 Meter über Nacht mit gekennzeichneten Verleitungen – ins Revier gelegt. Hier gibt es zwei Methoden:

- **Die Verleitungen werden schon am Abend vorher über die Fährte gelegt.**
- **Die Verleitungen werden erst kurz vor dem Arbeitsbeginn über die Fährte gelegt.**

Die letztgenannte Variante ist die bessere, da so eine stärkere Witterung und somit Verlei-

VERWEISERPUNKT

Jede Übungsfährte muss so naturnah wie möglich sein, das heißt nicht zuletzt auch: Fährtenabdruck, Schweiß und Deckenstück oder Schwarte sollen immer von derselben Wildart, besser sogar vom selben Stück sein. Noch etwas: Legen Sie Verleitungen grundsätzlich mit der Witterung von Wildarten, die der Hund sehr gerne arbeitet: Der Verleitungsreiz muss hoch sein!

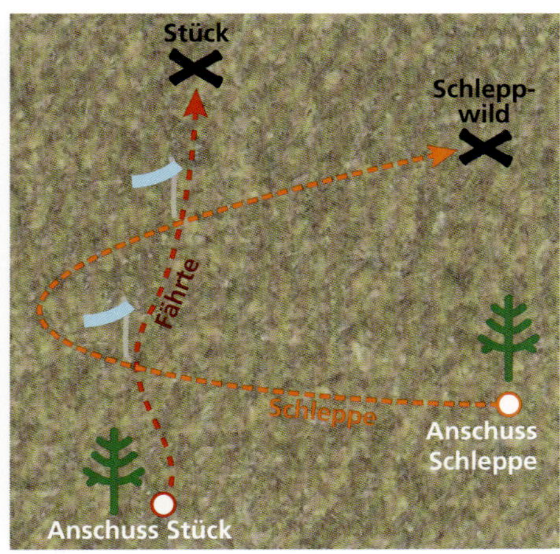

Verleitungskreuz – Station 3

tung entsteht. Haben Sie Ihren Hund so eingearbeitet und hat alles geklappt, werden Sie draußen im Revier weniger Schwierigkeiten bei einer richtigen Nachsuche haben, da Sie und Ihr Hund gelernt haben, mit Verleitungen umzugehen. Zumindest kennen Sie nun die genaue Körpersprache Ihres Hundes und wissen, wie er eine Verleitung anzeigt.

EINARBEITUNG VON SONDERSITUATIONEN

Noch immer gehen viele von der Vorstellung aus, dass Nachsuchen wie auf manchen allerdings wirklich nicht praxisgerechten Prüfungen ablaufen: Der brauchtumsgerechte Bruch mit Schweiß am Anschuss, Streckenarbeit am langen Riemen in übersichtlichem Bestand, den Haken und das Wundbett nicht vergessen und schon ist man am Stück. Diese Vorstellung ist – mit Verlaub – vollständig falsch. Im Nachsuchen-Ernstfall müssen Sie Techniken kennen und beherrschen, die in Prüfungen selten bis nie gefordert sind.

SUCHENTECHNIKEN

Nachsuchen verlaufen in der Praxis sehr unterschiedlich, z. B. geht es über Freiflächen und/oder in Dickungen, Hecken, bestellte Felder, Pflanzungen, Gatter und vieles mehr. Bei all diesen leichten oder erschwerenden Umständen muss eine angemessene Technik angewendet werden.

Vorgreifen Kommt man mit dem Hund an eine Stelle in der Fährte, wo er zu faseln beginnt, wird er abgetragen und abgelegt. Jedes weitere planlose Herumsuchen kostet nur Kraft, und man zertritt zu viel. Solche Situationen entstehen, wenn z. B. starke Verleitungen vorliegen. Hier wird man vorgreifen: Der Hund wird am kurzen Riemen nach vorn gebracht und durch Vorsuche soll er die Krankfährte wieder aufnehmen können. Die Stelle, an der die Arbeit abgebrochen wurde, wird „groß“ verbrochen, also mit einem langen Markierband, damit man sie schnell wiederfinden kann.

Zurückgreifen Das Zurückgreifen in der Fährte wird dann eingesetzt, wenn an einem Punkt der Fährte die Arbeit nicht mehr vorangeht. Hier wird der Hund abgetragen und zurück an eine Stelle in der Fährte gebracht, in der der Hund einen Schalenabdruck oder ein anderes markantes Pirschzeichen, z. B. eine Schleifstelle oder Schweiß in welcher Form auch immer, verwiesen hat. Gerade das Zurückgreifen muss in der Ausbildung schwerpunktmäßig und mit Konsequenz des Öfteren geübt werden. Denn beim Zurückgreifen und Wiederholen der bereits gearbeiteten Fährte meinen viele Hunde, sie seien nicht richtig und suchen mit straffem Riemen in eine andere Richtung. Nicht ausreichend erfahrene Führer fallen auf den Suchenstil „straffer Riemen“ herein, und die Nachsuche ist an diesem Punkt oft beendet. Auch eine kleine Pause kann übrigens das Problem lösen, denn bei Überforderung „streiken“ manche Hunde gern.

Umschlagen Bei jeder Suche kommt man irgendwann zwangsläufig an schwer überwindbare Hindernisse, z. B. sehr dichte Dickungen

„Die Vorsuche mit den Leit-Hunden zur Par-Force-Jagt". Kupferstich von Johann Elias Ridinger (1698–1767)

oder durch Schwarzwild umgebrochene Freiflächen. An solchen Stellen geht die Suche oft nur mit Schwierigkeiten weiter. Deshalb wird die Arbeit des Hundes unterbrochen, er wird abgetragen und die Stelle gut sichtig verbrochen. Am kurzen Riemen wird das Hindernis dann in Vorsuche umschlagen. Das kann allerdings nur funktionieren, wenn die Ansatzfährte korrekt verwiesen worden ist – nur dann lässt sich der Fährtenverlauf bestätigen. Die drei Techniken Vorgreifen, Zurückgreifen und Umschlagen sind von hoher Relevanz in der Praxis, und Sie sollten nicht an Lob sparen, wenn Ihr Hunde sie beherrscht! Um mit diesen Techniken letztlich ans Stück zu kommen, müssen wir sie oft trainieren. Dann sind wir im Einsatz richtig und erfolgreich.

ZUSTANDEGEHEN DES WILDES

Die wohl anspruchsvollste Leistung der Hundenase und der körperlichen Kondition des Gespanns werden bei der Technik des Zustandegehens eines nicht beschossenen Stück Wildes abverlangt. Für diese Art der Arbeit eignen sich allerdings nur Wiederkäuer.
Im 17. Jahrhundert wurde diese Technik von den sogenannten Besuchsknechten ausgeführt. Der Besuchsknecht hatte hohes Ansehen bei seinem Jagdherrn. Meist führte er einen Leithund, mit dem er starke Hirsche bestätigte, die dann als Ziel der Arbeit vom Jagdherrn gestreckt wurden.
Diese Besuchsknechte wurden durch Natural-Entlohnung für ihre Arbeit bezahlt: das Deputat-Wild. Je nach Rang standen ihnen dabei einige Stücke Wild oder das Große Jägerrecht zu. Zu dieser Zeit war die Jagd auf den Hirsch und das Schwarzwild nicht nur höfisches Privileg („Hoch"-wild), sondern die damals gebräuchlichen Schusswaffen trafen noch ungenau. Den Hirsch erlegte der Jagdherr aus Imagegründen, Tradition und praktischer Notwendigkeit deshalb stets mit der blanken Waffe. Um nicht das Wildbret schon vorher, z. B. durch eine hetzende und greifende Hundemeute, zu entwerten, setzten die Besuchsjäger ihre Leithunde ein. Das Gespann arbeitete die Fährte des Stückes, z. B. eines Rothirsches, so lange, bis dieser sich nicht mehr bewegen konnte und still am Platz oder im Bett verharrte.
Um diese Reaktion des Wildes zu erreichen, musste der Jäger mit seinem Hund der Fährte anhaltend folgen (Parforcejagd). Diese Technik gelingt nur bei Wiederkäuern, weil sie zum Aufschluss ihrer Nahrung dafür Pausen benötigen. Das Stück bekam diese Zeit zum Wiederkäuen jedoch nicht und zog – unentwegt getrieben – deshalb ruhelos vor dem ihm folgenden Gespann her. Die Nahrung kann in einer solchen Situation nicht verdaut werden, bildet Gase in den Mägen und löst beim Wild schmerzhafte Koliken und zudem Muskelübersäuerung aus, die es erschöpfen.
In der Dunkelheit ruhten Jäger nebst Hund in der Fährte, um diese im Morgengrauen wieder aufzunehmen. Die Verfolgung wurde so lange fortgesetzt, bis das Stück nicht mehr weiterkam und endlich stand. Dann wurde es mit der kalten Waffe abgefangen. Schon im 18. Jh. wurde die Parforcejagd allerdings aus Tierschutzgründen und wegen des unverhältnismäßigen Aufwands geächtet und nicht mehr betrieben.
Da ich die Möglichkeit hatte, in großen Revieren im Ausland mit den Hunden zu arbeiten, stellte ich mich der Aufgabe, diese Technik bei Stücken, die anders nicht zu be-

kommen waren, selbst einmal auszuprobieren. Ich suchte mir Stücke, die ein markantes Zeichen aufwiesen, wie z. B. Rotwild mit alten Schussverletzungen, Kudus mit abgeschossenem Schlauch sowie Oryx' mit Schlauchverwachsungen.
Bei den Arbeiten wurden die Rüden „Aparth" und „Poldi" eingesetzt. Beide Hunde zeigten auf den sehr langen Fährten bis ans Stück eine gleichbleibende Ruhe in ihrem Suchenstil. Die Grundlage für solche Leistungen wird schon sehr früh ab dem sechsten Monat durch die Einarbeitung mit dem Fährtenschuh gelegt. Allerdings waren „Aparth" und „Poldi" davon abgesehen auch Ausnahmehunde.
Für mich ist jedoch klar: Wir Jäger müssen alles daran setzen, um krankes Wild mit unseren Hunden über die Fährte zur Strecke zu bringen!

ABLEGEN AM ANSCHUSS

Das Ablegen am Anschuss (vgl. S. 165) dient dem Hundeführer dazu, sich in Ruhe den Anschuss ansehen oder einen Schalenabdruck, den der Hund verwiesen hat, identifizieren zu können. Der Hund hat etwas entfernt vom auf seinem Platz zu bleiben, bis er abgeholt wird. Käme der Hund von sich aus hinzu, würde er mehr stören als nutzen. Natürlich hilft es nichts, einem ungehorsamen Hund diese Übung erst auf einer realen Fährte beizubringen – zu viel Strenge könnte einen unsicheren Hund hier sogar unlustig machen. In dem Fall muss ihn eben eine zweite Person festhalten.

FREIES ABLEGEN

Unter Ablegen verstehen wir, den Hund an einer Stelle „frei" oder an einem Gegenstand, z. B. dem Rucksack so zu platzieren, dass er über einen längeren Zeitraum ohne die Anwesenheit seines Führers ruhig liegen bleibt. Auch laute Geräusche, Schüsse, Rufe dürfen den Hund nicht veranlassen, seinen angewiesenen Platz zu verlassen. Wie das geht, wurde weiter vorn bereits dargelegt (s. S. 147, 151).

Im Haus Hier darf der Hund nach einiger Zeit spontan wieder aufstehen, z. B. nach dem Kommando „Hundeplatz", „Decke" etc.

Im Revier Hier ist eigenständiges Aufstehen des Hundes nicht erwünscht. Man muss deshalb genau darauf achten, welches Kommando man dem Hund gibt, z. B. „Sitz!" oder „Platz!". Nach diesem Kommando wird der Hund nicht abgerufen, sondern abgeholt! Vorteilhaft ist es, wenn man dem Hund einen Bezugspunkt gibt, z. B. den Rucksack (s. S. 151) . Das wird gerade dem jungen Hund durch die Führerwitterung helfen, ruhig zu bleiben und ihn an den Platz binden.

Auf der Nachsuche Beim freien Ablegen während einer Nachsuchenarbeit wird der Hund mit dem Kommando „Platz" unmissverständlich an eine Stelle gebunden. Hier braucht es absoluten Appell! Sonst kann der Nachsuchenführer nötige Tätigkeiten wie Verbrechen von Schweiß, Vorgreifen, um zu überprüfen, ob an Wegen oder Straßen z. B. Fährten zu finden sind, nicht in Ruhe durchführen. Ein hier nicht absolut gehorsamer Hund kann eine Nachsuche zum Scheitern bringen, insbesondere, wenn er sich mit dem Riemen davonmacht. Ein frei abgelegter Hund, der plötzlich neben seinem Führer auftaucht, während der gerade eine heikle Stelle auf einem Weg untersucht, löst ebenfalls keine Freude aus. Ein hartes Eingreifen oder Strafen ist hier allerdings fehl am Platz. Der Hund wird angebunden, und die Arbeit geht ruhig weiter. Bei einem entsprechenden Ausbildungsdefizit ist es gut, wenn eine Hilfsperson dabei ist, die den frei abgelegten Hund unter Kontrolle hält. An dem Fehler wird dann in einer ruhigen Stunde daheim geübt! Da ich immer mit mehreren Hunden arbeite, ist auch das Ablegen mit mehreren Hunden zu üben. Gerade bei dieser Station ist absoluter Gehorsam von allen Hunden zu verlangen.

Der Hund muss verknüpfen: Pausen sind keine Strafe, sondern dienen seiner Erholung.

PAUSEN IN DER SUCHE

Fährtenarbeit – ob kurz oder lang – ist anstrengend und verbraucht Energie. Hier braucht der Hundeführer viel Einfühlung, um zu erkennen, was sein Gespanngefährte für optimales Arbeiten braucht.

Pausen werden immer dann eingelegt, wenn der Hundeführer merkt, dass Aufmerksamkeit oder Arbeitsfreude beim Hund nachlassen. Es kann viele Beweggründe geben für nachlassende Arbeitsfreude beim Hund, z. B. wenn er spürt, dass das Wild nicht zu bekommen ist. Dieses Verhalten zu deuten verlangt sehr viel Erfahrung, Beobachtung und Einfühlungsvermögen in den Hund. Hier geht es um die höchste Stufe der Zusammenarbeit zwischen Hund und Führer. Wenn der Hund keine Arbeitsfreude mehr zeigt, braucht er keine Pause, sondern er wird abgetragen!

Bei Anzeichen von Erschöpfung allerdings werden Pausen eingelegt. Für den Hund bedeutet das als Erstes Ruhe. Er wird im Schatten abgelegt, und alle einengende Ausrüstung, z. B. die Schlagweste, wird abgenommen. Der Hund muss sich frei ablegen können, um sich zu erholen. Sobald er wieder frische Luft an den erhitzten Körper bekommt, wird er schnell wieder frisch sein und zu Kräften kommen. Ist ein Bach oder Teich in der Nähe, wird er wahrscheinlich schon von selbst nach Wasser suchen, sich abkühlen und schöpfen – ansonsten ist es immer richtig, ihn dorthin zu führen. Bald hat der Hund wieder Tatendrang.

Tränken Je nach Jahreszeit braucht der Hund während der Arbeit mehr oder weniger Wasserzufuhr. Bei starker Hitze ist es sinnvoll, ihm mehrfach Wasser zu reichen – er wird ohnehin nur schöpfen, wenn er es braucht und verträgt. Denn Vorsicht ist geboten bei zu viel Aufnahme von Flüssigkeit: Manche Hunde erbrechen danach, und das wirkt sich negativ auf die Arbeitsleistung aus. Auch sollte das Wasser nicht zu kalt sein, damit es den Magen nicht reizt. Im Winter wird Wasser nur in Maßen gegeben.

Füttern Bei der Nachsuche, vor allem mit Riemenarbeit, Hetze und Stellen, wird sehr viel Energie verbrannt. Deshalb muss der Futterplan des Hundes auf diese Schwerarbeit eingestellt sein. Günstig ist es, den Hund nur abends zu füttern – allerdings muss er ab dem ersten Jahr daran gewöhnt sein (vgl. S. 124). Die Futtermenge ist jeweils Erfahrungswert und kann individuell unterschiedlich sein. Hunde, die an zweimaliges Füttern gewöhnt sind, sollten vor einer Nachsuche nur einen Teil ihrer gewohnten Mahlzeit bekommen

SCHNEE „TRINKEN" BESSER NICHT

Bei Schneelage wollen manche Hunde Schnee fressen – das sollte man eher nicht gestatten. Hunde, die es nicht gewohnt sind, Schnee als „Getränk" aufzunehmen, reagieren häufig mit Übelkeit, Magenbeschwerden und Durchfall – und das oft schon nach ganz kurzer Zeit. Deshalb sollte der Hund lieber mitgeführtes handwarmes Wasser bekommen.

und Zeit haben, diese mindestens zwei Stunden zu verdauen, damit sie nicht Gefahr laufen, bei einer Hetze eine Magendrehung zu erleiden.
Meine Hunde bekamen am Abend hochwertiges Fleisch. Gibt man Trockenfutter, braucht der Hund reichlich Wasser dazu. Während der Arbeit nehmen die meisten Hunde kein Futter an – ich habe ihnen oft, um keinen Leistungsabfall bei der Arbeit aufkommen zu lassen, kleine Stücke Weiß gegeben, das sie meist gern genommen haben und das den Magen nicht belastet. Es gibt auch schnell verdauliches Zucker-Gel in Tuben, das man dem Hund in Pausen geben kann. Denn beim Hund ist es nicht anders als beim Menschen: Ein voller Bauch studiert nicht gern!
Diese Empfehlungen zu Pausen, Tränken und Füttern müssen natürlich der jeweiligen Situation angepasst werden und mit Maß betrieben werden. Das kann der Hundeführer nur, wenn er seinen Hund und dessen Bedürfnisse und Vorlieben gut kennt.
Das Genossenmachen am Ende der Fährte an der gemeinsamen Beute kann dann etwas reichlicher ausfallen. Sehr gut eignet sich hierzu der Schweiß, den der Hund gern direkt vom Stück aufnimmt, der den Magen auch nach großer Anstrengung nicht belastet und schnell verwertet wird. Doch auch hier ist nicht jeder Hund gleich: Manche mögen nach Anstrengungen gar nichts fressen. Manchen wird auch von größeren Mengen Schweiß übel – bei Schwarzwild ist ohnehin wegen der Infektionsgefahr mit der Aujeszkyschen Krankheit von Schweiß abzusehen. Übel wird vor allem erschöpften Hunden, denen zu viel Wildbret angeboten wird, das sie wahrscheinlich zunächst gierig verschlingen, dann aber erbrechen. Manches ist aber auch individuelle Gewöhnungssache.

WETTER- UND LANDSCHAFT

In meiner langjährigen Nachsuchenpraxis, bei der ich ja meistens nach dem Scheitern anderer Hunde erst hinzugerufen wurde, musste ich feststellen, dass oft genug die Grundsätze einer Nachsuchenarbeit nicht beachtet worden waren. Manchmal waren sie wohl auch dem Hundeführer schlicht nicht bekannt.
Dazu gehört der Grundsatz, dass der Hund keine Maschine ist, die man anwirft und die ohne Weiteres zum Stück läuft – ungeachtet von Wetter und Gelände.

Witterungsbedingungen Wir unterscheiden z. B. trockenes Wetter, hohe Luftfeuchtigkeit, Nebel, leichten Regen, Starkregen, leichten und starken Wind. Schnee ist ein Kapitel für sich: Er hat eine vielfältige Struktur. Die Grundzüge des Arbeitens im Schnee auch bei geringer Schneehöhe zu kennen, ist deshalb für jeden Hundeführer ein „Muss". Kälte beeinflusst die Hundenase sehr.
Vor meinem Dienstantritt in Afrika, bei denen zwei BGS und ein DD dabei waren, hörte ich von Profis, dass mit den Hunden bei der dort herrschenden großen Hitze und dem trockenen Gelände ein Arbeiten keinen Zweck

Gearbeitet werden muss bei jedem Wetter.

hätte. Nicht ein einziger dieser Unkenrufe der „Profis" hat sich bestätigt – im Gegenteil. Zurück in Deutschland am Jägerlehrhof Springe habe ich mir Gedanken über die Aussage jener Fachleute vor dem Hintergrund eigener Erfahrungen gemacht.

Hat man einen gewissen Überblick über die Ausbildung von Nachsuchengespannen oder solchen, die es werden wollen, stellt man schnell fest, dass oft nur bei annehmbarem Wetter gearbeitet wird. Das hat zur Folge, dass bei anderem Wetter die Arbeitsleistung des Hundes nicht ausgeschöpft wird und abgerufen werden kann, da der Hund nicht gelernt hat, mit solchen Situationen umzugehen. Er weiß dann einfach nicht weiter, und „nichts geht mehr".

Hunde müssen bei jedem Wetter geführt werden. Im Schnee und bei Minusgraden sollte man aber nicht vergessen, dass ab drei Grad Minus der Hund nicht mehr arbeiten kann, weil die Riechzellen dann nicht mehr ausreichend funktionieren. Trotzdem kann bei großer Kälte eine Suche durchgeführt werden: im sogenannten Zeitfenster. Deshalb nutzen Sie bei der Einarbeitung jede Gelegenheit, wenn Schnee liegt!

Kräftezehrende Nachsuche in steilem Gelände: Auch solche Landschaften muss der Hund bei der Einarbeitung kennenlernen.

Landschaftsformen In Gottes schöner Natur gibt es große Vielfalt, z. B. Berge, Täler, Freiflächen, dichten Wald, Dickungen, Wasserläufe sowie anmoorige Gebiete, und natürlich auch Flächen, die landwirtschaftlich genutzt werden. Auf all diese Geländeformen muss der Hund eingestellt werden. Es genügt nicht, ihn nur auf ein Gelände einzuarbeiten, sonst ist das Scheitern des Hundes im fremden Gelände voraussehbar.

Doch nicht nur für den Nasengebrauch des Hundes sind unterschiedliche Gelände, die ja durch verschiedene Bestockung auch unterschiedliche Grundwitterung haben, wertvoll, sondern auch die Muskulatur entwickelt sich verschieden. Ich habe schon Hunde gesehen, die bei Nachsucheneinsätzen bei der Hetze abgebrochen haben, weil sie es nicht gewohnt waren, am Berg zu arbeiten. Erfahrene Führer trainieren ihre Hunde in vielfältigem Gelände, um im Notfall überall zu bestehen.

Bei der Nachsuchen-Nachbereitung stellen wir zwangsläufig – wenn wir ehrlich zu uns sind – fest, dass der Schwachpunkt im Gespann nicht der Hund ist, der nicht bei Wind und Wetter arbeiten würde, sondern wir Führer und Führerinnen! Nachsuchenarbeit kann immer an die Grenzen der Leistungsfähigkeit des Gespanns gehen. Im Grenzbereich des Machbaren kommt aber dann doch noch manches Stück zur Strecke.

Die einzige Schlussfolgerung daraus ist, bei unüberwindbarem Leistungsabfall die Arbeit einzustellen und einen anderen Kollegen zu holen.

WUNDBETTEN

Jedes verwundete Stück Wild begibt sich, je nach Schwere seiner Verletzung, früher oder später ins Wundbett – ob es vom Schuss eines Jägers krank wurde, auf der Straße von einem Fahrzeug angefahren oder auf der Flucht verletzt wurde. Anhand der Fluchtstrecke bis zum ersten Wundbett kann der erfahrene Hundeführer schon einschätzen, wie schwer das Stück verletzt ist und welche Arbeit auf das Gespann zukommen wird. Gerade das Wundbett ist für den Nachsuchenführer eines der aufschlussreichsten Pirschzeichen, die er finden kann.
Glaubt man den Ausrichtern von Schweiß-Prüfungen, sind Wundbetten Stellen am Boden, die aufgeschlagen sind, Borsten oder Haare enthalten, mit reichlich Schweiß „dekoriert" sind und aus denen meist auch noch ein scharfer Haken nach rechts oder links als Fortsetzung der Fährte führt. Solche Art Prüfungen gehen an der Realität der Jagdpraxis weit vorbei. Man muss sich nur einen weidwund im Pansen getroffenen Hirsch vorstellen – wird dieses schwer getroffene Stück Wild noch fröhlich den Boden aufschlagen und beiseiteschieben, um sich dann dort abzulegen? Oder wird es nicht eher all seine Kräfte schonen und sich ganz langsam und vorsichtig niedertun?

Kaltes Wundbett Kalte Wundbetten sind Lagerstellen, in denen das Wild lag, bevor es sich in ein anderes Bett umlegte. An solchen Stellen wird der Hund verweisen, d.h. die Stelle aufmerksam bewinden. An der Körpersprache des Hundes, insbesondere einer aufmerksamen, aber langsamen Bewegung der Rute wird der kundige Hundeführer erkennen, dass die Stelle zwar interessant ist, aber nicht frisch.
Am kalten Wundbett kann erkannt werden, wie schwer krank das Stück ist. Je weniger der Untergrund wie etwa blanker Waldboden, Nadeln, trockene Blätter, Grasbüschel etc. zerstört ist, desto schwerwiegender die Verletzung, denn je mehr Bewegung, desto größer wird der Wundschmerz. Bei Treffern ins Gescheide hingegen sind die Stücke wegen der krampfartigen Leibschmerzen unruhig und zertreten das Lager. Hier können meist alle vier Schalenabdrücke zu finden sein – ähnlich wie beim Tropfbett.
Legen sich die Stücke auf die Seite, kann anhand des abgetrockneten Schweißes manchmal sogar die Ein- und Ausschussseite unterschieden werden. Bei unruhig liegenden Stücken ist der Schweiß verschmiert. Mit dem Schlosstritt, der bei allen Wiederkäuern mit den Hinterläufen im Wundbett steht, hat der Hundeführer einen ganz wichtigen Punkt gefunden, den er sorgfältig verbrechen muss. Hierhin kann er in jedem Fall zurückgreifen, sollte er nicht mehr weiterkommen: Das ist Gold wert! Allerdings wird dieses Wissen oft weder beachtet noch bei der Ausbildung des Hundes geschult.
Wiederkäuer-Wundbetten liegen vielfach in übersichtlichen Geländeteilen. Von hier hat das Wild einen besseren Überblick und kann sich bei nahender Gefahr – oft genug unbemerkt – aus dem Wundbett wegdrücken. Ich habe jedoch auch durchaus schon erlebt, dass Schwarzwild, das überhöht im Wundbett lag, Hund und Führer annahm. Auch Rehwild greift an und kann üble Forkelverletzungen verursachen.

Warmes Wundbett Warme Wundbetten sind Lagerstellen, aus denen das Wild hoch wird, wenn das Gespann auf das kranke Stück trifft. Man unterscheidet Betten, die für das Gespann nicht sichtbar verlassen wurden, und solche, in denen das kranke Stück bei Ankunft des Gespanns noch liegt, bevor es flüchtet oder schwerstkrank liegen bleibt. Hunde können bei günstigem Wind oder sehr nah am Wild das Stück riechen. Jeder Hund hat hier eine andere Art dies anzuzeigen: Manche geben Laut – was ungünstig und unerwünscht ist -, andere setzen sich, um geschnallt zu werden, wieder andere geraten in freudige Erregung. Vorstehhunde stehen nicht selten mit voller Muskelspannung vor. Erfahrene Hunde zeigen auch die Wildart unterschiedlich: Bei noch mobilem starkem Schwarzwild bekommen unsere Hunde z. B. eine Bürste über den gesamten Rücken und zeigen damit, dass sie sich auf die besondere Gefahr der Situation einstellen.

Hat das Gespann das Stück ohne Sichtkontakt aus dem Wundbett aufgemüdet, sollte man ruhig an das warme Wundbett treten und dies in Augenschein nehmen. Zu schnell ist hier der Hund sonst an einem gesunden Stück geschnallt. Haben wir die Bestätigung „krank", wird der gespannt wartende Hund geschnallt.

Kommen wir bei günstigem Wind und Gelände auf Sicht nah an das kranke Stück, sollte man, ohne den Hund zu schnallen, den Fangschuss abgeben. Ist dies nicht möglich und das Stück geht ab, soll der Hund nicht gleich geschnallt werden, sondern man muss eine Wartezeit einhalten. Es passiert sonst, dass der Hund der Individualwitterung folgt, die bei Seitenwind neben der Fährte steht, sodass er unweigerlich Haken überschießt und sich korrigieren muss, um die Krankfährte wieder aufzunehmen. Den Vorsprung kann mancher Hund nicht mehr aufholen. Aus dem warmen Wundbett aufgemüdete und fehlgehetzte Stücke gehen sehr weite Strecken – Rehwild ist hier erneut wegen seines Revierverhaltens und des „Schlüpfens" die am schwierigsten nachzusuchende Wildart!

Ein kaltes oder ein warmes Wundbett? Die Reaktion des Hundes zeigt es.

SONDERFALL SCHWARZWILD

Es ist sehr wichtig, die unterschiedlichen Verhaltensweisen des Schwarzwildes zu kennen – diese Kenntnis entscheidet oft genug über den Erfolg oder Misserfolg einer Suche. Stücke, die allein ziehen, verhalten sich anders als solche in Überläuferrotten oder in Rotten als Familienverband.

Alte Stücke, z. B. Bachen, ziehen sich in dichtes Unterholz zurück und wechseln dort öfters das Wundbett. Einzelne Keiler hingegen legen sich erst in großen Abständen ins Wundbett und gehen überraschenderweise häufig ins offene Gelände und Buschstreifen, z. B. in Schwarzdornhecken.

Bei Überläuferrotten liegen die Wundbetten – je nach Schwere der Verletzung – meistens im Kessel. Das macht die Arbeit sehr schwer, weil beim Sprengen des Kessels die Wundwitterung überall hingetragen wird. Kranke Stücke im Familienverband liegen sogar mitten im Kessel.

Schwarzwild hat die Angewohnheit, kurz vor dem Wundbett den Boden aufzuwerfen: Es entstehen kleine Erdhaufen. Verweist sie der Hund, ist das ein sicheres Zeichen, kurz vor dem Wundbett zu stehen. Erfahrene Führer reagieren sofort, halten den Hund an, machen sich schussbereit und schnallen den Hund gegebenenfalls Mit einem freiarbeitenden Teckel vor dem Gespann ist man in so einer Situation vorgewarnt. Schwarzwild, das aufgemüdet oder falsch gehetzt wird, weil

AUFGEMÜDET – EIN PRAXISBEISPIEL
Ein vierjähriger Keiler wurde zweimal in der Nacht – ohne dass es bemerkt wurde – bei der Suche mit der Taschenlampe aufgemüdet, weil man meinte, man müsse ihn vor dem Verhitzen bewahren. Er hatte, wie sich dann herausstellte, einen Keulenschuss. Das Stück schob sich an einem Steilhang ins Wundbett ein, konnte das Gespann von oben beobachten und das Wundbett ungesehen wieder verlassen. Am warmen Wundbett wurden beide Schweißhunde „Kora" und „Poldi" geschnallt. Es gelang diesen enorm wildscharfen Hunden 4,5 km lang nicht, das Stück zu binden – es stellte sich erst in einem Bachlauf, wo endlich der Fangschuss angetragen werden konnte.

Das Verhalten kranken Schwarzwildes muss der Nachsuchenführer kennen. Einmal aufgemüdet, geht es oft noch kilometerweit.

z. B. der Hund die Hetze abbricht, stellt sich nur sehr schwer. Selbst wildscharfe, erfahrene Hunde müssen Schwerstarbeit leisten, um ein solches Stück zu stellen.

AUSBILDUNGSSTATION WUNDBETT

Bei der Ausbildung des Hundes muss das Verhalten am kalten sowie am warmen Wundbett geübt werden. Dies geschieht als Stations-Ausbildung, wobei der Schwerpunkt darauf liegt, den Hund zu beobachten. Der Hundeführer muss lernen, den Ausdruck seines Hundes zu verstehen – deshalb muss man es mehrfach üben.
Voraussetzung ist, dass der Hund sicher auf der Fährte und der Verweiserbahn ist. Es ist nicht sinnvoll, diese Übungen mit einem zu jungen Hund zu machen, denn sie können sein späteres Bewegungsmuster verändern. Der junge Hund ist noch nicht ausgereift und deshalb hektischer – der ältere ist von sich aus ruhiger mit einem bleibenden Bewegungsverhalten.

Einübung des kalten Wundbetts Mit dem Fährtenschuh wird eine 200 m lange, gerade Fährte in einem lichten Bestand gelegt. Etwa in die Mitte kommt ein Wundbett: Mit einem Schwartenstück und daran Schweiß wird auf der Bodenbedeckung der Schweiß etwas verrieben, der Schalenabdruck wird sichtig angebracht, und die Fährte wird bis zum gedachten Ende weitergelegt. Bei der ersten Übung wird etwas Schweiß in die Fährte gebracht, bei der zweiten Übung nicht und auch am Ende liegt kein Stück – der Hund muss dafür schon erfahren haben, dass nicht alle Fährten zum Erfolg führen.
Am nächsten Tag wird die Fährte gearbeitet. Der besondere Moment ist das Ankommen am kalten Wundbett. Jetzt ist höchste Aufmerksamkeit gefragt, denn die Bewegung des ruhig suchenden Hundes wird sich verändern: Aber wie? Lassen Sie den Hund das Wundbett erst in Ruhe untersuchen, bevor Sie ihn

mit „Halt, lass seh'n" anrufen. Nachdem der Hund gelobt wurde, wird die Arbeit fortgesetzt. Diese Station, zwei- bis dreimal gearbeitet, zeigt einem das Bewegungsmuster „kaltes Wundbett". Wenn Sie sich beim Einarbeiten filmen lassen, können Sie sich in Ruhe später wiederholt in das Verhalten des Hundes vertiefen und alles nacharbeiten. Das hilft – auch eigenes Verhalten zu verbessern!

Einübung des warmen Wundbetts Bei dieser Übung wollen wir sehen, welches Bewegungsmuster der Hund zeigt, wenn er bei der Suche an ein frisches Wundbett kommt, das eben verlassen wurde. Wir legen die Fährte in einen lichten Bestand. An der Stelle, an der das Wundbett entstehen soll, brechen wir die Arbeit ab und markieren die Stelle genau. Am nächsten Tag legt ein zweiter Führer die Fährte, wie oben schon beschrieben, und mit etwas mehr Schweiß wird die simulierte Fluchtfährte bis ans Ende zum Stück, der Decke oder Schwarte gelegt. Ist die Station fertig, wird der Hund am Anschuss angesetzt. Alle Aufmerksamkeit ist jetzt auf das Verhalten des Hundes am Wundbett gerichtet. Haben wir sein Verhalten erkannt, wird der Hund angerüdet und geschnallt. Wer ihn filmen lassen kann, sollte das unbedingt tun, um sich das Muster besser einprägen und etwaige Fehler erkennen zu können. Jeder Handgriff beim Schnallen muss sitzen, damit es ein harmonischer Ablauf wird, denn wenn sich der Hund verheddert, kann das böse Folgen haben. Sobald der Hund frei ist, sollte er je nach Veranlagung laut oder stumm der Fährte folgen bis zum Stück. Je nach vorheriger Einarbeitung wird der Hund totverbellen oder stumm oder laut verweisen. Am Ende darf keinesfalls mit Lob und Genossenmachen gespart werden!

Sind beide Teile „kaltes" und „warmes" Wundbett ausreichend geschult, werden sie in eine Fährte zusammengesetzt und in eine etwa 400 m lange Fährte praxisnah eingebaut. Besonders großen Wert lege ich hier auf den Schnallpunkt. Dieser wird als warmes Wundbett präpariert, die Fährte von dort aber nicht gerade zum Stück, sondern in zwei Winkeln gelegt. Auf diese Weise kann man genauer überprüfen, ob der Hund in Verbindung zur Fährte fährtenrein arbeitet. Um das letzte Fährtenstück noch frischer zu gestalten, kann auch eine Decke oder Schwarte geschleppt werden. Als Überraschung für den Hund wird in die Deckung am Ende eine Pendelsau montiert, die er nun stellen muss, bis der Fangschuss angetragen wird. Je nach Ausbildungsstand kann man die Schwierigkeitsgrade beliebig erhöhen, z. B. einen leichten

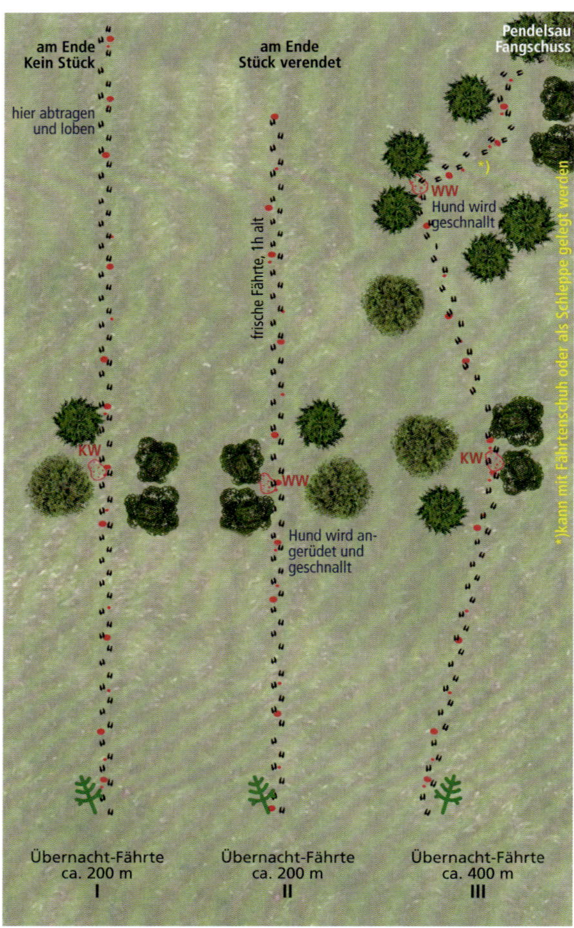

Einarbeitung des Hundes an „kalten" und „warmen" Wundbetten und „naturnah" mit beidem

Widergang in die Fluchtfährte einbauen oder einen Bachlauf ausnutzen. Der Fantasie sind da keine Grenzen gesetzt – in der Jagdpraxis gleicht auch keine Situation der nächsten!
Wer seinen Hund ansonsten allein einarbeitet, braucht für diese Übungen einen zuverlässigen „zweiten Mann" – es ist wichtig, sich bei solchen Arbeiten gut zu verstehen, damit die ganze Mühe auch Spaß macht!
Wenn Sie Ihren Hund auch ohne GPS bei der Arbeit beobachten wollen, legen Sie die Fährte in den Gegenhang, den Sie vom Schnallpunkt aus mit einem Fernglas gut bis zum Stück einsehen können. Mancher wird überrascht sein, was sein Hund unterwegs alles so tut! Bei korrekter Einarbeitung auf diesen Ausbildungsstationen sind Sie dem Ziel, einen zuverlässigen Meutegenossen zu haben, einen wichtigen Schritt nähergekommen – allerdings gilt hier wie bei der gesamten Schweißarbeit: „Ohne Fleiß kein Preis."

EINARBEITUNG AM FÄHRTENENDE

Die Hetze ist ein Teil der Nachsuche. Ihr vorausgegangen ist die saubere Riemenarbeit, die über das kalte zum warmen Wundbett führt, in dem das Stück liegt oder lag.
Das körperliche Training beginnt gezielt ab dem vierten Monat an der Bewegungsangel. Schon hier können Sie erkennen, ob der Hund später laut bei der Hetze wird und ob er dem Wild in scharfer Manier folgt oder ob er nur lustlos dem Stück nachhängt. Das zeigt sich später darin, dass der Hund zwar dem kranken Stück folgt, sogar vereinzelt Laut gibt, es aber nicht zustande hetzt. Solche Hunde „hüten" das Wild. Diese „Hüte-Hetzen" werden natürlich sehr lang – oft genug gehen sie über viele Kilometer. Manche Hundeführer glauben sogar, das wäre richtig so, aber genau das Gegenteil ist der Fall: Kurz und scharf muss eine Hetze sein, gerade wenn Straßen und Ortschaften in der Nähe sind.

AUF DER FRISCHEN HIRSCHFÄHRTE

Mit etwa sechs Monaten lassen Sie den jungen Hund die frische Fährte eines Hirsches frei arbeiten. Der junge Hund wird dieser Fährte schnell folgen, bei einigen Hunden werden Sie schon stückweise Fährtenlaut hören. Es ist spannend zu sehen und hören, wie der junge Hund sich vom Führer löst und Laut gebend auf der Fährte arbeitet. Schon nach kurzer Zeit wird der Hetzlaut ertönen. Ich konnte immer wieder beobachten, dass gerade ältere Hirsche sich um so einen jungen Hund gar nicht kümmern und im flotten Troll abgehen, gefolgt vom unerfahrenen Laut gebenden Hund. Nach kurzer Zeit der freien Folge wird der junge Hund abbrechen und zum Führer zurücksuchen. Dazu nutzt er idealerweise die eigene Rückfährte.

NACHFÜHREN ZUR ERSTEN HETZE

Ab diesem einmaligen Ausflug wartet nun der Hund auf einen richtigen Einsatz. Da ich immer mehrere einsatzfähige Hunde habe, wird nun auf eine Nachsuche gewartet, bei der von Anfang an feststeht, dass es zu einer Hetze kommen wird. Ich nehme hier am liebsten Frischlinge, schwache Überläufer oder Hirschkälber. Der erfahrene Hund macht die Arbeit, der junge Hund wird nach-

---

Checkliste

EINARBEITUNGSZIELE AUF DER HIRSCHFÄHRTE

- ☐ Lösen vom Führer
- ☐ Selbstständiges Arbeiten
- ☐ Laut geben auf der Fährte (Fährtenlaut)
- ☐ Laut geben bei Sichtigwerden des Stückes (Sichtlaut)
- ☐ Zurücksuchen und Finden des Führers

---

geführt. Erst wenn klar feststeht, dass das Stück so krank ist, dass es der junge Hund ohne Unterstützung hetzen kann, wird er zur ersten Hetze geschnallt. Ist die Situation so, dass das Stück noch sehr schnell ist, werden zuerst der alte und dann der junge Hund geschnallt.
Mit dieser Methode hat es bis jetzt immer geklappt. Sehr schnell begreift der Hund, dass er der Fährte folgen muss bis an das Stück heran. Der Einsatz zur ersten Hetze bei einer richtigen Nachsuche verlangt vom Führer ein hohes Maß an Erfahrung und Einfühlungsvermögen für seinen Hund. Sie müssen erkennen: Ist der Hund körperlich und geistig schon in der Lage, eine Hetze durchzustehen, oder wird die angebotene Arbeit zu schwer für ihn? Dann kann es leicht passieren, dass er körperlich sauer wird, die Hetze abbricht und zum Führer zurückkommt.
Es wäre nicht gut für die Entwicklung des jungen Hundes, wenn sich die Verknüpfung „Anhetzen – Abbrechen – Rückkehr zum Führer – Ende der Arbeit“ festsetzen würde. Gerade in einer solchen Situation ist es gut, einen älteren erfahrenen Hund dabei zu haben und ihn hetzen zu lassen.
Bei der ersten Hetze sollten Sie die Wildart mit Bedacht aussuchen, damit der junge Hund keine schlechten Erfahrungen macht, die ihn langfristig einschüchtern könnten. Starke Keiler, Bachen mit Frischlingen sowie Alttiere mit Kälbern eignen sich am schlechtesten für die erste Hetze. Statt Erfolg ist hier schon der Misserfolg vorprogrammiert. Dabei hilft auch ein erfahrener Hund nichts mehr. Im Gegenteil, der junge Hund wird dem erfahrenen mehr schaden als nützen. Ein größerer Frischling, der sich stellt, ist da schon günstiger.

VERWEISERPUNKT
Die erste Hetze nach einer Riemenarbeit muss immer zum Erfolg führen! Dann wird sie ein lebenslang prägendes Erlebnis für den jungen Hund sein.

NACH DER HETZE EINE ÜBUNGSFÄHRTE

Immer wieder werden Sie feststellen können, dass das Wetter – hoher Schnee, starker Regen, Kälte oder Hitze – die Leistung des Hundes bei der Hetze stark beeinflusst. Gerade untrainierte Hunde, die die ganze Woche im Zwinger zubringen und nur am Wochenende eingesetzt werden, brechen Hetzen ab. Hier sollte sich der Führer statt der lakonischen Bemerkung „das Stück ist nicht zu bekommen“ eingestehen, dass er den Fehler gemacht hat. Die meisten Fehler bei der Hetze werden von unerfahrenen Führern begangen. Trotzdem: Niemand – auch ein sehr erfahrener Führer – ist vor Fehlentscheidungen gefeit.
Nach jeder Hetze müssen die Hunde am anderen Tag eine Übungsfährte mindestens 1 000 Meter ohne Schweiß arbeiten. Nicht immer ist es im laufenden Jagdbetrieb machbar, wenn am nächsten Tag schon wieder Nachsuchen warten. Aber man sollte es versuchen, denn zu schnell hat sich ein gut veranlagter Hund zum notorischen Hetzer entwickelt, nur weil der Führer im siebten Himmel schwebt, da sein Hund so tolle Hetzen leistet. Das gilt insbesondere für Rehwild, das sich ja bekanntlich nicht stellt. Hunde, die permanent Rehwild hetzen und hieraus Lustgewinn ziehen, bekommen die größten Schwierigkeiten bei der Nachsuche, da sie sehr empfänglich für Rehwildverleitungen werden.

SCHNALLEN

Um einen Hund korrekt zur Hetze schnallen zu können, muss das Material, also die Halsung, aus festem Leder bestehen und so weit gestellt sein, dass der Führer sie mit einer Bewegung über den Kopf des Hundes streifen kann. Das muss auch bei temperamentvollen Hunden ohne Schwierigkeiten zu bewerkstelligen sein.
Generell gilt, dass vor dem Schnallen geprüft werden muss, ob Warnhalsung und anderes Gerät richtig sitzen. Der Hund muss bei einer Hetze und anschließendem Stellen beweglich

sein, um ausweichen zu können. Das kann lebensrettend sein!

Bei Sichtigwerden des Wildes Zieht das kranke Stück lange Zeit vor dem Gespann her, ist es oft sinnvoll, mit dem Schnallen zu warten, bis das Stück wieder außer Sicht gekommen ist. Dann wird der Hund an dem Punkt geschnallt, an dem das Wild zuletzt gesehen wurde. Das hat den Vorteil, dass der Hund sehr schnell, und ohne vom Wild eräugt zu werden, am Stück ist und es zwingt, sich zu stellen. Das kommt natürlich auch auf die Wildart und deren Verhalten an. Bei wehrhaftem Schwarzwild kann ein sichtiges Schnallen dazu führen, dass das Stück unmittelbar angreift und den Hund in gefährlicher Weise auflaufen lässt.

Am warmen Wundbett Kommt man bei der Suche an ein vom Hund verwiesenes Wundbett, was er mit starker Vorwärtsreaktion quittiert, sollte man genau hören, ob das Stück vor einem wegbricht. In diesem Fall wird der Hund mit kurzem Anrüden geschnallt.

Kurz vor Dunkelwerden Besonders im Herbst, wenn die Tage kurz sind, passiert es oft, dass man sich stundenlang geschunden hat, und plötzlich ist es dunkel, und man muss abbrechen. Am nächsten Tag dann zeigt sich bisweilen, dass man kurz vor dem Stück gestanden hat. Das kann im Nachhinein sehr ärgerlich sein.
Ich habe lange darüber nachgedacht, wie man so einen Nachsuchenfall wohl ganz oder zumindest teilweise lösen kann. Dazu braucht man einen voll durchgearbeiteten Hund. Da ich immer mehrere Hunde hatte, konnte ich mich an die Lösung des Problems wagen. Im Sinne eines Feldversuchs wurde eine Hündin so eingearbeitet, dass sie nach dem Schnallen auf der Fährte – und zwar bei jeder Tageszeit – nach ca. 300 m abbrach und zu mir zurückkam. Lag das Stück innerhalb dieser Distanz, gab sie kurz Laut, kam dann als stummer Verweiser zu mir zurück und zeigte mir an, dass sie gefunden hatte. Lag das Stück nicht innerhalb dieser Distanz, zeigte sie dies durch ihr Verhalten an. Dann wurde am nächsten Tag die Suche am Schnallpunkt wieder aufgenommen.
Mit dieser Einarbeitungstechnik haben wir uns viel Zeit, Ärger und Kosten gespart. Der Hund wurde regelmäßig verwundert betrachtet, gerade bei den Herbstjagden, nach denen ja jeder Jäger sein beschossenes Stück unbedingt auf der Strecke sehen möchte. Diese Einarbeitungstechnik kann man aber keinesfalls allgemein empfehlen!

BEDINGUNGSLOSES STELLEN

Das bedingungslose Stellen des kranken Stückes ist der letzte Teil einer jeden Nachsuche mit Hetze. In dieser Situation muss der Hund noch einmal alle Kraft zusammennehmen, um das kranke und manchmal sehr wehrhafte Wild zu stellen und – was noch wichtiger ist – am Platz zu halten. Ich habe Hunde gesehen, gerade in Afrika, die nach stundenlangem Stellen so viel Flüssigkeit verloren hatten, dass sie aussahen, als wären sie unterernährt. Nur der Beutetrieb und das Wissen, dass der Führer kommt, ließ diese Hunde am kranken Stück ausharren und Laut geben.
Junge Hunde werden bei uns immer zusammen mit erfahrenen Hunden in die Situation des Stellens eingearbeitet. Hier ist besondere Umsicht vonnöten.
Hat z. B. ein junger Hund einen Überläufer mit tiefem Hinterlaufschuss gehetzt und gestellt, begeht er in seiner Passion schnell den Fehler, zu nahe an das Stück aufzurücken oder es gar zu greifen. Auf so etwas wartet das kranke Stück geradezu und greift plötzlich heftig schlagend an. Ein Überrollen des jungen Hundes genügt schon, um ihn in vielen Fällen umkehren und zu seinem Führer zurücklaufen zu lassen.
Dieses vermeiden Sie in der Ausbildung, indem Sie beim ersten Lautgeben des jungen

Hundes mit einem älteren Hund die Bail angehen. So können Sie meistens rechtzeitig eingreifen, indem Sie den erfahrenen Hund dazu schnallen, wenn der junge in Bedrängnis gerät. Einen Schwachpunkt hat aber diese Methode, und sie hat mir zwei schwer geschlagene Hunde eingebracht. In dem Moment, da der erfahrene Hund ankommt und das kranke Stück richtig stellt, will ihn der junge Hund freudig begrüßen. Genau dann sind die Hunde sich nicht einig und das Stück greift an.

EINARBEITUNG INS STELLEN

Für diese ersten Arbeiten des Hundes wähle ich immer Wild, das nicht so gefährlich für ihn werden kann. Nach meinen Erfahrungen eignet sich Rehwild mit Laufschüssen am wenigsten, weil es sich nicht stellt. Das tut es allerdings öfter vor kleinen Hunden wie Teckeln. Diese scheint das Rehwild nicht ernst zu nehmen, und deshalb stellt es sich. Von großen Hunden wie einem Deutsch-Drahthaar gehetzt, flüchtet Rehwild aber, bis es nicht mehr weiter kann oder schon während der Hetze niedergezogen wird. Bei Rehwild gelingt dem Hund ein Niederziehen, beim Rotwild ist das nicht nur kaum möglich, sondern auch höchst gefährlich für den Hund: Er wird leicht geschlagen oder geforkelt.

Ein junger BGS stellt ein Stück Schwarzwild.

An schwächerem Schwarzwild können meines Erachtens die jungen Hunde am besten eingearbeitet werden. Auch schwerkrank reagiert es immer wieder und lässt den jungen Hund reichlich Erfahrungen sammeln.
Gut durchgearbeitete Hunde stellen, je nach Gelände oder Bewuchs, teils dicht oder in weitem Abstand. Brombeerdickungen sind am schwierigsten, da die Hunde darin einem Angriff nicht ausweichen können. Die Ranken sind wie Seile, die der ausweichende Hund nicht durchreißen kann. Hunde ohne Schutzwesten sind nach dem Stellen wehrhaften Wildes in Brombeeren mit Dornen gespickt, zudem kommen Kratzer bis hin zu tiefen Schnittverletzungen vor.
Oft rettet sich Wild in Wasserläufe, Suhlen und Teiche, und der stellende Hund muss schwimmend an das kranke Stück heran. Man muss einmal erlebt haben, wie ein Hirsch, auf den Hinterläufen stehend, den Laut gebenden, schwimmenden Hund mit den Vorderläufen unter Wasser drückt oder wie ein Keiler in der Mitte einer großen Suhle auf den ihm folgenden Hund wartet, um ihn dann anzugreifen und zu schlagen.
Bei Bachen oder Alttieren kann es manchmal für den stellenden Hund sehr eng werden, v. a. wenn sie ihren Nachwuchs verteidigen.

FANGSCHUSS

Stellen die Hunde das kranke Stück richtig, sodass sich das Wild vollkommen auf sie konzentriert, wird der Fangschuss angetragen. Die Fangschussabgabe verlangt dem Hundeführer einiges ab: viel Erfahrung, Entschlossenheit zum Schuss auch in schwieriger Lage, Verantwortung gegenüber seinem Meutegenossen und dem Umfeld gegenüber.
Da bei Fangschüssen aus verschiedenen Entfernungen und Winkeln geschossen wird, ist sehr sorgfältig auf ein freies Schussfeld zu achten. Besonders für die Hunde, die nah am Wild stehen, besteht immer ein Risiko, von Splittern oder Abprallern getroffen zu werden. Deshalb werden hier Vollmantelgeschos-

ÜBEN, ÜBEN, ÜBEN!
Die sichere Handhabung der Waffe, ganz besonders der Faustfeuerwaffe, ist für den Hundeführer zwingend notwendig! Wenn es eng wird, muss jede Bewegung sitzen – nicht zuletzt im eigenen Interesse und dem des Hundes!

se eingesetzt. In die Gefahrenbereiche, denen ein einzeln arbeitender Hund ausgesetzt ist – gerade, wenn das Stück noch läuft – geraten zwei gut eingearbeitete Hunde nicht. Das Stück wird zwischen ihnen immer frei stehen und kann gut beschossen werden. Das gilt gerade auch für Schwarzwild, das sich in Brombeeren eingeschoben hat. Bei zwei eingearbeiteten Hunden kann ihm fast immer ein sauberer Fangschuss angetragen werden.
Um gestelltes oder angreifendes Wild schlagartig an den Platz zu bannen, braucht es starke Kaliber. Für die Langwaffe empfehlen sich 8 x 57 IS aufwärts und bei Faustfeuerwaffen starke Geschosse, z. B. Hornady 500 S+W Mag., .357 Mag. oder Lapua 9 mm Luger. Von einer Fangschusspatrone ist zu verlangen, dass sie einen großen Einschuss und einen noch größeren Ausschuss herstellt.
Kann man den Fangschuss aus größerer Entfernung ab ca. acht Metern und weiter, z. B. bei sich stellendem Rotwild, Muffel, Gams, Damwild und schwerkrankem Schwarzwild im lichten Bestand antragen, verwende ich die Langwaffe. Wird es jedoch eng, wie in Ginster, Raps, Mais, Schlehen, Brom- oder Himbeerverhauen, und stellen die Hunde fest (Bail), wird auch einmal die Faustfeuerwaffe verwendet. Dabei muss man sich auf das Kaliber verlassen können – jeder muss hier seine eigenen Erfahrungen machen. Treffsicherheit ist das Wichtigste.

VERWEISEN

Das Verweisen und das Totverbellen des gefundenen Stückes werden in der Prüfungsordnung der Schweißhunde verlangt, aus

Fangschüsse auf von Hunden gestelltes Wild verlangen größte Vorsicht!

diesem Grunde ist es auch in den Ausbildungsplan meiner Hunde eingebaut. Die unterschiedlichen Arten des Verweisens wurden bereits mehrfach dargestellt. Grundsätzlich kommt kein Hund, außer bei einer Hetze, allein ans Stück. Und nach der lebt es meist noch, sodass der Hund es stellt. Eine mögliche Ausnahme von diesem Grundsatz kann sein, dass wir den Hund in einer bürstendichten Schonung mehr hindern als vertretbar ist. Nur hier lassen wir den Hund alleine ans Stück arbeiten und dem Führer verweisen, dass er gefunden hat.
Kommen wir im Verlauf einer Nachsuche an eine Dickung und stellen mittels Vorsuche und Umschlagen fest, dass das Stück noch darin steckt – ob es noch lebt oder schon verendet ist, wird der Hund zeigen – schnalle ich nach einigem Anrüden den Hund. Er wird der Fährte in die Dickung laut oder stumm folgen. Gelangt er an das noch lebende Stück, höre ich den bekannten Standlaut. Ist das Stück verendet, wird der Hund es mir verweisen.
Wer als Nachsuchenführer Erfahrungen gesammelt hat, wird einsehen, dass Bringsel-

VSWP UND VERLASSEN DES WILDES

In der VSwP bedeutet das Verlassen des Wildes – absurderweise – das „Aus", selbst wenn der Hund bald darauf noch stumm oder laut verweist, um den Hundeführer zu holen. Gemäß Prüfungsordnung darf der Hund ausschließlich das Verhalten zeigen, das der Führer zu Beginn der Prüfung gemeldet hat.

Der Weimaraner hat den verendet gefundenen Keiler laut verwiesen und gibt am Stück weiter Hals.

verweiser oder Totverbeller in der Praxis wenig praxistauglich und eher ein Beweis für die Dressurfähigkeit des Hundes sind. Kein Hund wird sich nach einer Rehbockhetze, bei der er den Bock niederzieht, „fröhlich hinsetzen und den Führer durch sein ständiges Geläut anlocken". Tatsächlich wird er sich erschöpft hinter den Bock werfen, um erst einmal Luft zu holen, und dann vermutlich Wasser suchen. Dass er dabei das Stück vorübergehend verlässt, spielt in der Praxis keine negative Rolle, denn es ist ja verendet!

AUSBILDUNG DES VERWEISERS

In der Ausbildung meiner Hunde übt man das Lautgeben am verendeten Stück nur dann, wenn der junge Hund schon von klein auf gerne Laut gibt. Habe ich einen solchen Hund, gebe ich ihm bei der Ausbildung immer wieder die Möglichkeit, seine Veranlagung zu zeigen und unterstütze ihn dabei mit Lob. Dazu lasse ich den Hund immer wieder an gestrecktes Wild kommen, um ihn dort lang und anhaltend Laut geben zu lassen – bevorzugt bei Wildarten, die er später einmal arbeiten soll. Nach jeder Übung gehört ausgiebiges Loben und eine kleine Belohnung (Stück vom Wild) dazu.

Da ein Totverbeller in der Praxis nur sehr selten einzusetzen ist, bildet man solche Hunde besser zu Verweisern aus – eigentlich die höchste Stufe der Ausbildung. Ist es dem Hund angewölft, gibt er dabei spontan Laut.

Ist der Hund sechs Monate alt, besteht bereits eine innige Beziehung zwischen ihm und Ihnen, seinem Führer. Sie legen dem Hund eine Schleppe mit einer Frischlingsschwarte und einer Stunde Stehzeit. Der Hund wird angesetzt und folgt der Schleppe am Riemen bis an einen Punkt, den Sie markiert haben. Dort liegen Borsten und etwas Schweiß, um die Passion des Hundes zu steigern. Jetzt wird er geschnallt, und ab geht die Post, laut oder stumm bis zum Stück. In der Zeit, in der der Hund die Strecke – nicht mehr als 20 bis 30 m! – bis zur Schwarte zurücklegt, geht man außer Sicht und beobachten den Hund. Jeder junge Hund stutzt zunächst, geht dann an die Schwarte heran und will sie in Besitz nehmen, er zaust daran oder bewindet sie nur, gibt dabei Laut oder bleibt stumm. Nach einer gewissen Zeit wird er feststellen, dass sein Führer nicht mehr da ist. Man sieht den Kerl-

chen förmlich an, wie sie überlegen, dann arbeiten sie die Schleppe rückwärts. Ist der Hund etwa 20 m frei zurückgekommen, macht man sich bemerkbar. Der Hund wird stutzen, Sie rufen ihn an mit den Worten „Wo ist das Stück? Zeig's mir!". Sofort wird der Hund umdrehen, freudig zum Stück laufen und dort warten. Eine kräftige Belohnung und ausgiebiges Abliebeln verfehlen auch hier ihre Wirkung nicht.
Diese Übungsteile des Verweisens werden des Öfteren wiederholt, um dann später in eine längere Übungsfährte eingebaut zu werden. Einen stummen Hund zum Lautverweiser auszubilden, ist jedoch praktisch unmöglich.

NACHSUCHEN-PROTOKOLL

Hat man seinen Hund durch die Ausbildungszeit mit dem Ziel „Einsatz bei der Nachsuche" gebracht und durchgearbeitet, sind die erforderlichen gesetzlichen Prüfungen für die Anerkennung bestanden, und hat man sich im Hegering und bei den umgebenden jagdlichen Nachbarn vorgestellt, kann es losgehen!
Mir fiel auch erst relativ spät auf, dass nach einem erfolgreichen Einsatz oder auch einer Fehlsuche etwas fehlte. Es war irgendeine Form von Hilfe, die Fehler, die man gemacht hatte, festzuhalten, um sie nicht zu wiederholen.
Bei der Ausbildung der Hunde hatte ich mir immer Notizen über die Tagesarbeit in dem kleinen Ausbildungsheft festgehalten. So konnte ich im Nachhinein sehr genau feststellen, was Tage vorher gut, weniger gut oder wirklich schlecht gearbeitet worden war. Das half mir, Fehler abzustellen und sie nicht – weil unerkannt – nochmals in die Ausbildung einzubauen.
Ab diesem Zeitpunkt wurde nach jeder Arbeit eine kleine Nachbereitung durchgeführt, um folgende Fragen zu beantworten:

VERWEISERPUNKT
Je früher Sie das Verweisen von Wild mit dem Hund üben, desto leichter wird es. Nutzen Sie die dabei die Bindung an Sie und die angewölfte Kontaktsuche des jungen Hundes aus!

— „Was und wie hat der Hund gearbeitet?"
— „Was war daran gut?"
— „Was war daran schlecht?" und
— „Was kann verbessert werden?" bzw.
— „Woran muss verstärkt gearbeitet werden?"

Was für den Hund Geltung hatte, konnte dann doch auch für den Hundeführer hilfreich sein. Daraus ergab sich also zwangsläufig das Nachsuchenprotokoll, das ich bei langen und/oder schweren Einsätzen aufzeichnete. Der Vorteil dieser letztlich geringen Arbeit liegt auf der Hand:

1. Man kann nachweisen, dass die Arbeit durchgeführt wurde, z. B. vor Behörden, und ist nicht auf sein Gedächtnis angewiesen.
2. Man weiß, in welche Reviere man häufiger geholt wird.
3. Man weiß, wo jagdliche Fehler in den Revieren gemacht werden, z. B. an Fütterungen anzusitzen etc.

Diese Protokolle müssen keiner Form folgen, solange sie die für die weitere Arbeit wichtigen Details enthalten.

All diese Beobachtungen werden im Nachsuchen-Ordner gesammelt und ergeben mit der Zeit einen Überblick über den eigenen Nachsuchenbereich.
Dabei ist ein Grundsatz unbedingt festzuhalten: Die Aufzeichnungen sind ausschließlich für den eigenen Bedarf, denn Verschwiegenheit ist bei der Schweißarbeit oberstes Gebot. Das Gleiche gilt für die Leistungsnachweise.

EINARBEITEN VON SPEZIALTECHNIKEN

Die wenigsten Nachsuchen verlaufen nach „Schema F", und immer wieder braucht man situationsangemessene spezielle Techniken, um weiterzukommen. Diese müssen mit dem Hund eingeübt werden, von sich aus kann er es nicht bewältigen.

KREISEN

Kreisen ist eine Technik, die dann eingesetzt wird, wenn es keinen Anschuss oder Ausschuss auf dem Boden gibt, da z. B. die Bodenbedeckung in Suhlen, an Kirrungen, auf Wegen, bei besonders hartem Untergrund, bei Nadelstreu oder im Schnee sich verändert hat oder – was am häufigsten in der Praxis vorkommt – wenn alles durch andere Sauen umgebrochen wurde.
Bei dieser Technik ist es unbedingt notwendig, dass der Hund das Einmaleins der Vorsuche beherrscht, sonst ist alles nur verlorene Zeit, die man aufwendet, um die Fährte verwiesen zu bekommen. Ein Weiterkommen ist dann mehr als fraglich.

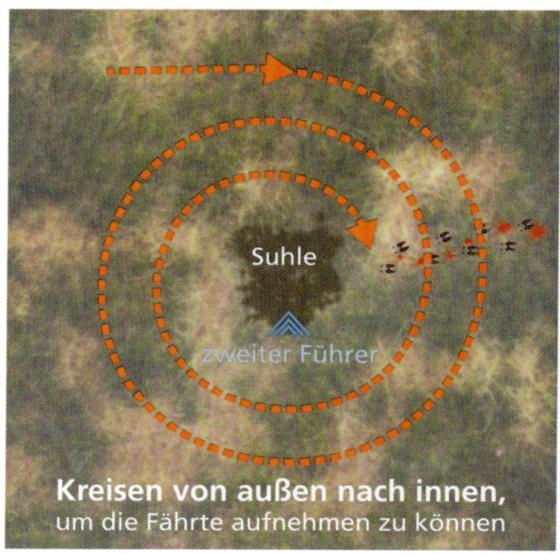

Kreisen von innen nach außen (o.) und von außen nach innen (u.)

Von innen nach außen Der Hund wird z. B. an einer Suhle (s. Zeichnung) in einem Abstand von ein paar Metern zur Vorsuche angesetzt. Wenn er direkt am Rand der Suhle angesetzt würde, belastet das die Hundenase zu stark, weil er eine Überdosis an Geruchseindrücken bekommt. Vorher sollte die Suhle schon umschlagen worden sein. Bei der folgenden Vorsuche nach außen werden die Bögen um die Suhle immer größer, und der Hund muss dabei sehr genau auf seine Reaktion hin beobachtet werden. Da wir uns bei dieser Technik vom Innenraum der Suhle entfernen, werden wir uns früher oder später orientieren müssen – fast immer greift man dabei zurück, und schon ist man durcheinander. Deshalb nehme ich bei dieser Technik immer eine zweite Person hinzu, die einen zweiten Hund führt. Dieses Gespann bleibt an der Suhle stehen und gibt z. B. mit einem kleinen Horn einen kurzen Ton zur Orientierung ab. So lässt sich die Entfernung besser einschätzen, und man kommt gut um die Suhle herum, bis man entweder abbricht oder den Anschuss entsprechend gefunden hat.

Von außen nach innen Kann beim anfänglichen Umkreisen der Suhle im illustrierten Beispielsfall zunächst nichts gefunden werden, ist es sinnvoll, von außen nach innen zu suchen (s. Zeichnung). Das hat den großen Vorteil, dass der Hund nicht von Anfang an mit der Extremwitterung in der Nähe der Suhle belastet wird. Bei dieser Technik greift

VERWEISERPUNKT
Auf einer Wiese wird das Kreisen bei der Stationsausbildung des jungen Hundes immer wieder geübt. Beherrscht der Hund korrektes Kreisen, kann diese Technik in der Praxis eingesetzt werden.

man sehr weit vor – das geht am besten mit Hilfe einer Revierkarte mit eingezeichneten Anwechseln zur Suhle. Nach Absprache mit dem zweiten Hundeführer wird nach Uhrzeit, Handy, Zuruf „Hopp" und Antwort „Hopp-Hopp" oder Signal mit dem Kreisen begonnen. Notgedrungen arbeitet man hier über die An- und Rückwechsel des Wildes zur und von der Suhle – es gilt, ganz besonders aufmerksam auf das Verhalten des Hundes zu achten, um zu bemerken, was er verweist. Wenn man ihm dann zumindest ein Stück weit folgt, kann das schon zum Erfolg führen und die Fährte gefunden sein.

SUCHE GEGEN DEN WIND

Gegen den Wind zu arbeiten, kann als Technik dann infrage kommen, wenn trotz genauer Anweisung durch den Schützen am vermeintlichen Anschuss nichts gefunden wird und nur die Fluchtrichtung bekannt ist. Hier kann es zum Erfolg führen, wenn man gegen den Wind an die vermutete Stelle, an der das Stück beschossen wurde, arbeitet. Bei dieser Technik dürfen nur wirklich durchgearbeitete Hunde eingesetzt werden.

Mit Riemen Der Hund arbeitet am Riemen, aber mit hoher Nase. Es ist notwendig, auch kleinste Signale, mit denen der Hund etwas anzeigt, zu erkennen. Das kann z. B. ruckartiges Einatmen sein, was darauf hindeutet, dass der Hund etwas gewindet hat. Man spricht den Hund mit „Was willst du mir zeigen?" an. Hier kommt es sehr auf die Stimme an: Wichtig ist hier ein schmeichelnder, freundlicher Tonfall, aus dem der Hund das besondere Interesse des Hundeführers zu erkennen vermag. Zieht der Hund daraufhin an, muss man ihm folgen, um seine Regung zu überprüfen. Es ist immer wieder zum Staunen, was die Hundenase zu leisten imstande ist! Je nach Bestockung kann man dem Hund bei der Arbeit die ganze Riemenlänge lassen.

Ohne Riemen Eine zweite Möglichkeit, dem Hund während einer Nachsuche zu helfen, wenn er die Fährte nicht mehr findet, ist, ihn auf die „freie Suche" zu schicken. Diese Technik ist jedoch nur etwas für absolut ruhige Hunde. Keinesfalls dürfen sich die Hunde aus dem Blickfeld und Einwirkungsbereich des Hundeführers begeben. Nur wirklich eingespielte Gespanne können mit dieser Technik Erfolg erzielen, und sie ist deshalb nicht immer einsetzbar.

FREIE SUCHE GEGEN DEN WIND

Wenn von vornherein unklar ist, wo der Anschuss ist, kann ein Hund im Notfall auch gleich zur Suche gegen den Wind geschickt werden. Bei der Suche gegen den Wind wird er plötzlich eine ruckartige Richtungsänderung machen. Ähnlich zeigen die Vorstehhunde bei der Feldsuche die Wildwitterung an. Der Hund wird nun ermuntert, dieser Witterung zu folgen. Nimmt er zu flottes Tempo auf, kann er wieder an den Schweißriemen genommen werden, bis geklärt ist, was er gewittert hat und wem er gefolgt ist.

VORSUCHE

Die Vorsuche ist eine absolut zentrale Technik bei der Nachsuche. Ohne sie geht eigentlich gar nichts – außer es wird dem Gespann, wie auf den Brauchbarkeitsprüfungen, der Anschuss unmittelbar gezeigt. In jeder Situation in der Praxis muss das Gespann den Anschuss und damit die Fährte selbst finden – oft genug mit ganz anderem Ergebnis, als die Aussage des Schützen vermuten ließ. Das gilt auch für Verkehrsunfälle, bei denen nicht immer sicher bekannt ist, in welchem Bereich des Straßenrandes das Wild verunfallte und

01

wohin es absprang. Ebenso unerlässlich ist die Vorsuche bei undurchdringlichen Dickungen oder bei schwer überschaubaren Feldern: Hier wird zunächst die Kante nach einem eventuellen Fährtenabgang abgesucht, und man spart sich und dem Hund das anstrengende Quer-Durcharbeiten.

Zur Vorsuche wird der Hund mit kurzem und in Schleifen getragenem Riemen in Bögen im Bestand, an Dickungskanten oder am Wegrand entlang in Richtung des vermuteten Anschusses oder des Fährtenabgangs vom Hundeführer geleitet: „Such vorhin!“. Ist z. B. auf einer großen Wiese der Anschuss nur ungefähr bekannt, wird die Wiese systematisch in Quadranten aufgeteilt und diese einzeln abgesucht. Nur so kann man ein zuverlässiges Ergebnis erwarten.

Eine Variante der Vorsuche ist das Queren gegen den Wind. Dabei wird der Hund am langen Riemen gegen den Wind in Schleifen geführt. Diese Technik lässt sich jedoch nur bei geringem Bewuchs durchführen – im Bestand ist sie nicht gut möglich.

02

01 *Am in Schlaufen getragenen Riemen wird der Hund im Zickzack geführt. Er sucht mit halbhoher Nase, bis er die Fährte verweist.*

02 *Auswechsel weit oben an einem Hang*

EIN- UND AUSWECHSEL

Das Wild bewegt sich in seinem Lebensraum, dem Revier, ständig hin und her, um die Territoriumsgrenzen zu überprüfen, Äsung und Tränke aufzunehmen etc. In reinen Schwarzwildrevieren haben Rotten ihre festen Wechsel, auf denen sie von und zu ihren Einständen ziehen.
Diese Wege werden Wechsel genannt – beim Raubwild und dem Hasen sprechen wir von Pässen – und nach ihren jeweiligen Funktionen unterteilt man sie in:

Hauptwechsel Wildwege, die sich über weite Strecken durchs Revier ziehen. Sie werden meist von allen Wildarten angenommen.

Auswechsel Sie werden vom Wild angenommen, um z. B. von der Deckung auf eine Äsungsfläche zu ziehen. Betrachtet man die Fährtenbilder auf diesen Wechseln, führen sie alle in eine Richtung. Einzelne Fährten in die Gegenrichtung fallen sofort auf – sie gehören fast immer zu kranken Stücken.

Einwechsel Sie liegen meist weitab der Auswechsel. Auf ihnen bewegt sich das Wild in die Tageseinstände, um dort wiederzukäuen oder zu ruhen.

Nebenwechsel Diese Wechsel nimmt das Wild, um am Tage Äsung aufzunehmen, ohne die Deckung zu verlassen. Nebenwechsel sind bei Nachsuchen schwer zu arbeiten, weil sie kreuz und quer durch den Bestand ziehen und auch von krankem Wild gern angenommen werden. „Knackpunkt“ einer Fährte auf einem Nebenwechsel ist die Stelle, an der das kranke Stück den Wechsel verlässt. Problematisch ist sie weniger bei einem einzelnen Stück, als vielmehr einem in der Rotte oder dem Rudel ziehenden Stück, weil der Verband die Krankwitterung mitzieht und der nicht sauber

Einwechsel hangabwärts in eine Dornendickung

durchgeführte Hund dazu neigt, zunächst dieser Witterung zu folgen und sich erst später selbst zu korrigieren. Nur durch genaue Beobachtung des Hundes und enge Riemenhaltung kann man sich aus solch verwickelten Situationen herausarbeiten und weiterkommen.

Fernwechsel Diese Wege nutzen einzeln gehende Stücke Rotwild und alte Keiler, um in der Brunft und Rauschzeit in neue Reviere zu gelangen oder neue Einstände zu besetzen. Solche Wechsel nehmen auch kranke Stücke gerne an. Sucht man ein Stück auf einem Fernwechsel nach, kann ein Abstellschütze sehr hilfreich sein, der sich absolut leise seitlich des Wechsels positioniert und das anwechselnde kranke Stück ggf. erlegen kann.

Zwangswechsel Hierunter verstehen wir Wildwege, die das Wild durch natürliche oder absichtsvoll angelegte künstliche Hindernisse in eine bestimmte Richtung leiten.

Wechsel in Sommer- und Wintereinstände sind altbekannte Wechsel, meist in den Bergen, die das Rot-, Gams- und Steinwild nimmt, um sich – zum Ausnutzen der Sonneneinstrahlung – von der einen Bergseite auf die andere umzustellen.

Pässe Diese erkennbar ausgetretenen Wege nimmt das Raubwild regelmäßig, um an Beute zu gelangen.

Um einen jungenHund auf die Situation auf einem Wechsel vorzubereiten, legt man als Übungsstation gezielt Fährten quer über Ein- und Auswechsel, die der Hund arbeiten muss, ohne abzuweichen. Leichtes Verweisen des Wechsels sollte der Führer zwar bemerken, den Hund aber nicht loben, also nicht darin bestärken, den Wechsel anzunehmen.
Sobald der Hund auf solchen Fährten sicher arbeitet, werden die Übungsfährten in den Verlauf eines Ein- oder Auswechsels gelegt, um sie später dann wieder zu verlassen. Diese Stelle muss genau markiert werden, denn der Hund darf bei korrekter Einarbeitung hier keinen Schritt über den Abgang laufen.
Solche Übungen sind keine Dressurakte, selbst wenn sie immer wieder entsprechendes Staunen hervorrufen, sondern gehören zu einer sauberen und fachgerechten Einarbeitung. Jeder meiner Hunde hat sie letztlich gemeistert, auch die kleinen Teckel!
Zu einer gründlichen Einarbeitung von Ein- und Auswechseln gehört auch, dem Hund immer Möglichkeiten zur Steigerung seiner Fähigkeiten zu bieten. Eine hilfreiche Übung besteht darin, eine Fährte an einen Wald-rand mit mehreren Ein- und Auswechseln zu legen und in den einen oder anderen einige Tropfen Schweiß von der Wildart zu spritzen, die man gerade arbeitet. Der Hund soll den Schweiß

VERLEITUNG KANINCHEN

Jeder Hund hat gewisse Vorlieben, meine Hunde „liebten" Karnickel „von Herzen". Zu gegebener Zeit durften sie die Lapuze auch einmal jagen – das war immer eine Riesenfreude! Am anderen Tag aber mussten sie über die Kaninchenpässe hinweg eine kalte Fährte zu Ende bringen, ohne die Pässe zu kontrollieren oder gar anzufallen. Diese Konsequenz kostet zwar Zeit, hat sich aber für die Praxis mehr als bewährt.

verweisen, darf aber dem Wechsel nicht folgen. Die Verleitung durch die Wechsel ist bei dieser Aufgabe sehr intensiv. Nur durch schrittweisen und sehr konsequenten Aufbau kann der Hund dazu gebracht werden, solche Extremschwierigkeiten zu meistern.

TROPFBETT

Tropfbetten können dem Nachsuchenführer entscheidende Hinweise auf das beschossene Stück und den zu erwartenden Ausgang der Nachsuche geben.

Betrachten wir noch einmal die Geschosswirkung auf das Wild. Hier sind zu unterscheiden:

1. Das Geschoss schlägt nicht durch den Wildkörper: Nur ein Einschuss existiert.
2. Das Geschoss durchdringt den Wildkörper: Ein- und Ausschuss sind gegeben.

Beim Auftreffen des Geschosses auf den Wildkörper zerlegt sich der Geschosskopf und wird scharfkantig verformt. Die scharfen Kanten verletzen am und im Wildkörper Muskelstränge, kompakte Organe und Gescheide, wobei die jeweiligen Körperteile mehr oder weniger dicht mit Blutgefäßen durchsetzt sind, sodass entsprechend mehr oder weniger Schweiß austritt. Die Schweißmenge gibt dem Hundeführer wichtige Informationen und damit eben Tropfbetten.

Zur Erinnerung: Tropfbetten sind Stellen, an denen das getroffene Wild verharrt, um festzustellen, was passiert ist. Je weniger Beunruhigung das Wild nach dem Schuss durch den Schützen erfährt, desto näher am Anschuss liegt diese Stelle. Stehen Tropfbetten dagegen weit vom Anschuss in der Fährte, wurde das Stück entweder früh angerührt oder – vor allem, wenn es in einem Rudel oder einer Rotte geflüchtet ist – es blieb stehen, weil der Schweißverlust es schon geschwächt hat. Im ersten Fall muss man sich fragen, inwieweit den Angaben des Schützen zu trauen ist: Eine erschwerte Nachsuche ist zu erwarten, denn das Stück ist aus dem Wundbett hoch, also ist in höchstem Maße aufmerksam und wird sich nur schwer stellen. Im zweiten Fall ist es viel eher wahrscheinlich, dass das Stück zu bekommen ist, denn es ist geschwächt, deshalb langsamer und wird eher zu bekommen sein.

SCHWEISSINTERPRETATION

Der Schweiß, also das aus dem Wildkörper ausgetretene Blut, ist für den Nachsuchenführer ein wichtiger Zeiger, wie wir bereits gesehen haben.

Seine Farbe lässt erkennen, welche Organe das Projektil verletzt hat, was wiederum auf das wahrscheinliche Verhalten des verletzten Wildes schließen lässt. Eine oberflächliche Beurteilung kann allerdings zu vollkommen falschen Schlüssen und damit den falschen Maßnahmen bei der Nachsuche führen. Auf die Problematik der fast reflexartigen, aber oft irrigen Gleichsetzung hellroten Schweißes mit Lungenschweiß, mit der Folge einer kurzen Totsuche, wurde bereits eingegangen (s. S. 20, 35 und 40). Zunächst bedeutet Hellrot eben nur, dass es sich um arteriellen, sauerstoffbeladenen Schweiß handelt.

Eine hellrot blutende Verletzung kann also überall im Wildkörper liegen, wenn eine Arterie verletzt wurde. Ebenso bedeutet eine dunkelrot schweißende Verletzung nicht automatisch Leber- oder Wildbretschuss! Zwar blutet die Leber tatsächlich sehr dunkel, aber der Schweiß kann auch aus einer Vene, z. B. der eines Laufes, stammen. Bei allen Organtreffern finden sich immer – wenn auch nur winzige – Anteile des verletzten Organs. Dann muss eben mit der Lupe genauer hingeschaut werden.

Bestimmen der Fluchtrichtung Eines der wichtigsten Merkmale des Schweißes ist seine Form, in der er sich auf dem Untergrund oder an der Bestockung, z. B. an Gräsern, Halmen, Ästchen, Blättern etc. findet.
Je langsamer das Stück zieht, desto dickere Schweißtropfen sind sichtbar. Neben der Fluchtrichtung anhand der Schweißfahnen (s. S. 35) lässt sich auch die Höhe des Treffers anhand der Tropfen bestimmen, denn aus tiefliegenden Treffern tritt der Schweiß in größeren, festeren Tropfen aus. Fällt er aus größerer Höhe, zerplatzen die Tropfen teilweise auf dem Untergrund. Das ist natürlich auf trockenem, glatten Boden wie einem Stein besser zu erkennen als z. B. auf saugfähigem, weichem Moos.
Die Tropfenfahnen bleiben jedoch unabhängig von der Höhe des Treffers bestehen. Sie variieren allerdings mit der Fluchtgeschwindigkeit und sind bei hoher Flucht sehr fein und lang. Verharrt das Wild, fallen dicke Schweißtropfen ungehindert nach unten und bilden ohne Fahnen ein Tropfbett. Nicht selten kann man dort auch die Schalenabdrücke identifizieren. Gerade bei Schwarzwild ist das Ansprechen der Schweißtropfen wichtig, wenn die Stücke Widergänge anlegen. Nicht selten kann jeder Tropfen eine Richtungsänderung anzeigen, und das zu übersehen kann fatal enden, wenn man plötzlich die angreifende Sau im Rücken hat!
Auch an Pflanzen abgestreifter Schweiß lässt die Fluchtrichtung erkennen. Typisch ist, dass an dünnen Grashalmen die Schweißtropfen schneller und deshalb weiter nach unten rinnen als an breiten. Die Tropfenspur am dünnen Halm wird dabei nach unten breiter und zeigt dann ganz feine Fahnen in Fluchtrichtung. An breiteren Halmen oder lanzettförmigen Blättern wie Maisblättern zieht sich die Spur nicht so weit nach unten; sie wird nach unten dünner und ist am unteren Ende in Fluchtrichtung ausgezogen und wie mit einem breiten Pinsel ausgestrichen. Flüchtet vor allem Schwarzwild mit seinem massigen Körper durch Grasbestand, knickt es ältere Halme, es „reitet auf" und streift dabei breitflächig den Schweiß mit dünnen Fahnen in Fluchtrichtung ab.
Ob es sich um die Ein- oder Ausschussseite handelt, kann bei beidseitigem Abstreifen meist an der Menge des Schweißes erkannt werden (s. S. 36). Der Ausschuss ist größer und verliert entsprechend früher in der Fluchtfährte mehr Schweiß.

Sommer und Winterhaar Dass die Schweißmenge auch in Abhängigkeit vom Haarkleid (Sommer- und Winterhaar) variiert, wurde bereits angesprochen (s. S. 36). Da Schweiß am Sommerhaar schneller abläuft, entsteht der Eindruck von wesentlich mehr Schweißverlust als bei Treffern auf das Winterhaar. Der im Winterhaar gesammelte Schweiß streift sich beim Überfallen eines Baumstamms dann oft in großer Menge ab und lässt den falschen Eindruck entstehen, das Stück sei alsbald zu bekommen.

Schweiß in Schnee und Wasser Bei Schneelagen zeigt sich das Bild des Schweißes noch einmal anders: Der warme Schweiß zerläuft im antauenden Schnee und täuscht viel mehr Blutverlust und damit ein stärkeres Verletzungsbild vor, als tatsächlich besteht. Bei Schussversuchen haben wir im Winter im Schnee feststellen können, dass Schweiß bis zu 60 und sogar 100 m hinter dem beschossenen Stück als Ausschuss auf dem Boden zu finden war.
Was in fließendem Gewässer unmöglich ist, weil sich der Schweiß sofort verdünnt, sieht beim Einstieg von Rot- und Schwarzwild in stehende Gewässer ganz anders aus. Noch lange sieht man Schweiß als Fahnen in der Schwimmspur.

Winterhaar ist saugfähig und hält den Schweiß länger zurück als Sommerhaar.

Regnet es während der Nachsuche, können die Regentropfen die Schweißtropfen von breiten Blättern abwaschen und unter die Blätter spülen, wo sie abrinnen oder haften bleiben. Dort kann sie der geschulte Hund verweisen und nach dem Motto „Ein Königreich für einen Tropfen Schweiß!" bei schweren Suchen die Sicherheit geben, noch auf der Fährte zu sein.

FÄHRTENLEGEN DURCH EINE ZWEITE PERSON

Haben wir nach schweißtreibendem und zeitaufwendigem Fährtenlegen unseren Hund endlich soweit, dass er eine 1 000-m-Übernachtfährte problemlos arbeitet, meinen wir gern, jetzt sei es „geschafft". Ab geht es zu den Prüfungen und dann hinein in die raue Praxis, über die man allenthalben in den Jagdzeitungen von „Wundersuchern" und mehr lesen kann.

Aber sieht es nicht eigentlich so aus, dass wir jetzt an dem Punkt sind, an dem sich viele Führer bisher vorbeigemogelt haben? Bisher haben sie alle Fährten selbst gelegt, kannten jeden Schritt der Fährte und konnten den Hund geringfügig, aber bestimmt auf den richtigen Weg zum Stück leiten. Und dort wurde der Hund gelobt für die gemeinsame Leistung. Aber damit hat man sich selbst belogen!

In der Praxis kennt man die Fährte nicht. Man muss mit den gefundenen Zeichen fertigwerden: Pirschzeichen, Schweiß, Fährtenbilder usw. Schnelles Erkennen und eine entsprechende Reaktion: Darauf kommt es an, wenn man auf der Fährte weiterkommen will. Um diese Schwachstelle bei der Ausbildung des Gespanns zu beseitigen – die ja ausschließlich beim Hundeführer liegt –, sollte man sich eine vertrauensvolle zweite Person suchen, mit der man zusammenarbeitet und sich gegenseitig die Fährten legt. So hat man eine praxisnahe Situation auf einer unbekannten Fährte, die man aber flexibel dem Leistungsstand des Gespanns anpassen kann. Die zweite Person soll sich über den Verlauf der Fährte immer eine genaue Skizze anfertigen, in der alle Schwierigkeitsgrade eingezeichnet sind. Filmen hilft hier auch!

Beim Einweisen in die Fährte wird wie bei einer richtigen Nachsuche vorgegangen, dann beginnt das Gespann seine Arbeit. Die Aufgabe des zweiten Hundeführers ist es, in seine Skizze mit Farbstift die Arbeit des Hundes zu übertragen. Er oder sie beobachtet das Gespann sehr genau und macht sich Notizen. Dem Führer werden keine Hilfen gegeben, denn es soll zugehen wie in der Praxis. Bei der Nachbereitung werden alle Stärken und Schwächen besprochen und am Folgetag

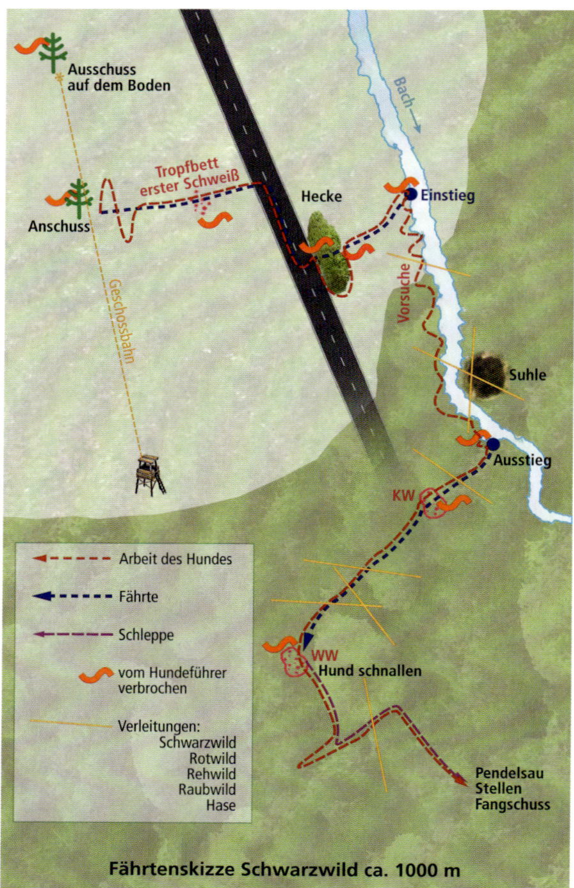

Beispiel für eine Fährtenarbeit: Fährtenskizze Schwarzwild, Fährtenlänge ca. 1 000 m

nachgearbeitet und die Fehler abgestellt.
Diese Art der Aus- und Fortbildung ist sehr zeitaufwendig, aber sie lohnt sich!
Dazu gehört auch, wildartenspezifische Fährten zu arbeiten. Hier ist es besonders wichtig, dass in die Fährte Eigenschaften eingebaut werden, die nur diese Wildart bei Verletzungen zeigt, z. B. beim Schwarzwild mehrere Widergänge hintereinander, beim Rehwild die Merren-Schleife, beim Rotwild lange Widergänge.
Bei Lehrgängen mit Lehrvorführungen wurde mir immer bestätigt, dass eine solche Ausbildung praxisnah und deshalb richtig sei.
Auch die entsprechenden Prüfungen müssten mehr danach ausgerichtet sein, der Praxis zu entsprechen.
Nur Hunde, die schrittweise und wirklich an der Praxis ausgerichtet auf die Fährte eingearbeitet worden sind, können den hohen Verpflichtungen gerecht werden, krankes Wild ohne langes oder gar zusätzliches Leiden zur Strecke zu bringen.

ARBEIT MIT MEHREREN HUNDEN

Erfahrene Hundeführer wussten schon immer, dass das Mitführen eines Reservehundes sowie eines nur zur Hetze mitgeführten sogenannten „Flotthundes“ große Vorteile bei langen Nachsuchen hat. Arbeitet man ausschließlich mit einem Hund, zeigt die Praxis dem Gespann oft genug seine Grenzen auf. Wird etwa ein vorher durch falsches Verhalten des Schützen, einer zu frühen Ansuche oder z. B. bei einer Drückjagd schon aufgemüdetes Stück gesucht, ist das kranke Wild zumeist schon sehr weit gezogen. Dies geschieht vor allem, wenn das Stück in der Rotte oder im Rudel zieht, wenn es sich um Alttier und Kalb handelt oder eine Überläuferbande. Solche Arbeiten sind mit nur einem Hund praktisch nicht zu machen.
Die entsprechende Suche gliedert sich immer in drei Abschnitte:

1. Die Riemenarbeit – sie kostet Kraft.
2. Die Hetze – sie kostet noch mehr Kraft.
3. Das Stellen – das kostet die letzte Kraft.

Wie soll das Abarbeiten dieser Suchenabschnitte – zumal bei jedem Wetter und in jedem Gelände – mit nur einem Hund angemessen bewältigt werden? Die Hunde wie auch ihre Hundeführer kommen da an ihre körperlichen Grenzen.
Wer heute eine solche Arbeit mit nur einem Hund macht, vergeht sich meiner Ansicht nach an seinem Kameraden Hund. Auch wenn man noch einmal ehrlich konstatieren

muss: Die meisten Arbeiten werden nicht wegen der Hunde, sondern wegen eines (zu) schwachen Führers beendet. Oft genug fehlt es an der richtigen Entscheidung, abzubrechen und ein anderes Gespann zu holen. In meiner langen Nachsuchenpraxis habe ich eine solche Entscheidung nur einmal erlebt – von einem der besten HS-Führer! *Das* ist tierschutzgerechtes Verhalten!

HUNDEWECHSEL IN DER FÄHRTE

Bei der Nachsuchenarbeit unterscheiden wir lange und kurze Suchen. Jede für sich stellt Anforderungen an den Hund, insbesondere seine Kondition. Eine solche Leistung kann nur von Hunden erbracht werden, die auf das Ziel „ans Stück kommen" ausgerichtet sind. In der Praxis stoßen Hunde aber sehr schnell an ihre Grenzen, ohne dass der Führer es bemerkt. Meist liegt das daran, dass man sich einfach nicht vorstellen kann, der eigene Hund könne „schwächeln". Dabei liegt der Grund dafür einzig und allein darin, dass die Führer ihre Hunde nicht praxisnah ausbilden oder zu gering belasten, um sie auf den später erforderlichen Leistungsstand zu bringen.
So oder so, bei abfallender Leistung oder nachlassendem Konzentrationsvermögen des Hundes muss er ausgetauscht werden. Das geht natürlich nur, wenn man mit zwei Hunden arbeitet – allerdings braucht es dann auch zwei Hundeführer. Dieser Stil muss eingearbeitet sein: Die Hunde müssen es kennen, mal als erster und mal als zweiter Hund zu arbeiten. Es darf kein Konkurrenz-Neid bei den Hunden aufkommen. Vielfach geht das leichter, wenn man mit einem Rüden und einer Hündin arbeitet.
Sobald der erste arbeitende Hund Anzeichen nachlassender Konzentration und unsaubere Arbeit zeigt, wird er angehalten und durch den zweiten, vorher nachgeführten, ersetzt. Es ist interessant zu beobachten, wie gern Hunde das Hilfsangebot zum Ausruhen

Mit zwei Hunden zu arbeiten, ist bei manchen Fährten nahezu unverzichtbar.

wahrnehmen. In diesen Pausen können sie auch etwas Wasser oder Futter angeboten bekommen.
Die Erfahrung hat gezeigt, wie schnell sich der zurückgenommene Hund erholt und wieder arbeiten will. Sobald der zweite Hundeführer bemerkt, dass der Hund wieder „will", sollte er Bescheid geben. So lernt der Nachsuchenführer die Grenzen seiner Hunde sehr gut kennen und weiß, was er ihnen bei der Suche (noch) zumuten kann. Wir sollten nie vergessen, dass unsere Hunde keine Maschinen sind, die unermüdlich arbeiten können!
Das Wechseln des führenden Hundes bietet den Vorteil, immer einen fast ausgeruhten Hund zu haben. So lassen sich auch lange Strecken vom Gespann bewältigen. Beim Schnallen wird dann der jeweils Erste zur Hetze geschnallt und der zweite „frische" nachgeführt, um im Notfall dazugeschnallt zu werden oder das Stück zu binden. Gerade bei Rotwild kann Letzteres entscheidend für den Erfolg der Suche werden.

MIT DREI HUNDEN IN DICKUNGEN

Dickungen sind für jedes Gespann eine schwere Aufgabe, die es aber zu lösen gilt, wenn sie ansteht. Der Ausspruch eines jüngeren Hundeführers, „Das ist doch kein Problem: Wir haben ja unsere Tele-Geräte! Da bekommen wir jede Sau", macht doch wirklich besorgt und nachdenklich. Denn was hilft das Gerät, wenn man einen Schlehenverhau vor sich hat, so dicht, dass man sich darauflegen kann, ohne einzubrechen, und die Hunde in diesem Verhau Standlaut geben?
Dickungen zeigen sich mannigfaltig: Forstanpflanzungen mit Himbeere, Läuterungen in Fichten, großflächige Brombeerverhaue, Windwurf mit Unterwuchs, dicht gedrillte Mais- oder Rapsschläge, Sonnenblumenfelder, Schlehenverhaue, Gatter mit reichlich Ginster. Wenn dann noch das Wetter nicht so passt – Starkregen, Schnee, scharfer Wind oder schlechte Sicht – wird eine solche Sache nur etwas für die besten Gespanne!

Vor diesem Hintergrund habe ich mit meiner Technik, mit drei Hunden zu arbeiten, zwar beste Erfolge gehabt, aber auch sehr traurige Momente erlebt. Dass Hunde und Führer bei solchen Herausforderungen eine Meute bilden, dürfte klar sein, denn hier bedeutet Arbeit absolute Übereinstimmung und Verstehen.
Aus der Vielzahl der möglichen Situationen habe ich einige beispielhaft herausgegriffen:

Beispiel 1 Die Suche kommt mit drei Hunden vor eine Dickung. Hier wird die Arbeit unterbrochen, eine kleine Pause eingelegt, und es stellt sich die Frage: Steckt das Stück oder ist es durchgezogen? Diese Frage wird durch Umschlagen der Dickung geklärt: Das Stück steckte drin.

Beispiel 2 Hier wird der Hund Nr. 1 zur freien Suche angerüdet, ein sehr erfahrener Zwergteckel. Dieser arbeitet auf der Wundfährte suchend weiter. Ist das Stück verendet, gibt er Standlaut.

Beispiel 3 Der Hund Nr. 1 kommt an das Stück im Wundbett: Zeigt sein Laut an, dass das Stück noch auf den Läufen ist, wird Hund Nr. 3 dazugeschnallt. Zu zweit stellen sie das Stück. Der Fangschuss kann angetragen werden.

Beispiel 4 Ist das Stück ist durchgezogen, lässt sich das folgendermaßen feststellen: Hund Nr. 1 wird kurz frei in die Dickung geschickt. Er sucht die Dickung ab, verlässt sie aber nicht, sondern kommt zum Hundeführer zurück. Wäre das Stück gesteckt, hätte der Hund Laut gegeben (Beispiel 2). Nun wird mit Hund Nr. 2 umschlagen und der Auswechsel gesucht. Die Suche geht weiter.

Beispiel 5 Bei Dickungen, die so schwer sind, dass man als Führer nicht mehr folgen kann, stellen Hund Nr. 1 und 3 das Stück. Zwei Treiber gehen in den Wind und geben

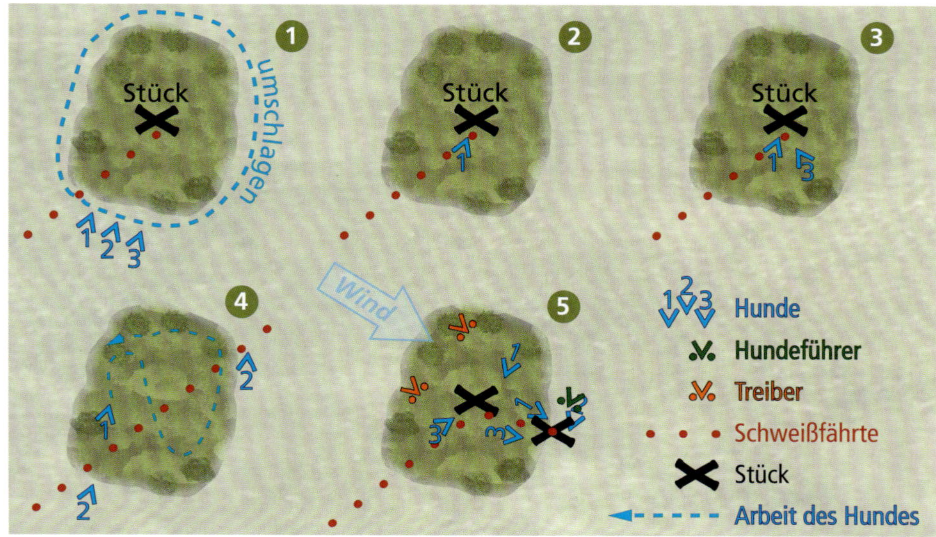

Arbeit mit drei Hunden

durch lautes Rufen und mit Schlagen an die Sträucher eine Treiberwehr vor. Der Hundeführer geht mit Hund Nr. 2 unter Wind und stellt sich außen in Deckung.
Bedrängt durch die Treiber, wird das Stück locker und drückt sich an den Dickungsrand, wo es vom Hundeführer gestreckt werden kann. Sollte das Stück noch ausbrechen können, wird sofort Hund Nr. 2 dazugeschnallt. Die Hetze geht in einer solchen Situation meist nicht weit.
Bei dieser Technik ist das Zusammenarbeiten von Hunden und Führer in ganz hohem Maß gefordert. Bei der Schussabgabe, die meist sehr kurz am Stück erfolgt, ist größte Vorsicht geboten.

EINARBEITUNG MIT DREI HUNDEN

Um die Technik der Arbeit mit drei Hunden zielgerichtet einsetzen zu können, müssen bestimmte Voraussetzungen gegeben sein:

1. Der Hundeführer verfügt über viel Erfahrung.
2 Der Hundeführer kann sich beruflich so einrichten, dass er auch für längere Suchen ausreichend Zeit findet.
3. Der Hundeführer führt mehrere Hunde, die für diese Technik einsetzbar sind oder
4. der Hundeführer kennt verlässliche andere Hundeführer, mit denen er zusammenarbeiten kann.
5 Das Wichtigste aber: Der Hundeführer hat ausreichend Zeit, um die Hunde sauber einzuarbeiten!

Die Einarbeitung der Hunde geschieht wie alle unsere Stationsausbildungen auf der offenen Wiese, um Ablenkungen zu vermeiden. Wichtig ist, dass der zweite und dritte Hundeführer vom Fach sind! Bei der Arbeit werden die beiden nachgeführten Hunde im Abstand geführt – unbedingt sollen die Hundeführer versetzt von der Fährte gehen, um Verweiserstücke nicht zu zertreten. Ebenso wichtig ist bei dieser Technik, dass die Hunde in der Meute friedlich miteinander arbeiten. Es darf keine Beißereien am Stück geben!
Die Technik, mit mehreren Hunden zu arbeiten, habe ich in Afrika „aus der Not geboren“, denn dort waren Nachsuchen immer sehr lang und anstrengend, und unsere Feldversuche hatten gezeigt, dass sie mit einem Hund allein nicht zu bewältigen waren. Deshalb

habe ich immer drei Hunde eingesetzt. Das sieht hier bei uns natürlich anders aus. Hierzulande habe ich folgendermaßen mit drei Hunden gearbeitet:
Ein Hund – bei mir war es ein Teckel – arbeitet frei suchend auf der Fährte voraus. Der auf der Fährte suchende und der mitgeführte zweite Hund sind voll ausgebildete Hunde, die man bei Ermüdungserscheinungen auswechseln kann. So ist ein Hund immer frisch, und man kann sehr weit arbeiten. Die Vorteile, mit drei Hunden zu arbeiten, liegen also auf der Hand.
Der frei suchende Hund muss ein ruhig arbeitender Hund sein, der vor Dickungen, Hecken, Hainen oder anderen Geländeveränderungen selbstständig auf das Gespann wartet, um erst auf Aufforderung in den Bestand hineinzuarbeiten. Er soll anzeigen, ob das Stück z. B. in der Hecke steckt oder ob es diese bereits verlassen hat und weiterzieht.
Steckt das kranke Stück, muss der Hund Laut geben; jetzt wird der erste oder einer der mitgeführten frischen Hunde geschnallt. Am Laut erkennt der Führer, welche Situation vorliegt. Er kann entsprechend entscheiden, ob auch der dritte Hund hinzugeschnallt oder ob er als Reserve zurückgehalten werden soll. Stellen nur zwei Hunde, hat das den Vorteil, dass beim Binden einer vor dem Stück und einer dahinter steht, was den Fangschuss sehr erleichtert. Liegt das Stück verendet im Wundbett, gibt der freisuchende Hund Laut, oder er verweist stumm. Der Hundeführer kann dann an das Stück heranarbeiten.
Hat das Stück die Dickung verlassen, kommt der frei suchende Hund zurück und zeigt an, dass das Stück weitergezogen ist. In diesem Fall wird die Hecke umschlagen und der Auswechsel gesucht, um die Arbeit fortzusetzen. Nach dem Fangschuss kommt das Gespann gemeinsam ans Stück und nimmt die Beute in Besitz. Hier darf es keine Rangkämpfe unter den Hunden geben – auch das Genossenmachen muss reibungslos ablaufen. Es ist wohl einleuchtend, dass die Arbeit mit mehreren Hunden glatter läuft, wenn die sich aus der Meute kennen. Generell ist soziale Verträglichkeit der Hunde von Vorteil, da gerade auch auf Drückjagden nicht selten einander fremde Hunde an verwundetes Wild kommen und diese Situation auch gemeinsam meistern können sollten.
Die Technik der Nachsuche mit drei Hunden verlangt ein hohes Maß an Vorarbeit bei der Ausbildung, ist aber gerade am Schwarzwild sehr erfolgreich. Es ist immer wieder erstaunlich, wie sich z. B. meine vollausgebildeten BGS auf den Teckel einstellen konnten.

FÄHRTENARBEIT IM SCHNEE

Da der Hund grundsätzlich bei jedem Wetter einsetzbar sein muss, hat der Führer alle mit den unterschiedlichen Wetterlagen verbundenen Schwierigkeiten zu kennen. Wie wir gesehen haben, verändern sich Schweiß und Fährte unter Witterungseinfluss ganz enorm. Nehmen wir zum Beispiel Schnee: Für die meisten ist der Schnee weiß, nass oder trocken, wenig oder reichlich vorhanden.
Für die Hundenase ist es anders. Entscheidend ist, ob der Hund etwas durch den Schnee riecht oder nicht. Hier kann der Hundeführer seinem Hund ungemein helfen. Seine Erfahrung und sein Können sind ausschlaggebend dafür, ob witterungsbedingte Schwierigkeiten wie z. B. Schnee gemeistert werden.
Schnee ist ein „Kapitel für sich“ und fordert viel Spezialwissen. Er unterliegt eigenen Gesetzmäßigkeiten, z. B. der sogenannten Metamorphose, der Schneeumwandlung, bei der aufbauende und abbauende Schmelzumwandlung unterschieden werden.
Für uns Hundeführer sind drei Schneezustände wichtig, um auf der Fährte arbeiten zu können:

1. Aufbauende Schneeumwandlung,
2. abbauende Schneeumwandlung und
3. Schmelzumwandlung (Verfirnung).

Checkliste

DIE UNTERSCHIEDLICHEN SCHNEEARTEN

- ☐ Wildschnee und Flaumschnee
- ☐ Pulverschnee
- ☐ Pappschnee
- ☐ Pressschnee
- ☐ Packschnee
- ☐ Schwimmschnee
- ☐ Windharsch
- ☐ Körniger Schnee
- ☐ Sulzschnee
- ☐ Schneeschlamm
- ☐ Schmelzharsch
- ☐ Oberflächenreif
- ☐ Raufrost (Anraumen)

Aufbauende Schneeumwandlung Bei der aufbauenden Schneeumwandlung ist der Boden noch wärmer als der Schnee. Fällt eine typischerweise sechsstrahlige Schneeflocke auf den Boden, dann kondensiert an den Lamellen des Schneekorns die Luftfeuchtigkeit und gefriert infolge hoher Minusgarde: Die Schneeflocke wird größer, sie „baut auf" und sieht mit dem „Raureif" aus wie ein Igel. Fällt diese Schneeart auf die Fährte und bleibt sie von Wind oder Pressdruck durch Tritte unberührt, kann die Hundenase die Witterung des Schweißes noch durch große Höhen Schnee bis zu zwei Meter Tiefe aufnehmen.

Abbauende Schneeumwandlung Bei Plusgraden wird die einzelne Schneeflocke abgeschmolzen, sie „baut ab". Ihre Lamellen brechen ab und verflüssigen sich. Zurück bleibt der Schneeflockenkern. Dieses Fragment der früheren Schneeflocke ist nur noch ein kleiner „Eisklumpen" und umschließt den auf dem Boden liegenden Schweiß. In den Zwischenräumen zwischen den einzelnen Schneekörnern setzt sich das Lamellenwasser ab. So kommt es zum völligen Abschirmung der Witterung auf dem Boden. Die Eigenkälte der Schneekörner lässt das Schmelzwasser gefrieren und versiegelt so die Schneeschicht. Vom Boden kann keine Witterung mehr nach oben dringen, und deshalb nimmt der Hund nichts wahr.
Diese beiden Arten sind für die Schweißarbeit von größter Wichtigkeit, können sie doch eine Suche ganz gewaltig beeinflussen und den Erfolg verzögern, wenn nicht sogar zunichtemachen.

Schmelzumwandlung (Verfirnung) Firn ist eine besondere Schneeart, die man meist nur im Frühjahr in den Monaten März und April antrifft. Hier ist typisch, dass bei steigenden Temperaturen die grobkörnigen Schneekerne mit dem Schmelzwasser der Lamellen und des Korns so fest zusammenfrieren, dass keine Witterung mehr freigegeben wird und von

ARBEIT IM SCHNEE – DIE GROSSE ÜBERRASCHUNG

Bei Schnee legte ich für meinem im ersten Behang stehenden Rüden „Poldi" eine Fährte mit dem Fährtenschuh und spritzte gleichzeitig Schweiß in und neben die Fährte. Der Schnee befand sich in aufbauender Umwandlung, die Außentemperatur betrug −12 °C, die Fährte war 1 000 m lang und führte durch ein lichtes Buchenaltholz. Nach etwa sechs Stunden Stehzeit ging ich mit dem Hund an den Anschuss. „Poldi" wurde zum ersten Mal bei Schnee angesetzt. Ich staunte nicht schlecht, denn der ansonsten sehr sauber arbeitende Hund kam nicht mal einige Meter vom Anschuss weg – dabei waren Fährte und Schweiß im Schnee doch deutlich zu sehen. Alles neue Ansetzen und Anrüden half nichts, wir kamen keinen Meter weiter.

unten aufsteigen kann. Selbst bei geringer Schneehöhe kann das die Arbeit des Hundes sehr negativ beeinflussen. Wer nun meint, dass im Flachland und Mittelgebirge solche Wetterlagen nicht vorkommen, irrt gewaltig! Gerade in den Monaten März und April wird in solchen Regionen immer noch auf Schwarzwild gejagt, und nicht selten herrscht noch Frost bzw. liegt noch Altschnee. Oft genug haben wir das bei Lehrvorführungen im Frühjahr erlebt. Wer schon einmal unter solchen Bedingungen gearbeitet hat, der weiß, was es bedeutet. So manche Nachsuche hätte nicht aufgegeben werden müssen, wären dem Hundeführer die Grundzüge der Schneecharakteristik bekannt gewesen.

BODENFROST

Die Zeichnung unten verdeutlicht, was Frost und leichter Schneefall für die Arbeit mit dem Hund bedeuten:
Im linken Teil der Abbildung liegt der Schweiß getropft auf dem nicht gefrorenen Boden. Da der Boden nicht versiegelt ist, kann Feuchtig-

Unter -3 °C kann die Hundenase keine Witterung mehr aufnehmen.

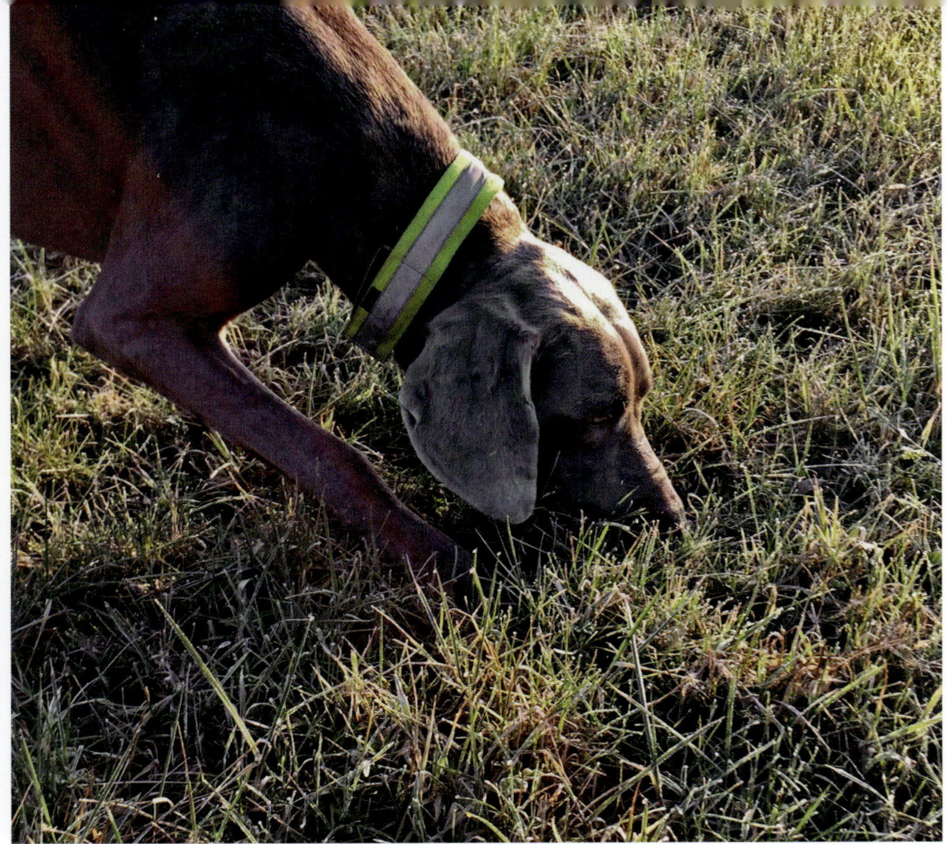

Arbeit bei Raureif gelingt nur im Zeitfenster von etwa 10 bis 14 Uhr.

keit noch verdunsten. Die Verdunstung streicht am Schweiß vorbei, der ebenfalls beginnt, gasförmige Witterung abzugeben. Die Hundenase kann auch bei höherer Schneelage und durch die fallenden Schneeflocken hindurch die Witterung aufnehmen.

Im rechten Abbildungsteil fällt der Schnee auf gefrorenen Boden und damit gefrorenen Schweiß. Eine Verdunstung von Bodenfeuchtigkeit findet nicht mehr statt und damit steigt keine Witterung mehr auf, die der Hund aufnehmen könnte. Eine Fährtenarbeit ist jetzt unmöglich!

Feldversuche des Bergwacht-Rettungsdienstes und eigene Versuche mit meinen BGS haben die Möglichkeiten und Beschränkungen der Nasenarbeit der Hunde je nach Metamorphose des Schnees gezeigt. Hunde, die gelernt haben, im Schnee zu arbeiten, pflügen ihn über der Fährte regelrecht weg, um den Schweiß zu verweisen. Diese Arbeitsweise zeigen Hunde bei Schneelagen im Flachland, da die Schneelage dort nicht so hoch ist. Im Gebirge wird mit einer ganz anderen Technik gearbeitet, z. B. mit der Individualwitterung: So werden die Lawinenhunde eingearbeitet.

Bei der äußerst schwierigen abbauenden Schneeumwandlung hat die Praxis gelehrt, dass man mit dem gleichen Ansatz wie bei Frost weiterkommt: In einem Zeitfenster zwischen ca. 10 und 14 Uhr kann die Arbeit gelingen. Diese Zeitspanne kann sich allerdings örtlich oder wetterbedingt nicht selten verschieben.

TEIL 3

— *Die Rote Arbeit in der Jagdpraxis*

VERHALTEN DES WILDES IM UND NACH DEM SCHUSS

Sind Hundeführer und Hund ausreichend ausgebildet, kann es an die Praxis der Nachsuche gehen. Jeder Nachsuchenhund fängt einmal klein an und kann – je nach Gelegenheiten, die er bekommt – seine Leistung allmählich steigern.

IM VORFELD DER NACHSUCHE

Der Erfolg einer Nachsuche hängt von einer Vielzahl unterschiedlicher Faktoren ab. Die größte Fehlerquelle sollte von vornherein ausgeschlossen werden, indem ein gut ausgebildetes und sorgfältig arbeitendes Nachsuchengespann zur Arbeit gerufen wird!

Nun muss sich der Nachsuchenführer ein genaues Bild vom bisherigen Geschehen machen können, um seine Arbeit – für die er oder sie ab sofort Jagdleiter ist – zu planen und anzugehen. Dazu braucht er den Schützen. Deswegen muss dieser Schütze nach dem Schuss auf Schalenwild einige Regeln beachten und sich eine Reihe von Fragen durch den Kopf gehen lassen, um die eventuell notwendige Nachsuche nicht unnötig zu erschweren. In Anschussseminaren werden die Teilnehmer immer wieder auf diese wichtigen Grundregeln aufmerksam gemacht. Im Serviceteil des Buches sind sie abgedruckt und können ggf. kopiert werden.

Auf in die raue Praxis ...

ZEICHNEN

Wild zeichnet im Schuss fast immer anders, als es in vielen Büchern beschrieben steht. Das Zeichnen lässt sich nicht generell und allgemeingültig festlegen, weil Tiere Individuen sind und daher auch individuell unterschiedlich reagieren. Auch die Wildart spielt eine Rolle. Es ist außerdem ein Unterschied, ob Wild in Ruhe, also stehend, oder flüchtig beschossen wird, ob es in sehr guter Kondition, also feist ist, oder krank und abgekommen – und ob Hunde bei Drückjagden am Stück sind oder vielleicht Hochbrunft herrscht. Unter diesen Vorbehalten lassen sich aber einige Gesetzmäßigkeiten festhalten, die relativ häufig auftreten und auf einen bestimmten Sitz der Kugel schließen lassen.

ÜBERLIEFERTE IRRLEHREN

In der Fachliteratur kursieren einige Thesen, die sich ebenso hartnäckig halten, wie sie falsch sind.

Kugelschlag? Immer noch legen einige Autoren Wert auf den viel zitierten „Kugelschlag" und glauben, ihn zu vernehmen. Tatsächlich ist der Kugelschlag bei den modernen Laborierungen nur dann zu hören, wenn man etwas abseits der Waffe steht und Mündungsknall und Kugelschlag zeitlich getrennt ans Ohr gelangen. Dazu muss entweder das Geschoss sehr langsam oder die Schussentfernung sehr groß sein. Davon ganz abgesehen: Aus dem Geräusch des Kugelschlages auf den Sitz des Schusses zu schließen ist ohnehin nicht möglich.

Bei Hochblattschuss nach oben? Durch die Literatur zieht sich infolge jahrzehntelangen Abschreibens noch immer der Fehler, dass ein Hochblattschuss eine steil nach oben gerichtete Flucht nach sich ziehe. Genau das Gegenteil ist der Fall! Ein Schuss durch den oberen Teil der Kammer wird von den meisten Stücken mit einer tiefen Flucht quittiert. Unter Umständen schießt man dem Stück dabei die Wirbelsäule durch, dann bricht es sofort zusammen.

Bei Tiefblattschuss nach unten? Der zweite Fehler ist zu glauben, dass der Tiefblattschuss eine tiefe Flucht zur Folge habe. Richtig ist hingegen, dass ein Schuss durch den unteren Teil der Kammer das Herz trifft und das Stück mit einer Hochflucht zeichnet.

„Blattschuss" Auch den Ausdruck „Blattschuss" sollte man besser nicht verwenden, sondern stattdessen lieber vom Kammerschuss sprechen. Ein Schuss durch die Kammer muss nämlich nicht zwangsläufig das Blatt (Schulterblatt) treffen – umgekehrt aber schon.

Zeichnen beim Hochblattschuss

Zeichnen beim Tiefblattschuss

Hohlschuss Der ab und zu angeführte „Hohlschuss", bei dem das Geschoss den Bereich der Kammer durchschlagen soll, ohne Organe zu beschädigen, ist unmöglich. Er kommt demzufolge auch nur im Jägerlatein vor. Durch den Unterdruck im Brustraum liegt die Lunge rundum satt an der Brustwand an. Es gibt im Körper keine hohlen Räume, auch bei ausgeatmeten Lungen nicht. In dieser Hinsicht einzig denkbar wäre, dass das Geschoss zwischen zwei Rippen eintritt und zwischen zwei Rippen auf der Ausschussseite wieder austritt, ohne sich dabei zu deformieren. Eine beträchtliche Verletzung für das Wild bedeutet das aber trotzdem.

AUSSAGEN OFT VON BEGRENZTEM WERT

Wenn man über Zeichnen des Wildes spricht, meint man in der Regel das Verhalten des Wildes *im* Schuss. Das ist aber nur die halbe Beschreibung der Situation. Für uns Schweißhundeführer ist der andere Teil, das Verhalten des Wildes *nach dem* Schuss, ebenso wichtig – wenn nicht sogar wichtiger.
Immer wieder muss man feststellen, dass die Beschreibungen der Schützen über das Zeichnen eines beschossenen Stücks sehr ungenau sind. Teilweise sind sie regelrecht an den Haaren herbeigezogen, weil der Schütze überhaupt etwas sagen möchte. Teilweise äußern die Schützen auch, das Stück habe „gut gezeichnet". Diese Aussage ist natürlich inhaltlich völlig wertlos, wenngleich menschlich verständlich: Den meisten Schützen ist es unangenehm, die Hilfe eines Schweißhundegespanns zu benötigen.
Bedenken Sie auch, dass die meisten Schützen durch das Mündungsfeuer beim Schießen im Dunkeln geblendet werden. Der helle Lichtblitz zerstört kurzfristig den Sehpurpur der an die Dunkelheit angepassten Augen, und man ist für einige Zeit blind. Das kommt bei den stetig wachsenden Schwarzwildbeständen und der Jagd auf Sauen im Dunkeln immer häufiger vor. Abhilfe schafft nur die Übung: das nicht zielende Auge zukneifen und gleich nach dem Schuss öffnen, um damit das Wild weiter zu beobachten.
Zielfernrohre mit starker Vergrößerung und starken Kalibern schlagen durch den Rückstoß weit aus der Richtung, und es ist schwierig, das Stück gleich nach dem Schuss weiter durchs Zielglas zu verfolgen. Auch hier sollte man das Wild mit dem „unbewaffneten" Auge weiter beobachten. Denken Sie bei Gesprächen mit den Schützen immer daran, dass ihn das Jagdfieber vermutlich gebeutelt hat und er einige Dinge nicht sehr klar wahrgenommen haben könnte, bzw. dass bei seinen Schilderungen der Wunsch Vater des Gedankens war.

ZEICHNEN HEISST NICHT IMMER TREFFER

Das Zeichnen des Wildes muss nicht nur auf einen direkten Treffer zurückzuführen sein, auch das bloße Erschrecken des Wildes kann als Zeichnen fehlgedeutet werden. Wenn der Schütze das Stück deutlich zu kurz beschießt, und das Geschoss schlägt vor dem Wild ein, kann das Stück durchaus ein paar Erdklumpen abbekommen. Daraufhin wird es wie ein getroffenes zusammenrucken. Das Verhalten *nach* dem Schuss ist dann aber ein anderes als bei einem tatsächlich getroffenen Stück.

IN HOHER FLUCHT

Schwarzwild oder anderes Schalenwild in hoher Flucht zeichnet bei Körpertreffern, außer bei Knochentreffern im Bereich des Bewegungsapparates, fast unmerklich, und es ist für den ungeübten Schützen selten zu erkennen. Dann ist es auch schwer, die Eingriffe und Ausrisse – und somit den Anschuss – zu finden, da das Wild durch die Flucht schon starke Bodenverwundung hinterlassen hat. Auch bei einem guten Körpertreffer, z. B. einem Kammerschuss, auf hochflüchtiges Schwarzwild erkennt der unerfahrene Jäger meistens nicht, ob er getroffen hat oder ob das Geschoss über den Wildkörper ging. Deshalb muss beschossenes Wild so lange wie möglich

ALLEIN ODER IM VERBAND?

Als Nachsuchenführer müssen Sie sich vor jeder Arbeit unbedingt schildern lassen, ob sich das beschossene Stück von den Artgenossen getrennt hat oder ob es mit der Rotte/dem Rudel geflüchtet ist – Letzteres macht die Arbeit für den Hund schwieriger. Auch wenn die Auskunft nicht unbedingt Rückschlüsse auf den Sitz des Treffers zulässt, erhalten Sie doch wichtige Informationen darüber, ob die Arbeit von Ihrem Hund zu leisten ist.

beobachtet werden: Der Schütze soll insbesondere ungewöhnliche Bewegungen des Stückes registrieren, um sie später dem Nachsuchenführer zu melden.
Bei in hoher Flucht beschossenem Wild verschließen sich Ein- und Ausschuss meist durch die Bewegung der Decke/Schwarte sowie der Muskulatur: Hier findet man selten viel Schweiß, außer bei einem großen Ausschuss. Es ist eine Frage der Erfahrung, ob der Schütze erkennt, dass er getroffen hat, um später den Hundeführer richtig einzuweisen.

KÖRPER- UND ORGANTREFFER

Bei Treffern und Zeichnen unterscheiden wir zwischen Körpertreffern (Organtreffern) und Verletzungen der Vorder- und Hinterläufe. Dem Nachsuchenführer hilft eine genaue Beschreibung des Verhaltens, das das beschossene Wild gezeigt hat, schon bevor er sich am An- und Ausschuss auf dem Boden selbst ein detailliertes Bild macht. Die Schilderungen des Schützen geben einen ersten Eindruck von der Art von Suche, auf die sich das Gespann einzustellen hat – nicht zuletzt, ob es diese Arbeit überhaupt leisten kann.

Zeichnen bedeutet nicht automatisch Treffer: Es kann auch auf Erschrecken zurückzuführen sein.

NACHSUCHEN AUF REHWILD

Zu der unsinnigen Behauptung, die Rehwildfährte sei wegen ihrer Zwischenzehensekrete zu einfach und verderbe den Hund, ist bereits alles gesagt. Alles Schalenwild hat Zwischen-

Rehwild macht bis zu acht Meter weite Sprünge auf der Fluchtfährte.

zehensäckchen – das Muffelwild sogar vier und wird doch gearbeitet! Erfahrene Nachsuchenführer wissen: Rehwildnachsuchen sind die fachlich anspruchsvollsten Arbeiten für ein Nachsuchengespann! Das hat seine Gründe:

- Die Riemenarbeit ist schwer, wenn sie überhaupt möglich ist.
- Rehwild hinterlässt eine sehr kleine Bodenverwundung von 1,5 cm und bringt wenig Gewicht auf den Boden. Außerdem kommen weite Sprünge von sechs bis acht Metern in der Fluchtfährte vor.
- Rehwild ist stark an sein eigenes Revier gebunden. Es zieht hin und her, kreuzt ständig die eigene Fährte und legt viele Widergänge ein. Eine Riemenarbeit ist manchmal fast unmöglich und verlangt in jedem Fall einen sehr ruhigen Hund mit solider Ausbildung.
- Rehwild flüchtet in schwerstes Gelände: Verhaue aller Art, Auwald, Moor und Bruch, Ginster mit Brom- und Himbeeren, Mais, Raps etc.
- Eine Hetze ist sehr oft nötig, der Hund muss stellen oder runterziehen können. Dabei sind die Hetzerfolge umso geringer, je schwerer der Hund ist – Vorstehhunde bilden hier allerdings eine Ausnahme.

LAUFSCHÜSSE

Laufschüsse stellen neben Weidwundschüssen die häufigsten Nachsuchen, und das bei allen Schalenwildarten.

Viele Jahre der Beobachtungen und Befragung von Schützen zeigen immer wieder das gleiche Bild: Durch eine praxisferne Schießausbildung im Büchsenschießen wird den Jungjägern eine falsche Technik beigebracht. Denn wenn weiterhin gelehrt wird, bei stehendem Wild mit dem Zielstachel oder Leuchtpunkt am Vorderlauf hochzugehen bis in den Wildkörper und dann etwas zur Mitte hin weiterzuziehen – wie soll da das Abkommen in der Praxis passen? Bei einem nur etwas von Jagdfieber geschüttelten Schützen mit wenig Jagdmöglichkeit ist es nicht verwunderlich, wenn der Schuss zu früh bricht. Ein Laufschuss ist so nahezu garantiert und das Stück weg. Dass bei dieser Technik am lebenden Wild schwerste Schussverletzungen vorkommen, ist absehbar. Training auf dem Schießstand kann das verhindern.

Auch die Praxis, bei Laufschüssen „sofort“ zu schnallen, ist in 90 % der Situationen falsch. Denn wer seinen Hund erst aus dem Auto holen muss, statt ihn unter der Kanzel abzuholen, hat schon verloren. Jeder Lauftreffer, ob hoch oder tief, führt aber dazu, dass das Stück ins Wundbett geht – meist relativ nahebei. Es wird – wenn es in Ruhe gelassen wird – durch den anfangs größeren Schweißverlust schwach und „klamm“. Nach einer Wartezeit von mindestens vier Stunden kann dann erstmalig (!) nachgesucht werden: Jetzt sind die Stücke mit hoher Wahrscheinlichkeit über die Hetze zu bekommen.

Das Ansuchen darf keinesfalls mit einem Hund begonnen werden, der die Arbeit nicht in jedem Fall auch zu Ende führen kann – sonst hat man das Stück nur fortgebracht, und die Arbeit wird unverhältnismäßig schwer. Dieser Aspekt ist durchaus tierschutzrelevant!

LAUFSCHÜSSE BEI REHWILD

Laufschussverletzungen beim Rehwild sind immer besonders schwierig zu arbeiten. Das liegt neben den oben für Rehwildnachsuchen generell genannten Gründen an folgenden Gegebenheiten:

- Laufschüsse enden nahezu immer mit einer Hetze.
- Wurde das Stück schon einmal aufgemüdet und nicht zustande gebracht, wird die Nachsuche sehr lang.
- Der Lebensraum des „Schlüpfers“ Reh ist vielfältig, und in dichten und kleinflächig wechselnden Bereichen aus Ginster, Brombeeren, Himbeeren etc. ist das Het-

zen für Hunde nicht leicht. Es macht Sinn, bei solchen Arbeiten einen Flotthund mitzuführen.
- Wegen der hohen und weiten Fluchten des Rehs wird eine Riemenarbeit, insbesondere im Getreide, fast unmöglich. Auch eine Hetze bedeutet hier Schwerstarbeit für den Hund.

Hundeführer, die ihre Hunde nicht auf solche Fährtenarbeiten, z. B. im Getreide, eingestellt haben, müssen sich überlegen, ob sie diese Art Arbeit überhaupt beginnen oder nicht besser ein erfahreneres Gespann rufen. Einmal aus dem Wundbett hochgemacht und nicht durch eine Hetze auf den Boden gebracht, ist Rehwild fast nicht mehr zu bekommen. So ein Stück verlässt – entgegen der sonstigen ausgeprägten Standorttreue – sein Revier und flüchtet sehr weit. Dennoch kann es sinnvoll sein, dass sich der Schütze in den nächsten Tagen regelmäßig erneut ansetzt – nicht selten kehrt das Stück in sein angestammtes Revier zurück und kommt wieder in Anblick.

LAUFSCHÜSSE BEI ROTWILD

Wird ein Stück Rotwild am Lauf getroffen, entscheidet über den weiteren Fortgang, wie es zuvor angewechselt ist. Einzelstücke ziehen oft sehr weit über freies Gelände, um sich dann entweder dem Rudel wieder anzuschließen oder sich im Bestand einzustellen. Wird es stark durch den Hund bedrängt, stellt sich Rotwild gern in nahegelegenem Wasser, um den Verfolger anschwimmen zu lassen und ihn dann mit dem gesunden Lauf unter Wasser zu drücken.

Ist in einem Alttier-Kalb-Familienverband das führende Stück getroffen, wird es versuchen, so weit wie möglich fortzukommen. Bei der Hetze oder dem Stellen spielt das Kalb keine Rolle, denn es wird abseits stehen. Wenn umgekehrt jedoch das Kalb getroffen wurde, wird das Alttier sein Kalb sehr hart verteidigen. Schon mancher Hund hat hier Lehrgeld in harter Münze zahlen müssen.

Ende einer Suche auf einen Rehbock, der nach der „Vorderlauf-Technik" beschossen wurde.

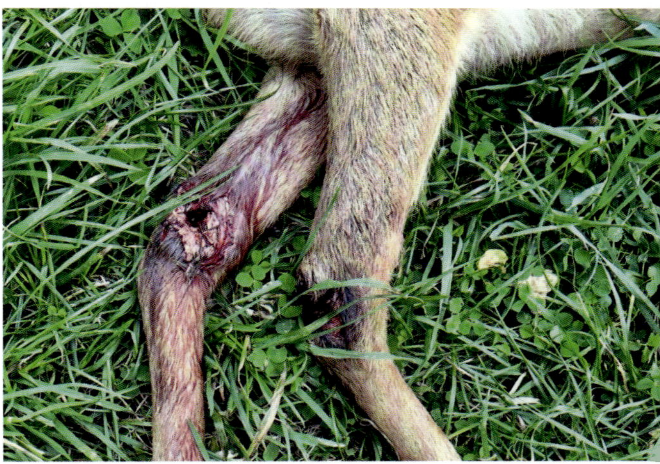

Trotz doppelten Laufschusses durch die Handwurzelgelenke war dieses Stück noch sehr mobil.

Ziehen getroffene Schmaltiere oder Spießer im Rudel-Verband mit, muss der Hund imstande sein, das Stück vom Rudel zu trennen. Der Rest des Rudels wird weitgehend unbeeindruckt weiterziehen.

Stücke in der Brunft, also meistens beschossene Hirsche, trennen sich vom Rudel und stellen sich. Je nach Schwere der Verletzung und wenn sie nicht aufgemüdet werden, schieben sie sich im lichten Bestand im Wundbett ein. Ich habe bei meinen Arbeiten immer wieder festgestellt, dass Hirsche mit einem kleinen Rudel nach kurzer Zeit mit diesem Rudel zogen, vor allem, wenn es sich um flaches Gelände handelte und sie tiefe Laufschüsse hatten. Zurück blieben nur die Hirsche in unebenem Gelände, im Gebirge oder Hirsche mit schweren Verletzungen.

LAUFSCHÜSSE BEI SCHWARZWILD

Bei unserem wehrhaftesten Wild, dem Schwarzwild, stellen Laufschüsse immer etwas Besonderes dar. Da diese Wildart sehr hart ist und wegen seiner Intelligenz für jede Überraschung gut, setzen diese Suchen ein gerüttelt Maß an Erfahrungen beim Führer voraus.

Für die Hundenase sind Schwarzwildfährten eigentlich die am einfachsten zu arbeitenden Fährten. Schon beim Ziehen hinterlassen Sauen starke Bodenverwundungen, denn sie treten mit den gesamten Schalen sowie mit dem ganzen Oberrücken auf. Das Gewicht des Stücks hinterlässt auch bei trockenem Untergrund eine sichtbare Bodenverwundung, und gerade die Hinterläufe werden beim Ziehen oft nachgezogen: Es bildet sich die sogenannte Rinne. Die Besonderheit der Schwarzwildfährte ist jedoch die Witterung der – bis zu sechs! – Carpaldrüsen an der Innenseite der Vorderhämmer.

Die Witterung dieser Drüsen ist für den Hund leicht zu arbeiten, sie signalisiert dem Hund aber auch die Gefährlichkeit des Stücks: Hunde können hieran unterscheiden, ob es sich um einen Frischling oder alten Keiler handelt. Bei der Einarbeitung des Hundes muss dem Rechnung getragen werden.

Dass ein Überläufer oder eine größere Sau kein Reh oder Fasan ist, wird manchen Hundeführern leider erst klar, wenn ihre Hunde schwer geschlagen oder gar tot am Boden liegen. Bei Laufschüssen bedarf es sauberer Planung seitens des Hundeführers:

— Welcher Hund wird eingesetzt?
— Wer geht als Flotthund zur Hetze mit?
— Braucht man Abstellschützen?
— Wer führt die nachfolgenden Hunde?

Bei mir arbeitete immer ein frei suchender Teckel vorneweg – gerade bei Lauf- und Weidwundschüssen ist das von Vorteil.

Der zweite Führer muss oder sollte zumindest ein erfahrener Hundeführer und guter Schütze sein – das kann gerade bei Widergängen besonders wichtig werden.

Beim Stellen des Stücks ist das Schwarzwild für das Gespann unberechenbar. Vor allem junge Keiler greifen so schnell und heftig an, dass Hund und Führer in echte Not geraten können.

In Brombeeren, Raps, Mais oder großen Ginsterfeldern ist mit einem einzelnen Hund meist nicht viel auszurichten. Gerade wenn sich Stücke mit Hinterlaufschüssen fest im Wundbett eingeschoben haben, ist ein Sprengen fast nicht möglich. Oft genug ist hier „Vollkontakt“ gefragt.

Einmal aufgemüdetes Schwarzwild zieht trotz schwerster Verletzungen kilometerweit, bis es sich wieder einschiebt. Je erfahrener das Stück, desto größer werden auch die Wider-

Wegen starker Bodenverwundung und der sechs Carpaldrüsen an den Vorderhämmern sind Schwarzwildfährten für Hunde eher leicht zu arbeiten.

KRANKE SAUEN, SUHLEN UND WASSER

Hartnäckig hält sich die Behauptung, angeschweißtes Schwarzwild suche Suhlen auf, um seine Verletzungen zu „verkleben". Das kann ich nicht bestätigen. Allerdings suchen kranke Sauen jede Wasserstelle auf, die sie auf ihrer Flucht antreffen, und sie nutzen Bachläufe, um die Verfolger abzuhängen. Feuchtgebiete mit Schilf allerdings ziehen Schwarzwild – wahrscheinlich aber wegen der Deckung – nahezu magisch an.

gänge. Hier müssen das Gespann und der zweite Hundeführer hohes Können und Durchhaltewillen beweisen.

Gerade alte Keiler ziehen weit in die Feldmark in Haingruppen, Schilfgürtel oder Buschinseln und warten im Wundbett ab, was kommt. Oft sind die begleitenden Schützen erstaunt, wenn die Arbeit aus dem Bestand, z. B. an einer Kirrung, in die freie Feldmark geht und kilometerweit über offenes Feld auf eine Buschgruppe zu, in der sich das Stück ins Wundbett geschoben hat. Nach dem Fangschuss konnte ich immer wieder feststellen, dass solche Stücke – vor allem, wenn es alte Keiler waren – schon viele Altlager in eben diesem Busch gehabt hatten.

Da Schwarzwild oft flüchtig beschossen wird, kommen Laufschüsse vor, die man nicht für möglich hält.

Jede einzelne Arbeit hat ihre eigenen Härten: sehr lange Fährten, wenig Schweiß, Stück in der Rotte oder in der „Junggesellenbande" von Überläufern. Mit Hunden, die nicht in der Lage sind, sich auf lange Fährten zu konzentrieren und anschließend auch noch eine Hetze und Stellen durchstehen zu können, sind solche Arbeiten aussichtslos.

Bei der Vorbereitung auf das Arbeiten auf Schwarzwild-Fährten sind die folgenden Punkte zu beachten:

Gerade beim Flüchtigschießen auf Drückjagden passieren die unglaublichsten Laufschüsse.

— Eine Bache mit Frischlingen verteidigt hart und heftig.
— Frischlinge, die allein und von der Rotte getrennt sind, suchen nach der Rotte.
— Einzeln gehende Überläufer gehen – wenn sie nicht zu früh angesucht werden – früh ins Wundbett.
— Überläuferrotten („Junggesellenbanden") ziehen sehr weit.
— Einzelne Stücke aus der Jugendklasse, ob Bache oder Keiler, suchen gern ihre Tageseinstände auf.
— Alte Keiler ziehen oft über freies Feld ins Wundbett.
— Kranke Stücke, die sich einer Leitbache anschließen, werden von dieser verteidigt. Anlässlich einer Hauptprüfung für Schweißhunde habe ich erlebt, wie eine schwache Überläuferbache mit drei Frischlingen und hohem Vorderlaufschuss von der Führungsbache sehr hart verteidigt wurde.
— Bei Laufschüssen ist meistens eine Hetze dem Stellen vorausgegangen. Hier verbraucht der Hund sehr viel Energie, die ihm dann beim Stellen fehlt. Genau diese Schwäche nutzt das Schwarzwild aus, um den Hund zu überrollen oder zu schlagen.

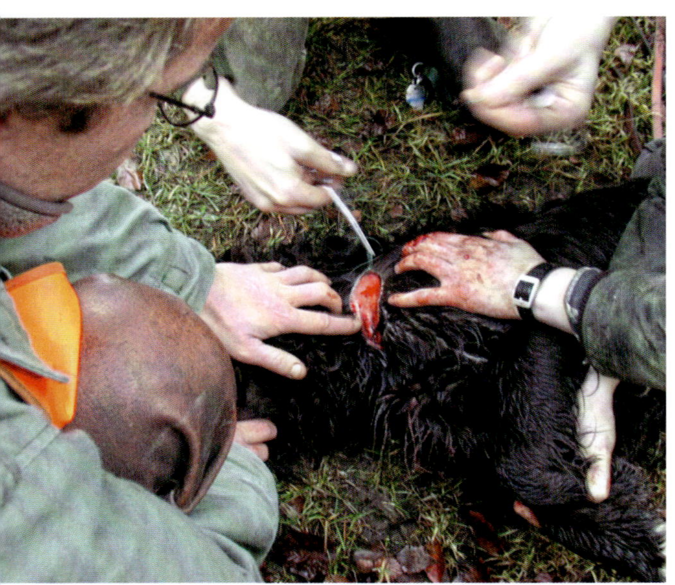

Schwer geschlagen hielt der Wachtelrüde die Sau im Wundbett. Zum Glück konnte ihn ein Tierarzt gleich vor Ort versorgen.

Hat ein Hund eine solche Situation überstanden, muss man sehen, ob er dabei nicht nur körperlichen, sondern auch mentalen Schaden genommen hat. Man muss ihn dann ggf. aufbauen, um Meideverhalten zu überwinden. Das ist für den weiteren Einsatz eines Hundes bei Laufschüssen mit Hetze von großer Bedeutung.

KRELLSCHÜSSE

Bei den Körpertreffern überwiegt bei Schwarzwild im Vergleich zu anderen Wildarten das Schusszeichen Krellschuss – blitzartiges Zusammenbrechen und Schlegeln. Dies liegt wahrscheinlich daran, dass dem Schützen die genauen anatomischen Kenntnisse fehlen, denn Schwarzwild wird in seiner Größe meistens überschätzt; durch das Aufstellen der Rückenborsten vergrößert es seine Größe optisch noch beträchtlich. Auch hat Schwarzwild einen anderen Verlauf der Wirbelsäule, verglichen mit anderen Wildarten. Besonders die langen Dornfortsätze im Bereich der Brustwirbelsäule sind bei keiner Wildart so vorzufinden. Die häufig betriebene Ansitzjagd in der Dunkelheit sorgt ebenfalls dafür, dass „mittendrauf" gehalten wird, was unweigerlich bei einem geringen Hochschuss schon zu einem Krellschuss führt. So ist z. B. auf der DJV-Scheibe „stehender Überläufer" der tiefe Herzschuss die „Neun tief".

Die Schützen berichten meist, das Stück sei im Knall schlagartig zusammengebrochen, habe etwas geschlegelt, sei dann hochgeworden und flüchtig abgegangen. Nun steht der Nachsuchenführer da und soll mit der Situation fertigwerden. Oft genug nimmt damit das Drama seinen Lauf, und die Qual des Wildes beginnt. Denn zwei wichtige Fragen stellen sich viele nicht: „Was genau ist ein Krellschuss?" Und vor allem: „Wo genau hat er gesessen?"

Als Krellschuss wird die Auftreffstelle eines Geschosses auf die Wirbelsäule bezeichnet. Die Energie des Geschosses überträgt sich vom getroffenen Dornfortsatz auf den getroffenen und die benachbarten Wirbelkörper und auf das im Wirbelkanal verlaufende Rückenmark. Dieses Schockereignis führt zu einer vorübergehenden Lähmung und damit zu schlagartigem Zusammenbrechen des getroffenen Wildes.

Jede Wildart hat eine andere Form der Wirbelsäule. Auch die Länge der Dornfortsätze selbst ist sowohl im Verlauf der Wirbelsäule nicht überall gleich als auch bei den unterschiedlichen Wildarten verschieden.

VIER SEKTOREN

Es ist sinnvoll, die Wirbelsäule in die vier in der unteren Zeichnung auf Seite 265 dargestellten Abschnitte zu unterteilen:

Sektion 1 Die Halswirbel sind fast ohne Dornfortsätze.

Sektion 2 An den Brustwirbeln sitzen hohe Dornfortsätze.

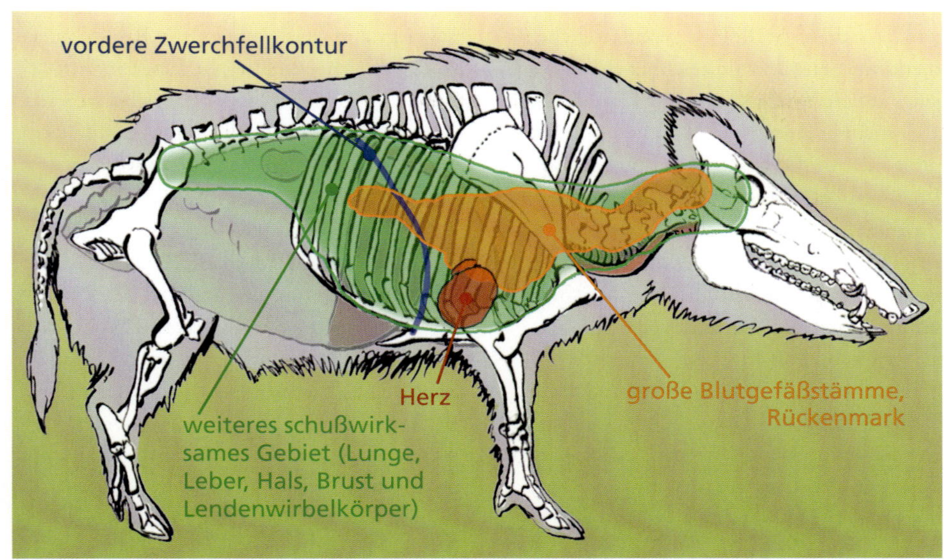

Tödliche Zonen und Verlauf der Wirbelsäule im Wildschweinkörper

Sektion 3 Die Lendenwirbel tragen kurze, starke Dornfortsätze.

Sektion 4 Das Kreuzbein hat keine Dornfortsätze. Beim Rehwild steht es flach, beim Schwarzwild steil. Treffer auf die Sitzbeinhöcker lösen hohes Klagen des Stückes aus!

Die Praxis zeigt, dass bei Treffern in diesen Bereichen das Wild unterschiedlich, aber charakteristisch zeichnet – dementsprechend wird die Nachsuche kurz oder sehr, sehr lang und schwierig ausfallen. Hier sind Hunde gefragt, die scharf hetzen und stellen!
Stücke mit Treffern in den Sektionen 1 und 3 können durchaus sofort an den Platz gebannt werden, denn das Rückenmark wird bei einem Geschosseinschlag in unmittelbarer Nähe infolge der Erschütterung massiv geschädigt. Die Stücke leben allerdings noch, weil keine lebenswichtigen Organe verletzt sind. Sie schleppen sich mühsam halb gelähmt in den Bestand oder die Deckung. Bei Treffern im Bereich des Kreuzbeins in Sektion 4 klagt Schwarzwild hoch und lang, sodass der Schuss fälschlicherweise oft als Laufschuss interpretiert wird. Diese Stücke schleppen sich mit enormem Lebenswillen weite Strecken mit gelähmten Hinterläufen ins Wundbett. Bei Treffern in Sektion 2 können Stücke sehr weit ziehen.

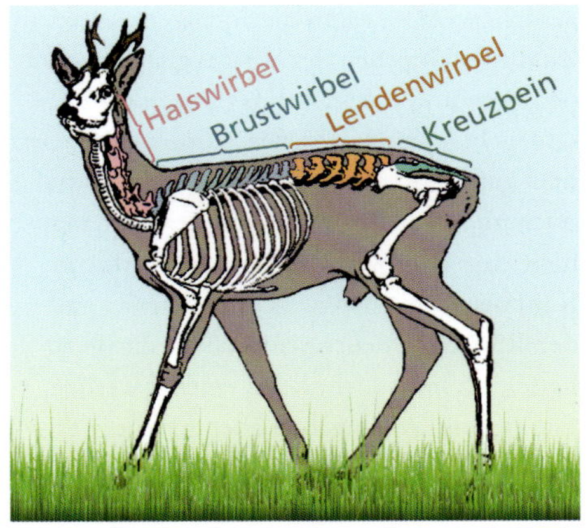

Vier Abschnitte der Wirbelsäule: Bei Treffern zeichnet das Wild je nach Sektion charakteristisch.

ZEICHNEN

Das Zeichnen bei Krellschüssen ist unterschiedlich. Das liegt einerseits daran, in welchem Sektor das Stück getroffen wurde, andererseits, welche Masse und Geschwindigkeitsenergie auf den Nervenstrang abgegeben wird. An dieser Stelle eine grundsätzliche Bemerkung: Schwarzwild zeichnet genauso wie jedes andere Wild! Meist wird sein Zeichnen aber nicht erkannt, weil es oft in voller Bewegung oder bei Dunkelheit beschossen wird. Im ersten Fall übersieht der Schütze das Zeichnen schlicht und einfach, im zweiten entgeht es ihm wegen des Mündungsfeuers. Beides kommt vor allem bei älteren Schützen mit nachlassender Sehkraft vor.

Einen Krellschuss hingegen bemerkt jeder Schütze sofort. Stehendes Wild bricht schlagartig zusammen, auf der Flucht gekrelltes rutscht zusammen, bleibt kurzzeitig ohne jede Bewegung liegen, um dann sofort wieder hochzuwerden und schwankend zu flüchten. Bedauerlicherweise missverstehen viele Schützen mangels Erfahrung die Situation. Viele Ansitz-Krellschüsse müssten gar nicht nachgesucht werden, wenn die Schützen nach dem Zusammenbrechen des Wildes gleich nachrepetierten und erneut auf das liegende oder schlegelnde Stück schießen würden. Oft hört man auf Nachfrage dann, das Stück habe ja noch nicht wieder breit gestanden, und man habe eine zu große Wildbretentwertung in Kauf nehmen müssen, wenn man etwa auf den Rücken schießen würde. Was davon zu halten ist, muss nicht kommentiert werden. Um sich das Ansprechen über den Sitz des Treffers bei einem Krellschuss zu erleichtern, ziehen wir unser Schnitthaarbuch – speziell angelegt, um das Erkennen von Krellschüssen zu erleichtern – zu Rate. In dieser Schnitthaarsammlung von Haaren oder Borsten aus den vier Sektionen kann ein grobes Bild des Treffers als erste Analyse erstellt werden.

VERWEISERPUNKT

Dass nach jedem Schuss sofort repetiert werden muss, gilt ganz besonders bei einem schlagartigen Zusammenbrechen des beschossenen Stücks! Kommt das Wild wieder hoch, wird sofort nachgeschossen, egal, ob das Stück breit steht oder einem den Spiegel oder die Keulen zeigt. Hier gilt: Das Stück muss auf den Boden, und jeder Schuss, der es kränker macht, ist waidgerecht.

NACHSUCHE

In den meisten Fällen wird bei einem Krellschuss mit den Hunden am Platz des schlagartigen Zusammenbrechens ohne Weiteres angefangen. Hier finden sich Schweiß und Schnitthaar, die Fährte sowie meist starke Bodenverwundungen. Hundeführer, die so verfahren, tragen allerdings eine große Schuld am Nicht-zu-Stande-Bringen des Wildes! Der Hundeführer hat zwar den Anschuss genau und den Beginn der Fährte, er weiß aber noch nicht, in welchem Sektor das Stück genau getroffen wurde. Gerade diese Information braucht der Führer aber, um beurteilen zu können, ob das Gespann dieser Arbeit überhaupt gewachsen ist. Viele Stücke verludern oder müssen lange leiden, weil sie von nicht scharf genug hetzenden Hunden nicht zu Stande gebracht werden – oder die Arbeit mit dem Argument „das heilt aus“ abgebrochen wird. Diese fälschliche Ansicht hört man immer wieder gerade bei Schwarzwild, das auf den Teller getroffen werden sollte.

Dieses unverzeihliche Vorhaben führt meist nicht zu einem Krellschuss, sondern zu einem Streifschuss mit starker Wildbretzerstörung im Nackenbereich. Solche Wunden sind schon nach wenigen Stunden – außer im Winter – von Fliegeneiern bedeckt. Die Fliegenmaden zerfressen die Muskulatur großflächig, denn Schwarzwild kann sich im Nacken nicht lecken und reinigen. Die anschließende schwere örtliche Entzündung mit Absterben des Gewebes und eine nachfolgende Allgemeininfektion lassen die Stücke qualvoll zugrunde gehen. Anders ist es beim Rehwild, denn es hat einen sehr beweglichen und langen Träger, kann meist auch Verletzungen im Nacken- und Schulterbereich mit dem Äser erreichen und die Wunde sauberlecken.

WEIDWUNDSCHÜSSE

Weidwundschüsse bei Wiederkäuern, also Rehwild, Rotwild, Damwild, Muffelwild, Gams, Steinwild, Elch und Wisent, und dem Allesfresser Schwarzwild verursachen neben den Laufschüssen die häufigsten Nachsuchen. Für jeden Nachsuchenführer sind gründliche Anatomiekenntnisse unbedingt erforderlich, da ohne korrekte Analyse des Befundes mit der daraus folgenden richtigen Diagnose und den entsprechenden Schlussfolgerungen immer wieder Fehlsuchen entstehen werden. Welche Organe bei einem Weidwundschuss in Mitleidenschaft gezogen werden können, gibt der Kasten wieder. Im weiteren Sinne werden darunter alle hinter bzw. unter dem Zwerchfell liegenden Organe im Bauchraum bis zur Keule verstanden.
Fragt man den Schützen, wie das Stück gezeichnet hat, hört man beim Wiederkäuer meist, es habe einen krummen Rücken gemacht und nach hinten ausgeschlagen. Handelt es sich um Schwarzwild, heißt es immer wieder: „Schwarzwild zeichnet nicht!“ Noch einmal: Das ist Unsinn, denn Schwarzwild zeichnet wie anderes Wild auch – nur wird das oft übersehen.

Checkliste

WEIDWUNDSCHUSS – POTENZIELL VERLETZTE ORGANE

- ☐ Magen mit Pansen, Blätter-, Lab-, Netz- und Schleudermagen (Wiederkäuer) bzw. einkammeriger Magen oder Weidsack (Schwarzwild)
- ☐ Gekrösewurzel
- ☐ Leber (rechts, bei Schwarzwild mit Gallenblase)
- ☐ Milz (links)
- ☐ Gescheide (Dickdarm und Dünndarm)
- ☐ Niere mit Harnleitern
- ☐ Blase
- ☐ Mastdarm
- ☐ Kurzwildbret bzw. Steine (Hoden männl. Tier)
- ☐ Brunftrute oder Penis (männliches Tier)
- ☐ Tracht und Spinne (weibliches Tier)

PANSEN- UND WEIDSACKSCHUSS

Ein sicheres Zeichen, dass der Schuss den Pansen getroffen hat, ist ein kurzes Verharren in Schockstarre und danach langsames Wegziehen mit krummem Rücken. Meist drehen sich die Stücke und gehen schon auf der Äsungsfläche selbst ins Wundbett. Mit erhobenem Haupt äugen und sichern sie. Nach einiger Zeit legt das Stück in schockbedingter Muskelerschlaffung das Haupt auf den Boden. Dies wird nicht selten als Verenden missdeutet, und der Schütze tritt ohne Waffe, die er womöglich lässig an die Kanzel gelehnt lässt, an das Stück heran – mit dem Effekt, dass das Stück mit steiler Flucht sehr weit abgeht.
Rehwild und auch *Rotwild* ziehen nach dem Aufmüden sehr weit. Vom Hund bedrängt, nimmt Letzteres, wie schon erwähnt, häufig Wasser an, wenn vorhanden.
Schwarzwild verhält sich anders. Bei Weidwundtreffern zeichnet es durch Ausschlagen und Tiefhalten des Pürzel und flüchtet schnell in die nächste Deckung, um dort ins Wundbett zu gehen. Auf der Flucht flieht es Hindernisse an – hier wird meist sehr viel Schweiß abgetragen. Wegen der Fluchtgeräusche und der dann folgenden, schlagartig eintretenden Stille vermutet der Schütze oft, das Stück sei verendet. Nicht selten bei Dunkelheit wird dann an das im Wundbett liegende Stück herangetreten. Oft genug ist die Folge, dass der Schütze oder ein begleitender Hund geschlagen werden. Wird Schwarzwild so aufgemüdet, geht es auch sehr weit.
Um ein genaues Bild von der Trefferlage zu erstellen, sollte man auch hier systematisch vorgehen. Der Ausschuss auf dem Boden muss genau untersucht werden – und zwar nicht bei

Panseninhalt in der Geschossfahne und Lungengewebe: Bei ausreichender Wartezeit ist eine kurze Totsuche zu erwarten.

Der Wiederkäuermagen im Sommer und Winter

Nacht! Alles ist wichtig: Organteile, Decken- oder Schwartenfetzen, Pansen oder Weidsackfetzen, vor allem aber auch Äsungs- bzw. Fraßinhalt und dessen Struktur, denn das gibt Hinweise auf den Grad der Verdauung und beim Wiederkäuer damit den Magenteil, aus dem es stammt. Beim Fund von Darmschlingen ist ebenfalls auf den Inhalt und die Festigkeit der Losung zu achten, die zum Enddarm hin immer fester wird. Auch das Schnitthaarbuch findet hier seine Verwendung, um Haare oder Borsten zuzuordnen. Reine Pansen- oder Weidsacktreffer sind selten. Meist sind Leber und/oder Milz mitgetroffen.

Finden sich Magen- oder Weidsackteile, ist genau auf die Struktur der Innenseiten zu achten. Beim einkammerigen Magen des Schwarzwildes ist die inwendige Seite glatt, beim fünfkammerigen Magen der Wiederkäuer hat jeder Magenanteil eine unterschiedlich gefältelte Innenseite.

Der genaue Mageninhalt ist aus einem weiteren Grund von Bedeutung: Je härter der Fraß des Stücks war, desto stärker entwickelt sich die Druckwelle des Geschosses und umso größer sind Gewebezerstörung und Ausschuss. Bei reiner Pflanzenäsung ist mit einem kleineren Ausschuss zu rechnen als bei Eichel- oder Maisfraß. Auch die Größe des Pansens insgesamt spielt eine Rolle beim Ansprechen der Verletzung. Bei den Wiederkäuern verringert sich die Größe des Pansens in den Wintermonaten um bis zu 25 %, was für die Auswirkungen der Verletzung des Wildes eine Rolle spielt.

LEBER- UND MILZSCHUSS

Wegen der Lage des Pansens in der Bauchhöhle ist ein reiner Pansenschuss wie ein Sechser im Lotto – es ist fast nicht möglich, kein anderes Organ mit zu verletzen. Um den Pansen und Weidsack herum liegen auf der

linken Seite die Milz, der Schweiß-Speicher, und auf der rechten Seite die Leber, die bei den verschiedenen Wildarten unterschiedlich geformt ist. Beim Pansenschuss im Sommer sind daher meist Leber und Milz ebenfalls verletzt, im Winter liegt ein Schuss durch den dann deutlich kleineren Pansen aber immer weiter hinten im Wildkörper und hat deshalb auch das Gescheide getroffen. Das hat Bedeutung für die Planung der Nachsuche: Stücke mit Pansenschuss und Leber- sowie Milzbeteiligung gehen viel früher ins Wundbett als solche mit Gescheideschuss.
Form und Farbe der Leber unterscheiden sich: Bei Schwarzwild ist sie dunkelrot-braun, mehrlappig – außerdem liegt ihr eine Gallenblase auf –, beim Wiederkäuer hellbraun, groß und einlappig ohne Gallenblase.
Der Nachsuchenführer sollte die Besonderheiten der Schwarzwildleber kennen: Die große Vene mitten in der Leber, die Pfortader (s. S. 25) führt sauerstoffarmes, aber nährstoffgeladenes Blut aus den Bauchorganen in die Leber. Dort werden die Nährstoffe, aber auch Giftstoffe verstoffwechselt und aus diesem „kleinen" Kreislauf – dem sogenannten Pfortader-Kreislauf – weiter in den „großen" Kreislauf geleitet, also in den gesamten Körper und in alle Organe. Gallenblase und die Gallengänge der Leber liegen unmittelbar neben der Pfortader. Wird die Gallenblase beim Schuss getroffen, zerreißen durch die Druckwellen auch das weiche Gewebe der Leber selbst, die Gallengänge und der Weidsack.
Deshalb finden sich im Ausschuss auf dem Boden grobstrukturierte Pirschzeichen, die mit Weidsackinhalt vermischt sind. Im Schweiß finden sich immer feste, dunkelrote Gewebeteile der Leber.

SEHEN – FÜHLEN – SCHMECKEN – RIECHEN

Dieser weiter vorn erwähnte Grundsatz beim Ansprechen von Pirschzeichen kommt gerade bei Weidwundschüssen besonders zum Tragen.

VERWEISERPUNKT

Krankes Wild mit Leber und Milzschüssen muss über längere Zeit in Ruhe gelassen werden! Die Stücke gehen ins Wundbett und verenden oder werden so krank, dass sie nach einigen Stunden einfacher zur Strecke zu bringen sind.

Nach einem Schuss mit Leberbeteiligung auf Schwarzwild ist bei der Überprüfung von Organteilchen als Erstes der strenge Weidsack-Geruch wahrzunehmen. Bei der Zungenprobe schmeckt man den bitteren Geschmack von Galle. So lässt sich feststellen, dass ein Stück mittig von rechts mitten auf den Weidsack getroffen wurde. Solche Stücke gehen sehr früh ins Wundbett oder trennen sich von der Rotte. Man sollte ihnen unbedingt viel Zeit im Wundbett geben, damit sie ausreichend krank werden. Ein zu frühes Ansuchen ergibt immer eine lange und schwere Nachsuche.

ABSCHUSS DER GEKRÖSEWURZEL

Ein seltener und meist nicht erkannter Weidwundschuss ist der Abschuss der Gekröse-

Der erfahrene Hund schwächte den Hirsch durch Verschließen des Windfangs und schützte sich vor Schlägen.

wurzel. Sie liegt unterhalb des Übergangs von den Brust- zu den Lendenwirbeln und ist ein fester Bindegewebsstrang, an dem Pansen oder Weidsack unterhalb der Wirbelsäule im Netz aufgehängt sind und dadurch fest im Bauchraum positioniert sind. Die Gekrösewurzel umschließt außerdem die Hauptschlagader und die Hauptvene zwischen Herz und Beckenbereich.

Wird die Gekrösewurzel getroffen, ergeben sich zwei mögliche Situationen:

1. ein Abschuss der Gekrösewurzel mit Schädigung der Schlagader (Aorta) oder Hauptvenen und
2. Abschuss der Gekrösewurzel an den Bändern.

Bei Treffern der Gekrösewurzel klagen die Stücke kurz auf, denn die Schussenergie beeinträchtigt kurzfristig auch das in der Wirbelsäule verlaufende schmerzempfindliche Rückenmark, den Hauptnervenstrang. Dann ziehen sie langsam oder in schwerer Flucht in den Bestand. Dort bleiben sie längere Zeit stehen, um dann ins Wundbett zu gehen. Bei Wiederkäuern kann man von außen sehen, dass die gesamten Eingeweide, inklusive des schweren Pansens, ihre Halterung verloren haben und nach unten sacken. Die Bauchdecke wölbt sich schlagartig aus. Dieser Prozess passiert beim Schwarz-wild genauso, ist jedoch wegen der kürzeren Bauchlinie und der straffer ausgeprägten Bauchmuskulatur von außen nur schwer sichtbar.

Bei Abschuss der Schlagader schweißen die Stücke zwar stark, jedoch nach innen, weil der Schusskanal so hoch sitzt, dass kein Schweiß nach außen treten kann. Risshaar findet sich beim Abschuss der Bänder und wenig Schweiß am Ausschuss auf dem Boden, doch ist auch kein Schweiß zum Verweisen in der Fährte. Allenfalls im Wundbett kann Schweiß austreten, wenn sich das Stück auf die Seite dreht und vielleicht Schweiß aus der vollgelaufenen Bauchhöhle aus dem Schusskanal läuft. Meist findet man die Stücke verendet in der Fährte.

NIERENSCHUSS

Hinter der Gekrösewurzel liegen nebeneinander unter der Wirbelsäule die beiden Nierenkörper. Bei Treffern der Nieren klagen die Stücke auf und zeigen oftmals hohes Ausschlagen nach hinten. Vielfach sprechen die Schützen dieses Zeichnen als Laufschuss an. Am Ausschuss auf dem Boden finden sich bläulich hellbraune Teile der glatten, oval geformten Nieren oder Teile des gefurchten Nierenbeckens. Schweiß ist hier oft weit verspritzt und kann aber nur spärlich vom Hund verwiesen werden. Meist findet er sich, wenn die Stücke Hindernisse überfallen haben, seitlich verspritzt dahinter, weil der Schweiß beim Sprung an beiden Seiten aus Ein- und Ausschuss gepresst wird. Danach findet sich meist längere Strecken nichts mehr.

So getroffene Stücke gehen, wenn sie allein ziehen, nur sehr langsam ins Wundbett – wahrscheinlich, weil ihnen das Niedertun und vor allem das Aufstehen sehr starke Schmerzen bereitet. Sind sie im Rudel oder der Rotte unterwegs, werden sie immer wieder aufgemüdet und ziehen mit. Sie verenden, wenn nach vielen Stunden die zerstörte Nierenfunktion zu einer Überlastung des Organismus mit Harnsäure und anderen Ausscheidungsstoffen führt, werden steif und können aus dem Wundbett dann nicht mehr aufstehen.

Nierenschüsse quittiert das Wild oft mit Auskeilen nach hinten.

Checkliste

WAS GEHÖRT ZUM GESCHEIDE?

- ☐ Dünndarm
- ☐ Dickdarm
- ☐ Mastdarm
- ☐ Blase
- ☐ bei männlichen Stücken Brunftrute sowie Peniswurzel
- ☐ Brunftkugeln (männl. Wiederkäuer) bzw. Steine (männl. Schwarzwild)
- ☐ Tracht und Spinne (weibl. Stücke)

Zufrieden nach der Hatz auf ein weidwundes Reh, das Weimaraner „Heinrich" abtat.

GESCHEIDESCHUSS

Die meisten Nachsuchen fallen – wie schon beschrieben – durch Weidwundschüsse im Bereich des Gescheides an.

Das Zeichnen bei Gescheidetreffern ist mannigfaltig und auch davon abhängig, ob das Stück im Stehen oder in der Flucht beschossen wurde. Vom kurzen Rucken, Hinten-Einknicken, Ausschlagen, Langsam-Wegziehen oder auch Stocksteif-im-Treffer-Verharren ist bei diesen Weidwundschüssen alles zu beobachten. Die richtige Aussage über den Treffer liefert meist der Ausschuss auf dem Boden. Auch das Schnitthaarbuch kann die genaue Bestimmung untermauern.

Bei Gescheidetreffern klagen die Stücke – wenn der Schuss nahe der Wirbelsäule liegt. Solche Treffer sind meist sehr schwer zu arbeiten, weil sie keine großen Organe verletzt haben und der Schweiß in die Bauchhöhle läuft und nicht nach außen tritt. Im Winter können solche Stücke noch tagelang leben, Schwarzwild steht dann – typischerweise mit vor Schmerzen rundem Rücken – abseits der Rotte.

TREFFER VON PENIS BZW. PENISSPITZE

Ein Weidwundschuss, der meist erst in der Fährte richtig gedeutet werden kann, ist der Treffer auf den S-förmigen Penis oder die Penisspitze des Schwarzwildes. Dazu kommt es meist, wenn auf einen flüchtigen Keiler weit hinten abgekommen wird. Der Ausschuss auf dem Boden kann nur durch einen sehr gut verweisenden Hund gefunden werden und zeigt graue Schwartenlappenteile mit hellen und schwarzen Borsten. Schweiß findet sich meist nicht, wird aber in der Flucht, mehr und mehr mit Urin gemischt, auftreten: großflächig verspritzt wie in Tropfbetten und mit strengem Uringeruch.

Den meisten Schweiß zeigen die Treffer auf die S-förmige Peniswurzel. Das Stück wurde dann durch die Hosen, die Keulen hinten, verletzt. Hier findet sich am Ausschuss auf dem Boden Schweiß mit großen Wildbretteilen und Urinbeimischungen. In der Fährte ist starker Schweiß zu finden, auch schweißige Losung, die anfangs feste und später breiige

Konsistenz hat. Solcherart getroffene Stücke ziehen ruhelos weite Strecken und suchen gezielt Wasser auf.

HOHLSCHUSS

Eine Besonderheit eines Treffers und dessen angeblichem Sitz hat mich vier Jahrzehnte lang beschäftigt: Was ist wohl ein Hohlschuss? Ich habe bei allen Wildarten, die ich bejagen durfte – vom Büffel bis zum kleinsten Steinböckchen – versucht festzustellen, wo denn diese immer wieder zitierte „hohle" Stelle im Wildkörper sein könnte, durch die ein Schuss hindurchgehen kann, ohne auch nur ein Organ zu verletzen und dem Wild Schaden zuzufügen, an dem es krank wird oder verendet. Es gibt aber keine ungefüllten Stellen im Wildkörper, die ein Geschoss komplett folgenlos durchschlägt – das haben Anatomiekundige natürlich immer schon gewusst. Kleinkalibrige Schüsse – auch mitten durch den Wildkörper – könnten vielleicht ohne wesentliche Folgen ausheilen.

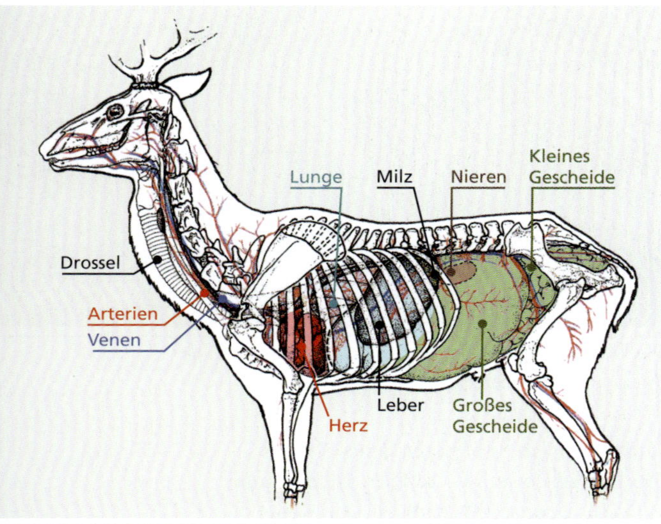

Alle Organe liegen so dicht beisammen, dass sie den Leib vollständig ausfüllen.

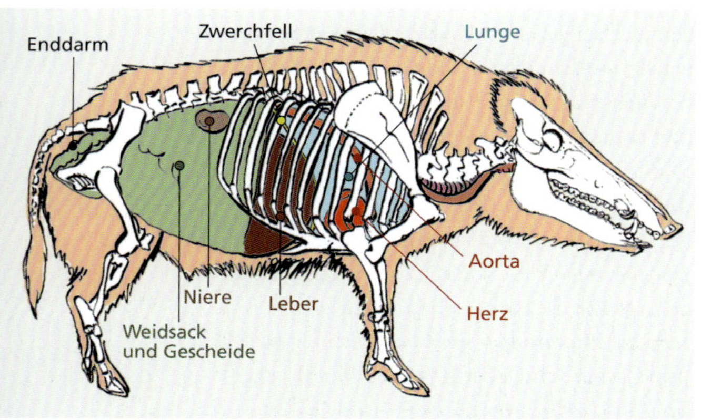

Das gilt auch für Schwarzwild – „Hohlschüsse" kann es nicht geben!

WILDBRETSCHÜSSE

Wildbretschüsse sind sehr schwer zu erkennen, gerade bei Dunkelheit. Manchmal duckt sich das Stück bei einem Streifschuss im Rückenbereich (Kruppe, Hals, Ziemer), wohingegen es bei einem Wildbretschuss im Bereich Bug, Bauchdecke oder Keule sogar mit einer Hochflucht reagieren kann. Fragt man den Schützen, wie er wohl auf dem Wildkörper abgekommen sei, hört man meistens nur ein knappes „Gut!" Erfahrene Nachsuchenführer fragen dann meistens gar nicht mehr weiter, sondern verlassen sich lieber auf sich und ihren Hund.

Streifschüsse entstehen meist bei Wild in Bewegung, beim Versuch, auf den Stich zu schießen oder mangels Übung bei freihändigem oder am Bergstock angestrichenen Schuss auf der Pirsch. Gerade bei Streifschüssen – außer bei massiven Treffern – findet sich selbst bei richtigem Anschuss in der Fährte erst nach genauester Untersuchung etwas, z. B. kleine Schnitthaare, Schnittborsten oder Unterwolle. Bei nur oberflächlicher Kontrolle findet sich „nichts", wobei der Befund im Winter etwas mehr Haar oder Borsten ergeben kann als im Sommer.

Wird der Ausschuss auf dem Boden gefunden und der Kugelriss dargestellt, sind darin wenig Schnitt- und Risshaar oder -borsten sowie winzige Teilchen Wildbret meist nur mit der

VERWEISERPUNKT
Wie bei Streifschüssen können sich auch bei Schüssen unterhalb des Stückes im Boden ein paar Haare finden, vor allem im Winter. Durch den aufspritzenden Boden zeigt das Stück überdies das Schusszeichen „Hochflucht" wie ein tiefblatt getroffenes Stück. Solche Schüsse lassen sich nur durch eine akribische Anschussuntersuchung klären.

Lupe zu finden – wenn sie nicht schon von Schnecken und Insekten geholt wurden. Ist gar nichts zu finden, ist es immer sinnvoll, den Hund noch einmal suchen zu lassen. Oft staunt man, was man doch übersehen hat.
Man unterteilt die Wildbrettreffer in zwei Gruppen:

1. Leichte Streifschüsse, die ausheilen können
2. Schwere Wildbrettreffer, die das Wild nicht ablecken und sauberhalten kann.

Ist Schwarzwild schwer getroffen, z. B. in Stich, Nacken oder Keule, werden die Nachsuchen meist lange Arbeiten, weil die Stücke zwar verletzt sind und streckenweise stark aus der Muskulatur schweißen und auch Tropfbetten hinterlassen, aber nicht lebensgefährlich verwundet sind und deshalb sehr spät erst ins Wundbett gehen. Zusätzlich erschwert werden solche Suchen, wenn das Stück in der Rotte oder im Rudel mitgeht.
Das großflächige Schweißen auf den Boden führt oft zur irrigen Hoffnung, das Stück sei massiv verletzt und könne schon bald in der Pfanne liegen. Hier zeigt sich, wie gut die Kenntnisse der Hundeführer in Anatomie sind – oder eben nicht. Finden sich bei korrektem Verweisen des Hundes immer wieder Wildbretteile in der Fährte, verdeutlicht sich das Bild der Verletzung.
Bei schweren Treffern, die das Wild mangels Erreichbarkeit nicht mit der Zunge reinigen kann, z. B. beim Schwarzwild am Nacken, auf

Nur Wildbret in der Keule eines Rehs getroffen: wenig Schweiß und winzige Wildbretfetzen, auf 500 m dann kein weiteres Pirschzeichen mehr.

Streifschuss am Rehwildlauf: Das Stück kam nur durch Hetze und Fangschuss zur Strecke.

dem Stich oder an der hinteren Keule, kommt es im Sommer meist zu elendem Siechtum, wenn sich Fliegen in die Wunde einnisten. Solche Infektionen kann das Immunsystem des Wildes nicht bewältigen. Im Winter hingegen heilen diese Verletzungen meistens aus. Wildarten mit längerem Träger, z. B. Reh- oder Rotwild, sind beweglicher und können Wunden deshalb besser erreichen – nur auf dem Träger wird es für sie schwierig.
Bei leichten Schussverletzungen, z. B. an Lauf, Keulen, Blättern oder Stich sollte man so lange arbeiten, bis sich ein weitgehend klares Bild der Verletzung ergibt. Dazu nutzt man an Gräsern, Halmen, Maisstängeln etc. abgestreiften Schweiß. Dann kann man die Arbeit – unter Berücksichtigung der Jahreszeit – guten Gewissens abbrechen.

KOMMENTAR ÜBERFLÜSSIG

Äser- und Gebrechschüsse sollen heutzutage „kein Problem" mehr sein, teilte mir jüngst ein Schweißhundeführer mit. Er bringe seinen Hund zum Anschuss – er meinte wohl den Ausschuss auf dem Boden –, schalte seinen Tracker ein, schicke den Hund, und dann hieße es nur noch warten. Auf dem Bildschirm könne er den Hund verfolgen, erkennen, wann er stellt; er orte ihn, fahre hin und gebe dem Stück den Fangschuss. Dem ist wirklich nichts mehr hinzuzufügen.

GEBRECH- UND ÄSERSCHÜSSE

Treffer im Bereich von Gebrech und Äser führen in den meisten Fällen zum schlagartigen Zusammenbrechen des Stückes. Dann liegt das Wild aber wesentlich kürzer am Boden als bei einem Krellschuss. Schon bald kommen die Stücke mit schlenkerndem Kopf oder Haupt nach oben, sind kurz orientierungslos und flüchten mit schlenkerndem Kopf. Schwarzwild hört man auch klagen, hier zeigt erst die Anschusskontrolle den vermeintlichen Treffer an Zahnteilen. Auch hier gilt wieder das beim Krellschuss bereits Angeführte: sofort nachladen und schussbereit das Stück durchs Zielfernrohr beobachten. Wird das Wild rege und versucht hochzukommen, wird sofort nachgeschossen. Zweifelsfrei gehören die Gebrech- und Äserschüsse zu den schwersten Arbeiten eines Nachsuchenführers.

GEBRECHSCHUSS BEI SCHWARZWILD

Gebrechschüsse beim Schwarzwild entstehen vielfach als Fehlschüsse auf Drückjagden oder wenn von notorischen „Kunstschützen" als Haltepunkt der Teller anvisiert wird. Auch Flintenschützen, die das Mitschwingen gewöhnt sind, bringen ungewollt solche Treffer an, was sich bei gezieltem Nachfragen oft bestätigt findet. Ich habe festgestellt, dass es hilfreich war, sich den genauen Verlauf der Suche im Nachhinein anzusehen und mit der Trefferlage auf dem Gebrech in Verbindung zu bringen. Die Anatomie klärte dann meist das Verhalten des Wildes und den Ausgang der Suche auf!
Zwischen Ober- und Unterkiefer liegt die Zunge mit ihrem reich durchbluteten Zun-

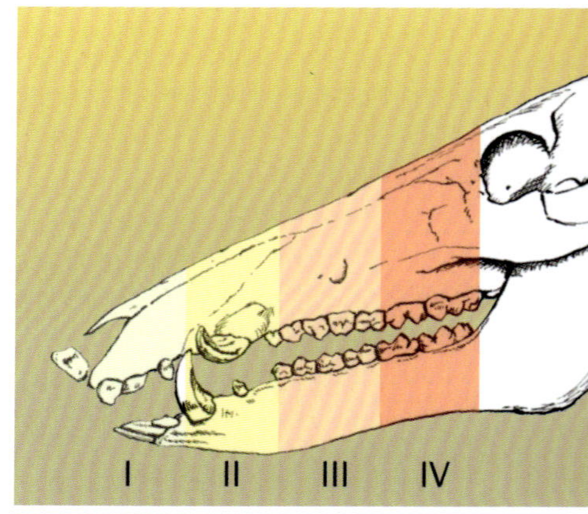

Sektionen beim Gebrechschuss eines Keilers (nach Borngräber)

gengrund, der bis zur Hälfte des Unterkiefers breitflächig fest angewachsen ist. Wo die Zunge genau getroffen ist, spielt für die Schwere der Verletzung und damit für den Nachsuchenführer beim Schwarzwild eine entscheidende Rolle.

Sektion I Sie umfasst Scheibe, Wurf und die Schneidezähne oben und unten. Sitzt der Treffer in diesem Sektor, ist die Zunge nur durch Zahnteile geschädigt. Die abgebrochenen Zähne kann das Stück zwar nicht ersetzen, die Zungenverletzung jedoch ausheilen. Solche Stücke sind sehr schwer zu bekommen – höchstens durch Zufall beim Ansitz.

Sektion II Ist sie getroffen, werden Gewehre und Haken geschädigt sowie die Zunge meist im vorderen, beweglichen Teil (teilweise) abgetrennt. Wird zusätzlich noch das Siebbein im Oberkiefer getroffen, liegt eine sehr schwere Verletzung des Wurfs vor. Diese Stücke ziehen lange und ruhelos über weite Strecken. Sie vermeiden dichte Dickungen, wenn das Gebrech noch an Gewebeteilen festhängt, weil die Schmerzen sonst zu groß sind. Streckenweise ziehen diese Stücke sehr langsam, weil sie Schweiß durch den Windfang einatmen und Bronchien und Lunge allmählich in Mitleidenschaft gezogen werden. Tage später entstehen dann Lungenentzündungen.

Sektion III Beim Schuss in diesen Abschnitt werden Wurf und Zunge mittig getroffen. Zahn- und Geschossteile reißen die starken Venen und Arterien an der Unterseite der Zunge und am Zungengrund auf. Das Stück schweißt stark, schluckt viel Schweiß ab und atmet ihn in die Lunge ein. Die Lungenfunktion lässt nach, das Stück gerät in ein Sauerstoffdefizit und wird langsam. Es trennt sich von der Rotte und schiebt sich ins Wundbett ein. Tritt der Schuss allerdings durch das Diastema, also den Bereich zwischen äußeren Eckzähnen und erstem Prämolar, ist die Zungenverletzung weniger stark.

Sektion IV Bei Treffern in diesem Bereich sind die Verletzungen am stärksten: Die Molare splittern, das Zungenbein und der Zungengrund mit den Blutgefäßen werden zerrissen.

Die Erfahrungen lehrt, dass bei Schwarzwild mit Gebrechschüssen Folgendes unbedingt geklärt werden und in die Beurteilung einfließen muss:

— War das Stück allein und eine alte Bache oder ein alter Keiler? Diese Stücke ziehen oft ins offene Gelände, z. B. Buschstreifen, Schilf etc.
— War das Stück ein einzelner Überläufer? Solche Sauen schieben sich früher ein.
— Wurde ein Stück aus einer Überläufer-Rotte beschossen? Dann bleibt es lange bei der Rotte.
— War es eine Bache mit Frischlingen? Diese Arbeit wird extrem schwer, da das beschossene Stück meist mit im Kessel liegt.

Diese Erfahrungen bei Schussverletzungen von Schwarzwild im Gebrechbereich müssen Nachsuchenführern vermittelt werden. Es darf nicht angehen, dass ein beschossenes Stück nicht weitergesucht wird, nur weil Führer und

BRECHEN IN DER WUNDFÄHRTE

Ein Brechen in der Fährte wird bei Schwarzwild und insbesondere Stücken mit Gebrechschuss immer wieder beobachtet: unmittelbar nach dem Schuss pflügen solche Stücke sehr stark den Boden. Ebenso habe ich des Öfteren bemerkt, dass Schwarzwild auch kurz vor dem Wundbett im Widergang den Boden bricht, um sich dann unter Wind ins Wundbett zu legen. Wahrscheinlich dient letzteres Brechen dem Ziel, den nachsuchenden „Verfolger" an der fraglichen Stelle verhoffen zu lassen, um dann gezielt angreifen zu können.

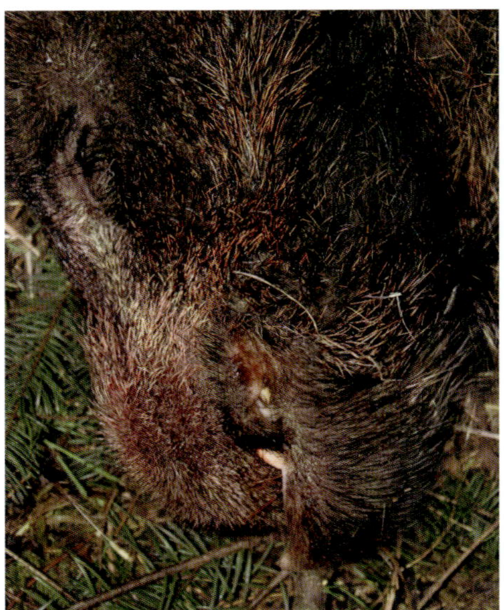

Gebrech- und Äserschüsse sind grauenhaft und Schwerstarbeit für ein Nachsuchengespann.

Wer in solchen Situationen glaubt, einen Trägerschu… riskieren zu müssen, handelt unverantwortlich!

Hund nicht richtig ausgebildet sind. Jägerlehrhöfe müssen hier Vorbildfunktion haben.

ÄSERSCHUSS BEI WIEDERKÄUERN

Der Anblick einer massiven Schussverletzung auf den Äser kann einen wirklich zornig machen. Denn solche Verletzungen entstehen in der Regel bei Schüssen, die gezielt auf den Träger abgegeben werden, jedoch durch Unvermögen des Schützen, z. B. Wackeln oder Mucken, nicht die Wirbelsäule, sondern Ober- oder Unterkiefer treffen.

Die meisten solcher Treffer passieren bei der Pirsch auf Rehwild, wenn der Bock im Getreide verhofft, um nochmals zu sichern und dann abzutauchen. Hier versuchen sich dann manche als „Kunstschützen" auf den Träger – mit übelsten Folgen für das Wild. Wer sich ernsthaft vergegenwärtigen würde, dass der tödliche Trefferbereich an der Halswirbelsäule nur vier Zentimeter schmal ist, käme niemals auf die Idee, solche Schüsse abzugeben. Zudem kann man im hohen Getreide einen solchen Bock nach dem Schuss nicht mehr sehen, weil er – wie bei einem Krellschuss – schlagartig verschwunden ist. Erst bei genauer Untersuchung des Ausschusses im Getreide oben an den Halmen und in der Fluchtrichtung vom Anschuss aus erkennt man das Bild des Äsertreffers.

Zu unterscheiden sind hierbei Treffer im Oberkiefer und Treffer im Unterkiefer.

Ist der Oberkiefer mit dem Siebbein getroffen, gehen die Stücke – wenn sie nicht vorzeitig angerührt werden – nach kurzer Zeit ins Wundbett. Bei Treffern auf den Unterkiefer hingegen wird die Zunge durchschossen und die Zahnreihen rechts und links werden zertrümmert. Diese hängen dann als Fragmente an der Decke unterhalb des Schädels fest. Dieses Gehängsel schmerzt natürlich und ängstigt das Wild, sodass es ruhelos im Bestand hin- und her zieht, ohne ins Wundbett zu gehen.

Beim *Rehwild* sind solche Nachsuchen extrem mühsam, insbesondere wenn das Wild seinen Einstand, z. B. in den Brombeeren, nicht verlässt und beständig Widergänge und Schleifen zieht. Mit reiner Riemenarbeit ist absolut nichts zu machen. Ein schneller Gebrauchshund, der scharf hetzen kann und das Stück abwürgt, ist hier gerade richtig.

Rotwild, Damwild, Muffel- und *Sikawild* werden von Äserschüssen in den Unterkiefer unstet über sehr weite Entfernungen umgetrieben. Bei *Steinwild* und *Gams* kommen solche Fehlschüsse praktisch nicht vor, da dieses Wild auf weite Entfernungen beschossen wird, und Trägerschüsse schon deshalb nicht infrage kommen.
Beide Arten von Äserschüssen ergeben immer lange Riemenarbeiten, die allerdings immer wieder deutliche Tropfbetten aufweisen. Am Ende steht meistens eine Hetze mit Herunterziehen beim Rehwild oder Stellen und Fangschuss beim Hochwild.

STECKSCHÜSSE

Bei Steckschüssen sitzt das Geschoss nicht da, wo es sich der Schütze erhofft hatte, und es erzeugt keinen Ausschuss, weil es im Körper feststeckt – meistens in Gelenken.
Den Ausschuss auf dem Boden sucht man dann natürlich auch vergebens, da das Geschoss in Gelenkkugel oder -pfanne sitzt.
Als Zeichnen kann man höchstens ein Einknicken des Stücks feststellen, das oft im Troll weiterzieht. Schweiß wird dann meist erst nach einigen Fluchten in der Fährte durch den Hund verwiesen.
Durch die Zertrümmerung von Gelenk und Knochen werden bei Schüssen dieser Art im Verlauf der Fährte Knochensplitter und Gelenkteile in der Flucht herausgepresst. Erst dann kann der Sitz des Schusses bestimmt werden. Da keine inneren Organe verletzt sind, wird das Stück ins Wundbett gehen und überaus wachsam sein. Meist bemerken die Stücke das nahende Gespann und werden hoch. Eine scharfe Hetze sollte das Stück zum Stellen bringen.
Steckschüsse kommen auch auf Drückjagden vor, in der Regel bemerkt der Schütze das Zeichnen des Stücks nicht.
Um Steckschüsse erkennen, die Verletzung richtig einordnen und dann eine angemessene Entscheidung für die Nachsuche treffen zu können, braucht der Hundeführer ein gerüttelt Maß an Anatomiekenntnissen und Erfahrungen.
Es kann daher nicht oft genug betont werden: Alle Nachsuchenführer sollten eine fundierte Anatomie-Ausbildung durchlaufen, wie sie z. B. am Jägerlehrhof Springe angeboten wurde. Die Kenntnisse aus der Jägerprüfung reichen bei Weitem nicht aus – wirklich motivierte Nachsuchenführer werden schon aus persönlichem Interesse ihre Kenntnisse ständig ausbauen. Auch nachgesuchtes Wild zu untersuchen und aufzubrechen ist hierbei enorm hilfreich.

KRANKES WILD UND WASSER

Ein häufiges Verhalten nach dem Schuss ist auch das Aufsuchen von Wasser. Hierfür gibt es mehrere Gründe:
- Wild sucht Wasser auf, um die Schussverletzung zu kühlen.
- Wild sucht das Wasser zum Schöpfen, um den infolge der Wundinfektion und des Schweißverlustes auftretenden Fieberdurst zu stillen.

Verletztes Wild sucht gern Wasser auf.

- Wild nutzt Wasser (Bachläufe, Wasserflächen), um seine Fährte zu verwischen und die Verfolgung zu erschweren.
- Bisher nur bei Rotwild wurde beobachtet, dass es sich in tieferem Wasser stellt, um so den anschwimmenden Hund oder Verfolger besser attackieren zu können.

WILDARTTYPISCHES VERHALTEN

Jede Wildart hat ihre ganz eigene Lebensweise, ihr eigenes Sozialverhalten, ihre Stärken und Schwächen und wird sich in Gefahr dementsprechend verhalten. So sehen schon die Fluchten der unterschiedlichen Wildarten verschieden aus. Manches Wild stellt sich, anderes flieht.

Dem Nachsuchenführer müssen die Eigenheiten des zu suchenden Wildes geläufig sein. Es ist nicht damit getan, den Hund „am Schweiß" anzusetzen und mit beherztem „Such verwund't" die Suche anlaufen zu lassen. Viele meiner Nachsuchen kamen letztlich vor allem deshalb zum Erfolg, weil das Wissen um typische Verhaltensweisen berücksichtigt wurde und in die Suche entsprechend einfließen konnte.

Unsere häufigsten Wildarten sind Rotwild, Damwild, Muffelwild, Schwarzwild und Rehwild.

Beim Bergwild sind es Steinbock, Gamswild (Grat- und Waldgams), Rotwild und Schwarzwild. Beim Wild in Berg- und Gebirgslandschaften sind ortsgegebene Verhältnisse zu beachten, wie z. B. Sommereinstände, Wintereinstände, Wintergatter. Auch die Hin- und Rückwechsel zu den Äsungsflächen oder die Brunftplätze sollte der Nachsuchenführer beachten.

Bemerkenswert ist, dass Schwarzwild immer mehr in die Mittelgebirge (Schwarzwald, Harz) und sogar über alte Fernwechsel ins Hochgebirge auf bis zu 3000 m in der Schweiz wechselt. In den gebirgigen Regionen Italiens, Frankreichs und Spaniens war es immer schon heimisch. Da sich Schwarzwild meist einzeln in diesem Gelände bewegt, ist es gewohnt, große Strecken zurückzulegen. Das ist ein Punkt, der für die Nachsuche besonders zu beachten ist.

WILD IN DEN BERGEN

Die Erfahrung zeigt, dass kranke Stücke, z. B. mit einem Gescheideschuss, aus den Bergen in tieferes Gelände ziehen, um dort ins Wundbett zu gehen und sich einzuschieben. Wundbetten werden gern in übersichtlichen Steilhängen aufgesucht, z. B. in Graslahnern mit leichter Latschenbestockung, um von oben bessere Weitsicht zu haben. Auch legt sich Bergwild gern in den Wind – morgens in den Aufwind, abends in den Abwind. Bei der Suche mit dem Hund muss man das Gelände immer gut im Blick haben, um Bewegungen vor sich, z. B. von Geweih oder Lauschern, erkennen zu können. Die Geländebeobachtung übernimmt am besten eine zweite Person.

Gamswild nimmt gern Felsbänder an. Geht die Suche auf Felsbänder zu, sollte man sie daher unterbrechen und den Fels ganz genau abglasen. Gamswild drückt sich oft hinter Felsbrocken und ist fast nicht zu sehen.

Rotwild zieht gern in Latschenfelder, und es ist eine „Sauarbeit", das Stück hier zur Strecke zu bringen. Wie bereits mehrfach erwähnt, stellt sich krankes Rotwild dem Hund vielfach im Wasser. Sucht man mit mehreren Hunden nach, kann es leichter aus dem Wasser gebracht werden.

WILD IN DER EBENE

Auch die Wildarten im Vorland bis in die Ebenen zeigen bei Schussverletzungen besondere Verhaltensweisen.

Rotwild Besonders in der Brunft sind *Hirsche* sehr hart und ziehen selbst bei schweren Laufverletzungen dem Kahlwild hinterher. Fernwechsel werden gern von alten Hirschen angenommen; diese Stücke ziehen dann weit über die Reviergrenzen hinaus. Eine besondere Eigenart reifer Hirsche ist es, sich in Windbruchstellen ins Wundbett zu legen. *Kahlwild* und *Hirsche* ziehen sich in tiefes, ruhiges Wasser zurück, sofern vorhanden, z. B. in kleine Teiche oder Gumpen in Bachläufen.

Damhirsche Bei Laufverletzungen ziehen sich *Damhirsche* in der Brunft meist in großem Bogen zur Brunftkuhle zurück.

Muffelwild Vor allem *Widder* steigen – ähnlich wie Gamswild – in erhöhte Geländeteile, um beobachten zu können. Auch legen sie sehr schwere Widergänge, die das Gespann intensiv beschäftigen. Die Zeit nutzt das Muffelwild, um ganz heimlich das Wundbett zu verlassen.

Mit einem Weidwundschuss am Vortag wurde das Rotkalb frisch verendet in einem Bachlauf gefunden.

Schwarzwild Einzeln ziehende *Keiler* legen Widergänge kurz vor dem Waldrand an, um dann in die freie Feldmark zu ziehen und in Buschstreifen, einzelnen Hecken, Feldholzinseln oder Schilfpartien ins Wundbett zu gehen. *Bachen* ziehen gern in dichte Bestände mit Wurfkesseln und gehen dort ins Wundbett. Überläuferbachen ziehen vorzugsweise im Rottenverband mit. Ein sicheres Zeichen, dass das kranke Stück in der Rotte steckt, ist der Angriff der Leitbache, die das verwundete Stück verteidigt.

Rehwild Wird ein *Rehbock* krankgeschossen, sollte sich der Nachsuchenführer von einem ortskundigen Jäger genau beschreiben lassen, ob der Bock ein Platzbock, Grenzbock oder abgeschlagener junger Bock ist. Platzböcke sind sehr revierbezogen und bleiben, wenn sie nicht aufgemüdet werden, in ihrem Revier. Selbst bei langen Fluchten kehren sie fast immer in ihr angestammtes Revier zurück. Bei *weiblichem Rehwild* habe ich kein typisches Verhalten feststellen können. *Kitze* bleiben je nach Verletzung eng bei der führenden Geiß. Sie wird versuchen, das Kitz wegzuführen. Dieses Verhalten konnte ich einmal bei einer vier Tage dauernden Nachsuche auf ein Kitz mit Durchschuss im Fußgelenk des Hinterlaufs beobachten. Typisch für Rehwild sind die kreisrunden Widergänge, die sich ständig überschneiden. Wird eine Rehwildfährte geradlinig und überfällt das Stück Hindernisse wie Zäune, Bachläufe oder liegendes Holz, ist das immer ein Zeichen dafür, dass das Stück aufgemüdet wurde. In so einem Fall gehen die Stücke meist, bis sie umfallen und verenden.

PRAXISWISSEN NACHSUCHE

KEIN ODER SPÄTERER EINSATZ DES HUNDES

Ein Hundeführer, der seinen Hund auf Schweiß führen will, muss wissen, wann er seinen Hund einsetzen kann und muss, wann er die Arbeit der Roten Fährte besser nicht oder wann er sie erst später aufnehmen sollte. Das zählt zum Grundwissen.
Bei Frost und Schnee müssen Hunde – natürlich nur voll durchgeführte – sofort eingesetzt werden, weil es keine Bodenverwundung gibt. Anders ist das in nachfolgend behandelten Fällen.

TAU

Wie wir gesehen haben, wird bei z. B. Tau die Hundenase nach kurzer Suche von Tautröpfchen verstopft sein und der Hund deswegen ständig den Kopf schütteln. So kann er die Fährte nicht halten. Hier sollte man also warten, bis der Tau abgetrocknet ist.

REGEN

Regen kann für den Einsatz des Hundes von Vorteil sein. Regnet es leicht, dann trocknen der Schweiß und die Fährte nicht so leicht ein, bzw. der getrocknete Schweiß wird wieder gelöst und kann Witterung abgeben. Nachteilig kann allerdings ein Wolkenbruch über einer Fährte sein, bei dem der Hund fast nichts mehr aufnehmen kann. Deshalb müssen Hunde auch bei schlechtem Wetter eingearbeitet werden.

NACH DEM SCHUSS

Man sollte den Hund nicht zu früh nach dem Schuss, sondern erst nach einer Fährtenstehzeit von mindestens vier bis sechs Stunden ansetzen, weil ansonsten die Individualwitterung noch über der Fährtenwitterung liegt. Das irritiert selbst einen erfahrenen Hund. Nur bei der Hetze hat der Hund gleichzeitig Individualwitterung und frische Fährtenwitterung in der Nase. Geht man gleich nach dem Schuss zum Anschuss, ist das für den Hund daher ein Signal, hetzen zu müssen. Davon abgesehen, ist es besser, das Wild krank werden zu lassen. Gleich nach dem Schuss aufgemüdet, flüchtet es weiter als nach längerem Sitzen in einem Wundbett.

VORSUCHE ANDERER HUNDE

Bei einer Vorsuche durch andere Hunde ist besondere Vorsicht geboten. Nicht jeder Hund arbeitet dann noch konzentriert die Fährte. Besser ist es, am letzten verbrochenen Schweiß oder Fährtenabdruck zu beginnen. Haben vorher Hunde schon frei verloren gesucht, kann es sehr schwierig für den

Die Anschussuntersuchung gibt Aufschluss darüber, ob, wann und mit welchem Hund nachgesucht wird.

Hundeführer werden. Hier ist eine genaue Beschreibung der vorausgegangenen Arbeiten sehr wichtig, um überhaupt weiterzukommen.

ABLENKUNGEN

Ist der Hund noch nicht richtig durchgearbeitet, z. B. auf dem Gebiet Ablenkung, Straßenverkehr etc., so muss man dem Rechnung tragen. Auch das Überqueren einer Pferde- oder Viehweide kann unerfahrenen Hunden Schwierigkeiten bereiten.
Hat das Gespann noch wenig Erfahrung, muss man auch das bei einer sich abzeichnenden schweren Arbeit ins Kalkül ziehen. Nötigenfalls wird die Arbeit eingestellt, um dem nachfolgenden Spezialisten einen einfachen Einstieg an dem letzten verbrochenen Schweiß zu ermöglichen.
Hat auf der Fährte schon eine heiße Hündin gearbeitet – aus welchen Gründen auch immer –, sind Rüden fast nicht mehr dazu zu bringen, der Fährte nachzuhängen. Ältere, erfahrene Rüden mit viel Passion haben schon weitergearbeitet, das ist aber die Ausnahme.

Schnee und Frost Solche Witterungsbedingungen sind für Hund und Führer immer wieder ein Hindernis. Der Hund kann Schweiß und Fährtenabdruck nur schlecht riechen. Weil der Schnee bei der Ausbildung trotz seiner Wichtigkeit immer vernachlässigt wird, ist er weiter vorn ausführlicher dargestellt (s. S. 250).

Checkliste

KEIN ODER SPÄTERES ANSETZEN DES HUNDES

- ☐ bei ungenügender Ausbildung von Hund und Führer
- ☐ bei Starkregen
- ☐ Tau
- ☐ nach dem Schuss
- ☐ bei Vorsuche anderer Hunde
- ☐ bei starker Ablenkung

RIEMENFÜHRUNG

Die Grunddisziplin der Nachsuche ist die Arbeit am Riemen – sie stellt hohe Ansprüche an das Können des Hundeführers. Dieses Thema scheint so selbstverständlich, dass man in Lehrgängen und Grundkursen oft genug nur ein mildes, erstauntes Lächeln erntet, sobald ich die Führung des Riemens anspreche. Wie erstaunt ist dann aber selbst mancher erfahrene Führer, wenn plötzlich in einem Maisfeld oder einer Läuterung nichts mehr geht, weil sich der Riemen hoffnungslos verheddert, der Hund ständig hängenbleibt oder sogar das Arbeiten abbricht. Da werden die Gesichter plötzlich „lang und länger".
Zum Fach „Riemenarbeit" gehört natürlich das richtige, stabile und strapazierfähige Handwerkszeug Halsung und Riemen. Es wurde bereits weiter vorn (s. S. 93) beschrieben. Der Schweißriemen stellt die Verbindung und ein Kommunikationsmedium für das Gespann dar. Über einen fachgerecht gehaltenen und geführten Schweißriemen können Sie die Hundearbeit auch beeinflussen, z. B. durch langsamen seitlichen Zug einen abgeirrten Hund wieder in die Übungsfährte bringen.

SIGNAL RIEMENHALTUNG

Die drei Haltungen des Schweißriemens – aufgedockt, in Schlaufen getragen und bei der Arbeit kurz oder lang geführt – lernen die Hunde von Anfang an ganz genau kennen und wissen, was das für sie bedeutet. So signalisiert ihnen der aufgedockte Riemen: Es wird nicht gearbeitet. Die Hunde ruhen dann ganz entspannt (s. S. 96, 281).
Vor dem Beginn der Arbeit oder bei der Vorsuche wird der Riemen locker getragen. Der erfahrene Hund erkennt die Situation und kann daraus schließen, dass es gleich losgeht: Er ist entsprechend aufmerksam.

Der in Schlaufen gehaltene Riemen zeigt dem Hund: „Die Arbeit ruft."

Bei der Arbeit wird der Riemen dem Hund voll gegeben. Der Hund weiß, dass der lange Riemen die Aufforderung zu konzentrierter Nasenarbeit ist. Bei guter Übersicht im Gelände führt man den Riemen lang und durchhängend. Bei dichter Bestockung greift der Hundeführer am Riemen vor, rückt näher auf den Hund auf, damit er ihn und sein Verhalten im Blick behält. Das Riemenende liegt flach auf dem Boden.

VERWEISERPUNKT

Früher galt es als spezielle Technik, den Riemen zwischen den Vorderläufen des Hundes hindurchzuführen, um den Kopf des Hundes nach unten zu ziehen. Das ist aber meist nicht nötig, da der Hund den Riemen in der Regel selbst zwischen die Vorderläufe nimmt, wenn er einige Schritte auf der Fährte gegangen ist.

Kurz vor dem Verweisen zieht der Hund an, denn er nähert sich einer interessanten Witterung und möchte schnell dahin gelangen. Er zeigt seine Aufmerksamkeit und Spannung durch Aufstellen der Rute. Der Riemen strafft sich, das Ende liegt aber flach auf dem Boden – wie es grundsätzlich auf der Fährte ist.

RIEMENFÜHRUNG IM GELÄNDE

Nachsuchen führen das Gespann in die unterschiedlichsten Geländeformen bis hin zu grausigsten Bestockungen wie z. B. Mais oder Läuterungen. Hier zeigt sich das Können eines Hundeführers im Umgang mit dem Riemen. Bei einer stümperhaften Handhabung wird der Hund ständig gebremst, ruckartig an der Halsung gezogen und dadurch bis hin zur Konzentrations- und Arbeitsunfähigkeit behindert.

Hinzu kommen unter den heutigen Bedingungen der Wald- und Agrarflächenbewirtschaftung Situationen für das Gespann, die einem die letzten Haare noch ausfallen lassen: Maisschläge von 2,50 m Höhe und bürstendicht gedrillt, halb liegender Raps, meterhohe Erbsen, Sonnenblumenfelder, „soweit das Auge reicht", Waldreben im Steilhang, frisch geschlagene Läuterungen, von Brombeere durchwachsene Eichenverjüngung, Windwurfflächen aus kreuz- und querliegenden, von Him- und Brombeere überwucherten Stämmen, zugewachsene Gatter, Auwaldgebiete mit Wassergräben, Ginsterdschungel und noch einiges mehr.

Bei so extremen Gegebenheiten schlägt das Führerherz schneller, denn mit der klassischen Riemenführung am langen Riemen ist da nichts zu machen. Wer erwartet, dass man sich da „sauber auf der Fährte" hindurcharbeiten soll, hat in der Praxis noch nicht viel erlebt. Oft genug muss man deshalb auf eine herkömmliche Riemenführung verzichten: Man sieht den Hund nicht mehr, eine kleine Abweichung von der Fährte führt zum Hängenbleiben, zwangsweise kommt man zu einer anderen Suchentechnik.

Hier bietet sich die bereits beschriebene Technik, mit drei Hunden zu arbeiten, an. Der freisuchende Hund – bei mir ein Teckel, der aufgrund seiner geringen Größe unter solchen Bedingungen ideal ist – geht voran und die beiden Schweißhunde am Riemen dahinter. Vor dem Geländehindernis wird die Suche unterbrochen und der freisuchende, kleine Hund vorangeschickt und des Weiteren verfahren, wie auf Seite 248 dargestellt. Dies ist nur ein Beispiel dafür, wie krankes Wild zur Strecke gebracht werden kann, denn das muss es, selbst wenn unter den oft gegebenen Bestockungsverhältnissen eine herkömmliche Riemenführung nicht immer möglich ist. Und es zeigt: Die richtige Führung und Haltung des Schweißriemens ist eine Kunst!

GELÄNDEABHÄNGIGE NACHSUCHEN

Unterschiedliches Gelände und Bewuchs erfordern nicht nur eine gekonnte Riemenführung, sondern generell ein spezifisches Herangehen bei der Nachsuche. Es ist ein Wunschtraum, dass – einmal auf der Fährte – es immer nur schnurstracks geradeaus und, ungeachtet aller Hindernisse, flott vorangeht. Durch manche Bestände ist zum Beispiel für den Hundeführer gar kein Durchkommen, und es braucht besondere Techniken, z. B. mittels Vorsuche, um auf der Fährte zum Ziel zu kommen.

FLIESSENDE UND STEHENDE GEWÄSSER

Stehende oder fließende Wasser im Revier können Nachsuchenführern schnell ihre Grenzen aufzeigen. Das passiert besonders dann, wenn solche Situationen nicht gezielt mit dem Hund trainiert wurden. Ich habe Hunde gesehen, die gern das Wasser annahmen, am Riemen aber das Wasser verweigerten. Wen das staunen lässt: Daran ist allein der Hundeführer schuld! Es liegt einfach zu nah zu glauben, dass ein Hund, der gerne baden geht, das auch bei der Nachsuche macht. Ohne Üben kann dann tatsächlich alles den Bach hinuntergehen! Hier zeigt sich, wie wenig Hundeführer oft ihren Hund kennen. Der Hund arbeitet letztlich nur das, was man ihm gezeigt hat und was er deshalb kennt – ungewöhnliche Situationen verunsichern ihn erst einmal. Da ist der Hund „auch nur ein Mensch".

Ist das Stück entlang des Bachlaufs gezogen, ist es für den Führer kein Problem, dem Hund am langen Riemen zu folgen.

Speziell Rotwild und Schwarzwild nehmen instinktiv das Wasser an, um ein Verfolgen ihrer Fährte zu erschweren oder sich im Wasser zu stellen. Letzteres geschieht meist bei einer Hetze, bei der der Hund das Stück scharf stellen will. Hier zieht sich das Stück ins tiefe Wasser zurück, z. B. in Gumpen im Fließwasser oder in Teiche. Rotwild zieht sogar so tief ins Wasser, dass der stellende Hund auf das Stück zuschwimmen (s. S. 261) muss. Schwarzwild stellt sich auch gern in tiefen Suhlen oder in Moorlöchern, um ein Herankommen zu erschweren. Im morastigen Untergrund wühlen sich die Sauen richtig ein, und nur noch Wurf und Kopf schauen

Im fast undurchdringlichen Auwald braucht es geübte Hunde.

Schlamm und Morast nimmt krankes Schwarzwild gerne an. Ist diese Bache noch mobil, kann es jetzt eng werden …

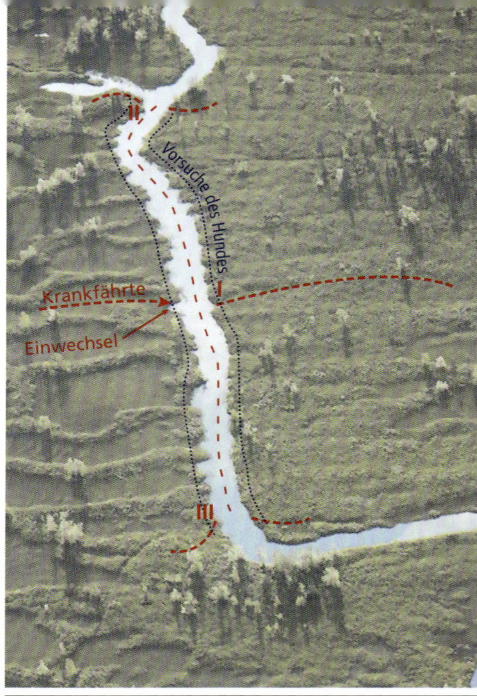

Suchentechnik am Bachlauf

VERWEISERPUNKT

Schwarzwild ist ein Meister des Versteckspiels. Ich habe schon Sauen gesehen, die sich in den Fahrspuren von Rückefahrzeugen, in denen Wasser stand, so eingeschoben hatten, dass nur die Wurfscheibe zu sehen war.

heraus. Hunde, die keine Erfahrung am Schwarzwild haben, laufen der Sau so richtiggehend ins Gebrech. Das Stück wartet nur, bis der Hund nah genug herangekommen ist, um dann blitzschnell anzugreifen.
Sowohl Rotwild als auch Schwarzwild sind sehr gute Schwimmer und können mühelos breite Gewässer durchrinnen. Um in solch einer Situation weiterzukommen, muss der Ausstieg mittels Vorsuche gefunden werden.

ARBEITSTECHNIK AM WASSER

Beim Anarbeiten an einen Wasserlauf wird die Suche unterbrochen und der Hund zur Pause abgelegt. Der Hundeführer untersucht den Einwechsel. Erkennt er über das Wasser hinweg am gegenüberliegenden Ufer den Ausstieg, z. B. anhand von Eingriffen, Trittsiegeln, Schweiß, Rutschspuren oder Wasserlachen, geht die Suche weiter (I).
Ist das Stück im Wasser weitergezogen oder -geschwommen, muss der Ausstieg mittels Vorsuche verwiesen werden. Man sucht am rechten oder linken Ufer so lange entlang, bis der Hund den Ausstieg verweist, und verbricht ihn dann sichtig. So kann man ihn bei evtl. Zurückgreifen leichter finden. Dann wird die Arbeit fortgesetzt (II und III).

KIRRPLÄTZE

In den meisten Revieren, in denen Schwarzwild bewirtschaftet wird, sind Kirrungen für den tierschutzgerechten Abschuss eine selbstverständliche Einrichtung und werden regelmäßig vom Schwarzwild aufgesucht. In Revieren mit Schwarzwild als Wechselwild werden Kirrungen an Wechseln oder Suhlen angelegt, um umherziehendes Schwarzwild anzulocken und bejagen zu können.
Sowohl regelmäßig als auch sporadisch von Sauen besuchte Kirrungen stellen für die Nachsuchenhunde wegen der unterschiedlichen, aber dennoch intensiven Schwarz-

Vor welcher Herausforderung der Hund an derart frequentierten Kirrungen steht, kann sich wohl jeder vorstellen.

wildwitterung eine Herausforderung dar. Oft konnte ich auf Lehrgängen feststellen, dass Hunde, die wenig Möglichkeit haben, Schwarzwildwitterung aufzunehmen, im Saupark dann große Schwierigkeiten bekamen. Sie litten für einige Tage an psychosomatischen Stresssymptomen: Fressunlust, starker Nervosität, Durchfall – bis sie sich an die Situation mit der starken Schwarzwildwitterung gewöhnt hatten.

In der Praxis steht deshalb immer an erster Stelle die Überlegung: Wie wird mein Hund mit einer massiven Schwarzwildwitterung fertig? Denn das entscheidet oft genug über Erfolg oder Versagen.

Werden wir zu Suchen in Schwarzwildreviere gerufen, in denen die Sauen Standwild sind, sollte man sich zunächst einen Überblick verschaffen:

- Wie groß ist die entsprechende Kirrung?
- Wie hoch ist die Kanzel, von der aus geschossen wurde?
- Welches Hintergelände liegt vor?

Bei großen Kirrungen lässt man sich zunächst einweisen und begutachtet die Stelle, an der das Stück bei Schussabgabe stand. Meist wird man nichts finden, da in solchen Revieren ja reger Betrieb durch anderes Schwarzwild herrscht. Bei dieser vermeintlichen Anschuss- oder Ausschuss-auf-dem-Boden-Suche ist der Hund nicht dabei. Findet man etwaige Pirschzeichen, werden diese gut sichtbar markiert.

Je höher der Ansitz ist, desto näher werden der Anschuss und der Ausschuss auf dem Boden beieinanderliegen.

Haben wir freies Hintergelände in Schussrichtung, wird es mit dem Finden des Ausschusses auf dem Boden schwierig bis unmöglich.

ARBEITSTECHNIK

Haben wir uns einen Überblick verschafft, werden wir mit dem Hund mittels Vorsuche am kurzen Riemen um die gesamte Kirrung herum arbeiten. Verweist der Hund etwas, untersucht man die Stelle. Ist ein Pirschzeichen vorhanden, wird es deutlich markiert. Will der Hund der angezeigten Witterung folgen, kann man ihn anarbeiten lassen, bis zu dem Punkt, an der z. B. gefundener Schweiß und Trittsiegel zueinander passen. Hier wird

wieder verbrochen und der Hund abgetragen. Aufgrund meiner Erfahrungen lasse ich den Hund in der Vorsuche den Kirrplatz einmal komplett bis zum ersten Ansetzen absuchen. Hier wird er dann erneut abgetragen. Dann wird die gesamte Kirrung ohne Hund kontrolliert, um zu erkennen, ob nicht noch ein zweites Stück unbeabsichtigt, z. B. durch Geschosssplitter, getroffen wurde. Erst jetzt wird der Hund an der verbrochenen Fährte angesetzt, und die Arbeit beginnt – wie in der Mitte der Kirrung.
Ein anderes Vorgehen empfiehlt sich an Kirrungen in Revieren, in denen das Schwarzwild nur durchwechselt: Hier sollte man versuchen, den genauen Anschuss zu ermitteln, und dort mit der Arbeit beginnen. Doch auch hier ist das Umschlagen, um den genauen Abgang der Fährte aus der Kirrung zu finden, die angemessene Technik.

NACHSUCHEN UND WITTERUNG

Generell sollten Hunde auf alle Witterungsarten eingearbeitet werden. Nur dann kommen sie mit den Bedingungen auch zurecht. Ich habe Hunde gesehen, die bei Hitze oder Regen nicht vom Anschuss wegarbeiteten, obwohl sie bei trockenem, ruhigen „Normalwetter“ brauchbare Arbeiten gezeigt hatten. Die Erklärung ist einfach: Der Hund wurde nur bei „bequemem“ Wetter eingearbeitet. Hier werden Fehler gemacht, die immer zu Lasten der angeschossenen Kreatur gehen!

Nach schwerer Arbeit in der Gluthitze Afrikas

HITZE

Hunde müssen an Hitze gewöhnt werden – und zwar schrittweise. Das bedeutet, dass alle Grundübungen, z. B. Gerade, Bogen, Haken, Widergänge auch speziell bei Hitze gearbeitet werden.
Auch das körperliche Training an der Bewegungsangel sowie am Fahrzeug werden bei Hitze durchgeführt. Natürlich darf man die Hunde nicht bis zur Erschöpfung überlasten, aber sie sollen an ihre Grenzen kommen und diese dadurch erweitern. Meine besten Arbeiten habe ich in Afrika durchgeführt, obwohl Fachkundige mich vorher belehren wollten, dass ein Arbeiten mit Schweißhunden dort nicht möglich sei.
Arbeiten bei Hitze muss also Teil des Ausbildungsplans werden. Hunde, die nicht bei heißer Witterung gearbeitet sind, brechen vor allem bei aufkommenden Belastungen die Arbeit ab und kehren zum Führer zurück. Das kann eine Nachsuche zum Scheitern bringen. Ich habe aber auch „normal anstrengende“ Hundeprüfungen erlebt, bei denen über die Hälfte der angemeldeten Hunde wegen Hitze abbrachen.
Die wichtigsten Punkte bei der konkreten Arbeit in großer Hitze sind neben rechtzeitiger Gewöhnung des Hundes: genügend Wasser mitführen, Pausen im Schatten einlegen und Traubenzucker zuführen (s. S. 91). Wir haben z. B. Nachsuchen in der Heide bewusst abgebrochen und die Hunde an Wasserstellen gebracht. Nach kurzer Zeit konnten sie ihre Arbeit wieder flott fortsetzen.

TAU UND NEBEL

Welche Probleme Tau der Hundenase bereiten kann, haben wir bereits gesehen. In den Herbstmonaten schlagen sich Tau oder

Nebel auf die Pirschzeichen nieder und verändern sie.
Das gilt vor allem für den Schweiß:

- **Dunkelroter Schweiß wird sehr hell.**
- **Kleine Schweißtropfen lösen sich infolge der Verwässerung mitunter ganz auf oder sind nicht mehr zu sehen.**
- **Schweiß wird verlagert und fließt z. B. auf großen Blättern auf deren Unterseite.**

In der Jagdpraxis hat der Schütze nach dem Schuss meist schon kurz nachgeschaut, ob er getroffen hat und was er wohl findet, solange es noch hell genug dafür ist. Meist ist der Ausschuss auf dem Boden als verspritzter Schweiß an hohem Gras zu finden. Häufig genug wird dann noch bis in der Dämmerung hinein weitergesucht, bis dann das Suchen endlich eingestellt wird. Jetzt wird der Nachsuchenführer benachrichtigt.
In guter Kenntnis der Jahreszeiten legt man als Nachsuchenführer selbst den Zeitpunkt fest, an dem mit der Suche begonnen wird. Es ist sinnvoll, so lange zu warten, bis die Sonne den Tau fast abgetrocknet hat. Das hat einerseits den großen Vorteil, dass der Schweiß an der Stelle bleibt, an der er abgestreift wurde oder abgetropft ist – andererseits kann der Hund so besser arbeiten (s. S. 280).
Bei Taulage geht man sinnvollerweise nicht vor 9 oder 10 Uhr die Suche an. Liegt der Anschuss im Bestand, kann man früher anfangen, weil sich der Tau hier nicht so negativ auswirkt wie auf Grasbestockung im Offenland. Man kann auch die Technik des Vorgreifens in Fluchtrichtung in den Bestand nutzen, um die Fährte auf diese Weise aufzugreifen.

VERWEISERPUNKT
Tau ist eine der wenigen Witterungslagen, auf die der Hund auch auf der Kunstfährte kaum vorbereitet werden kann. Das Problem ist hier nicht mangelnde Ausbildung, sondern der Verschluss der Hundenase durch die Tautröpfchen.

REGEN

So wichtig der Regen in seiner vielfältigen Ausprägung – Ausregnen von Schichtwolken, leichter Regen, mittelschwerer Regen, Starkregen mit Graupel, Hagel, Wind und Sturm – für Landwirte und Gärtner ist, so sehr kann er die Arbeit des Nachsuchenführers erschweren. Die Probleme können bis zum Aufgeben der Arbeit oder der Unauffindbarkeit des Stücks führen. Eine zielorientierte Ausbildung muss also das breite Spektrum von Regen bis hin zur Wasserfestigkeit auch bei der Nachsuchenarbeit beinhalten.
Regen kann günstig sein und eingetrockneten Schweiß anfeuchten und für den Hund wieder besser wahrnehmbar machen, sodass der ihn verweisen kann. Hat man einen solchen Schweißfleck mit dem Papiertaschentuch sichtbar gemacht (s. S. 40, 91), steckt man das Tuch ein, um den Hund bei Unlust ggf. mit der Witterung wieder anzurüden.

Strömender Regen macht die Nachsuchenarbeit nicht leichter.

REGENLÄRM
Je nach Bodendeckung, z. B. im Mais oder Raps, verlangen allein die Geräusche des Regens Hund und Führer viel Konzentrationsvermögen ab. Schon bei mittelstarkem Regen ist das Prasseln der Regentropfen auf Maisblätter in übermannshohen Schlägen sehr störend für das Gespann. Wesensschwache Hunde verstecken sich mitunter regelrecht hinter dem Führer. Auch deshalb schon gehört zu jeder soliden Ausbildung die Arbeit bei Regen.

Drei Faktoren allerdings können sich bei Regen ungünstig auswirken:

- **Die Witterung der Bodenverwundung – vor allem in Form der Geruch abgebenden Hautschuppen des Stücks – kann durch starken Regen ausgewaschen werden.**
- **Die Nässe kann der Nase des Hundes zusetzen und die Riechorgane beeinträchtigen: Hier hilft nur eine Pause.**
- **Die Geräuschkulisse, die Regen je nach Bestand aufbaut, kann einen darin nicht geübten Hund bei einer konzentrierten Arbeit regelrecht stören.**

FROST UND SCHNEE

In unseren vier Jahreszeiten haben die Wintermonate eine besondere Bedeutung für das Nachsuchengespann, denn in diese Zeit fallen die meisten Jagden auf Schalenwild, seien es Einzel- oder Gesellschaftsjagden mit deren zahlreichen Nachsuchen. Gerade die Witterung mit Frost und Schnee spielt hier eine ausschlaggebende Rolle.
Es ist immer wieder erstaunlich, wie wenig „Ahnung“ selbst erfahrene Führer vom Einsatz ihrer Hunde im Winter bei Frost und Schnee haben. Die Probleme, die bei entsprechenden Wetterlagen und Temperaturen zu gewärtigen sind, haben wir bereits ausführlich dargelegt (s. S. 250).
Bei solchen Witterungen muss nun das Fachwissen des Hundeführers über Frost und Schnee greifen – anders kann er seinem Meutegenossen nicht helfen. Er muss ihn unterstützen und so einsetzen, dass die Arbeit vorangebracht werden kann. Das beginnt wieder einmal damit, dass gerade der junge Hund an den wenigen Frosttagen, die wir in unseren Breiten haben, auch an die Arbeit bei Minusgraden gewöhnt wird.
Dies geschieht durch Lauftraining am Fahrzeug, mit der Bewegungsangel und natürlich auch mit leichten Fährten, etwa einfachen Geraden auf offenen Flächen. Das Ziel dieser Übungen ist, dass der Hund mit der kalten Luft zurechtkommt. Wir kennen es ja selbst, dass uns die Nasenlöcher und die tiefen Atemwege gleichsam einfrieren, wenn wir morgens aus dem warmen Haus in den kalten Hof treten. Halten wir uns dann die Hand über Mund und Nase und atmen in die hohle Hand, um sofort durch die Nase einzuatmen, ist die Nase bald wieder frei.
Das Gleiche passiert der Hundenase: Sie friert kurz an, der Hund schüttelt den Kopf, um die Belästigung durch die „eingefrorenen“ Riechzellen wieder loszuwerden. Damit ist aber seine Riech-Arbeit unterbrochen. Das Problem lässt sich so lösen: Man nimmt die hohle Hand, hält sie über die Hundenase und bläst warme Luft zwischen Handfläche und Hundenase. So kann er angewärmte Luft einziehen, atmet bald wieder frei und ist einsatzbereit. Arbeiten bei Frost fordert ein hohes Maß an Können beim Führer und starken Finderwillen beim Hund.

ARBEITSTECHNIKEN BEI KÄLTE UND SCHNEE

Die Fährtenarbeit bei Frost und Schnee wird durch den Einsatz bestimmter Techniken erst möglich:
Auf die Ausnutzung des „Zeitfensters“ zwischen circa 10 und 14 Uhr, in dem die Fährte

Schnee ist nicht gleich Schnee. Auf die Kenntnisse des Nachsuchenführers kommt es bei so einer Wetterlage an.

für den Hund zu arbeiten ist, sind wir bereits eingegangen (s. S. 253). Die ultraviolette Strahlung der Sonne erwärmt den Boden, wenn sie „senkrecht über der Fährte steht". So kann der Boden „atmen", weil nun Verdunstung eintritt. Fährte, Pirschzeichen und Schweiß tauen an, und der Hund kann Witterung bekommen.

Bei kupiertem Boden bekommen Hunde meist Schwierigkeiten, wenn die Fährte durch Mulden verläuft. In solchen Senken ist die Luft immer kälter und die Fährte deshalb meist noch gefroren. Hier hilft ein Umschlagen der Mulde: Ein zweiter Hundeführer bleibt am Rand der Mulde stehen, der Hund wird abgetragen und die Mulde umschlagen. Meist findet der Hund auf der anderen Seite problemlos den Anschluss der Fährte wieder und kann weiterarbeiten. Der zweite Hundeführer wird dann herangeholt. Bei solchen Arbeiten muss man Geduld bewahren und darf die Ruhe nicht verlieren, wenn man immer wieder neu ansetzen muss.

Verläuft eine Fährte bei klarem Frostwetter von der Nord- zur Südseite eines Tales, was gerade bei Rotwild und einzelnen Stücken Schwarzwild vorkommen kann, wird mit weitem Vorgreifen in die Sonnenseite gearbeitet, um die Fährte wieder aufzunehmen. Gerade bei solchen, sehr wenig Witterung abgebenden Fährten kann es auch helfen, den gefroren aufgefundenen Schweiß anzuhauchen oder mit etwas Speichel aufzutauen und dem Hund vor den Nasenschwamm zu halten. Begierig wird er die nun wahrnehmbare Witterung aufnehmen, und seine Motivation steigt. Auch Verweiser oder Knochenstückchen kann man aus der Fährte mitnehmen, um bei Bedarf der Motivation des Hundes neuen Schub zu verleihen.

Kommt der Wind aus der Richtung des beschossenen Stücks, kann auch gegen den Wind in Vorsuche gearbeitet werden. Gerade in der Mittagszeit, wenn die Pirschzeichen antauen, kann man so erstaunlich schnell ans Stück gelangen.

Im Nadelholzbestand ist die Fährte leichter zu halten als unter Laubholz.

Nachsuchen bei Frostwetter haben ihre eigenen Gesetze, und hier kann eine sonst einfach aussehende Arbeit zu einem echten Problem werden.

BESONDERE JAGDLICHE SITUATIONEN

Eine Vielzahl an Nachsuchen fallen nicht bei der „klassischen" ruhigen Ansitzjagd an, sondern naturgemäß gerade unter komplexen Bedingungen, bei denen die Wahrscheinlichkeit für einen Fehlschuss erhöht ist.

FÄHRTENTREUE NACH DRÜCKJAGDEN

Nachsuchenarbeiten im Zusammenhang mit Drückjagden stellen hohe Anforderungen an die Nase des Hundes. Gerade in Revieren, in denen ein guter und vielfältiger Wildbestand aller Schalenwildarten besteht, wo auf der Jagd dann Stöberhunde, Meuteführer und Treiber für Bewegung sorgen, müssen die Hunde sehr gut unterscheiden können zwischen Wund- und frischen Verleitungsfährten. Auch dort, wo erlegtes Wild zu den Wildwagen gezogen wurde, ist die Witterung so stark, dass damit nicht vertraute und geübte Hunde an ihre Grenzen geraten. Das zu erkennen und sich vor allem bei Nachsuchen ihre Überforderung einzugestehen, fällt vielen Hundeführern schwer, weil es ihnen peinlich ist.
Deshalb sollten Hundeführer jede Gelegenheit nutzen, um nach großen Jagden – dem aktuellen Leistungsstand entsprechend – eingesetzt zu werden. Nur so können die Hunde auf sauberes Arbeiten eingestellt werden.
Die Hausaufgaben in der Stationsausbildung mit Verleitungen und auf dem Verleitkreuz (s. S. 176) haben sich damit nicht erledigt: ganz im Gegenteil! Auf der solide eingeübten Grundlage von Situationen, an denen man in der Praxis gescheitert ist, kann der Hund erst das korrekte Arbeiten erlernen. So kann es z. B. nötig werden, mehrfach die Situation „Schleppspur von geborgenem Wild kreuzt die Fährte – der Hund will nur noch der Schleppspur folgen" durchzuarbeiten. Druck hilft hier meist nicht, nur geduldiges Wiederholen. In der Praxis lassen sich solche Hindernisse auch mit der Technik „Vorgreifen" überwinden: Dabei aber lernt der Hund allerdings nicht, die Schwierigkeit selbst durchzustehen. Zu Hause wird so lange ge-übt, bis der Hund die Arbeit sauber erledigen kann. Fährtentreue erreicht man nur durch geduldiges und vielseitiges Üben! Das macht Freu(n)de.

ÜBERLÄUFERROTTEN UND NACHSUCHENARBEIT

Mit Beginn seines zweiten Lebensjahres bis zu dessen Ende wird das Schwarzwild der Überläufer-Stufe zugerechnet. Bachen und Keiler

Auf solchen Drückjagden mit großen Strecken „wimmelt" es vor Verleitungen!

dieser Altersklasse verhalten sich unterschiedlich: Während Überläuferbachen meist bei der Leitbache bleiben, rotten sich die Überläuferkeiler in „Banden" zusammen, die gemeinsam die Feldmark nach Fraß absuchen. Solche Überläuferrotten sind unstet und ziehen weit im Revier umher – zehn Kilometer in einer Nacht sind nicht ungewöhnlich. Sie sind vom Verhalten her jugendlich wild, „rüpelhaft" und bringen viel Unruhe ins Revier.

Der Drang zum weiten Umherziehen der Bande macht sich auch bei der Nachsuche bemerkbar. Das verwundete Stück zieht mit nicht gleich tödlichen Verletzungen immer in der Rotte mit – und die anderen nehmen keine Rücksicht. So geraten gerade bei Lauf- und Weidwundschüssen die Suchen besonders lang. Diese Junggesellen werden aber noch aus anderen Gründen zum Problem für die Hunde, wenn sich das verletzte Stück von der Rotte trennt und ins Wundbett geht. Weil die Sauen in ihrer „Bande" ständig beisammen sind, überträgt sich die Krank- und Schweißwitterung oder Gescheideflüssigkeit auch auf die anderen Stücke. Sondert sich das kranke Stück ab, kann es passieren, dass der Hund den Haken überläuft, weil er der stärkeren Witterung der Rotte folgt. Es braucht das scharfe Auge des Hundeführers, um zu erkennen, dass der Hund nicht mehr auf der gewünschten Fährte ist. Diese Situation lässt sich nur mit Abtragen und Neuansetzen weit genug zurück auflösen.

Stößt das Gespann auf den Kessel der Überläuferrotte, der sich im Sommer auch im Getreide, in Feldern etc. befinden mag, kann der Hund sofort geschnallt werden. Hier hat er schnell die Witterung des kranken Stücks und kann es stellen.

SAUEN IM KESSEL

Wird auf Schwarzwild in der Rotte geschossen, flüchtet das beschossene Stück häufig mit der Rotte. Es kann sich dann – falls schwer getroffen – separieren, um ins Wundbett zu gehen. Leichter getroffenes Schwarzwild schlägt nicht selten einen Bogen, um dann wieder den Anschluss an die Rotte zu suchen. Beim Versuch, die Rotte wiederzufinden, legt das Wild oft weite Strecken zurück, und das auch in Geländeteilen, in denen es vorher nicht war. So zieht es kreuz und quer durch die Bestände, bis es endlich Wind von der Rotte hat oder in bekanntem Gelände an den üblichen Stellen den Anschluss an sie findet. Schwarzwild zieht nach Fraß suchend weite Strecken. Ab und zu legt sich die ganze Rotte mitten im Bestand zur Ruhe nieder. Das kranke Stück wird dann mitten in dieser Rotte ruhen. Ein solcher Ruheplatz ist etwas anderes als ein Kessel im Tageseinstand! Den bezieht die nachtaktive Rotte in den Morgenstunden. Je nach Jahreszeit und warmem oder kaltem Wetter ist der Kessel bei Kälte eng und bei Wärme weiter.

Sobald dem Hundeführer klar ist, dass sich das gesuchte Stück in einen solchen Kessel mit eingeschoben hat, muss er die Fährte sehr ruhig arbeiten. Kein Laut darf den Kessel vorzeitig sprengen. Hund und Wind müssen ständig und sorgfältig beachtet werden: Dreht der Wind, verweist der Hund meist mit hoher Nase.

Diese Sorgfalt kann lebensrettend sein: Wie erwähnt, verteidigen Bachen, wenn sie in der

DEN KESSEL ENTDECKEN

Bei der Nachsuche ab und zu anzuhalten und das vor einem liegende Gelände genau zu beobachten und abzuhören, hat schon manchen Kessel sichtbar gemacht: Die Führungsbache erkennt man meist an den großen Tellern, die ständig in Bewegung sind. Bei entsprechender Aufmerksamkeit kann man unter Umständen den einen oder anderen sich umlagernden Frischling oder abseits liegende Überläufer ausmachen oder die Sauen sogar schnarchen hören.

Rotte sind, das verletzte Stück sehr heftig. Unerfahrene Hunde laufen große Gefahr, schwer verletzt zu werden!

Ist es mit etwas Glück gelungen, den Kessel auszumachen und unbemerkt nahe an ihn heranzukommen, sollte man sich die Zeit lassen, den Kessel ganz genau, evtl. mit einem kleinen Glas, zu beobachten, um jedes einzelne Stück in Anblick zu bekommen. Das ist – je nach Gelände und Bewuchs – nicht immer einfach. Der ganz große „Hauptgewinn" ist, das verwundete Stück zu erkennen: Das muss dann ohne Zögern sofort erlegt werden!

Am Kessel: Ist das kranke Stück dabei?

Am Tag nach einem Weidwundschuss fand sich diese bereits angeschnittene Sau im Kessel.

Hat man dieses Glück nicht, bleibt nichts, als die Rotte mit Anhang in Bewegung zu bringen. Dazu kann man einen leisen Klagelaut abgeben oder einen Ast zerbrechen. Keinesfalls sollte man metallische Geräusche verursachen, denn die bringen die Tiere in Panik – mit entsprechend chaotischer Flucht in alle Richtungen. Diese Situation erfordert vom Hundeführer schnelles, gezieltes Handeln. Er muss den Hund dann auch schnallen. Wer systematisch mit zwei Hunden arbeitet, macht das Problem überschaubar, bei einem Hund allerdings kann es sehr eng werden.

Ist das kranke Stück eine Überläuferbache – Überläuferkeiler stehen selten bei der Rotte! –, wird der wildscharfe Hund sie schnell nach einigen Fluchten aus der Rotte gestellt haben. Der zweite Hund macht die Bail fest, und man kann den Fangschuss antragen. Ist das getroffene Stück jedoch ein noch mobiler Frischling, z. B. mit einem Laufschuss, muss der Hund schnell und wendig den Angriffen der Bache ausweichen können. Auch hier sind zwei Hunde von Vorteil, um den Fangschuss anzubringen. Gerade junge, kranke Frischlinge stellen sich gern mitten in die sich zusammendrängenden Geschwister, während die Bache verteidigt. Hier muss man versuchen, den Pulk zu sprengen, um den Kranken abzusondern. Eine solche Situation kann auch ganz anders ausgehen: Beim Sprengen des Kessels findet man das nachgesuchte Stück verendet und von der eigenen Rolle angeschnitten.

RÜCKWÄRTSSUCHE

Zu den Nachsuchentechniken der „Sonderklasse" zählt zweifelsohne die Rückwärtssuche vom gefundenen Stück zum Anschuss. Sie kann z. B. zum Aufklären von Wilderei beitragen. Solche Suchen sind absolute Spitzenarbeiten eines Hundes: Meist sind sehr lange Stehzeiten gegeben und wenig oder gar kein Schweiß oder andere Pirschzeichen mehr vorhanden. Solche Arbeiten durchführen zu können, braucht Gelegenheiten, einen bestens ausgebildeten Hund und viel Zeit.

PRAXISBEISPIEL: RÜCKWÄRTSSUCHE NACH WILDEREI

Dank guter Vermittlung konnte ich in zwei der größten Jagdreviere Bulgariens und Rumäniens mit meinen Hunden nachsuchen und gleichzeitig die Hundeführer und das Jagdpersonal in die Grundzüge der Nachsuchenarbeit einweisen. Drei der Hundeführer kamen später auch nach Springe, um sich ausbilden zu lassen.
Mit meinen beiden BGS-Hunden „Poldi" und „Kora" waren wir mit dem Oberjäger auf einer Morgenpirsch. Die Hirsche schrien, es war ein Konzert besonderer Art. Wir näherten uns einer großen Suhle, in der sich sonst Rot- und Schwarzwild suhlten. Trotz allgemein regen Brunftbetriebs war dort aber kein Stück zu sehen. Als wir die Suhle einsehen konnten, entdeckten wir einen starken Hirsch, der am Rand im trüben Wasser lag. Wir stellten fest, dass das Stück noch warm und offenbar noch nicht lange verendet war. Der im Wildbret starke Achter von ca. 150 kg wies keine Forkelverletzung auf, was bei diesem Brunftbetrieb nicht ungewöhnlich gewesen wäre, allerdings fanden wir auf der rechten Körperseite einen kleinen Einschuss auf Blattmitte, auf der anderen Seite aber keinen Ausschuss. Der Berufsjäger berichtete, dass man Wilderer im Revier vermute – das Problem sei nur, sie auf 68 000 ha zu erwischen! Ich schlug vor, die Fährte rückwärts zu arbeiten. Der Fundort des Stücks war nicht zertreten, und man konnte es zumindest versuchen. Da ich mit „Poldi" in Deutschland schon einzelne solche Suchen gearbeitet hatte, wusste ich, dass es klappen könnte.
„Poldi" wurde nun in kurzer Entfernung vom gefundenen Hirsch an die klar im feuchten Lehm stehende Fährte angesetzt. Ein kurzer Blick des Rüden zum Stück, und er arbeitete die Fährte vom Hirsch weg. Ich musste mich ganz und gar auf den Hund verlassen. Beruhigend sprach ich immer wieder ihm, wenn er in der Fährte etwas zeigte, das ich nicht erkennen konnte. Ich markierte solche Stellen, ohne allerdings den Hund direkt zu loben, denn das tue ich nur, wenn ein Verweiserstück zur Fährte klar erkannt werden kann. Die Fährte verlangte „Poldi" offenkundig einiges ab. Durch lichte Zerr-Eichen-Bestände mit eingesprengten großen Freiflächen und hohen Schmielen ging die Suche zu einer großen Winterfütterung.
Hier wurde die Suche ungenau, und ich trug den Hund ab. Der Rüde war an einer Stelle unsicher geworden, an der Wild trotz Verbots auch in den Sommermonaten gefüttert wurde. Nach Aussage des leitenden Revierbeamten hatten wir zwischen dem Fundort und dem wahrscheinlichen Anschuss eine Strecke von 2,8 km zurückgelegt.

PRAXISBEISPIEL: RÜCKWÄRTSSUCHE BEI DRÜCKJAGDEN

Auch bei revierübergreifenden Drückjagden kann die Technik der Rückwärtssuche zum Einsatz kommen, wenn kranke Stücke einzelnen Ständen zweifelsfrei zugeordnet werden müssen. Bei einer Drückjagd war in dichtem Bestand an zwei Ständen Schwarzwild beschossen worden – zwei „Überläufer", die zweifelsfrei gezeichnet hätten. Bei der Kontrollsuche am ersten Stand fand der Weimaraner-Rüde „Friedrich" Schweiß und einen größeren Schalenabdruck und fiel eine Fährte an, die nach 600 m zu einem am Leberschuss verendeten Keiler führte. Der Fund passte jedoch in keinem Punkt (Körperseite des Ausschusses, Entfernung, Richtung der Schussabgabe etc.) zu den Angaben des Schützen. Ein weiter entfernter Schütze hatte jedoch einen ungeklärten Schuss zur Kontrolle angegeben.

Über die Rückwärtssuche haben die Weimaraner-Rüden diese Sau gefunden.

„Friedrich" wurde am Schalenabdruck angesetzt und arbeitete rückwärts bis zum besagten Nachbarstand, wo der Anschuss bestätigt wurde. So konnte nicht zuletzt auch aufgeklärt werden, wer die nicht unerhebliche Abschussprämie zu zahlen hatte.

ARBEITSWILLE UND VERTRAUEN

Zusammenfassend lässt sich sagen, dass die Technik „vom Stück zum Anschuss" ein hohes Maß an Arbeitswillen und Vertrauen des Hundes in seinen Führer verlangt. Mit all meinen Hunden habe ich immer wieder einmal die Suche vom Stück zum Anschuss versucht – mit mehr oder weniger Erfolg. Die meisten Hunde drehten nach kurzer Zeit auf der Fährte um und arbeiteten zum Stück. Dann aber arbeiteten sie deutlich ruhiger als bei der Arbeit in umgekehrter Fährtenrichtung.
Das Sprechen mit dem Hund ist meines Erachtens bei dieser Arbeitstechnik der Schlüssel zum Weiterkommen: Der Hund muss dem Führer vertrauen und „wissen", dass er tatsächlich „verkehrt herum" arbeiten soll.

VERBRECHEN IN DER FÄHRTE

Um Pirschzeichen sichtbar und wiederauffindbar zu markieren, benutzen wir heute Forstmarkierungsbänder in verschiedenen Farben (vgl. S. 60) . Die Bänder werden an der betreffenden Stelle hüfthoch so angebracht, dass sie beim Zurückgreifen schon von Weitem zu erkennen sind, wenn der Hund dort wieder angesetzt werden muss. An markanten Stellen, wie z. B. Straßen, Wegen, Rückegassen oder starken, quer liegenden Bäumen, ist es sinnvoll, mit doppelten und sehr langen Bändern so zu verbrechen, dass sich die Markierungen im Wind bewegen können. So lassen sie sich besonders an Wegen, über die ggf. Fahrzeuge herangerufen werden müssen, schnell finden. Die Farbe der Markierungsbänder sollte dem Wetter angepasst sein: Im Herbstwald kann man z. B. rote Bänder oft überhaupt nicht sehen!
Damit es nicht zu Verwechslungen kommt, sollten bei Drückjagden die Farben der Bänder für die einzelnen Arbeiten unterschiedlich sein. Das kann bei sich überkreuzenden Fährten wichtig werden. Die einzelnen Nachsuchenführer müssen untereinander die Farben absprechen, damit beim Kreuzen von Fährten keine unnötige Irritation aufkommt. Forstband ist aus Papier und kann an Ort und Stelle verrotten – man muss die Bänder nicht einsammeln.

DIE HETZE IN DER PRAXIS

Führt die saubere und genaue Riemenarbeit zum verendeten Stück, ist die Nachsuche hier erfolgreich beendet. Lebt das Stück jedoch noch und wird es aufgemüdet, muss der Hund hier – und nur hier – zur Hetze geschnallt werden.

Ein Spitzenhund stellt einen starken Oryx.

AM LETZTEN WUNDBETT

Wir unterscheiden die laute Hetze und die stumme Hetze. Erstere ist uns lieber, da wir den Hetzverlauf besser verfolgen können und uns schon auf das Kommende einrichten können. Werfen wir das kranke Stück aus dem Wundbett, und der Hund sieht es, wird er – bei entsprechender Passion – sehr heftig. Schnallen Sie Ihren Hund nie sofort, sondern erst, wenn das Stück außer Sichtweite ist. Ein Anrüden erübrigt sich in den meisten Fällen. Anders ist es, wenn das Stück schon ungesehen aus dem letzten Wundbett geflüchtet ist. Der verweisende Hund wird diese Stelle in der Regen anzeigen, vielleicht noch mit frischem Schweiß. Hier rüden Sie den Hund kräftig an, bevor Sie ihn schnallen. Der Wortlaut ist egal, denn die Anspannung des Führers überträgt sich auf den Hund und lässt ihn nur darauf warten, von Riemen und Halsung befreit zu werden, um dem kranken Stück zu folgen.

Ist der Hund wildscharf und hat er richtig gelernt zu hetzen, gehen Hetzen selten über mehr als 500 m. Das liegt aber auch an der Wildart. Schwarzwild z. B. stellt sich eher als Rotwild, wenn es scharf bedrängt wird. Die Hetze verlangt vom Hund viel Kraft und Ausdauer, ebenso eine schnelle Reaktion beim Ausweichen von sperrigem Holz oder Ästen z. B. in einer trockenen Läuterung. In solch einem Verhau ist schon manche Hetze erfolglos zu Ende gegangen, weil der Hund, blind vor Passion, in die Hindernisse hineinrannte. Schwerste Verletzungen können dabei die Folge sein.

Bei Hetzen über 500 m Länge liegen in der Regel schon Fehler im Vorfeld vor. Meistens sind solche Stücke schon ein paar Mal aufgemüdet worden und deshalb nur noch schwer zu bremsen. Bei solchen Einsätzen ist ein zweiter Hund von großem Vorteil. Zwar wird in den meisten Fällen das Stück Wild kurzzeitig schneller werden, wenn der zweite Hund naht.

HETZE UND FREIE SUCHE – DER UNTERSCHIED

Hetze

Hetze und freie Suche sind grundverschieden! Zur *Hetze* wird der Hund geschnallt, der auf die Fährte (Bodenverwundung) des vor ihm ziehenden Stücks angesetzt worden war. Er arbeitet mit der Individualwitterung des vor ihm flüchtenden Stücks. Die Hetze ist zielführend, um ein kurz zuvor aufgemüdetes Stück zur Strecke zu bringen.

Freie Suche

Bei der *freien Suche* sucht der für die Nachsuche ausgebildete Hund eigenständig nach Witterung, indem er sich systematisch und ohne Riemen im Gelände bewegt. Dabei kann er zufällig auf eine schon länger stehende Fährte stoßen und in deren Bodenverwundung hineinarbeiten – oder er findet die Individualwitterung eines zuvor dort weilenden Stücks. In der Nachsuchenarbeit ist die freie Suche fast immer eine Verlegenheitslösung, wenn der Führer nicht mehr weiterkommt. Zum Stück führt sie allenfalls durch reinen Zufall!

Kennt das Gespann aber seine Aufgaben und behindert es sich im Verlauf der Hetze nicht gegenseitig, wird das Wild schnell wieder langsamer und stellt sich alsbald den Hunden. Schnallt man einen jungen und unerfahrenen Hund als zweiten zu einem älteren Hund, behindert Ersterer den Zweiten öfter als umgekehrt. Der Führer muss aufgrund seiner Erfahrung beurteilen, ob der junge Hund soweit ist, dass er dazugeschnallt werden kann, oder ob er besser noch am Riemen bleibt.

STELLEN IN DER PRAXIS

Das Stellen des Wildes zählt zu den absoluten Höhepunkten einer jeden Nachsuche. Hier leisten die Hunde absolute Schwerstarbeit – körperlich und geistig! Nur der Drang, Beute zu machen und mit dem Führer zusammenzuarbeiten, sowie das Vertrauen, dass der Hundeführer kommen wird, lassen Hunde diese Arbeit tun. Bedingungsloses Stellen, bis der Führer kommt, kann für den Hund insbesondere zur Zerreißprobe werden, wenn äußere Umstände erschwerend hinzukommen, z. B. ein Ausfall des Ortungsgeräts, schweres Wetter, stark kupiertes Gelände oder Sumpf und Schilf.

Bis an die Grenzen der Belastbarkeit geht das Stellen auch bei wehrhaftem Wild, das noch voller Leben ist. Dabei steht das Schwarzwild sicher an erster Stelle, doch auch Rot-, Dam-, Gams- und Rehwild können für unerfahrene Hunde zum großen Problem werden.

Da wir ja unsere Hunde zielgerichtet auf die Nachsuche einarbeiten, müssen wir im richtigen Alter mit der Ausbildung zum Stellen beginnen. Das gilt nicht nur für die Schweißhunderassen, sondern ebenso für die Vollgebrauchshunde.

Oft genug wird der Fehler gemacht, einen Hund zu jung an krankes Wild zu bringen. In den meisten Fällen wird der Hund dann aus Unsicherheit abbrechen und zu seinem Führer zurücklaufen, um ihn zu holen. Damit hat der Führer aber die Weichen von Anfang an schlecht gestellt, denn dieses anfängliche Versagen am Stück wird sich durch das ganze Arbeitsleben des Hundes ziehen, nach dem Motto: „Wenn es mal weh tut, lauf ich schnell zu meinem Führer und hole ihn!“ Deshalb ist ein stufenweiser Aufbau von ganz entscheidender Bedeutung.

MIT EINEM HUND

Hat ein Hund im Jagdbetrieb täglich Gelegenheit, mit Wild in Berührung zu kommen, ist dieser Aufbau kein Problem. Immer wieder ergeben sich Möglichkeiten, das Stellen zu üben, ohne Verletzungen des Hundes zu riskieren. So wird der Welpe an das Schwarzwild gewöhnt, indem der Führer als Erster an die Schwarte am Ende der ersten Schleppen tritt, sie berührt, mit Beuteln „zum Leben erweckt“ und attraktiv für den Kleinen macht. Und so wird dann auch der junge Hund in Begleitung des Führers an ein frisch erlegtes Stück geführt. Später wird der Hund in immer größer werdenden Abständen nach vorn geschickt und dabei gelobt.

MIT MEHREREN HUNDEN

Ideal ist es, mit mehreren Hunden arbeiten zu können. Kann einer der älteren Hunde für einen jungen den Lehrprinzen spielen, wird der Nachwuchs den jagdpraktischen Umgang mit Wild so lernen, wie Sie allein es ihm niemals beibringen könnten. Diese Technik der Ausbildung des jungen durch den erfahrenen Hund ist – was das Stellen angeht – letztlich die einzige Möglichkeit, tierschutzgerecht auszubilden und ein bleibendes Erfolgserlebnis im jungen Hund zu festigen.

Wie schon beschrieben, arbeiten wir beim Stellen grundsätzlich gern mit zwei Hunden. Das ist natürlich nicht jedem Hundeführer möglich, weil nicht jeder – aus Zeit- oder Geldmangel – mehrere Hunde halten und ausbilden kann. Noch einmal: Der entscheidende Vorteil in der Praxis bei zwei Hunden besteht darin, dass das Stück ruhiger steht, wenn ein Hund von vorne und einer von hinten stellt. Die Hunde suchen sich dabei selbst den Platz, der ihrem Naturell und ihrer Erfahrung am ehesten entspricht und ihnen die beste Möglichkeit bietet, das Wild zu bannen. Wer nur einen Hund führt, hofft oftmals darauf, bei einem erfahrenen Hundeführer mitgehen zu können und seinen Hund – ab 12 Monaten – mit dem erfahrenen zur Hetze schnallen zu können. Diese Technik ist möglich, hat aber eine große Schwäche vor allem darin, dass die Hunde sich nicht aus dem täglichen Kontakt kennen, bei dem sie mit kleinsten Signalen miteinander kommunizieren, keine klare Meutehierarchie haben und einander nicht einschätzen können. Meist geht die Zusammenarbeit mit einem fremden Junghund zu Lasten des Älteren, weil der kurzfristig vom Wild abgelenkt wird, wenn plötzlich ein ihm unbekannter junger Hund hinzukommt. In so einem Moment des Abgelenktseins wird der ältere Hund nicht selten schwer geschlagen.

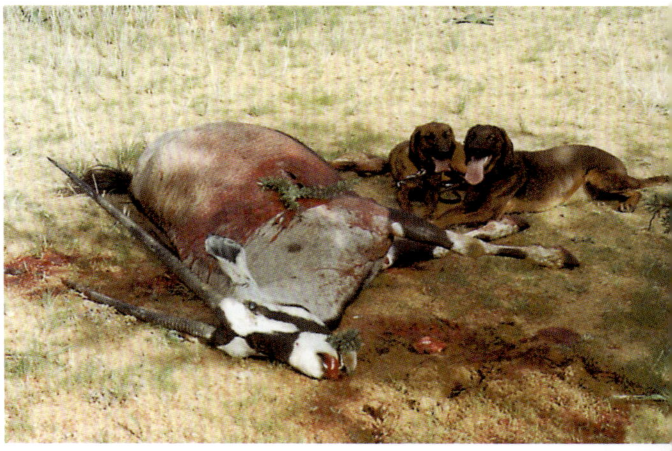

Nach dem Einarbeiten einer jungen BGS-Hündin durch ihre Mutter am gehetzten und durch Fangschuss gestreckten Stück

Nach Angehen der Bail nimmt dieser Keiler den Nachsuchenführer an und erhält den Fangschuss.

ANGEHEN DER BAIL

Der Fangschuss beendet die meisten Nachsuchen mit Hetze und Stellen – ansonsten wäre es eine Totsuche. Er ist aber nicht immer einfach anzubringen. Manchmal genügt schon das Knacken eines zertretenen Astes, damit die Bail auseinanderfliegt und die Hetze wieder von vorne beginnt.

Bei all meinen Hunden konnte ich immer am Laut unterscheiden, wann es angeraten war, die Bail anzugehen oder noch zu warten. Sie sollten also mit dem Laut Ihres Hundes vertraut sein. An ihm können Sie erkennen, ob sich das Stück noch am Platz hin- und herbewegt, oder ob es langsam oder schnell flüchtet. Bei jeder dieser Bewegungen des Wildes klingt der Laut des Hundes anders. Zieht der Führer die falschen Schlüsse aus dem Laut des Hundes, kann er dessen Stellen zunichtemachen.

Erkennen Sie am Laut des/der Hunde, dass das Stück festgemacht ist, arbeiten Sie sich unter Wind heran. Es ist immer erstaunlich, wie schnell Hunde merken, dass sich jemand unter Wind nähert. Gehen Sie also vorsichtig an die Bail heran, denn auch das kranke Stück hat solche Ahnungen. Gerade Schwarzwild kann sehr schnell und überraschend weiterflüchten, oft jedoch nimmt es ebenso überraschend den hinzutretenden Hundeführer an.

Den Fangschuss gibt ausschließlich der Hundeführer oder und nur auf seinen Auftrag hin ein Zweiter ab! Die Hunde müssen auch als junge Hunde absolut schussfest sein, denn es wird mit schweren Kalibern auf kurze Entfernung geschossen. Da kann es manchmal ungemein eng werden – der Praktiker muss sich wundern, wie solche Situationen in Jagdzeitschriften oft genug verharmlost werden.

FANGSCHUSS

MIT DEM GEWEHR

Geben Sie den Fangschuss auf die Kammer ab, wenn das Stück breit steht und keine Hunde in der Schusslinie stehen. Nicht immer hat man allerdings das Glück, das Wild breit und unverdeckt vor sich zu haben. In 80 % der Fälle, in denen ich einen Fangschuss antrug, stand das Stück schlecht. Ist es so, wird man sich fragen: „Schießen oder nicht schießen?" Die Erfahrung lehrt, dass jeder Schuss auf ein sich stellendes Stück richtig ist, auch wenn er es nicht gleich verenden lässt. Jeder Schuss, der ein krankes Stück Wild kränker macht, ist richtig, waidgerecht und muss abgegeben werden. Wichtig ist, das Stück an den Platz zu bannen, denn allzu oft mobilisiert es noch einmal die letzten Kräfte und beschert den Hunden eine erneute Hetze. Zögern Sie auch dann nicht mit dem Schuss, wenn dadurch Wildbret entwertet wird. Geld spielt in dieser Situation keine Rolle.

Liegt das kranke Stück am Boden, ist es für den erfahrenen Führer einfach, es fachgerecht

Für einen gezielten Fangschuss – möglichst aufs Blatt muss eine stabile Position eingenommen werden.

zu töten. Der Fangschuss erfolgt immer auf die Kammer. Versuchen Sie dabei, das Herz zu treffen: Es liegt sehr tief und ist direkt in der Nähe des Schnabelbeines (Brustbeins) festgewachsen. Nach dem Schuss müssen Sie dem Wild auch Zeit zum Sterben geben. Die meisten Jäger haben falsche Vorstellungen vom Verenden eines Tieres. Nach dem Stillstand des Herzens dauert es eine gewisse Zeit, bis der Sauerstoff im Hirn soweit verbraucht ist, dass auch der Hirntod eintritt. In dieser Zeit ist ein Stück noch gefährlich. Warten Sie nach einem gut platzierten Schuss auf die Kammer das letzte Schlegeln ab und treten Sie von hinten – das ist wichtig, um vor den Läufen geschützt zu sein – an das Tier heran. Mit dem Finger berühren Sie den Augapfel, und wenn dann kein Lidschlag folgt, ist das Stück zumindest bewusstlos. Ein Blick in das Auge zeigt, ob es bereits „gebrochen" und das Stück somit verendet ist.

VERWEISERPUNKT

Auf Bewegungsjagden meinen immer wieder Schützen, mitten in das Stellen von Hunden hineinschießen zu können. Von solchem undisziplinierten Verhalten geht tödliche Gefahr für die Hunde und die begleitenden Hundeführer aus! Ein verantwortungsbewusster Jagdleiter untersagt so ein Tun und ahndet es strengstens!

NACH DEM SCHUSS

Ist der Fangschuss gefallen und das Stück zusammengebrochen, herrscht meistens für Sekundenbruchteile Totenstille. Die Hunde stehen erstarrt da und ihre ganze Anspannung fällt mit einem Schlag ab, Sie selbst schüttelt vielleicht auch das Jagdfieber. Als

Für viele Hundeführer ist der robuste 98er-Repetierer immer noch die Waffe der Wahl.

Erstes reagieren die Hunde, in dem sie ihre Beute durch Zupfen an der Decke oder Schwarte in Besitz nehmen. Lassen Sie ihnen dafür Zeit, bis sie sich beruhigt haben. Erst dann werden sie abgelegt und genossen gemacht. Einige Hunde brauchen nach dem Erfolg einige Streicheleinheiten, sie werden dann abgeliebelt und kommen zur Ruhe.

NACHSUCHENBÜCHSE

Als Fangschusswaffe hat sich ein robuster 98er-Repetierer mit einem verkürzten Lauf und einer groben Fluchtvisierung sowie einem breiten Kunststoff-Tragriemen bewährt. Solche Tragriemen haben gegenüber vergleichsweise steifen Lederriemen den Vorteil, dass sie sich beim Anpirschen leichter in der Hand halten lassen.
Die Laufmündung wird mit einem Streifen Klebeband verschlossen. Dieses Band braucht nicht entfernt zu werden, man kann einfach hindurchschießen. Als Kaliber sollten Sie die bereits erwähnte 8 × 57 IS, die 9,3 × 62 oder ähnliche Größenordnungen verwenden. Bei der Wahl des Geschosses kommen Vollmantel- und Teilmantelgeschosse infrage. Vollmantelgeschosse haben den Vorteil, den Wildkörper ohne Splitterabgabe und große Richtungsänderung zu durchschlagen und so stellende Hunde deutlich weniger zu gefährden. Teilmantelgeschosse produzieren dafür einen großen Ausschuss und wirken deswegen besser im Wildkörper. Ihre Splitter fliegen aber unkontrolliert hinter dem Stück in alle Richtungen und gefährden so eben die Hunde.

FLINTE

Eine gute Stoppwirkung haben Flintenlaufgeschosse. Leider sind die oft geführten Pump-Action-Flinten trotz der äußerlich robust erscheinenden Bauweise sehr anfällig gegen Verschmutzung. Der erste Schuss kann meist noch abgefeuert werden, ein Nachladen ist aber nicht mehr möglich, wenn Schnee, Eis oder Tannennadeln die Mechanik blockieren.

FAUSTFEUERWAFFE

Eine Faustfeuerwaffe trage ich nur in dichten Brombeer- und Schlehen-Verhauen, in Mais- oder Rapsfeldern sowie in Fichten-Dickungen, wo eine Langwaffe nicht einzusetzen ist. Sie dient als letztes Mittel für den unmittelbaren „Nahkampf“ mit dem Wild. Wenn das Schießen mit der Langwaffe schon gefährlich ist, dann ist es der Umgang mit einer Kurzwaffe erst recht.
Durch den kurzen Lauf können Sie sehr schnell selbst vor dessen Mündung kommen. Auch werden Sie meist wenig Übersicht haben über die Situation und den Ort, wo sich die Hunde gerade aufhalten. Wenn Sie die Sau allerdings angenommen hat und vielleicht schon über Ihnen steht, werden Sie ein starkes Kaliber mit zuverlässiger Wirkung schätzen lernen. Das Kaliber der Fangschusswaffe kann gar nicht groß genug sein. Die 7,65 – auch wenn vom Gesetzgeber zugelassen – ist bei Weitem nicht so wirksam, wie es notwendig ist: Das angreifende Stück muss nicht irgendwann verenden, es muss sofort und schlagartig gestoppt werden, bevor es dem Nachsuchenführer oder den Hunden körperlichen Schaden zufügt. Dabei ist das Kaliber .357 Magnum die unterste Grenze, besser ist .44 Magnum. Denken

Sie aber daran, mit der Waffe ausreichend zu üben. Eine .44 Magnum, aus mangelnder Übung am Stück vorbeigeschossen, stoppt eben nicht so wie eine .38 Special, die sauber zwischen die Lichter gesetzt wird. Schießen Sie daher nur ein Kaliber, das sie auch in Stress-Situationen perfekt und blind beherrschen. Aus den eben genannten Gründen wird es sich bei der Kurzwaffe für den Fangschuss in den meisten Fällen um einen Revolver handeln: Er ist einfacher zu bedienen und verschießt stärkere Patronen. Kann man mit einer Kurzwaffe einen aufgesetzten Schuss abgeben, sollte man einen Kopfschuss antragen.

ABFANGEN

Der Umgang mit den kalten, „blanken" Waffen Hirschfänger, Waidblatt, Nicker, Saufeder, Sauschwert, Sauspieß sowie deren Einsatzmöglichkeiten in der Praxis gehörten zum Handwerk des hirschgerechten Jägers. Hirschfänger, Nicker und Saufeder werden heute meist nur als Dekorationsstücke und symbolisch bei besonderen jagdlichen Leistungen überreicht. Ob sie allerdings als Preis bei einer gespritzten und getropften Schweißfährte passend sind, mag durchaus hinterfragt werden ... Das Abfangmesser hingegen wird von Meute- und Nachsuchenführern auch heute als notwendiges Handwerkszeug getragen und gebraucht.

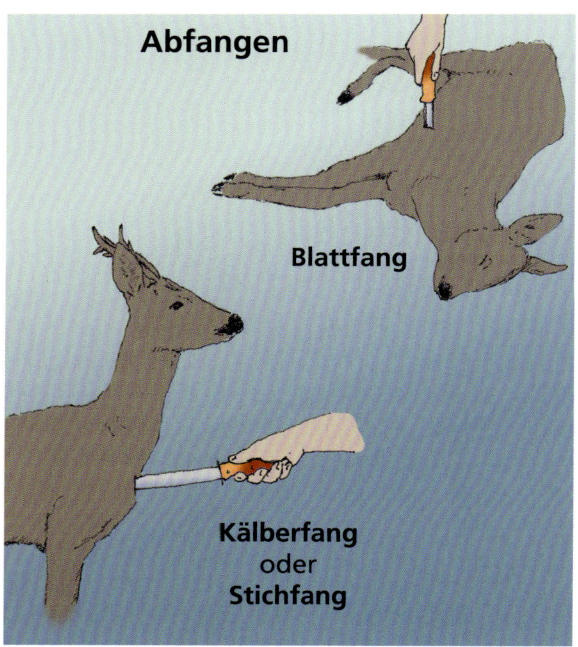

Blattfang und Kälberfang werden mit beidseitig scharf geschliffenen breiten Klingen geführt.

VERWEISERPUNKT

Über die notwendige Länge eines Abfangmessers herrschen häufig falsche Vorstellungen. Selbst für Rotwild braucht es kein „Schwert", zehn Zentimeter Klingenlänge reichen völlig aus. Entscheidend ist natürlich, dass man die Klinge richtig einzusetzen weiß.

Beim Abfangen mit der blanken Waffe müssen Sie wissen, dass sich das Herz an der unteren Seite des Brustkorbes befindet. Das Messer wird so gehalten, dass es flach zwischen die Rippen gleiten kann. Wieder ist es wichtig, sich dem Wild in dessen Rücken zu nähern, um Schlägen der kräftigen Läufe mit messerscharfen Schalen und/oder dem Gehörn bzw. Geweih ausweichen zu können. Treten Sie also von hinten an das Stück heran, fassen Sie den Vorderlauf und drücken ihn nach vorne, um die Blattschaufel aus dem Weg zu bekommen. Stechen Sie mit dem Messer ziemlich hoch am Brustkorb ein, und führen Sie die Klinge mit einer schneidenden Bewegung weit nach unten in Richtung Brustbein. So öffnen Sie einen großen Teil des Brustkorbes, um mit dem Lufteinstrom die Lunge zusammenfallen zu lassen. Nur mit einem extrem scharfen Messer können Sie die Lunge zerschneiden, denn dieses Gewebe ist mit vielen Knorpelspangen durchsetzt. Beim Schnitt durch die Brustorgane treffen Sie häufig die großen Venen: Die Arterien sind nur schwer zu durchtrennen, weil deren Wände wesentlich dicker und elastischer als die der Venen sind.

Bei einem richtig geführten Schnitt fühlen Sie in der die kalte Waffen haltenden Hand, wie die Spitze eines langen Messers auf der abgewandten Seite im Brustkorb auf den Rippen entlanggleitet.
Nur schwaches Wild (Rehwild) kann man beim Abfangen mit der Kalten Waffe am Boden halten. Bei stärkerem Wild sollten Sie auf keinen Fall versuchen, das Stück allein festzuhalten. Etwas anderes ist es, wenn Hunde das Wild zuverlässig fixieren und nicht auslassen. Nach dem Stich in die Seite ist nämlich zunächst meist wieder reichlich Leben im Stück, und Sie sollten es laufen lassen, um sich nicht selbst zu verletzen. Denken Sie daran, dass Sie immer noch das Messer in der Hand halten – und halten Sie es fest, damit das Stück nicht mit Ihrem Messer flüchtet!

DIE SAUFEDER

Die Saufeder wurde bis ins 18. Jahrhundert von Meuteführern, hirschgerechten Jägern und Besuchsknechten (Berufsjägern) bei der Schwarzwildjagd eingesetzt und bei eingestellten Jagden auf Schwarz- und Rotwild genutzt. Heute tragen sie Meuteführer häufig in der kurzen Form, um gebundenes, krankes Schwarzwild abzufangen.
Die lange Form der Saufeder von bis zu 2,20 m Länge wurde von berittenen Piqueuren bei der Rotwildjagd verwendet. Die kurze und gebräuchlichere Variante maß 1,50 m oder, je nach Größe des Nutzers, noch weniger. Der Schaft der Saufeder besteht aus zähem, biegsamem Holz, z. B. Esche oder Wacholder. Die Klinge wird handgeschmiedet und muss sehr scharf geschliffen sein, um ein schnelles Eindringen in den Wildkörper zu ermöglichen. Eine Klingenlänge von 30 bis 40 cm gewährleistet, dass lebenswichtige Organe getroffen werden. Ein zu tiefes Eindringen der Klinge wird durch die hinter der Klinge quersitzende Parierstange verhindert. Dazu wird traditionell ein Stück Rotwildstange oder eine starke Rehbockstange genommen.

Sauhatz nach einem Gemälde von H.J.O. Freese. Hier wird die kurze Variante der Saufeder eingesetzt.

Um bei Regen oder Nässe nicht abzurutschen, wird der Schaft mit zwei Lederriemen umwickelt, die mit Stahlnägeln festgehalten werden. Zwei Handgriffe, mit Schustergarn umwickelt, erleichtern die Führung der Saufeder. Der Klingenschutz schützt vor Verletzungen, wenn die Waffe nicht gebraucht wird.
Es gibt im Wesentlichen drei Verwendungsarten für die Saufeder:

1. Der Jäger lässt das Schwarzwild auflaufen und stößt die Saufeder von oben zwischen den Blättern in den Wildkörper.
2. Der Jäger hält die Saufeder nah am Boden und lässt das Schwarzwild so auflaufen, dass er die Klinge von unten in den Hals stoßen kann. Diese Technik erfordert Mut, Kaltblütigkeit und äußerstes Können. Einen starken Keiler auf diese Weise zur Strecke zu bringen, adelt den Jäger! Bachen und Frischlinge werden mit dem Sauschwert abgefangen.
3. Der Jäger fängt hinter dem Blatt oder Keilerschild von oben ab. Dabei muss er sehr schnell entscheiden, wo er die Klinge ansetzen möchte. Manche Keiler haben je nach vorherrschender Baumart im Revier, z. B. durch harzhaltiges Nadelholz, ein extrem starkes Schild auf dem Blatt.

Zerlegbare Saufeder mit durchbrochener Klinge

Am „Anschuss“ hatte der Schütze „nichts“ gefunden. Die Kontrolle am nächsten Tag zeigte einzelne Schweißtropfen in der vom Hund angenommenen Fährte. Am Ende lag dieses Stück mit Weichschuss.

KONTROLLSUCHEN

Eine Kontrolle richtig durchzuführen ist eine sehr verantwortungsvolle Aufgabe, denn das Ergebnis muss zuverlässig zwischen „gesund“ und „verwund't“ unterscheiden. Häufig genug jedoch scheuen sich Schützen, ein Nachsuchengespann anzufordern, wenn sie selbst keine Pirschzeichen gefunden haben. Sicher kann man sich jedoch nur sein, wenn ein erfahrener Hund es zeigt: Hier ist ein Stück gesund abgesprungen. Die Erfahrung zeigt, dass bei rund 50 % der Schüsse, die nicht getroffen haben sollen, doch eine – mehr oder weniger starke – Verletzung des Stücks vorliegt. Deshalb: Jeder Schuss auf ein Stück Wild muss im Sinne der Waidgerechtigkeit bestätigt werden. Hier sind alle Hundeführer aufgefordert, ihren Hund angemessen auszubilden. Hauptsache ist, dass der Hund zeigt, ob eine Verletzung vorliegt – wenn er selbst die Arbeit nicht leisten kann, wird der Schweißhundeführer geholt.

Kontrollsuchen lösen beim Schweißhundeführer allerdings fast immer ungute Gefühle aus – warum? Sie sind meist leider von Nicht-Erfolg „gekrönt“, und fast immer weiß man das schon beim Ansetzen des Hundes. Denn oft genug stellen sich die Situationen so dar, dass entweder die Auskünfte des Schützen nicht zum Bild vor Ort passen, oder nicht das gefunden werden kann, was man erwarten würde:

- **Der Ausschuss auf den Boden wird nicht gefunden, z. B. bei starker Bestockung, Beerenkraut, Braken oder Pflanzungen.**
- **Der Hund ist nicht genügend in der Vorsuche gearbeitet worden. Liegt so ein Versäumnis vor, werden Kontrollsuchen zur Qual für Hund und Führer.**
- **Da kein Ausschuss auf dem Boden gefunden wird, ist auch kein Anschuss**

ZUR KONTROLLSUCHE NUR DIE BESTEN GESPANNE!

Ganz egal, wie beschossenes Wild im oder nach dem Schuss auch zeichnen mag, grundsätzlich gilt:
Zur Kontrollsuche werden immer nur erfahrene Hundeführer eingesetzt. So manche „Nur-Kontrollsuche" ist schon zu einer handfesten schweren Nachsuche ausgewachsen. Eine bestandene Hundeprüfung ist für Hund und Führer nicht gleichbedeutend mit Erfahrung in der Jagdpraxis! Den Einsatz erfahrener Gespanne sind wir Jäger dem uns anvertrauten Wild schuldig.

☞ KONTROLLSUCHEN-LÄNGE NACH WILDART

WILDART	LÄNGE KONTROLLSUCHE
Rehwild	ca. 500 m
Rotwild (Dam-, Muffel-, Sikawild)	ca. 1 000 m
Gamswild (Steinwild)	vor Ort festzulegen und geländeabhängig (z. B. Latschenverhaue, Geröllhalden, steile Graslahner)
Schwarzwild	500–1 000 m; zu unterscheiden ist nach starken und schwachen Einzelstücken, Rotte mit Frischlingen, Überläufertrupp

zum Ansetzen da: „Wir haben keine Bestätigung."

— **Der Schütze behauptet steif und fest, er habe sicher getroffen, sei der „beste Schütze" überhaupt, habe noch nie gefehlt etc., und man sucht vergeblich**

Auch wenn solche Ungereimtheiten vorliegen, muss die Arbeit aufgenommen werden. Man hat als Nachsuchengespann einen Ruf zu verlieren, vor allem wenn später das Stück doch gefunden werden sollte.
Ganz schlimm ist es, wenn der Hund des Schützen nach der Devise „Das kann mein Hund auch!" schon stundenlang frei suchend unterwegs war. Dass ein solches Vorgehen eine Nachsuche nahezu ruinieren kann, weiß so ein Jäger offenbar nicht – sonst würde er nicht derart falsch handeln. Aus diesem Grund nehme ich den Schützen in jedem Fall mit, wenn dessen Gesundheit das zulässt, sozusagen nach dem Motto: „Zwei erfahrene Augen mehr sehen auch mehr!" Und eine neue jagdliche Erfahrung hat noch keinem geschadet.
Kontrollsuchen müssen nach Wildart und deren Verhalten unterschiedlich weit durchgeführt werden. Welche Distanzen für welches Wild gelten, gibt die Tabelle wieder.
Auch die Jahreszeit spielt für die Länge einer Kontrollsuche eine Rolle: Feines Haar und festes Haar beeinflussen den Schweißaustritt unterschiedlich (s. S. 36). Auch Brunft, Blatt- oder Rauschzeit haben Auswirkungen auf Kontrollsuchen, da das Wild zu diesen Zeiten „härter" ist und weiter geht.

KONTROLLSUCHENTECHNIKEN

Als Techniken werden bei Kontrollsuchen eingesetzt:

— **Vorsuche in Schleifen vom vermeintlichen Anschuss ausgehend in Fluchtrichtung**
— **Langes Queren am langen Riemen gegen den Wind**
— **Kreisen vom vermeintlichen Anschuss weg oder von außen auf ihn zu**
— **Genaue Beobachtung, ob der Hund etwas Unbekanntem folgt und Zeigen-Lassen von z. B. Schalenabdruck, abgestreiftem Schweiß, Haaren/Borsten etc.**

Bei Kontrollsuchen auf Schwarzwild ist es zudem wichtig, nahe liegende Dickungen auf Ein- und Auswechsel hin zu prüfen. Besonders gezäunte Pflanzungen ziehen krankes Wild an! Auch stark verbuschte Flächen müssen immer kontrolliert werden, denn kranke Stücke suchen die Deckung.
Findet sich eine Bestätigung, z. B. Schweiß, wird diese Stelle markiert und dem Hund eine Pause gegönnt. Nach genauer Untersuchung wird dann die Arbeit aufgenommen.
Kontrollsuchen können sehr an den Kräften zehren. Erfahrene Führer verlassen sich auf ihren Meutegenossen und auf ihre Erfahrung und brechen eine Suche ab, wenn sie das Stück für unverletzt halten. Man kann immer noch zusätzlich dem Schützen die Adresse eines anderen Schweißhundeführers geben, der noch einmal suchen kann.

Etwa zehn Prozent der bundesweiten Rehwildstrecke „erledigt" die Straße. Allein das zeigt die Notwendigk entsprechend eingearbeiteter Schweißhunde.

NACHSUCHE VON UNFALLWILD

Ein Schweißhunde- oder Nachsuchenführer sollte unbedingt ein gutes Verhältnis zu der örtlichen Polizei haben und sich zu Beginn seiner Tätigkeit dort entsprechend bekannt machen. Denn bei Verkehrsunfällen ist zwar rechtlich zunächst der jeweilige Revierpächter für die Aufklärung der Situation zuständig, in Absprache mit diesem kann jedoch das Nachsuchengespann oft schneller Klarheit vor Ort schaffen.
Jeder Einsatz im öffentlichen Raum der Straße erfordert von Hund und Führer ein hohes Maß an fachlichem Können und bedeutet auch große Verantwortung gegenüber den Autofahrern und Passanten. Dabei macht es einen wesentlichen Unterschied, ob der Hundeführer zu einem Unfall an der Autobahn, einer Bundesstraße, einer Landstraße oder – seltener – zu einem innerörtlichen Unfall gerufen wird. Für jeden dieser Einsätze sollte man ein systematisches Vorgehen verinnerlicht haben, um angemessen handeln zu können.

TRAINING AN DER STRASSE

Um den Hund für solche Einsätze vorzubereiten, muss man die jeweiligen Situationen in den Ausbildungsplan als „Verhalten und Suchen an Straßen" einbauen. Dann kann er später auch mit den typischen Begleiterscheinungen dieser Suchen zurechtkommen.
Schon mit dem jungen Hund wird man deshalb immer wieder an Straßenrändern – zunächst mit wenig Verkehr – spazieren gehen. Dabei läuft der Hund anfangs an der dem Verkehr abgewandten Seite an der Führerleine. Dabei lässt sich seine Nervenstärke gut beobachten und festigen.
Als Übungsstation setzt man sich zusätzlich an eine Leitplanke und lässt den Verkehr mit geringer und hoher Geschwindigkeit, Lastwagen und landwirtschaftliche Fahrzeuge an sich vorbeifahren. In der Innenstadt lernt der

Hund Busse, Straßenbahn, Einsatzfahrzeuge von Polizei und Feuerwehr kennen – hilfreich ist auch das Üben in der Dunkelheit.
Ebenso kann man den Hund neben sich an Bahndamm oder am Feldrand ablegen, wenn dort gedroschen oder Heu gewendet wird. Der junge Hund übernimmt schnell das ungerührte Verhalten seines Hundeführers und beachtet die ungewohnten und starken Reize nicht mehr.
Dass weithin sichtbare Signalkleidung für Hundeführer und Hund – schon bei „normalen" Nachsuchen eigentlich ein Muss – bei allen Übungen und auch Echteinsätzen an der Straße unverzichtbar ist, muss hier wohl nicht näher betont werden.

VORSUCHE AN STRASSEN RECHTZEITIG ÜBEN!

Oft genug kommt es vor, dass Gespanne Grundsituationen wie „Vorsuche am Fahrbahnstreifen" nicht bewältigen können, weil die Führer davon ausgehen, dass der Hund das schon könne, und nie auf die Idee kamen, es mit ihm zu üben. Hunde können aber souverän nur mit Situationen umgehen, die sie bereits kennengelernt haben. Probleme im Straßenverkehr stellen die intensiven Geräusche, das bedrohlich schnelle Tempo und der Luftzug der Fahrzeuge dar, die manche Hunde ängstigen, andere auch zum Hetzen animieren können. Man erlebt die merkwürdigsten Situationen: z. B. auch, dass unachtsame Autofahrer einfach über den breit und rot auf der Straße liegenden Riemen fahren, während der Hund schon auf der anderen Seite sucht.

SCHWIERIGE AUSGANGSBEDINGUNGEN

Eine typische Schwierigkeit der Vorsuche nach Wildunfällen stellen die ungenauen Angaben der Autofahrer dar. Ungenau aus Aufregung und Schuldgefühl oder auch deshalb, weil Wildunfälle meist in der Dämmerung oder im Dunklen geschehen. Wo war es? Was war es? Wohin ist das Tier geflüchtet? – Diese vermeintlich einfachen Fragen beantworten die wenigsten wirklich korrekt.
Auch von mancher Dienststelle wird man oft genug nicht genau eingewiesen. Gerade wenn der Unfall in der Nacht passiert, sollte man die Nachsuche keinesfalls im Dunklen beginnen. Hier hilft es, wenn man sich mit den Beamten vor Ort verbindet, sich von ihnen den genauen Standort senden lässt und sie darüber aufklärt, wie sie die Unfallstelle mit Kreidespray auf dem Boden, an der Leitplanke und Bäumen mit Richtungsangabe eindeutig markieren sollen. Dann kann am nächsten Tag auch ohne die Polizei in Ruhe nachgesucht werden, und das kranke Wild wird überdies nicht zu früh aufgemüdet.
Anders ist die Situation, wenn sich das Wild, z. B. mit einer Schädelprellung, noch lebend, aber schwer benommen neben oder auf der Straße sichtbar niedergetan hat. Viele Polizisten scheuen den Fangschuss, teils weil sie

„JAGDLEITER" IST DIE POLIZEI

Bei der Nachsuche ist im Jagdbetrieb der Schweißhundeführer Jagdleiter. Bei der Nachsuche nach einem Verkehrsunfall mit Wildbeteiligung müssen Sie sich Anweisungen von der Polizei geben lassen – ganz besonders für den Einsatz der Schusswaffe! Beginnen Sie auf keinen Fall eine Nachsuche ohne explizite vorherige Anweisung seitens der Polizei, selbst wenn in Ihren Augen tierschutzrelevanten Handlungsbedarf besteht! Sprechen Sie Ihr Vorgehen unbedingt mit den Beamten ab, ggf. auch den Einsatz kalter Waffen. Mangels Einschätzungsvermögen reagieren unbeteiligte Passanten zudem oft sehr unangenehm, wenn ein Hund zur Hetze geschnallt wird. Das kann so weit gehen, dass eine tierärztliche Versorgung des Wildes gefordert wird. Stellen Sie dann klar, dass Sie seitens der Polizei unanzweifelbar die Anweisung zum Erlegen des Wildes erhalten haben – und handeln Sie erst dann.

Ein Stück Wild wurde angefahren – Vorsuche am Unfallort

nicht wissen, wo ein Treffer beim Wild tödlich ist, teils weil die in den Handfeuerwaffen verwendete Munition gefährliche Abpraller auf dem Asphalt verursachen kann oder auch, weil die amtlicherseits erforderliche Dokumentation nach einem Schuss sehr aufwendig ist. Der Nachsuchenführer wird dann versuchen müssen, ggf. auch im Dunklen und nach Sperren der Straße das Wild fachgerecht zu erlösen.

FEHLENDE PIRSCHZEICHEN

Vorsuchen ohne genaue Angaben können gerade beim Rehwild sehr schwierig werden, wenn keine eindeutigen Pirschzeichen vorhanden sind. Meist ist der Fahrer auch nicht mehr vor Ort, und man kann am Auto etwa vorhandene Haare oder Schweiß nicht nutzen. Ohne Pirschzeichen kommt man nur mit sorgfältigem Vorsuchen an beiden Straßenrändern zum Erfolg. Nicht selten ist das Wild tatsächlich in genau die entgegengesetzte Richtung geflüchtet als vom Autofahrer in seiner Aufregung angegeben!

Unfallwild schweißt nur selten – meist hat es innere Verletzungen oder Prellungen, die nicht nach außen schweißen. Hier sind sauberes Einarbeiten des Hundes auf schweißfreien Fährten sowie absolut sicheres Verweisen die Voraussetzungen für einen Erfolg. Vielfach hat sich das kranke Wild nahe der Straße eingeschoben, sitzt oder liegt je nach Wildart damit im Gefahrenbereich. Eine Hetze ist nur durch konsequentes Handeln und mit schnellen, absolut wildscharfen Hunden zu leisten.

NACHBEREITUNG

Nach einem Nachsucheneinsatz beim Wildunfall sollten Sie sich mit der Polizei kurzschließen und eine Nachbereitung und Abschlussbesprechung anregen. Hier werden im Idealfall auch Fehler bei der Koordination zur Sprache kommen, damit sie sich in Zukunft nicht wiederholen.
Um Fehler, die beim Hund lagen, muss man sich schnellstmöglich kümmern und entspre-

chend nacharbeiten. Denn sauberes Verweisen, korrektes Arbeiten einer schweißfreien Fährte und unbedingte Wildschärfe am Stück sind die Grundpfeiler der Vorsuchenarbeit im Zuge von Wildunfällen.

VERLETZUNGEN UND UNFÄLLE

Wo Hunde im harten Einsatz geführt werden, wird es immer wieder zu Verletzungen kommen. Diese können nur leicht, aber auch stark oder sogar tödlich sein. Wie schwer einem Führer ums Herz wird, wenn sein Gefährte hart geschlagen oder sogar tot vor ihm liegt, kann nur der ermessen, der das selbst durchlitten hat. Doch auch darauf sollte man vorbereitet sein, denn als Nachsuchenführer kommt man mit seinem Hund häufig in die Ausnahmesituation, dass man angeschweißtem, wehrhaften Wild gegenübersteht, welches - den Tod vor Augen - sich bis aufs Letzte verteidigt. Genau das ist ja das Stellen. Und in dieser Situation kämpfen Wild und Hund häufig miteinander. Dabei versucht das Wild, den Hund um jeden Preis zu verletzen.

VERLETZUNGEN DES HUNDES

Verletzungen bei Hunden haben aber noch andere Ursachen. Um Fehler bei Hund und Führer zu erkennen und sie nicht nochmals zu wiederholen, bereiten wir jeden Einsatz nach. Hunde, die gesundheitlich nicht auf der Höhe sind oder zu jung und unerfahren an die Arbeit gebracht werden, verletzen sich leichter. Ein besonderer Punkt, der viel zu wenig Beachtung findet, ist das körperliche Training. Hunde, die eine ganze Woche im Zwinger und – noch viel schlechter – auf dem Sofa sitzen und zwangsläufig keine Kondition haben, werden bei einer schweren Nachsuche zum Risiko für sich selbst.
Gefahren gehen aber gar nicht immer vom Wild aus: Auch der Einsatz selbst birgt zahlreiche Gefahrenmomente. Wird der Hund z. B. zur Hetze geschnallt, hält nicht durch und läuft desorientiert auf einer befahrenen Straße zurück, um seinen Führer zu finden, kann er so leicht zum Verkehrsopfer werden. Wer Hunde für die Nachsuche als härtestes Fach in unserem Jagdbetrieb ausbildet, muss sich schon frühzeitig den richtigen Tierarzt aussuchen. Nach unseren Erfahrungen sind das Tierärzte, die selbst Jäger sind, aber auch unter denen ist noch genau auszuwählen (s. S. 125). Die Anschrift des Tierarztes muss man immer bei sich führen, um im Notfall keine Zeit mit Suchen zu verlieren. Die Adresse eines zweiten Arztes ist auch sinnvoll, denn man weiß nie, ob der Haustierarzt gerade erreichbar ist.
Verletzungen leichter und mittelschwerer Art kommen meistens ohne große Ankündigung vor und zu Zeitpunkten, an denen es uns Menschen am wenigsten passt.

Checkliste

NACHSUCHENAUSRÜSTUNG BEI WILDUNFÄLLEN

- ☐ Warnhalsung mit groß geschriebener Telefonnummer für den vorsuchenden Hund
- ☐ ggf. Warnweste für den Hund
- ☐ Warnkleidung für den Hundeführer
- ☐ Mobiltelefon oder „Walkie-Talkie“
- ☐ Waffe, Abfangmesser, ggf. Kurzwaffe

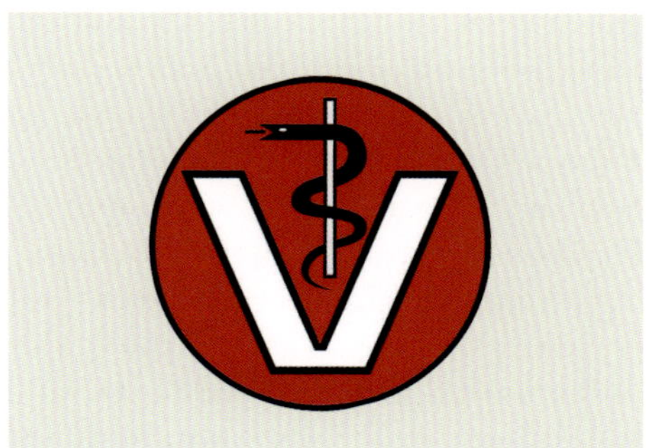

Einen möglichst „rund um die Uhr“ erreichbaren Tierarzt braucht jeder Nachsuchenführer.

Als Nachsuchenführer müssen Sie immer damit rechnen, dass schon das Einsteigen ins Auto der letzte Weg für Ihren Hund sein kann. Am Jägerlehrhof ist es schon vorgekommen, dass ein überschneller Motorradfahrer einen Hund anfuhr, der gerade ins Auto einsteigen wollte. Gerade dieser Vorfall hat mich dazu bewogen, unsere Hunde gegenüber Fahrzeugen anders auszubilden. Bis dahin war jedes Fahrzeug für die Hunde gleichbedeutend mit dem Führer, der sie aufnehmen will, also blieben sie davor stehen. Dies wäre auch meiner Hündin „Kora v. d. Heide" auf einer Autobahn in Oberfranken beinahe zum Verhängnis geworden.

Viele Verletzungen kann man durch umsichtiges Verhalten vermeiden – dazu gehört z. B. auch, die Hunde nach der Arbeit nicht einfach frei laufen zu lassen.

BGS-Hündin „Kora v. d. Heide" am zweiten Weihnachtsfeiertag – frisch genäht mit 32 Stichen

BIS ZUR SELBSTAUFGABE – EIN PRAXISBEISPIEL

Mit welchem Einsatz Hunde ihre Arbeit bis zur Selbstaufgabe durchführen, konnte ich in meiner Nachsuchenzeit selbst erleben.

Der Rüde „Poldi v. Forstenrieder Park" wurde geschnallt und hetzte einen fünfjährigen Keiler. Der Hetzlaut verschwand in der Ferne und war nicht mehr zu hören, da gerade zu diesem Zeitpunkt ein starkes Sturmtief über das Revier hinwegzog. Trotz sofortiger Weitersuche mit einem anderen, erfahrenen Hund konnten wir der Hetzfährte nur etwa zwei Kilometer folgen und mussten wegen der großen Wucht des Sturmes, der Bäume wie Streichhölzer umknickte, den Wald verlassen. Nach langem Rückweg erreichten wir unsere Autos und konnten nur noch abwarten. Der Sturm machte es unmöglich, irgendeinen Hundelaut zu hören. Wer so etwas schon einmal mitgemacht hat, weiß, wie blank die Nerven liegen.

Nach Stunden – es wurde schon dämmerig und die Sorge um den Hund stieg – stand der Rüde plötzlich am einige Meter entfernten Waldrand und äugte uns an. Mein Begleiter und ich waren so überrascht, dass wir zunächst kaum reagierten. Am Benehmen des Hundes erkannte ich, dass ihm etwas fehlte: Schnell war ich beim Rüden, um ihn abzuliebeln – und meine Hand griff seitlich in eine klebrige Masse: das Gescheide des Hundes. Mir wurde fast schlecht. Was hatte dieser Hund durchstehen müssen, um uns mit dieser furchtbaren Verletzung bei dem Sturm wiederzufinden? Vier Stunden musste der Tierarzt operieren, bis die Verletzung vernünftig versorgt war. Dem Rüden und seinem Einsatzwillen schadete das Erlebnis nicht. Anders als manch andere Verletzung meiner Hunde hatte diese ein Happy End, wie man es sich als Schweißhundeführer nur wünschen kann. Der damalige Präsident der Landesjägerschaft, Detlev Frhr. von Stietencron sowie der Hegeringleiter Holsten erfuhren von der schweren Verletzung des Rüden und übernahmen, unabhängig voneinander, ohne große Bürokratie, die gesamten Arztkosten. Hierfür möchte ich mich nochmals herzlich bedanken. So eine Geste zählt zu den Sternstunden, die man nur sehr selten im rauen Nachsucheneinsatz erlebt. Die vorstehenden Zeilen sind wohlüberlegt geschrieben und sollen verdeutlichen: In diesem Bereich der Jagd, der Nachsuchenarbeit, kann immer und oft genug dann, wenn man es am wenigsten erwartet, etwas vollkommen Unerwartetes passieren. Wehe dem Hundeführer, der sich hinterher eingestehen muss, dass er seinen Hund nicht ausreichend auf den harten Nachsucheneinsatz vorbereitet hat. Wer möchte seine Gewissensqualen ertragen? Die Arbeit auf der Roten Fährte ist härtestes jagdliches Können und verlangt von Hund und Führer absoluten Einsatz.

VERLETZUNGEN DES MENSCHEN

Auch der Nachsuchenführer selbst kann sich bei der Arbeit verletzen. Schon manche Geländebesonderheit hat Hundeführer über die Grenzen ihrer Belastbarkeit geführt. Wer einmal durch Windwurfflächen im dichten Auwald oder Moor gearbeitet hat, weiß, wie schnell man bis zur Hüfte eingesunken ist, auf einen verborgenen Ast tritt und ausrutscht, sich mit den Stiefeln in Astgabeln verfängt oder in Schlingpflanzen verheddert. Auch sonst gibt es zahlreiche Gelegenheiten, sich Verstauchungen, Blessuren oder sogar Knochenbrüche zuzuziehen. Sogar grundsätzlich übersichtliches Gelände birgt Gefahren, wie z. B. Abbruchkanten, glatten Fels, hochschnellende Äste, Dornen oder auch die typischen dünnen Astenden in Buchenverjüngungen, die üble Hornhautverletzungen am Auge verursachen können.
Manchem kann man mit entsprechender Schutzkleidung vorbeugen, doch auch die körperliche und mentale Fitness spielt eine wichtige Rolle. Es braucht sowohl Ausdauer wie Muskelkraft, um Nachsuchen durchzuhalten und aufmerksam zu bleiben. Nicht zuletzt ist ja das schwer verletzte Wild auch für den Hundeführer gefährlich. Das gilt besonders für gestelltes Schwarzwild, das an den Hunden vorbei gezielt den Menschen angreift, sobald es ihn kommen sieht. Das geht blitzartig schnell, und man muss innerlich darauf vorbereitet sein.

Hundeführer und -führerinnen mit Vorerkrankungen und/oder körperlichen Einschränkungen, wie z. B. Allergien, ausgeprägtem Übergewicht oder akuten Gesundheitsproblemen, sollten sich zum eigenen Schutz immer gut überlegen, welche Suchen sie beginnen. Es macht keinen Sinn, sich heroisch in eine Nachsuche zu stürzen, von der man weiß, dass man sie eigentlich nicht durchstehen kann. Dazu kommt, dass niemand vorhersagen kann, welche Unwägbarkeiten im Verlauf der Arbeit auftreten werden. Es ist zweifellos sinnvoll, sich körperlich gesund und fit zu halten. Dazu gehören eine weitgehend ausgewogene Ernährung und ausreichend Schlaf. Für die Nachsuchenarbeit bietet sich ein Trainingsprogramm aus Konditionselementen und Muskelkräftigung an, z. B. Cross-Training und leichtes Gewichtheben. Es kommt nicht darauf an, Hochleistungen zu trainieren, sondern sich den eigenen Ansprüchen entsprechend und in ehrlicher Akzeptanz der eigenen Grenzen stark und ausdauernd genug für die im jeweiligen Beritt geforderte Arbeit zu fühlen. Diese Grundsätze gelten naturgemäß für beide Geschlechter.

Geschlagen trotz Weste, aber Glück im Unglück: Weder Halsschlagader noch Trachea (Luftröhre) wurden verletzt.

ERSTE HILFE FÜR HUND UND FÜHRER

Jeder versierte Hundeführer wird früher oder später einen Unfall erleben oder bei Verletzungen anderer Erste Hilfe leisten. Wichtigster Grundsatz in so einem Fall ist: Ruhe und Umsicht bewahren – der Kundigste übernimmt die Leitung und verteilt die Aufgaben. Einen Erste-Hilfe-Kurs sollte also jeder Hundeführer besuchen und sich immer auf dem neuesten Stand halten. Dieses Wissen lässt sich auch beim Hund einsetzen: Hund und Mensch unterscheiden sich diesbezüglich gar nicht so sehr! Dennoch sollte jeder Schweißhundeführer darüber hinaus auch regelmäßig Lehrgänge über Erste-Hilfe-Maßnahmen beim Hund besuchen.

Neben dem schon angesprochenen, während der Arbeit sofort einsatzbereiten Erste-Hilfe-Set im Nachsuchenanzug gehört immer auch eine umfassende Erste-Hilfe-Tasche extra für die Hunde ins Fahrzeug, der gesetzlich vorgeschriebene Verbandskasten genügt da nicht. Die häufigsten Verletzungen bei der Nachsuchenarbeit entstehen bei Mensch und Hund durch annehmendes Wild, doch auch Verletzungen durch Astwerk, Geländeunwegsamkeit, Stürze, Schussverletzungen oder Stoffwechselentgleisungen, z. B. Unterzuckerung oder Hitzschlag, kommen vor. Ein lebensbedrohlicher Herz-Kreislauf-Stillstand tritt im Allgemeinen beim Hund auf der Jagd nicht spontan auf, sondern ist die Folge gefährlicher Verletzungen, die beim Verfolgen oder Stellen des kranken Wildes eintreten.

Der Hundeführer kann sich zudem unglücklich an den eigenen blanken Waffen verletzen oder durch Abpraller Schaden nehmen. Nicht zuletzt muss er auch mit Abwehrbissen ggf.

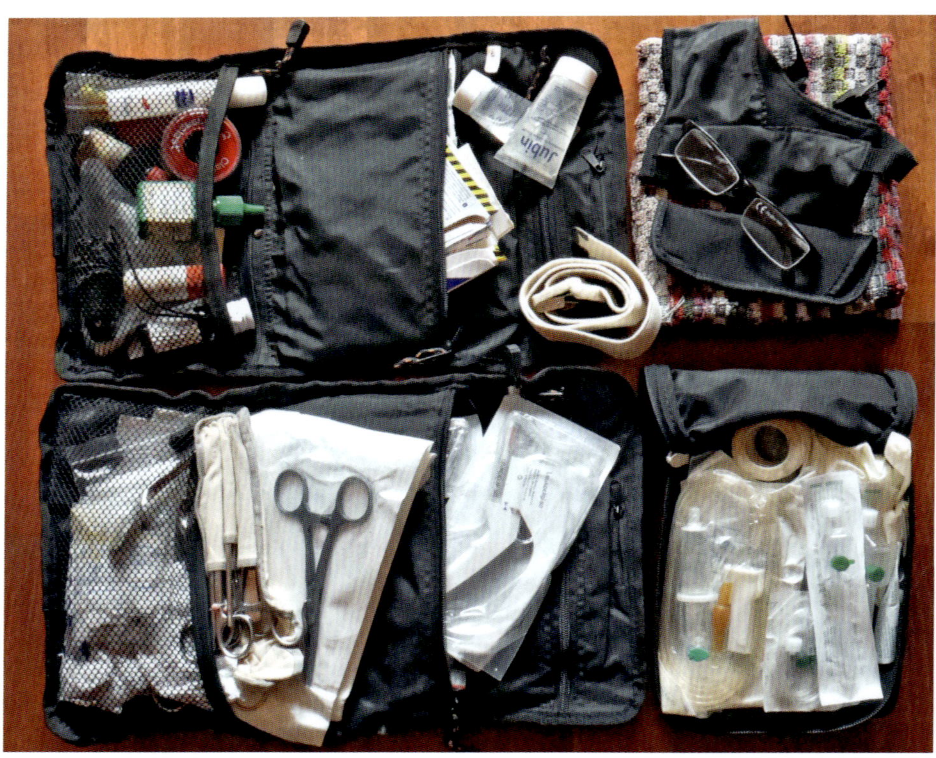

Eine Erste-Hilfe-Tasche muss übersichtlich gepackt sein – vor allem muss der Hundeführer genau wissen, wo er was findet. Alles Verbrauchte wird immer sofort aufgefüllt!

Checkliste

ERSTE-HILFE-AUSRÜSTUNG IM AUTO

- ☐ Maulschlinge, leichter Maulkorb oder ersatzweise breiter Stoffriemen, Leine, Kordel
- ☐ Rettungsdecke, Dreieckstuch, Plastikbeutel, Socke (Pfotenschutz), Leintuch
- ☐ mehrere Einmal-Arterienklemmen, elastische Binden, selbsthaftende Kreppbinden
- ☐ Polster- und Verbandswatte, mittig durchgeschnittene Frischhaltefolien-Rolle
- ☐ Steriler Verbandsmull, sterile Wundauflagen, Klebeband aus Papier und Seide
- ☐ Sterile Spritzen verschiedener Größen
- ☐ Hautklammergerät (wenn Bedienung beherrscht wird), sterile Ersatzklammern
- ☐ Desinfektionsmittel (Jodlösung oder -salbe) und sterile NaCl-Lösung zur Wundreinigung
- ☐ Schere, Pinzette, Handschuhe
- ☐ Injektionskanülen, Infusionsbesteck, Infusion mit Ringerlösung (für Versierte)
- ☐ ggf. Schmerzmittel und persönliche Medikamente (z. B. Asthmaspray etc.)
- ☐ ggf. kleine Erste-Hilfe Anleitung, Notizzettel, Notfall-Telefonnummern

verletzter Hunde rechnen – insbesondere, wenn sie Schmerzen und Angst haben und ihnen der behandelnde Mensch fremd ist. Selbst der eigene Hundeführer kann in Panik gebissen werden. Deshalb sollte immer eine Maulschlinge oder ein Maulkorb parat sein, die dann angelegt werden können, wenn Atmung und Kreislauf des Tieres stabil sind.

DAS ERSTE-HILFE-ABC

Bei allen Verletzungen und Unfällen gelten zur Erstversorgung bestimmte Grundregeln – für Mensch und Tier gleichermaßen. Die wichtigste Aufgabe ist, lebensbedrohliche Zustände zu erkennen und sie – soweit es nur geht – zu beseitigen. Das geschieht nach dem sogenannten ABC-Prinzip, das im Serviceteil des Buches (s. S. 319) wiedergegeben ist.

LÄHMUNG UND BEWUSSTLOSIGKEIT

Wird ein Hund bewusstlos und/oder gelähmt aufgefunden, kann am Unfallort nur erste Hilfe nach vorgenanntem ABC-Prinzip geleistet werden. Lebensrettend sind der Erhalt der Atmung und eine möglichst schonende Lagerung, um eine Querschnittslähmung zu verhindern. Die genauen Ursachen können erst in der Klinik diagnostiziert und fachgerecht behandelt werden; wahrscheinlich kommen als Ursachen neben schweren Schlägen durch das Wild, die zu knöchernen Verletzungen der Wirbelsäule, Rückenmarks- oder Gehirnblutungen geführt haben, schwere innere Blutungen, Unterzuckerung oder (selten) bisher unerkannte Epilepsie infrage.

KOPFVERLETZUNGEN

Verletzungen im Schädelinneren durch dumpfe Schläge zeigen ihre Symptome typischerweise erst mit Verzögerung Stunden nach der Jagd, wenn entweder die Hirnmasse durch die Prellung schwillt oder eine Blutung Druck auf das Gehirn ausübt. Der Hund oder Mensch wird müde, taumelig, kann unter Umständen unterschiedlich stark geweitete Pupillen zeigen und schließlich bewusstlos werden, im äußersten Fall sogar einen Atemstillstand erleiden. Entscheidend für den weiteren Verlauf ist die frühzeitige Klinikbehandlung. Offene Verletzungen, auch am Auge, werden mit Wasser oder steriler Kochsalzlösung abgespült und feucht abgedeckt. Alles Weitere klärt der Arzt in der Klinik.

HALSVERLETZUNGEN

Im Halsbereich verlaufen die großen Blutgefäße und Nervenstränge zum Gehirn sowie die Luft- und Speiseröhre. Jede tiefe, offene Verletzung kann eine dieser lebenswichtigen Strukturen verletzt haben. Offene Blutungen werden mit Arterienklemmen abgeklemmt, steril abgedeckt und umgehend ärztlich versorgt.

BRUSTKORBVERLETZUNGEN

Geschlossene Brustkorbverletzungen, wie z. B. Rippenbrüche, können innere Blutungen verursachen oder das Lungengewebe durchbohren. Der betroffene Hund oder Mensch hat starke Schmerzen und zunehmende Atemnot und muss nach dem ABC-Prinzip sofort versorgt werden.
Offene Brustkorbverletzungen werden notfallmäßig mit einer fest aufgeklebten Plastikfolie verschlossen, um keine Luft in den Spalt zwischen Lunge und Brustfell eindringen zu lassen, die die Lunge zusammendrücken könnte. Ein Mensch wird dann auf den Rücken gelegt, damit die unversehrte Lunge sich bei der Atmung ungestört entfalten kann, der Hund auf die verletzte Seite.

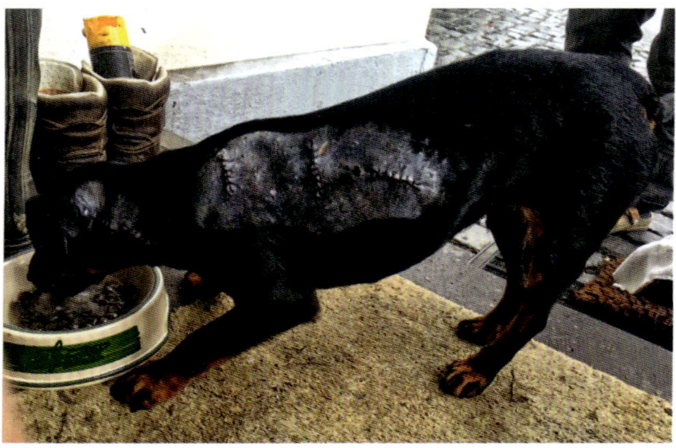

Terrier „Bruno" wurde unvermutet von einer Bache attackiert und schwer verletzt, als er sie dann stellte.

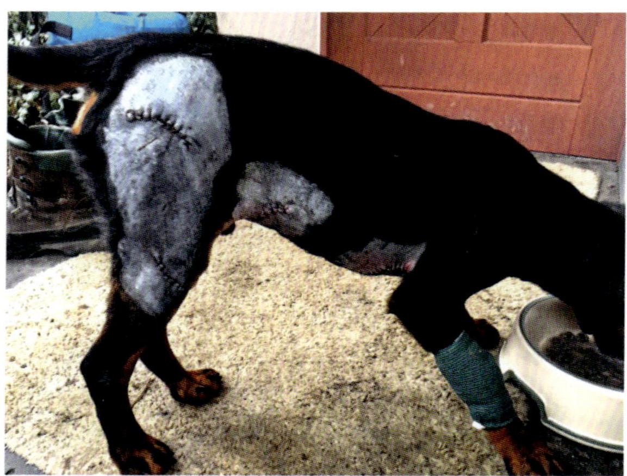

Dank rascher Erster Hilfe (und seiner beeindruckenden Härte) ist „Bruno" am nächsten Tag wieder „auf dem Damm".

BAUCHVERLETZUNGEN

Geschlossene Bauchverletzungen zeigen sich in starken Schmerzen und einer harten, d. h. stark gespannten Bauchdecke. Hund und Mensch krümmen sich – Hunde mögen sich meist auch nicht niederlegen und hecheln oder winseln. Je nach betroffenem inneren Organ und/oder Ausmaß einer inneren Blutung ist der Zustand schnell lebensbedrohlich. Es muss umgehend nach dem ABC-Prinzip vorgegangen werden und ein schneller Transport in die Klinik erfolgen.
Offene Bauchverletzungen durch Schlag oder Pfählung mit einem Fremdkörper lassen innere Organe mehr oder weniger hervorquellen. Um keine zusätzlichen Verletzungen oder eine Drehung der Gedärme zu provozieren, werden Fremdkörper nicht entfernt, sondern ausschließlich – feuchte! – Tücher aufgelegt, an denen die Organe nicht anhaften können. Die Organe dürfen nicht zurückgeschoben werden. Extreme Blutungen, z. B. aus der Bauchschlagader, können nur von Versierten mit Arterienklemmen vorübergehend gestillt werden. Eine umgehende Behandlung in der Klinik ist zwingend, denn der Zustand ist absolut lebensgefährlich!

VERLETZUNGEN DER GLIEDMASSEN

Knochenbrüche und ausgekugelte Gelenke sind leicht zu erkennen, weil die Läufe bzw. Arme oder Beine unnormal verformt oder geschwollen sind und sehr schmerzen. Knochenbrüche verursachen oftmals schwere Blutungen in die Gliedmaßen hinein, die bis zum Schock führen können! Verletzte Hunde sind aber dennoch sehr mobil und können sich widersetzen, wenn man versucht, sie festzuhalten.

Auf dem Weg zum Tierarzt mit einer stark schweißenden Rissverletzung des Behangs

Die Gliedmaße sollte mit Schienen stabil gepolstert fixiert werden – einschließlich des nächsten, unverletzten Gelenks, und der Bruch darf auf dem Transport nicht belastet werden. Offene Blutungen können mit Arterienklemmen gezielt abgeklemmt oder mit einem Druckverband vorübergehend gestillt werden, bis eine ärztliche Versorgung möglich ist. Sie sollten in jedem Fall mit sterilem Verbandsstoff abgedeckt und verbunden werden.

TRANSPORT DES VERLETZTEN

Für den Transport wird ein Hund von zwei Personen angehoben und auf die unverletzte Seite gelegt – nur bei offenen Brustverletzungen auf die verletzte! Der Mensch wird in stabiler Seitenlage gelagert. Verletzte Gliedmaßen werden möglichst nicht bewegt und mit Polstern vorsichtig stabilisiert. Während des Transports ist der Patient – ob Hund oder Mensch – mit einer Silberfolie und/oder Decke abzudecken und warmzuhalten.
Als Helfer muss man unbedingt selbst Ruhe bewahren und leise sprechen. Menschen sollte man beruhigend und gut zureden, dabei behutsam Körperkontakt halten, z. B. an den Schultern oder am Nacken. Manche Hunde beruhigen sich am besten, wenn ihnen ganz ruhig die Hand auf die Brust gelegt wird und ihre Augen abgedeckt sind. Ein Streicheln beruhigt oft mehr den begleitenden Menschen als den Hund. Hektik, Unruhe, Druck und jeglicher Zwang sind fehl am Platz!

Viele Hundeführer haben im Lauf ihrer Tätigkeit reichlich Erfahrung mit der Erstversorgung gemacht und wissen, was sie auch selbst behandeln können. Kleine Hautverletzungen sind z. B. mit einem Hautklammergerät einfach zu verschließen. Sie werden dann nur noch mit desinfizierender Salbe und einem Pflaster versorgt.
Antibiotika sind bei oberflächlichen Verletzungen fast immer unnötig – mit einer Ausnahme: Bissverletzungen, insbesondere tiefe Wunden, sind durch die Maulflora der Tiere immer hochgradig infiziert. Hier müssen Kombipräparate gegeben werden, die breit gegen Infektionen abdecken! Die meisten Medikamente sind übrigens über den Tierarzt wesentlich teurer zu beziehen als Humanpräparate mit denselben Wirkstoffen.

SERVICE

NACHSUCHENPROTOKOLL

Nachsuche am 13.02.2003, Ansetzen 9 Uhr: BGS „Jenni vom Jägerborn"

Wildart: Schwarzwild (Keiler)
Schusszeit: 22 Uhr, mondhell
Schussentfernung: ca. 130 Gänge
Kaliber: 30-06, H-Mantel, 11,66g
Temperatur: –12 Grad, Boden gefroren
Besonderheiten: Schneedecke teilweise ausgeapert – Mikroklimen am Boden
Stellung des Wildes: halb spitz von hinten, linke Seite
Am Ausschuss am Boden: Teile des Unterkieferknochens, in der Fährte nach ca. 300 m Zungenspitze

Begleitendes Personal:
- ein Hundeführer für zweiten Hund
- der Schütze
- ein Revierkundiger
- der Nachbar – gesamt fünf Personen

Vorgeschichte: mit einem Hund bereits nachgesucht – wurde nicht gemeldet, da man annahm, es sei Lungenschuss; einige weite Vorsuchen mit zweitem BGS

Die Arbeit:
- schwere Widergänge des Stücks, ohne ins Wundbett zu gehen.
- Abbruch der Nachsuche gegen 16 Uhr, weil das Stück bis zum Dunkelwerden (ab 17 Uhr) nicht zur Strecke gekommen wäre
- Fährtenlänge nach Karte 12 km; Rückweg 6 km, da Fahrzeuge nicht herangeholt werden konnten und Handys leer; gesamt: 18 km Wanderweg

Resümee

Fehler:
1. Zwei Hundeführer, konnte die Jäger nicht richtig einteilen, deshalb ein weites Zurückgehen von ca. 1 000 m
2. Schweiß wurde nicht richtig verbrochen und musste immer wieder durch Zurückgreifen gesucht werden.
3. In einem Windwurf wurde nicht richtig mit Biss gesucht, wir brauchten viel Zeit wegen des begleitenden Jägers
4. Die Kondition der Begleiter war schlecht, dabei waren alle unter 55 Jahre.

Positiv:
1. Hunde arbeiteten mit großer Passion, teilweise frei und mit hohem Gehorsam.
2. Hunde zeigten Verweisen auf höchster Stufe.
3. Hunde wollten unbedingt Beute machen.
4. Auf der Südseite konnte der suchende Hund lange Strecken sehr gut arbeiten.

Interessant:
1. Ein Fuchs kam uns mit einem halben Dorsch entgegen.
2. Wie schnell sich die Suche herumgesprochen hatte: „Abend in der Jagdhütte"

Kaufvertrag für einen BGS-Welpen

aus dem Zwinger „vom Jägerborn“ Jägerlehrhof Jagdschloss Springe

Herr/Frau
Name: .... Vorname: ....
Straße: .... PLZ/Ort: ....

verkauft an

Herrn/Frau
Name: .... Vorname: ....
Straße: .... PLZ/Ort: ....

Rasse:
Chip-Nr./Tätowierungsnummer: ....

geworfen am: .... Geschlecht: ....

- Der Impfpass wurde übergeben.
- Der Verkäufer erklärt, dass der Hund laut Bescheinigung im Impfpass geimpft wurde und frei von sichtbaren Mängeln ist. Für versteckte Mängel wird keine Haftung übernommen.
- Der Verkäufer ist bereit, den Käufer bei auftretenden Problemen mit dem Hund zu beraten.
- Die neuen Eigentümer verpflichten sich, an einem Schweißlehrgang am Jägerlehrhof Jagdschloss Springe im Jahr .... teilzunehmen.
- Dem Züchter wird nach Absprache mit dem Eigentümer eingeräumt, den Hund zu besichtigen und ggf. Weisungen für die Ausbildung zu erteilen.
- Dem Eigentümer sollte daran gelegen sein, einen hohen Leistungsstand mit seinem Hund zu erreichen, z. B. Prüfungen abzulegen.
- Der neue Eigentümer ist über die Problematik in Verbindung mit dem BGS-Verband (Adresse: Club für Bayerische Gebirgsschweißhunde 1912 e.V., Vors.: R. Scherr, Klub für Bayerische Gebirgsschweißhunde 1912 e.V., Schlossgasse 13/ Forsthaus 67471 Elmstein, Tel.: 0XXX/XXXX), unterrichtet worden („nicht gewollter Wurf“).

Die Übergabe des Hundes erfolgt am .... Der Kaufpreis beträgt € .... (in Worten: .... EURO). Der Kaufpreis wird bei der Übergabe des Hundes fällig.
Bei einem eventuellen Weiterverkauf des Hundes muss der Verkäufer benachrichtigt werden. Dem Verkäufer steht ein Vorkaufsrecht zu, das er binnen einer Frist von .... Wochen ausüben kann.

Der Kaufpreis beträgt in diesem Fall: € ....

Datum: ....

Der Käufer (Unterschrift) Der Verkäufer (Unterschrift)

....

Das Wild ist nicht in Sichtweite verendet – Verhaltensstichpunkte

Nach dem Schuss

- Ruhe bewahren!
- Wildart und -stärke ins Gedächtnis rufen
- Erinnern: Was ist genau geschehen, wie hat das Stück gezeichnet?
- Dauerhafte Markierung des eigenen Standorts (Kanzel, Ansitz, Erdsitz, Baum zum Anstreichen)
- Hilfspunkt im Gelände für den Anschuss einprägen
- Aufsuchen des Anschusses erst nach angemessener Wartezeit
- Nur eine Person geht an den Anschuss.
- Wetter beachten (Regen, Schnee)
- Schnallen des Hundes gleich nach dem Schuss? Gründlich bedenken!
- Suche niemals mit der Ausrede „Verhitzungsgefahr" schon mit der Taschenlampe beginnen
- Tageszeit beachten: Morgen-/Abendansitz
- Anschuss verbrechen: Wie? Wo?
- Wind beachten – Achtung: Wird noch mobiles Wild unter Wind angegangen und deswegen aufgemüdet, zieht das oft eine lange Nachsuche nach sich!

Wonach suchen am Anschuss?

- Eingriffe
- Ausrisse
- Schnitthaar

Wonach suchen am Ausschuss auf dem Boden?

- Risshaar
- Schweiß (wo, wie, Farbe?)
- Teile des Herzens
- Leber, Milz
- Teile des Nierenkörpers
- Inhalt und ggf. Teile von Pansen oder Weidsack
- Teile des Gescheides
- Teile der Tracht (v. a. bei Schuss mit Flintenlaufgeschoss)
- Wildbretteile
- Knochensplitter
- Zahnteile
- Trophäenteile
- Geschossteile

Alle Pirschzeichen verbleiben am Anschuss und am Ausschuss auf dem Boden! Ggf. werden sie bis zum nächsten Morgen und dem Eintreffen des Nachsuchenführers mit etwas Plastikfolie abgedeckt.

Wahl des Nachsuchenführers: Gebrauchshundeführer oder Nachsuchenspezialist?
Ortskundigkeit: Hundeführer, Schütze, ansonsten ortskundiger Begleiter
Abstellschützen benachrichtigen

Das Erste-Hilfe-ABC

A – Atemwege freihalten

- Patienten auf die Seite legen
- Einengende Kleidung/Schlagweste öffnen (Vorsicht bei Verdacht auf Wirbelsäulenverletzung!)
- Mund/Maul weit öffnen und Zunge hervorziehen
- Erbrochenes muss ggf. ablaufen können
- Fremdkörper im Mund-/Maulbereich ggf. entfernen
- Atembewegungen feststellen durch Hand-auf-den-Brustkorb-Legen: falls keine Spontanatmung, Herzschlag kontrollieren; falls weder Atmung noch Herzschlag feststellbar: Reanimation

B – Beatmung sicherstellen

- Künstliche Beatmung bei fehlender Spontanatmung
  - Beim Menschen: Mund zu Mund
  - Beim Hund: Mund zu Nase (Fang mit beiden Händen zuhalten), Beatmungsdruck und Luftmenge an die Größe des Hundes angepasst
- Auf einen Beatmungsstoß eine doppelt so lange Ausatmungsphase folgen lassen
- Bei gleichzeitigem Herzstillstand zwei Beatmungsstöße auf 10-15 Herzmassage-Kompressionen

C – Cardiale Funktion sicherstellen (Herz-Kreislauf)

- Falls weder Puls noch Herzschlag fühlbar sind, ist Herzmassage nötig
- Der Mensch auf den Rücken gelegt, der Hund auf die rechte Seite.
- Zur Massage Arme durchdrücken und den Ballen der einen Hand verstärkend auf den Rücken der anderen legen
- Massagepunkt beim Menschen: Brustbein
- Massagepunkt beim Hund: oberhalb des Ellenbogens
- Mit 10–15 Massagestößen etwa ein Drittel des Brustkorbs zusammendrücken. Beim Hund muss der Druck dessen Größe angepasst sein!
- Jeweils zwei Beatmungsstöße zwischen den Kompressionen
- So lange reanimieren, bis Atmung und Herzschlag wieder spontan arbeiten.

Während die im Kasten wiedergegebenen Erste-Hilfe-Maßnahmen laufen, alarmieren Helfer den Notarzt für den Menschen und/oder den Tierarzt für den Hund. Die Notrufzentralen unterstützen per Telefon auch mit Anleitungen zur Ersten Hilfe! Im Anschluss an die Akutversorgung müssen Ursachen bzw. Folgen des Notfalls, soweit es geht, behoben und der Verunfallte – ob Mensch oder Hund – transportfähig gemacht werden.

EINE GANZ „NORMALE" NACHSUCHE

Einmal wurde ich im Oktober zu einer Suche in den Hildesheimer Wald gerufen: Ein beschossener starker Überläufer lag nicht. Mit einem ausweislich Brauchbarkeitsprüfung „brauchbaren" Hund „bester Veranlagung" war laut Schützen im Dunklen und mit der Taschenlampe „nichts" gefunden worden – den Hund hatte man einfach zur freien Suche geschickt. Der Jagdherr musste den Schützen geradezu überreden, doch besser einen Schweißhundeführer hinzuzuholen. Widerwillig stimmte der zu – am Ende war klar, warum!
Gegen 8.30 Uhr waren wir am vereinbarten Treffpunkt im Revier: Ich mit meinem BGS-Rüden „Aparth vom Ruhrtal" und dem jungen BGS-Rüden „Fazi vom Forstenrieder Park" („Poldi"), als zweiter Führer ein Berufsjäger sowie der Revierbeamte des Reviers. Der Schütze gab nur unwillig Auskunft über das Geschehene: Das Stück habe „nichts".
Nach der Einweisung fand sich der Ausschuss auf dem Boden, und dort wurde unzweifelhaft ein schwerer Weidwundtreffer des Stücks bestätigt. Am mit der Bergstocktechnik bestimmten Anschuss fanden sich dann starke Eingriffe, die größer waren als die eines Überläufers.
Ich arbeitete die Fährte mit „Aparth", der zweite Führer folgte mit „Poldi" und dem Revierbeamten seitlich versetzt. Jagdherr und Schütze wurden an zwei Wechseln abgestellt, die sie nur auf meine Anweisung verlassen durften. Ein Beschießen des Stücks, so es kommen sollte, untersagte ich ihnen – und erntete großes Staunen: Viele Jäger wissen nicht, dass ab Beginn einer Nachsuche der Schweißhundeführer der Jagdleiter ist!
„Aparth" wurde zur Fährte gelegt und arbeitete typisch zügig, ohne einmal zu faseln, ca. 500 m. Schweiß verwies er bis dahin nur zweimal. Dieser war tropfenförmig, als ob das Stück kurzzeitig gestanden hätte, um dann weiterzuziehen. An einem Baumstock verwies der Rüde ein kaltes Wundbett mit reichlich Schweiß: ein gutes Zeichen. Ruhig nahm „Aparth" die Fährte wieder an, wurde dann aber plötzlich sehr heftig. Ich wähnte das Stück zunächst dicht vor uns, Ursache waren aber drei Muffelwidder, die nun vor uns aufstanden und unruhig hin- und hertraten.
Alle meine Hunde vergaßen bei bestimmten Wildarten ihre gute Erziehung für kurze Zeit, so auch hier „Aparth". Ich war so verblüfft von der Reaktion des Rüden, dass ich meine Begleiter kurz vergessen hatte. Und jetzt gab „Poldi" noch Laut, denn auch er hatte die Mufflons in der Nase. Wir hatten wohl ein Problem: Die Hunde wollten Muffel jagen! Zu solchen Situationen kommt es in wildreichen Revieren immer wieder. Man muss dem Hund dann eindeutig klarmachen, dass nicht die Verleitung das Ziel ist!
Ein paar ruhige Worte und kurzes Abliegen stellten denn auch „Aparth" rasch wieder auf seine eigentliche Aufgabe ein. Die Muffel waren weitergezogen, auch „Poldi" hatte sich beruhigt, und die Suche ging weiter in einem lichten Altholzbestand. „Aparth" verwies in seiner abgeklärten Art „kurz zeigen – nicht warten – denn weiter geht's" wieder einen Tropfen Schweiß genau am Rande eines Rückewegs. Ich markierte die Stelle und nahm die Suche wieder auf. Der Hund arbeitete an den rechten Wegrand, drehte sich nach links und überquerte den mit leichtem Gras bestockten Weg bis zum linken Rand. Hier blieb er kurz stehen und wendete sich nach rechts. In der Mitte des Wegs wurde er plötzlich sehr heftig, verwies Schweiß und wollte geschnallt werden – ein Verhalten, dem ich nicht gleich nachkam. Ein heftiger Ruck und „Aparth" ging ab – der Lederschweißriemen war gerissen. Mit der verbliebenen Hälfte lief „Aparth" erst ein Stück entlang des Wegs und verschwand dann nach kurzem Verweisen in einem starken Schlehenverhau. „Oh, Sch....!"
Dem mit dem Revierbeamten aufschließenden zweiten Führer berichtete ich das Gesche-

hen. Der Mann machte mich noch auf den weitab hörbaren Hetzlaut aufmerksam, doch der verstummte, ehe wir uns, abgesehen von der groben Hauptrichtung, wirklich orientieren konnten. Jetzt stand ich vor der Entscheidung: Nehme ich den Jungen oder versuchen wir, mit Vorsuche „Aparth" zu finden?
Der junge Rüde hatte bis dato nur kurze Totsuchen gearbeitet und wurde nun „ins kalte Wasser geworfen". Ich setzte ihn am ersten Schweißtropfen am Wegrand an. Zügig arbeitete er über den Weg, wendete und suchte nach links weiter. Bald darauf verwies er lange das Tropfbett und suchte dann ruhig weiter. Am Wegrand, über den „Aparth" ja frei gesucht hatte, blieb er kurz stehen, äugte in Richtung Schlehenverhau, drehte sich nach links und arbeitete das vierte Mal über den Weg, um erneut vom Wegrand nach rechts zu arbeiten. In der Wegmitte trug ich den Hund ab – im Nachhinein großer Blödsinn: Den geradezu erschütterten Blick des Hundes spüre ich nach all den Jahren noch heute!
Der Revierbeamte schlug vor, einen erfahrenen HS hinzuzuholen, und ich stimmte zu. Das Warten war für mich und wahrscheinlich auch „Poldi" eine harte Probe: Kein Vertrauen ineinander ... Härter geht's nicht!
Nach langer Zeit erschien ein junger HS-Führer mit seiner Hündin und setzte sie nach der Einweisung am Wegrand mit dem markierten Schweißtropfen an. Zügig suchte die Hündin die gleiche Richtung wie meine beiden Hunde zuvor, verwies das Tropfbett und arbeitete bis zu dem Punkt, an dem ich „Poldi" abgetragen hatte. Sie überquerte den Punkt, wendete nach links zum Wegrand, querte den Weg anschließend noch sieben Mal, arbeitete dann aber über den Wegrand hinweg in Richtung Schlehenverhau. Ihre Arbeitsweise ließ erkennen, dass sie „Aparths" Hetzfährte in der Nase hatte. Mit ganz gegebenem Riemen arbeitete der Hund in die Schlehen hinein, bis der Führer an den Rand des Verhaus gelangte. Gerade wollte er mir etwas sagen, als der Hund laut aufklagte. Wir hörten Brechen

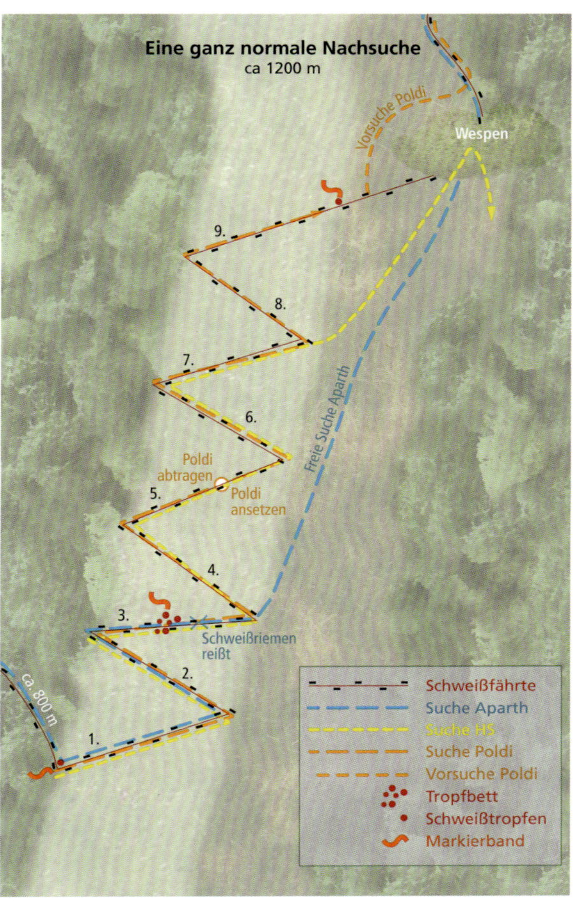

Fährtenskizze der hier beschriebenen Arbeit von „Aparth", „Poldi" und dem HS über gut einen Kilometer.

und wieder starkes Klagen, der Riemen wurde dem Führer aus der Hand gerissen, und das Riemenende verschwand im Dornenverhau. Wir standen buchstäblich „wie die Deppen" da. Natürlich hatten wir Sorge, dass die Sau den Hund im Verhau angenommen hätte. Leise wimmernd bewegte sich die Hündin auf uns zu und stand nach Rufen des Führers da: ohne Riemen und aus der Halsung gekommen. Und wie sie aussah! Der Kopf stark verschwollen, Augen, Fang, Nasenschwamm eine unförmige Masse. Die Hündin stöhnte leise. Wir legten sie in einen Bach in der Nähe, um ihr Linderung zu verschaffen und allmählich wurde sie ruhiger.

Was war passiert? Die Hündin war im Verhau auf ein Erdwespennest gestoßen, und die Insekten hatten sich verteidigt. An eine weitere Arbeit mit der Hündin war nicht zu denken. Sie musste zum Tierarzt.
Also musste „Poldi" wieder ran. Ich setzte ihn wieder dort an, wo ich ihn abgetragen hatte. Ruhig folgte er der Fährte und der Spur der HS-Hündin wieder nach links und nach rechts: sieben Male, wie vorher. An der Stelle, an der die Hündin in den Verhau gewechselt war, bog „Poldi" wieder nach links, und diesmal vertraute ich ihm. Am Wegrand zog er wieder nach rechts und verwies einen einzelnen Tropfen Schweiß. Von hier wollte er auf den Verhau zuarbeiten. Ich trug ihn ab, lobte ihn zu seinem sichtlichen Wohlgefallen und umschlug mittels Vorsuche den Verhau. „Poldi" fand den Auswechsel und zeigte mir auf das Kommando „Lass seh'n" zwei mittelstarke Schalenabdrücke.
Bis hier hatten wir alle Hände voll zu tun gehabt, sodass sich niemand mehr um „Aparth" mit dem halben Schweißriemen und das Stück Schwarzwild hatte kümmern können. Der zweite Hundeführer meinte nun, aus der Richtung, in die „Aparth" gesucht hatte, ein „komisches Geräusch" gehört zu haben.
Zügig suchte „Poldi" in dem stark kupierten Gelände. Ab und zu verwies er etwas, was ich aber nicht zuordnen konnte. Plötzlich stand er wie angewurzelt, stellte die Haare und knurrte laut – auch in späteren Jahren immer sein Zeichen, dass er ein starkes Stück Schwarzwild vor sich hatte. Er wollte geschnallt werden. Ich wollte ihm eben die Halsung abstreifen, da hörte ich ein klägliches Wimmern aus dem hohen Gras. „Poldi" sprang nach vorn und gab schlagartig Laut, zog an etwas – wieder war das leise Klagen zu hören. Nach wenigen Schritten sah ich dann die ganze Tragik: Vor uns lag eine schwere Sau – verendet. Um den Körper hatte sie den Schweißriemen mitsamt des noch in der Halsung steckenden „Aparths" gewickelt. Der Hund bekam kaum noch Luft, daher das klägliche Wimmern. Nach Lösen der Halsung und ein paar tiefen Atemzügen gab es kein Halten mehr, und zusammen mit „Poldi" beutelte er die Sau ausgiebig. Das hatten sich die beiden auch verdient!
Schütze und Jagdherr wurden geholt und schauten betroffen auf die starke Bache. Der Hundeführer mit der HS-Hündin war bereits unterwegs zum Tierarzt. Meinen Dank für den Einsatz erhielt er so erst einmal nur telefonisch. Glücklicherweise hatte die Hündin keine weiteren Verletzungen am Körper.
Diese Arbeit war wohl einzigartig: Die Bache hatte insgesamt neun Widergänge an einem Weg gemacht.
Später dann erschien in einem Buch unter anderen Namen und Ortsbezeichnungen und mit anderen Hunden eben diese Suche ... Eigentlich schade, wenn man sein Profil so aufpolieren zu müssen meint. Überdies ist so eine Art der Hascherei nach Anerkennung unserem Ansehen als Schweißhundeführer und unseren Hunden im Jagdbetrieb ebenso wenig dienlich wie die inflationären „schweißtropfenden" Berichte mancher über jede ihrer Arbeiten im Internet. Oberstes Gebot professioneller Arbeit muss neben dem bedingungslosen Finden der leidenden Kreatur absolute Verschwiegenheit sein. Ausnahmen sind da nur Arbeiten, die als „Fallstudien" der Lehre und Schulung dienen.

Rippenstückchen

Nierenteile

Herzteile

Lungengewebe

Leberfetzen

Teil des Zwerchfells

Schweiß: Flucht in Richtung Blattspitze

Weißes

Ein Stück des Geflechts

Weidsackfetzen und Weidsackinhalt

Ein Stück Dünndarm

Pirschzeichen eines Gebrechschusses

Pirschzeichen eines Vorderlaufschusses

Geronnener Schweiß aus der Herzkammer

Teile des Geflechts und der Milz

Teil des Leckers

Schnitthaar vom Einschuss (am Anschuss!)

Wildbretstück

Pinsel

Risshaare von der Ausschussseite

Abgeschossene Schale

Stücke des Wurfs nach Gebrechschuss

Eingriffe und Ausrisse (am Anschuss!)

01

02

03

04

05

06

01 Gebrechschuss bei einem Frischling: Der Hund suchte ihn bei der Hetze aus einer Rotte heraus und stellte ihn.

02 „Volltreffer". Die Wirkung der 7 × 64 ließ den Schädel dieser Überläuferbache in 18 Teile zerbersten.

03 Überläuferkeiler mit Schuss durch die Spitze des Unterkiefers. Der heftige Aufprall der 8 × 57 IS sprengte sogar Nähte des Oberschädels (rot markiert).

04 Gebrechschuss durch den Oberkiefer im Bereich des Siebbeins (rot umrandet). Die dreijährige Bache führte Frischlinge und attackierte die Hunde überaus hart.

05 Geschosssplitter im Licht eines starken Keilers (rot umrandet), Folge eines "Paketschusses". Nach rund 5 km Riemenarbeit und Fangschuss fand sich ein weiterer Geschosssplitter im Weidsack.

06 Verheilter Gebrechschuss bei einem Überläufer. Aussagekräftige Pirschzeichen muss es bei so einem schweren Treffer gegeben haben.

01 *Dem Keiler wurde der Pürzel abgeschossen. Nach ca. vier Kilometern Riemenarbeit, kurzer Hetze und Stellen fiel der Fangschuss. Die Kugel hatte auch das Geschröt durchschlagen.*

02 *Oberarm eines Stückes Rehwild mit einer alten und ausgeheilten Schussverletzung*

03 *Röhrenknochensplitter eines Alttieres mit Vorderlaufschuss, die sich in der Nähe des Anschusses fanden. Erst nach schwerer Hetze kam das führende Stück zur Strecke.*

04 *Schalentreffer bei Schwarzwild*

05 *Handwurzel- und Schalenschuss bei einem Reh*

06 *Der Laufknochen desselben Rehs. Das kleine Kaliber hatte nicht viel Zerstörung verursacht.*

01

02

03

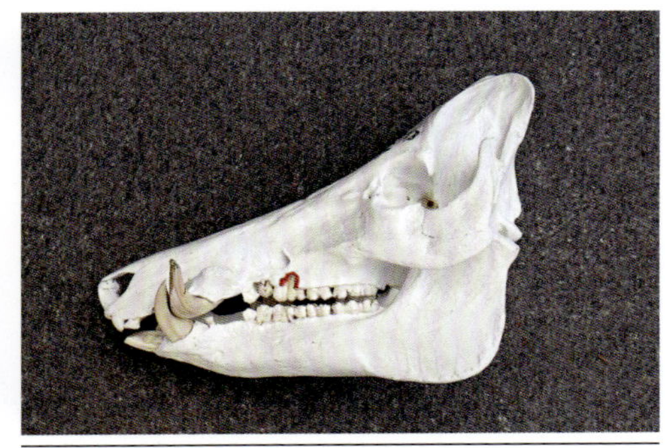

04

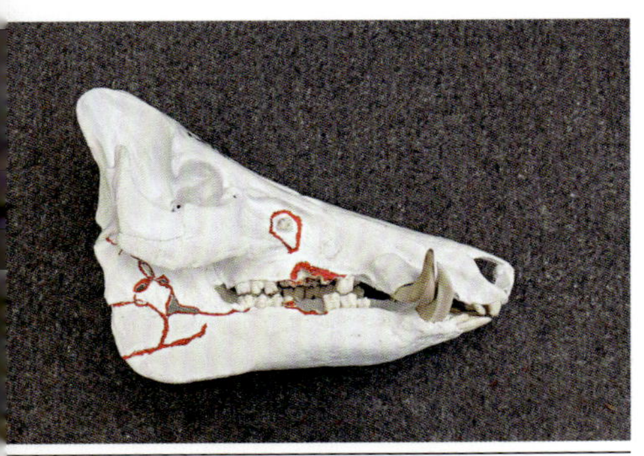

05

01 *Tropfbett mit Röhrenknochensplitter in der Wundfährte eines Rotspießers. Nach Verschluss der Schlagader fand sich kein Tropfen Schweiß mehr. Nur die Schalenabdrücke und sicheres Verweisen des Hundes lieferten Bestätigungen.*

02 *Beim Ansitz wurde einem guten Damschaufler dieses Geweihende abgeschossen. Als der Hirsch nach langer Riemenarbeit, natürlich ohne Schweiß, in Anblick kam, bewegte er sich nur noch schwerfällig. Die Auftreffwucht des 9,3 × 64 TUG muss Nervenbahnen und/oder Gehirn schwer geschädigt haben.*

03 *Auch "einfache" Schrotkörner haben Wirkung! Mit Schrot beschossen, überschlug sich der starke Fuchsrüde, lief dann über freies Feld, wo ihn mein Schweißhund abwürgte. Die Untersuchung ergab nur dieses eine Schrotkorn im Unterkiefer!*

04 *Beim Fangschuss mit der .357 Magnum blieb ein Zahnstück im Kieferast stecken.*

05 *Das Stück wurde wieder hoch und musste mit einem zweiten Schuss gestreckt werden.*

DIE AUTOREN

Hans-Joachim Borngräber, geboren 1940 in Breslau, erlangte 1962 den Jagdschein. Nach sechs Jahren Reviertätigkeit an verschiedenen Orten legte er 1980 in Springe die Revierjäger-Prüfung ab. Im Anschluss an einige Jahre in Afrika übernahm er 1985 die Dienststelle in Springe, 1988 absolvierte er die Revierjäger-Meisterprüfung. Er wurde zum Oberjäger und im Jahr 2000 zum Wildmeister ernannt. Seine Dienstzeit in Springe endete 2004.
Von Jugend an arbeitete Hans-Joachim Borngräber mit Jagdhunden, der Schwerpunkt lag immer schon auf der Nachsuchenarbeit mit Teckeln und BGS, die er auch selbst züchtete. Der anerkannte Nachsuchenführer führte mehrere Tausend Nachsuchen im In- und Ausland. In Springe etablierte er Ausbildungskurse für Nachsuchenführer und veröffentlichte zu jagdlichen Themen wie Baujagd und Nachsuche. Hans-Joachim Borngräber ist gefragter Ausbilder und Lehrgangsleiter.

Dr. med. Ingeborg Lackinger Karger, geboren 1956 im Siegerland, begeisterte sich vom Beginn ihrer Jägerinnenlaufbahn an für die Hundearbeit. Sie ist seit Jahren als Ärztin für Psychosomatische Medizin und Psychoanalytikerin in eigener Praxis tätig. Als Autorin verfasste sie eine Vielzahl medizinischer Ratgeber und publizierte in den letzten Jahren vermehrt zu jagdlichen Themen in Jagdfachmagazinen.
Mit ihrem Mann zusammen führt Ingeborg Lackinger Karger im Jahr 2022 den fünften Weimaraner, nach der Teilnahme an einem Lehrgang für Nachsuchenführer bei H.-J. Borngräber legte sie den Schwerpunkt auf die Nachsuchenarbeit. Sie ist Lehrgangsleiterin in ihrem Jagdgebrauchshundeverein, JGHV-Richterin und Leiterin der Nachsuchenstation Düsseldorf. Regelmäßig bietet sie Anschussseminare an und veranstaltet Schweißlehrgänge zusammen mit H.-J. Borngräber.

REGISTER

Jagdhundeausbildung
—— innovativ und erfolgreich

192 Seiten

Erfolgreiche Jagdhundeausbildung nach neuesten Erkenntnissen: Die Autorinnen, selbst Jägerinnen und professionelle Hundetrainerinnen mit reichem Erfahrungsschatz, lassen in ihren ganzheitlichen Ansatz auch Elemente der Begleithundeausbildung, der Therapie mit Hunden und des Problemhunde-Trainings einfließen. Der Ratgeber enthält konkrete Lehrpläne, Handlungsanweisungen und Problembehandlungen. Alle Trainingsschritte sind ausführlich beschrieben und leicht umsetzbar.

kosmos.de

BILDNACHWEIS

Mit 304 Farbfotos von Hans-Joachim Borngräber (106): S. 13, 14 beide, 18, 24 alle vier, 30, 32, 35 beide, 57 u., 59, 79 u., 82, 83, 96, 102, 112 beide, 113 beide, 115 u., 117, 120 beide, 123, 124 beide, 126 o. und u. r., 127, 132, 141, 151, 156, 169, 170, 172 u., 177, 178, 182 M. r. und u. r., 184 l., 185, 186, 187, 188 l., 192 beide, 193, 197, 201, 209 alle drei, 210 u.r., 210 o. r., 211, 212 l., 216, 234, 256, 273 l., 286, 295, 297 o., 308, 323 alle sechs, 324 alle sechs, 325 alle sechs, 326 alle fünf, 327 alle sechs, 328 o. beide, M. l. u. l., 329 o. beide und M. l., 330 l.; Andrea Deppner (4): S. 159, 312 beide, 330 r.; Ingeborg Lackinger Karger (84): S. 6 M., 19 beide, 37, 38 alle drei, 39 alle vier, 40, 42 beide, 52 beide, 56 l., 57 o., 60, 61 o., 63 o. l. und u. r., 66, 70, 73, 77, 79 o. r., 87, 90 alle drei, 93, 98 o. l., 109, 114 alle drei, 129 beide, 131, 142, 143, 144, 145, 147, 157, 179, 181 u., 182 o. l. und o. r. sowie M. l., 188 r., 189, 198 o., 202, 204, 210 l., 212/213, 213 beide, 214 alle fünf, 215 drei, 241 r., 242, 253, 261 u., 268, 273 o., 279, 280, 283, 292 u., 294, 302 beide, 310, 313, 328 M. r. und u. l., 329 M.r. und u.; André Karger (25): S. 5, 54, 56 r., 74 alle drei, 76, 81, 92, 105, 130, 135 beide, 136, 137 beide, 138, 173, 175, 184 r., 236, 261 o., 271, 298, 306; Norbert Klups: S. 16; Vanessa Lietzow (2): S. 155, 225; Stefan Mayer (2): S. 27, 228; Stefan Nefen: S. 125; Ekkehard Ophoven (18): S. 63 o. r. und u. l., 71, 98 o. r., 107, 115, 126 u. l., 140, 195, 245, 262, 264, 276 o. l., 285, 299, 304/305, 307, 309; Hans-Dieter Pfannenstiel: S. 290; Jörg Rosenkranz: S. 148; Michael Schlenter (33): S. 7, 8/9, 61 u., 65, 68, 69 alle drei, 80, 84, 97 beide, 98 u., 110/111, 150, 153, 167 r. und l., 168 beide, 171, 172 o. r. und o. l., 175, 198 u., 217, 240 alle drei, 240/241, 247, 254/255, 282; Michael Stadtfeld (7): S. 200, 206 l., 226, 229, 263, 269, 297 u.; Christian Stahl: S. 205; Karl-Heinz Volkmar (15): S. 15, 78, 181 o., 185 r., 206 r., 224, 259 beide, 276 o. r, 277, 284, 287, 289, 292 o., 314/315; Peter Wingerath: S. 2; Archiv (2): S. 50, 222, 301

Mit 64 Illustrationen von Wilfried Sloman

IMPRESSUM

Umschlaggestaltung von Büro Jorge Schmidt, München, unter Verwendung zweier Farbfotos von Michael Schlenter. Die Fotos zeigen einen Weimaraner mit Hundeführerin und Buchmitautorin Ingeborg Lackinger Karger bei und am Ende einer Fährtenarbeit.

Mit 304 Farbfotos, 64 Farbzeichnungen und 3 farbigen Schemata

Unser gesamtes Programm finden Sie unter **kosmos.de**.
Über Neuigkeiten informieren Sie regelmäßig unsere Newsletter, einfach anmelden unter **kosmos.de/newsletter**

Gedruckt auf chlorfrei gebleichtem Papier

ISBN 978-3-440-15461-8
Redaktion: Ekkehard Ophoven
Gestaltungskonzept: Peter Schmidt Group GmbH, Hamburg
Gestaltung und Satz: Text & Bild | Michael Grätzbach, Kernen i.R.
Produktion: Angela List
Druck und Bindung: Westermann Druck Zwickau GmbH
Printed in Germany / Imprimé en Allemagne